中国当代小城镇
规划建设管理丛书

小城镇
基础设施工程规划
（下册）

汤铭潭　主编

中国建筑工业出版社

目 录

8 小城镇供热工程规划 …………………………………… 615
  8.1 供热区域的划分 …………………………………… 615
    8.1.1 根据距离热源的远近划分供热区域 …………… 615
    8.1.2 根据小城镇热负荷的分布、热用户的种类、热媒的参数划分 …………………………………… 615
    8.1.3 考虑小城镇的未来发展 ……………………… 615
    8.1.4 考虑小城镇的地理因素 ……………………… 616
  8.2 供热工程规划的原则 ……………………………… 616
    8.2.1 严格遵循国家有关的政策和法规 …………… 616
    8.2.2 以小城镇总体规划为指导 …………………… 617
    8.2.3 科学合理、统筹兼顾的原则 ………………… 617
    8.2.4 可靠、节能、环保的原则 …………………… 617
    8.2.5 小城镇供热工程规划编制的原则 …………… 617
  8.3 小城镇供热工程设施规划的内容、步骤和方法 …… 618
    8.3.1 小城镇供热工程设施规划的内容 …………… 618
    8.3.2 小城镇供热工程设施规划的步骤 …………… 618
  8.4 热负荷的预测 ……………………………………… 621
    8.4.1 城镇热负荷的分类 …………………………… 621
    8.4.2 小城镇热负荷预测与计算 …………………… 622
  8.5 热源种类与选择 …………………………………… 626
    8.5.1 小城镇主要热源种类 ………………………… 626
    8.5.2 小城镇供热热源的选择原则 ………………… 627
  8.6 供热管网规划及水力计算 ………………………… 627
    8.6.1 小城镇供热管网的规划 ……………………… 627

    8.6.2 小城镇供热管网的布置 ·················· 630
    8.6.3 热力管道的水力计算 ·················· 636
    8.6.4 蒸汽网路的水力计算 ·················· 652
  8.7 "三联供"规划 ·························· 657
    8.7.1 "三联供"的组成 ···················· 657
    8.7.2 "三联供"的适用范围 ················ 658
    8.7.3 "三联供"系统的冷、热负荷估算 ······ 659
  8.8 主要设施布局、选址与用地预留 ·········· 659
    8.8.1 新建热电厂 ·························· 659
    8.8.2 热水锅炉房 ·························· 661
    8.8.3 蒸汽锅炉房 ·························· 662
  8.9 小城镇供热工程案例 ······················ 663
9 小城镇燃气工程规划 ·························· 670
  9.1 编制小城镇燃气工程规划的原则和任务 ···· 672
    9.1.1 编制小城镇燃气工程规划应遵循的原则 ·· 672
    9.1.2 编制小城镇燃气工程规划所需的基础资料 ·· 673
    9.1.3 小城镇燃气工程规划的文件 ············ 675
  9.2 小城镇燃气的气源与燃气供应系统 ········ 677
    9.2.1 燃气的气源及其选择 ·················· 677
    9.2.2 燃气厂和储配站址选择 ················ 679
    9.2.3 小城镇燃气供应系统的组成 ············ 680
  9.3 燃气用量的计算 ·························· 681
    9.3.1 供气的一般原则 ······················ 681
    9.3.2 小城镇燃气年用量的计算 ·············· 682
    9.3.3 燃气计算流量的确定 ·················· 684
  9.4 小城镇燃气的输配系统 ···················· 686
    9.4.1 燃气管道压力的分级 ·················· 686
    9.4.2 小城镇燃气管网系统形式 ·············· 686
  9.5 小城镇燃气设施布置 ······················ 688

3

  9.5.1 调压站的布置 ………………………………… 688
  9.5.2 燃气储存 …………………………………………… 689
 9.6 小城镇燃气管网的布置和敷设 ……………………………… 690
  9.6.1 小城镇燃气管网的布置 ……………………………… 690
  9.6.2 小城镇燃气管道的敷设 ……………………………… 692
 9.7 燃气管道管径的确定 …………………………………………… 693
  9.7.1 燃气管道水力计算基本公式 ………………………… 693
  9.7.2 摩擦阻力系数 ………………………………………… 695
  9.7.3 燃气管道水力计算图表 ……………………………… 698
  9.7.4 管材及接口 …………………………………………… 703

10 小城镇环境卫生工程规划 …………………………………… 704
 10.1 小城镇环境卫生工程规划原则 …………………………… 704
  10.1.1 指导思想 …………………………………………… 704
  10.1.2 规划总体原则 ……………………………………… 705
 10.2 小城镇环境卫生工程规划内容、步骤与方法 …………… 706
  10.2.1 小城镇环境卫生工程规划内容 …………………… 706
  10.2.2 小城镇环境卫生工程规划步骤与方法 …………… 707
 10.3 小城镇固体废物量预测 …………………………………… 709
  10.3.1 小城镇固体废物分类 ……………………………… 709
  10.3.2 小城镇生活垃圾量预测 …………………………… 710
  10.3.3 小城镇工业固体废物量预测 ……………………… 711
 10.4 小城镇垃圾收运、处理与综合利用 ……………………… 712
  10.4.1 生活垃圾的收集与运输 …………………………… 713
  10.4.2 小城镇固体废弃物处理和处置 …………………… 717
  10.4.3 小城镇垃圾污染控制与环境卫生评估指标 ……… 726
 10.5 小城镇环境卫生设施规划 ………………………………… 727
  10.5.1 小城镇环境卫生公共设施规划 …………………… 728
  10.5.2 小城镇环境卫生工程设施规划 …………………… 732
  10.5.3 小城镇其他环境卫生设施规划 …………………… 741

10.6 环境卫生管理机构及工作场所规划 … 742
10.6.1 环境卫生管理机构的用地 … 743
10.6.2 环卫工作场所 … 743
10.6.3 环境卫生清扫、保洁人员作息场所 … 743
10.7 小城镇医疗卫生与建筑垃圾收运处理规划 … 744
10.7.1 小城镇医疗卫生垃圾收运处理规划 … 744
10.7.2 小城镇建筑垃圾和余泥土方收运处理规划 … 745
10.8 小城镇粪便渣、污泥收运处理规划 … 746
10.8.1 粪便收运 … 746
10.8.2 粪便处理技术概述 … 746
10.8.3 小城镇粪便收运处理设施规划 … 747

11 小城镇综合防灾工程规划 … 751
11.1 概述 … 751
11.1.1 小城镇综合防灾工程规划原则 … 752
11.1.2 小城镇综合防灾工程规划内容 … 752
11.2 防洪工程规划 … 752
11.2.1 规划依据与原则 … 753
11.2.2 规划内容、步骤与方法 … 754
11.2.3 防洪标准与方案选择 … 755
11.2.4 设计洪峰流量计算 … 757
11.2.5 防洪设施与措施 … 759
11.2.6 不同地区不同洪灾防洪规划特征及分析 … 763
11.3 消防工程规划 … 770
11.3.1 消防站规划 … 770
11.3.2 消防给水工程规划 … 774
11.3.3 消防通道规划 … 780
11.3.4 消防通讯指挥系统规划 … 780
11.3.5 消防对策与措施 … 781
11.4 抗震防灾工程规划 … 792

11.4.1 规划内容 …………………………………………… 793
11.4.2 地震类型与地震区划 ………………………………… 793
11.4.3 抗震设防区划与抗震设防标准 ……………………… 798
11.4.4 避震疏散与抗震设施布局 …………………………… 798
11.4.5 抗震防灾对策与措施 ………………………………… 800

11.5 抗风减灾工程规划 …………………………………… 806
11.5.1 风的特性及对城镇规划布局的影响 ………………… 808
11.5.2 抗风减灾规划内容 …………………………………… 816
11.5.3 抗风设防区划与抗风设防标准 ……………………… 816
11.5.4 用地、建筑及抗风防灾设施布局 …………………… 816
11.5.5 抗风防灾对策与措施 ………………………………… 817

11.6 抗地质灾害工程规划 ………………………………… 818
11.6.1 规划内容 …………………………………………… 819
11.6.2 设防区划与设防等级 ………………………………… 819
11.6.3 工程地质评价 ………………………………………… 819
11.6.4 抗地质灾害用地布局及相关技术要求 ……………… 819
11.6.5 抗地质灾害对策与措施 ……………………………… 820

12 小城镇工程管线综合规划 ……………………………… 823

12.1 概述 …………………………………………………… 823
12.1.1 小城镇管线工程综合的意义 ………………………… 823
12.1.2 小城镇管线工程的分类及内容 ……………………… 824

12.2 管线综合布置原则与方法 …………………………… 826
12.2.1 管线综合布置原则与规定 …………………………… 826
12.2.2 管线综合的编制方法 ………………………………… 834

12.3 管线综合规划 ………………………………………… 836
12.3.1 管线综合控制性详细规划 …………………………… 837
12.3.2 管线综合修建性详细规划 …………………………… 848

12.4 小城镇工程管线综合规划例解 ……………………… 856
12.4.1 A城镇管线综合例解 ………………………………… 856

12.4.2 B城镇管线综合例解 ················· 857
   12.4.3 某镇工业园区工程管线及综合规划例解 ········· 860
   12.4.4 某镇工业区控制性详细规划管线综合例解 ······· 864
   12.4.5 某镇修建性详细规划管线综合例解 ·········· 864
13 小城镇用地竖向规划 ························ 867
  13.1 概述 ···························· 867
   13.1.1 小城镇用地竖向规划的概念 ·············· 867
   13.1.2 小城镇用地竖向规划的目的和意义 ··········· 868
   13.1.3 小城镇用地竖向规划的基本原则 ············ 868
  13.2 小城镇用地竖向规划的任务、步骤与方法 ········· 869
   13.2.1 小城镇用地竖向规划的任务 ·············· 869
   13.2.2 小城镇用地竖向规划的现状资料 ············ 870
   13.2.3 小城镇用地竖向规划的方法与步骤 ··········· 871
  13.3 等高线与自然地形 ······················ 878
   13.3.1 等高线的概念与特征 ················· 878
   13.3.2 自然地形的等高线表示法 ··············· 881
   13.3.3 小城镇的不同地形用地 ················ 884
  13.4 小城镇总体规划阶段的竖向规划 ··············· 885
   13.4.1 小城镇总体规划阶段竖向规划的内容 ·········· 886
   13.4.2 小城镇总体规划阶段竖向规划应注意的几个问题 ······ 886
  13.5 小城镇详细规划阶段的竖向规划 ··············· 888
   13.5.1 小城镇详细规划阶段竖向规划的内容 ·········· 888
   13.5.2 竖向规划与地面排水 ················· 888
  13.6 建设用地的竖向规划 ···················· 890
   13.6.1 自然地面坡度的划分 ················· 890
   13.6.2 建设用地的竖向布置形式 ··············· 891
   13.6.3 建设用地竖向形式的选择 ··············· 894
   13.6.4 台阶式竖向规划 ··················· 899
  13.7 道路和广场竖向规划 ···················· 902

13.7.1 小城镇道路竖向规划的步骤与方法 ········· 902
13.7.2 小城镇道路纵坡转折点及交叉口标高的确定 ········· 903
13.7.3 小城镇道路横断面竖向规划 ········· 905
13.7.4 小城镇道路交叉口竖向规划设计 ········· 907
13.7.5 各种场地的适宜坡度 ········· 912
13.8 土方工程 ········· 913
13.8.1 计算土方的方格网法 ········· 913
13.8.2 计算土方的断面法 ········· 915
13.8.3 用地整平土石方量估算 ········· 917
13.9 小城镇道路中线坐标点的计算 ········· 922
13.9.1 方位角与方向角的关系 ········· 922
13.9.2 两点间方位角及距离计算 ········· 923
13.9.3 已知点至已知线的垂距计算 ········· 923
13.9.4 两直线相交点的坐标计算 ········· 923
13.9.5 直线与圆曲线交点坐标计算 ········· 924
13.9.6 两圆曲线交点坐标计算 ········· 926
13.9.7 直线与缓和曲线交点坐标计算 ········· 926
13.9.8 两条平行于规划中线的施工中线交点坐标计算 ········· 928

14 规划案例分析 ········· 931
14.1 例1 新县城总体规划中的基础设施规划 ········· 931
14.1.1 道路交通工程规划 ········· 932
14.1.2 给水工程规划 ········· 937
14.1.3 排水工程规划 ········· 941
14.1.4 供电工程规划 ········· 944
14.1.5 通信工程规划 ········· 947
14.1.6 燃气工程规划 ········· 949
14.1.7 供热工程规划 ········· 952
14.1.8 管线综合规划 ········· 953
14.1.9 综合防灾工程规划 ········· 954

14.1.10 环境卫生工程规划 ……………………… 957
14.2 例2 重点镇、中心镇总体规划中的基础设施规划 ……………………… 959
14.2.1 道路交通工程规划 ……………………… 959
14.2.2 给水工程规划 ……………………… 961
14.2.3 排水工程规划 ……………………… 963
14.2.4 电力工程规划 ……………………… 964
14.2.5 通信工程规划 ……………………… 965
14.2.6 燃气工程规划 ……………………… 966
14.2.7 供热工程规划 ……………………… 968
14.2.8 综合防灾工程规划 ……………………… 970
14.2.9 环境卫生工程规划 ……………………… 972
14.3 例3 城镇密集地区、城市郊区小城镇总体规划中的基础设施规划 ……………………… 973
14.3.1 综合交通规划 ……………………… 974
14.3.2 给水工程规划 ……………………… 988
14.3.3 防洪工程规划 ……………………… 992
14.3.4 排水工程规划 ……………………… 995
14.3.5 电力工程规划 ……………………… 997
14.3.6 通信工程规划 ……………………… 1008
14.3.7 燃气工程规划 ……………………… 1016
14.3.8 环境卫生工程规划 ……………………… 1020
14.4 例4 历史文化名镇、旅游型小城镇总体规划中的基础设施规划 ……………………… 1022
14.4.1 道路交通工程规划 ……………………… 1023
14.4.2 给水工程规划 ……………………… 1027
14.4.3 排水工程规划 ……………………… 1031
14.4.4 综合防灾工程规划 ……………………… 1033
14.4.5 电力工程规划 ……………………… 1037

14.4.6　通信工程规划 ·················· 1038
　14.4.7　燃气工程规划 ·················· 1040
　14.4.8　环境卫生工程规划 ·············· 1041
14.5　例5　中心镇工业园区控制性详细规划中的
　　　　　基础设施规划 ·················· 1042
　14.5.1　道路交通工程规划 ·············· 1043
　14.5.2　竖向工程规划 ·················· 1046
　14.5.3　给水工程规划 ·················· 1048
　14.5.4　排水工程规划 ·················· 1049
　14.5.5　电力工程规划 ·················· 1050
　14.5.6　通信工程规划 ·················· 1052
　14.5.7　燃气工程规划 ·················· 1054
　14.5.8　管线综合规划 ·················· 1054
　14.5.9　环卫设施规划 ·················· 1056
　14.5.10　综合防灾工程规划 ············· 1057
14.6　例6　新县城修建性详细规划中的基础设施规划
　　　　——云阳新县城中心区修建性详细规划中的
　　　　　工程规划 ······················ 1059
　14.6.1　规划概况 ······················ 1059
　14.6.2　道路工程规划 ·················· 1062
　14.6.3　竖向工程规划 ·················· 1066
　14.6.4　给水工程规划 ·················· 1067
　14.6.5　排水工程规划 ·················· 1069
　14.6.6　电力工程规划 ·················· 1070
　14.6.7　通信工程规划 ·················· 1072
　14.6.8　管线工程综合规划 ·············· 1074

15　小城镇基础设施规划导则综合示范应用分析 ··· 1076
15.1　明城镇道路交通规划导则示范应用 ······ 1077
　15.1.1　明城镇交通现状与规划概况 ········ 1077

15.1.2 试点示范应用分析 ………………………………… 1079
15.2 给水工程规划导则试点示范与应用分析 ………… 1089
　15.2.1 规划导则试点示范 …………………………… 1089
　15.2.2 示范应用分析与建议 ………………………… 1090
15.3 排水工程规划导则试点示范与应用分析 ………… 1093
　15.3.1 规划导则示范应用 …………………………… 1093
　15.3.2 示范应用分析与建议 ………………………… 1098
　15.3.3 污水处理应用技术示范 ……………………… 1101
15.4 供电工程规划导则试点示范与应用分析 ………… 1106
　15.4.1 规划导则示范应用 …………………………… 1106
　15.4.2 示范应用分析与建议 ………………………… 1108
15.5 通信工程规划导则试点示范与应用分析 ………… 1113
　15.5.1 规划导则示范应用 …………………………… 1113
　15.5.2 示范应用分析与建议 ………………………… 1115
15.6 燃气工程规划导则试点示范与应用分析 ………… 1119
　15.6.1 规划导则示范应用 …………………………… 1119
　15.6.2 示范应用分析建议 …………………………… 1121
15.7 防灾减灾工程规划导则试点示范与应用分析 …… 1125
　15.7.1 规划导则应用示范 …………………………… 1125
　15.7.2 应用示范分析与建议 ………………………… 1131
15.8 环境卫生工程规划导则试点示范与应用分析 …… 1135
　15.8.1 规划导则应用示范 …………………………… 1135
　15.8.2 示范应用分析与建议 ………………………… 1137

16 小城镇基础设施规划例图 ………………………… 1143
16.1　1 规划理论基础例图 ……………………………… 1143
16.2　14 规划案例分析附图 …………………………… 1143
　16.2.1 新县城总体规划中的基础设施规划附图 ……… 1143
　16.2.2 重点镇、中心镇总体规划中的基础设施规划例图 …… 1143
　16.2.3 城镇密集地区、城市郊区小城镇总体规划中的基础

　　　　设施规划例图 …………………………………… 1144
　16.2.4　历史文化名镇、旅游型小城镇总体规划中的基础
　　　　设施规划例图 …………………………………… 1144
　16.2.5　中心镇工业园区控制性详细规划中的基础设施规划
　　　　例图 ……………………………………………… 1145
　16.2.6　新县城修建性详细规划中的基础设施规划例图……… 1145
16.3　15　小城镇基础设施规划导则综合示范应用
　　　　分析例图 ………………………………………… 1146

8 小城镇供热工程规划

8.1 供热区域的划分

在一个小城镇中,不同的热用户对热的需求是不同的,如工业企业的生产工艺用热、居民的冬季采暖用热和生活热水用热,商业、洗浴、医疗行业的用热等等。为了更经济、有效地利用热能,需要在制定供热规划时进行供热区域的划分。

一般,小城镇供热区域的划分主要应考虑以下几个方面:

8.1.1 根据距离热源的远近划分供热区域

热用户距离热源的远近直接关系到供热质量,同时也直接关系到供热管网管材投资和供热运行管理费用,根据距离热源的远近划分供热区域,这样可以减少管材的投资与运行管理费用。

8.1.2 根据小城镇热负荷的分布、热用户的种类、热媒的参数划分

尽可能将有相同参数的热用户划分在同一个供热区域,由同一个供热系统供应热量,这样设计会更经济合理,也便于运行管理。

8.1.3 考虑小城镇的未来发展

小城镇供热区域的划分除了考虑以上两个因素外,还应考

虑小城镇的未来发展,给未来留有足够的发展空间,包括设备的容量和管道的输送能力等。

8.1.4 考虑小城镇的地理因素

小城镇的地形地貌、小城镇布局形态也是应该考虑的因素。考虑利于凝结水的回收和系统设备的配置更为合理,这样可以减少初投资,又可以节省运行费用。

当然,对于规模较小的小城镇和地域特点比较突出的农业小城镇,还应根据当地特点考虑它的发展,如:旅游、环境、其他洁净能源和替代能源的综合利用等。

8.2 供热工程规划的原则

小城镇的供热工程与交通、给水、排水、供电、供气、通信、环卫等工程一样,属于小城镇的基础设施之一。一个小城镇的供热工程规划是该城镇总体规划的一个组成部分,与该城镇的发展密切相关,同时,也在某种程度上制约城镇的发展。对于小城镇的基础设施应统筹考虑。

小城镇的供热工程主要指供热热源工程和传输热媒的管网工程,小城镇的供热工程规划应从这两方面考虑并应遵从以下原则。

8.2.1 严格遵循国家有关的政策和法规

为贯彻执行国家对能源开发和利用的方针,落实《中华人民共和国节约能源法》和《中华人民共和国环境保护法》提出的在城市积极推广集中供热的政策,城镇的供热工程规划应依据上述法规,遵从因地制宜、合理利用能源、提高经济效益等原则进行编制。

8.2.2 以小城镇总体规划为指导

小城镇供热工程规划是小城镇总体规划的一个组成部分，是集中供热项目可行性研究的前提。因此，小城镇供热工程规划应依据小城镇总体规划，与小城镇因地布局规划、能源规划、电力规划相协调，提高供热基础设施建设的技术水平和自动控制水平。

小城镇供热工程规划考虑不同地区的经济发展水平、地理地貌及气候条件的差异，与小城镇的性质、规划及发展方向相适应。

8.2.3 科学合理、统筹兼顾的原则

小城镇供热工程设施是小城镇的基础设施之一。在编制小城镇的供热工程规划时，要打破部门、行业、条块与区域界限，注意工业与民用相结合、冬季与夏季相结合、采暖与热水供应相结合、空调与制冷相结合、传统能源与新型能源相结合、新建与扩建相结合、近期与远期相结合，大、中、小型相结合，做到总体合理布局，有利分段分期实施。

8.2.4 可靠、节能、环保的原则

小城镇供热工程规划应尽可能采用先进和可靠的技术，强调能源的综合利用和节约能源，重视经济效益，更应重视减少城市污染和保护环境。同时，应注重采用新型节能材料，提高建筑的保温性能，降低耗能热指标。

8.2.5 小城镇供热工程规划编制的原则

小城镇供热工程规划编制应符合国家有关部门颁发的技术文件的要求。

8.3 小城镇供热工程设施规划的内容、步骤和方法

小城镇供热工程规划的主要任务是：根据当地的气候、生产与生活的需求，确定小城镇供热对象、供热标准、供热方式，合理确定小城镇的供热量、选取负荷，确定城区热电厂、热力站等供热设施的数量和容量，科学布局各种供热设施和供热管网，制定节能保温的措施以及供热设施的防护措施。

小城镇供热工程设施规划分为总体规划和详细规划。

8.3.1 小城镇供热工程设施规划的内容

（1）小城镇供热工程设施的总体规划内容
1）预测规划期热负荷；
2）选择和确定供热热源和供热方式；
3）确定热源布局、供热范围和供热能力与预留用地；
4）提出供热管网的热媒形式与参数；
5）布置重要供热设施和供热干线管网。

（2）小城镇供热工程设施的详细规划内容
1）测算规划范围热负荷；
2）规划布置供热设施和供热管网；
3）确定热力站、尖峰锅炉房主要供热设施位置和预留用地面积；
4）确定供热管网、管道、管径和敷设方式；
5）修建性详细规划应作出投资估计。

8.3.2 小城镇供热工程设施规划的步骤

小城镇供热工程设施规划分以下几个步骤进行：见图

8.3 小城镇供热工程设施规划的内容、步骤和方法

8.3.2-1 小城镇供热工程规划工作程序图。

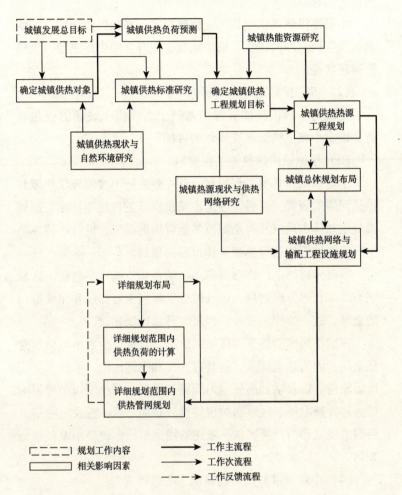

图 8.3.2-1 小城镇供热工程规划工作程序

（1）小城镇供热负荷的预测

首先，结合小城镇发展的总目标对小城镇供热现状、自然环境进行分析研究，确定小城镇供热的对象和供热标准。在此

基础上，根据小城镇发展总目标和小城镇规模，进行小城镇供热负荷的预测。

小城镇供热现状包括工业供热现状、采暖供热现状、生活热水及空调制冷的现状、锅炉现状、现有集中供热热源、供热管网现状等。

(2) 确定供热工程规划目标

在研究小城镇热能资源的基础上，根据小城镇的供热负荷，确定小城镇供热系统规划的目标。

(3) 小城镇供热热源工程规划

小城镇供热热源工程规划，首先要进行小城镇现状热源与供热网络的研究，然后，根据小城镇供热工程规划目标、小城镇规划总体布局以及对小城镇热能资源的研究，进行小城镇热电厂、区域锅炉房等热源工程设施的规划。

需要考虑热电厂作热源的小城镇在初步确定热电厂、区域锅炉房等技术方案之后，应及时征求规划主管部门和相关部门的意见，进一步作相关技术经济、环境论证比较。

一般小城镇的热源为区域锅炉房，只有极少数小城镇需建热电厂。因为热电厂等设施具有大气和水体污染、增加大量交通运输量、以及增加高压电力线路等因素，对小城镇布局影响过大，在热电厂、区域锅炉房等设施布局之后，应及时将信息反馈给规划部门，落实这些设施的用地布局；调整小城镇规划布局。

(4) 小城镇供热网络与输配工程设施规划

根据小城镇供热热源工程规划、小城镇规划总体布局，结合小城镇供热热源和供热网络的现状进行小城镇供热网络与输配工程设施规划。

(5) 分片供热管网与输配工程设施规划

对于规模较大的小城镇可根据用地规划布局、小城镇供热的对象和供热标准，估算分区供热负荷。然后，根据分区供热负荷分布、小城镇供热网络、输配工程设施规划以及用地规划布局，进行分区供热管网与输配工程设施规划。考虑小城镇地形地貌、小城镇布局形态等因素的影响，小城镇将采用不同的集中供热方式。因此，在这一步工作中，还包括本区范围内集中供热锅炉房等设施的布局。

(6) 详细规划范围内的供热管网规划

在进行此项工作前，先根据详细规划布局、供热的对象和供热标准，计算详细规划范围内的供热负荷。然后根据供热负荷分布、详细规划布局和分区供热管网与输配工程设施规划，进行详细规划范围内的供热管网布置。若详细规划范围内采用集中供热方式，在其规划范围内应包括集中供热锅炉房等设施布置。

8.4 热负荷的预测

小城镇集中供热系统的热用户有采暖、通风、热水供应、空气调节和生产工艺等。这些热用户热负荷的大小及其性质是供热规划和设计的最重要的依据，它关系到小城镇集中供热系统的使用效果和经济效益。因此，在进行热负荷预测之前，必须对所要进行规划区域的热负荷类型和预测方法有一个全面的了解。

8.4.1 城镇热负荷的分类

(1) 根据热负荷的性质分类

1) 民用热负荷

它包括采暖、通风、空气调节和热水供应。民用热用户通常以热水为热媒，使用热媒的参数（温度、压力）也较低。

2）工业热负荷

工业热负荷包括生产工艺过程中的用热,或作为动力用于驱动机械设备的用热。工业热用户常采用蒸汽为热媒,热媒的参数较高。

(2) 根据用热时间和用热规律分类

1）季节性热负荷

采暖、通风和空气调节是季节性热负荷。季节性热负荷与室外温度、湿度、风向、风速和太阳辐射等气候条件有关,其中对它的大小起决定作用的是室外温度,因为全年中室外温度变化很大,一般只在某些季节才需要供热。季节性热负荷在一天中变化不大。

2）常年性热负荷

生活用热（主要指热水供应）和生产工艺系统用热属于常年性热负荷。常年性热负荷的特点是:与气候条件关系不大,一年中用热状况变化不大,但全日中用热情况变化较大。

热水供应热负荷主要取决于使用的人数和生活习惯、生活水平、作息制度等因素。生产工艺热负荷取决于生产的性质、生产规模、生产工艺、用热设备的数量和生产作业的班次等因素。

8.4.2 小城镇热负荷预测与计算

热负荷反映了供热系统的热用户在单位时间内所需的供热量。

(1) 采暖热负荷预测与计算

采暖也称供暖,即用人工的方法使室内获得热量并保持一定的温度,以达到适宜的生活条件或工作条件的过程。目前,我国采暖地区民用集中供热系统中,采暖热负荷占总供热负荷的 80%~90%。

(2) 热负荷的确定

采暖热负荷的确定方法有计算法和概算法。

1) 计算法

当某一建筑物的土建资料比较齐全时,采暖热负荷可根据设计参数计算。计算法比较准确。一般民用建筑的基本计算公式为:

$$Q'_n = Q'_1 + Q'_2 + Q'_3 \quad (\text{W}) \tag{8-1}$$

式中 Q'_n——采暖热负荷(W);

Q'_1——建筑物围护结构耗热量(W);

Q'_2——冷风渗透耗热量(W);

Q'_3——冷风侵入耗热量(W)。

以上三项耗热量中 Q'_1 占主导地位。

Q'_1 的计算方法为:

$$Q'_1 = (1 + X_g) \sum aKF(t_n - t_w')(1 + X_{ch} + X_f)(\text{W}) \tag{8-2}$$

式中 K——某一维护结构(外墙、外窗、外门、屋顶等)的传热系数(W/(m²·℃));

F——某一围护结构传热面积,m²;

t_n——采暖室内设计温度℃,根据建筑物的用途按有关规范的规定选取;

t_w'——采暖室外设计温度 ℃,我国主要城市的采暖室外设计温度值及采暖时间等资料见表 8.4.2-1[4];

a——围护结构的温差修正系数,当围护结构邻接非采暖房间时,对室外温度所作的修正,一般取 a = 0.4~0.7;

X_{ch}——朝向修正率,它考虑的是建筑物受太阳辐射的有利作用和房间的朝向所作的修正,朝向修正率的取值为:

全国部分城市的采暖设计资料　　表8.4.2-1

城　市	采暖室外计算温度 t_w' (℃)	采暖天数 N (d)	采暖期室外平均温度 (℃)
海拉尔	-34	213	-14.2
伊春	-30	197	-11.5
锡林浩特	-27	190	-10.3
阿勒泰	-27	176	-9.5
哈尔滨	-26	179	-9.5
佳木斯	-26	183	-10.2
齐齐哈尔	-25	186	-9.8
牡丹江	-24	186	-9.1
通化	-24	173	-7.4
长春	-23	174	-8.0
乌鲁木齐	-22	157	-8.5
通辽	-20	167	-7.3
延吉	-20	174	-6.9
伊宁	-20	143	-4.4
沈阳	-19	152	-5.7
呼和浩特	-19	171	-5.9
哈密	-19	138	-5.6
赤峰	-18	160	-5.9
酒泉	-16	154	-4.3
榆林	-16	145	-4.5
银川	-15	149	-3.4
丹东	-14	151	-3.0
西宁	-13	165	-3.2
太原	-12	144	-2.1
喀什	-2	122	-2.4
大连	-11	132	-1.5
兰州	-11	135	-2.5
北京	-9	129	-1.6
天津	-9	122	-0.9
石家庄	-8	117	-0.2
济南	-7	106	-0.9
青岛	-6	111	0.9
昌都	-6	146	0.3
拉萨	-6	149	0.7
西安	-5	101	-1.0
郑州	-5	102	-1.6
徐州	-5	97	1.7
南京	-3	83	3.2

北、东北、西北　　$X_{ch} = 0 \sim 10\%$
东南、西南　　$X_{ch} = -10\% \sim -15\%$
南　　$X_{ch} = -15\% \sim -30\%$；

式中　X_f——风力附加率，只对建在不避风的高地、海岸、旷野上的建筑物，由于冬季室外风速较大，才考虑 $5\% \sim 10\%$ 附加率；

　　　X_g——高度附加率，当建筑物每层的高度大于 4m 时，每高出 1m 附加 2%。但总附加率不应大于 15%。

Q'_2 的计算方法为：

$$Q'_2 = 0.278 n_k V \rho_w C_p (t_n - t'_w) \quad (\text{W}) \qquad (8\text{-}3)$$

式中　n_k——房间的换气次数，可取每小时 $n_k = 0.5$ 次左右；

　　　V——采暖建筑物的外围体积（m^3）；

　　　C_p——室外空气的定压比热，取 $C_p = 1.0 \text{kJ}/(\text{kg} \cdot ℃)$；

　　　ρ_w——采暖室外计算温度下的空气密度（kg/m^3）；

其他符号同前。

Q'_3 的计算方法为：

$$Q'_3 = N Q_m \quad (\text{W}) \qquad (8\text{-}4)$$

式中　Q_m——建筑物外大门的基本耗热量（W）；

　　　N——外门附加率，多层民用建筑可取，$N = 2.0 \sim 3.0$；公共建筑厂房可取，$N = 0.5$。

2）概算法

概算法又称概算指标法。当已知规划区内各建筑物的建筑面积，建筑物用途及层数等基本情况时，常用热指标法来确定热负荷。建筑物的采暖热负荷可按下式进行概算：

$$Q'_n = q_f \cdot F \cdot 10^{-3} \quad (\text{kW}) \qquad (8\text{-}5)$$

式中　F——建筑物的建筑面积（m^2）；

　　　q_f——建筑物采暖面积热指标（W/m^2），它表示每平方米建筑面积的采暖负荷，q_f 的值见表 8.4.2-2[4]。

采暖面积热指标推荐值　　　表 8.4.2-2

建筑类型	住宅	居住区综合	学校办公	旅馆	商店	食堂餐厅	影剧院展览馆	医院幼托	大礼堂体育馆
$q_f(W/m^2)$	58~64	60~67	60~80	60~70	65~80	115~140	95~115	65~80	115~165

表中 q_f 的取值有一定的范围,确定 q_f 值的方法为:

①对当地已建的采暖建筑进行调研以确定合理的 q_f 值;

②如不具备上述条件, q_f 值可以遵循以下原则取值:

严冬地区取较大值;建筑层数较少的取较大值;建筑外形复杂者取较大值;建筑外形接近正方形取较小值。

3) 城镇规划指标法

当规划区的各类建筑物的建筑面积尚未具体落实时,可以用城镇规划热指标来估算整个规划区的采暖热负荷。

8.5　热源种类与选择

在供热系统中,热源是很重要的,热源规划是否合理将直接影响到整个供热系统的运行是否达到预期的目标。

8.5.1　小城镇主要热源种类

(1) 集中供热锅炉房供热;

在小城镇,多以集中供热锅炉房作为集中供应热能的热源。区域锅炉房与分散的小锅炉房比较,热效率高,减少烟气排放的污染;与热电厂相比有投资低、建设周期短、厂址选择容易等优点。

(2) 热电厂(站)供热;

(3) 工业余热供热;

(4) 其他热源供热(地热和太阳能等)。

8.5.2 小城镇供热热源的选择原则

(1) 因地制宜、经济合理的原则;
(2) 近、远期结合,统一规划、分期实施的原则;
(3) 统筹规划、联建共享原则。

对仅有采暖负荷的小城镇宜采用集中供热锅炉房;供热区域为常年性热负荷(小城镇有较大规模的用汽工业企业、工业园区)宜采用被压式或单级抽汽供热机组的热电厂;既有常年性负荷又有季节性负荷,且热负荷较大时宜采用两级抽汽供热机组;仅有较大季节性负荷,宜采用单级(低压)抽汽供热机组的热电厂。

8.6 供热管网规划及水力计算

供热管网(也称热力网或热网)是指热源向热用户输送和分配供热介质的管线系统,它是包括输送热媒的管道及其沿线的管路附件和附属建筑物的总称。

8.6.1 小城镇供热管网的规划

(1) 供热管网的形式

管网的形式按布置方式可分为枝状管网和环状管网;按管网输送的热媒可分为蒸汽管网和热水管网。一般情况下,蒸汽管网为单根管道(凝结水不回收);热水管道为两根管道:一根供水管,一根回水管。

1) 枝状管网

枝状管网又可分为单级枝状管网和双级枝状管网。

①单级枝状管网

从热源出发经供热管网直接到各热用户的形式称为单级枝

状管网。枝状管网是呈树枝状布置的形式，如图8.6.1-1所示。

单级枝状管网布置简单，供热管道的直径随着离热源越远而逐渐减小。管道的金属耗热量小，基建投资小，运行管理方便。但枝状管网不具后备供热能力。当供热管网某处发生故障时，在故障点之后的热用户将停止供热。因此，枝状管网一般只适用于规模较小的而且允许短时间停止供热的热用户的情况（如民用热用户）。

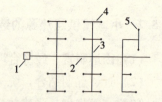

图8.6.1-1　单级枝状管网
1—热源；2—主干线；3—支干线；4—用户支线；5—热用户的用户引入口
注：双管网路以单线表示，阀门未标出。

②两级枝状管网

由热源至热力站或区域锅炉房的供热管道系统称为一级网；由热力站或区域锅炉房至热用户的供热管道系统称为二级网。两级枝状管网的规模较大，其形式如图 8.6.1-2 和图 8.6.1-3 所示。

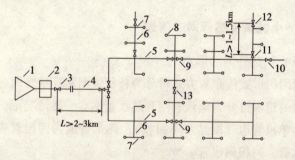

图 8.6.1-2　两级枝状管网
1—热电厂；2—区域锅炉房；3—热源出口阀门；4—输送干线的分段阀门；5—主干线；6—支干线；7—用户支线；8—热力站；9、10、11、12—输配干线上的分段阀门；13—连通管
注：双管线路以单线表示。

2) 环状管网

环状管网一般应有两个以上的热源所组成的大型集中供热系统。如图 8.6.1-4 所示是一个多热源供热系统的环状管网示意图。实际上所谓环状仅仅是对主干线而言的。支干线和分支干线仍为枝状管网。环状管网的最大优点是具有很高的供热能力。

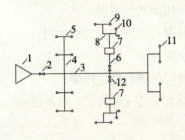

图 8.6.1-3 两级枝状管网
1—热电厂；2—热源出口阀门；3—主干线；4—支干线；5—分支管线；6—通向区域锅炉房的输配干线；7—区域锅炉房；8—区域锅炉房供热范围内的管线；9、10—区域锅炉房供热范围内的用户引入口和热力站；11—整个供暖季节只有热电厂供热的热力站；12—阀门
注：双管线路以单线表示。

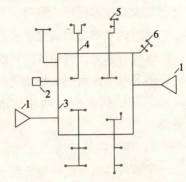

图 8.6.1-4 环状管网
1—热电厂；2—区域锅炉房；3—环状管网；4—支干线；5—分支管线；6—热力站；
注：双管网路以单线表示，阀门未标出。

同时还可以根据热用户的热负荷变化情况，经济合理地调配供热热源的数量和供热量。当然，与枝状管网相比，环状管网的投资增大，运行管理更为复杂，一般应有较高的自控或监控措施。目前，国内采用环状管网的实例尚不多。

(2) 小城镇供热管网选择要点

1) 热水供热系统

①以采暖和热水供应热负荷为主的供热系统，一般均采用

热水管网;

②热水热力网宜采用闭式双管制;

③以热电厂为热源的热水热力网,同时有生产工艺、采暖、通风、空调、生活热水多种热负荷,在生产工艺热负荷与采暖热负荷供热介质参数相差较大或季节性热负荷占总热负荷比例较大且技术经济合理时,可采用闭式多管制;

④当热水热力网满足下列条件时,可采用开式热力网:

Ⓐ具有水处理费用低的补给水源;

Ⓑ具有与生活热水热负荷相适应的廉价低位热能。

⑤开式热水热力网在热水热负荷足够大时可不设回水管路。

2) 蒸汽供热系统

①蒸汽供热系统一般适用于以生产工艺热负荷为主的供热系统。

②蒸汽热力网的蒸汽管道,宜采用单管制。当符合下列情况时,可采用双管或多管制:

各热用户用蒸汽的参数相差较大,或季节性热负荷占总热负荷比例较大且技术经济合理时,可采用双管或多管制;

当热用户按规划分期建设时,可采用双管或多管制,这样可随热负荷的发展分期建设;蒸汽供热系统中,如用户凝结水质量差,凝结水回收率低或凝结水能够回收,但凝结水管网技术经济比较不合算时,可不设凝结水管网。热用户应充分利用凝结水及其热量。

8.6.2 小城镇供热管网的布置

(1) 供热管网的布置原则

1) 应在小城镇建设总体规划指导下,考虑热负荷分布、热源位置、地上及地下管线和构筑物,协调园林绿地的关系,掌握水文地质条件等多种因素，经技术经济比较后确定管网的布置方式。

2) 热力管网的位置应符合下列要求：

①经济上合理。主干线力求短直，主干线尽量先经过热负荷集中区；

②技术上可靠。供热管线应避开土质松软地区、地震断裂带、滑坡危险及地下水位高等不利地段；

③供热管道走向宜平行于道路中心线，并尽可能敷设在车行道以外的地方；一般情况下，同一条管道应只沿街道的一侧敷设；供热管道应少穿交通线。地上敷设的供热管道不应影响环境美观，不妨碍交通；

④通过非建筑区的供热管道应沿公路敷设；

⑤供热管道与其他市政管线、构筑物等应协调安排，相互之间的距离应能保证运行安全和施工及检修方便。

有关供热管道与建筑物、构筑物以及其他市政管线的最小垂直净距参见《锅炉房设计规范》（GB 50041—92）和其他有关规范。

(2) 供热管道的敷设方式

供热管道的敷设方式是指将供热管道及其附件按设计条件组成整体并使之就位的工作。供热管道的敷设方式可分为地上（架空）敷设和地下敷设两类。

1) 地上敷设

按照管道支架的高度不同，可分为高、中、低支架 3 种地上敷设形式。

①低支架敷设见图 8.6.2-1，它是地上敷设中最经济的敷设方式。

②中支架敷设见图 8.6.2-2，管道保温结构底距地面净高为 2.0~4.0m。它适用于人行和非机动车辆通行的地段。

8 小城镇供热工程规划

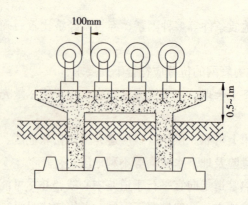

图 8.6.2-1 低支架敷设

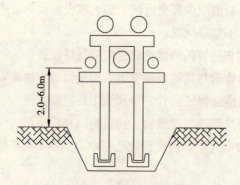

图 8.6.2-2 高、中支架敷设

③高支架敷设形式见图 8.6.2-2。管道保温结构底距地面净高为 4.0m 以上,适合供热管道跨越公路、铁路或其他障碍物时采用;这种敷设形式的投资很大,应尽量减少采用。

地上敷设适用于下列场合:工厂厂区、地下水位高、年降雨量大、土壤土质差、地形复杂、地下管线设施密度大难以采用地下敷设的地段。

2) 地下敷设

地下敷设可分为地沟敷设和直埋敷设。地下敷设不影响市容和交通,因而是城镇集中供热管道首选的敷设方式。

①地沟敷设

地沟是地下敷设管道的围护结构物。地沟的作用是承受土压力和地面荷载并防止水的侵入。根据地沟的断面尺寸，可分为通行地沟、半通行地沟、不通行地沟。

通行地沟见图 8.6.2-3。通行地沟内要保证工作人员直立行走。通行地沟的造价高，一般供热管道穿越交通干道时才采用。

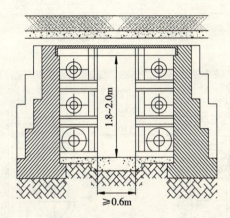

图 8.6.2-3　通行地沟敷设

考虑城镇的发展，应采用综合管沟。综合管沟内，除了敷设供热管道外，还可以敷设上水管道、电缆线等。综合管沟的优点是便于维修管理，避免了各种管线敷设和维修要重复开挖路面的现象，如图 8.6.2-5。

半通行地沟见图 8.6.2-4。在半通行地沟内留有高度 1.2～1.4m，宽度不小于 0.5m 的人行通道。操作人员可以在半通行地沟内检查管道和进行小型维修工作。半通行地沟适用于供热管道穿越交通干道而地下空间有限的场合。

不通行地沟见图 8.6.2-6。不通行地沟的断面尺寸小，它只保证管道施工安装的必要尺寸间距。不通行地沟的造价低、

8 小城镇供热工程规划

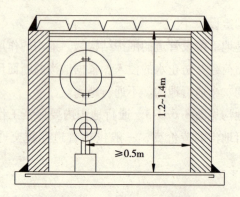

图 8.6.2-4 半通行地沟敷设

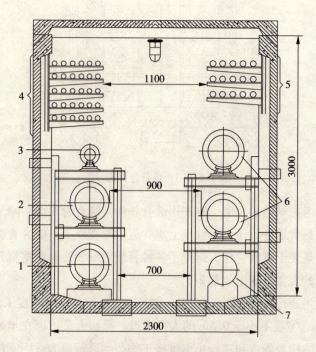

图 8.6.2-5 综合管沟敷设

占地面积小，应是城镇供热管道经常采用的敷设方式。其缺点是管道检修时须掘开地面。

图 8.6.2-6　不通行地沟

地沟通常设在土壤下面，管沟盖板覆土深度不宜小于 0.2m。地沟埋在土壤中的深度，应根据当地的水文气候条件，一般在冻土层以下和最高地下水位线以上。

②直埋敷设

直埋敷设与传统的地沟敷设方式相比，具有占地面积少，施工周期短，使用寿命长等诸多优点。我国的供热管道直埋敷设技术于 20 世纪 80 年代自欧洲引入，经过几十年历程，取得了较大的发展，已得到了广泛的应用。

直埋敷设适用于供热介质温度小于 150℃ 的供热管道。因此，常用于热水供热系统。直埋敷设方式见图 8.6.2-7。直埋敷设管道常采用"预制保温管"，它将钢管、保温层和保护层紧密地粘成一个整体，具有足够的机械强度和良好的

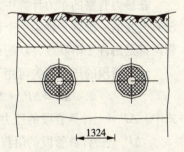

图 8.6.2-7　直埋敷设

防水性能。直埋敷设供热管道常采用工厂化生产，这既保证了质量又进一步缩短了管网的施工周期。直埋敷设方式代表了供热管道敷设方式的发展趋势。

8.6.3 热力管道的水力计算

(1) 热水网路水力计算的主要任务

1) 按已知的热媒流量和压力损失,确定管道的直径;

2) 按已知的热媒流量和管道的直径,计算管道的压力损失;

3) 按已知的管道直径和允许的压力损失,计算或校核管道中的热媒流量。

根据热水网路水力计算的结果,不仅能确定管网各管段的管径,而且还可以确定网路循环水泵的流量和扬程。

在网路水力计算的基础上绘出水压图,以确定管网与用户的连接方式,选择网路和用户的自控措施,还可以进一步对网路的运行工况进行分析,从而掌握网路中热媒流动的变化规律。

(2) 网路水力计算的基本公式

在热力管路的水力计算中,通常把管路中水流量和管径都没有改变的一段管子称为一个计算管段。任何一个供热系统的管网都是由许多串联或并联的计算管段组成的。

计算管段的压力损失可用下式表示:

$$\Delta P = \Delta P_y + \Delta P_j = Rl + \Delta P_j \tag{8-6}$$

式中 ΔP——计算管段的压力损失(Pa);

ΔP_y——计算管段的沿程损失(Pa);

ΔP_j——计算管段的局部损失(Pa);

l——管段长度(m);

R——每米管长的沿程损失(比摩阻)(Pa/m)。

可用下式计算:

$$R = 6.25 \times 10^{-8} (\lambda/\rho)(G_t^2/d^5) \quad (\text{Pa/m}) \tag{8-7}$$

式中 R——每米管长的沿程损失(比摩阻)(Pa/m);

d——管子的内直径（m）；

ρ——水的密度（kg/m³）；

G_t——管段内的水流量（t/h）；

λ——管段的摩擦阻力系数。

热水网路的水流量通常以吨/时（t/h）表示。

热水网路的水流速常大于 0.5m/s，它的流动状况大多处于阻力平方区，阻力平方区的摩擦阻力系数 λ 值可如下确定：

$$\lambda = 0.11 \cdot (d/K)^{0.25} \qquad (8-8)$$

式中 K——管壁的当量绝对粗糙度，m；对热水网路，取 $K = 0.5 \times 10^{-3}$ m。将 λ 和 K 值代入式（8-7）得：

$$R = 6.88 \times 10^{-3} K^{0.25} \cdot (G_t^2/\rho \cdot d^{5.25}) \text{ (Pa/m)} \qquad (8-9)$$

$$d = 0.387 (K^{0.0476} \cdot G_t^{0.381})/(\rho R)^{0.19} \text{ (m)} \qquad (8-10)$$

$$G_t = 12.06 \times ((\rho R)^{0.5} d^{2.625})/K^{0.125} \text{ (t/h)} \qquad (8-11)$$

在设计中，为了简化繁琐的计算，通常利用水力计算图表进行计算（见表 8.6.3-1）。如在水力计算中，遇到了与表 8.6.3-1 不同管壁的当量绝对粗糙度 K_{sh} 时，根据式（8-9）的关系，应对比摩阻 R 进行修正：

$$R_{sh} = (K_{sh}/K_{bi})^{0.25} \cdot R_{bi} = m R_{bi} \qquad (8-12)$$

式中 R_{bi}、K_{bi}——按表 8.6.3-1 查出的比摩阻和规定的 K_{bi} 值，（表中 $K_{bi} = 0.5$ mm）；

K_{sh}——水力计算时采用的实际当量绝对粗糙度（mm）；

R_{sh}——相应 K_{sh} 情况下的实际比摩阻（Pa/m）；

m——K 值的修正系数（见表 8.6.3-3）。

水力计算图表是在某一密度 ρ 下编制的。如热媒的密度不同，但质量流量相同，则应对表中查出的速度和比摩阻进行修正。

$$v_{sh} = (\rho_{bi}/\rho_{sh}) \cdot v_{bi} \qquad (8-13)$$

$$R_{sh} = (\rho_{bi}/\rho_{sh}) \cdot R_{bi} \qquad (8-14)$$

式中 ρ_{bi}、R_{sh}、v_{bi}——表 8.6.3-1 中采用的热媒密度和在表 8.6.3-1 中查出的比摩阻和流速的值;

ρ_{sh}——水力计算中热媒的实际密度,kg/m^3;

R_{sh}、ρ_{sh}——相应于实际 ρ_{sh} 条件下的实际比摩阻 (Pa/m) 和流速 (m/s) 值。

在水力计算中要想保持表中的质量流量 G 和 R 不变,而热媒密度不是 ρ_{bi} 而是 ρ_{sh} 时,则对管径应根据式(8-10)进行如下修正:

$$d_{sh} = (\rho_{bi}/\rho_{sh})^{0.19} \cdot d_{bi} \quad (8-15)$$

式中 d_{bi}——根据水力计算表的 ρ_{bi} 条件下查出的管径值;

d_{sh}——实际密度 ρ_{sh} 条件的管径值。

在水力计算中,不同密度的修正计算,对蒸汽管道是经常应用的。在热水网路的水力计算中,由于水在不同的温度下,密度差别较小,所以,实际工程设计计算中,往往不必做修正计算。

热水网路的局部阻力损失,可按下式计算:

$$\Delta P_j = \Sigma \zeta (\rho v^2/2) \text{ (Pa)} \quad (8-16)$$

在热水网路计算中,还经常采用当量长度法,即将管段的局部阻力损失折合成相当的沿程损失。当量长度 l_d 可由下式求出:

$$l_d = \Sigma \zeta (d/\lambda) = 9.1(d^{1.25}/K^{0.25}) \cdot \Sigma \zeta \text{ (m)} \quad (8-17)$$

式中 $\Sigma \zeta$——管段的总局部阻力系数;

d——管道的内径(m);

K——管道的当量绝对粗糙度(m)。

表 8.6.3-2 中给出了热水网路一些管件和附件的局部阻力系数和 $K=0.5mm$ 时局部阻力的当量值。

如水力计算采用与表 8.6.3-2 不同的当量绝对粗糙度 K_{sh} 值时,根据式(8-17)的关系应对 l_d 进行修正。

$$l_{sh \cdot d} = (K_{bi}/K_{sh})^{0.25} \cdot l_{bi \cdot d} = \beta l_{bi \cdot d} \quad (8-18)$$

8.6 供热管网规划及水力计算

热水网路水力计算表

($K=0.5\text{mm}$, $t=100°C$, $\rho=958.38\text{kg/m}^3$, $\nu=0.295\times10^{-6}\text{ m}^2/\text{s}$)

表中采用单位：水流量 G（t/h）；流速 v（m/s）；比摩阻 R（Pa/m）

表 8.6.3-1

公称直径	25		32		40		50		70		80		100		125		150		200		250		300	
外径×壁厚	32×2.5		38×2.5		45×2.5		57×3.5		76×3.5		89×3.5		108×4		133×4		159×4.5		219×6		273×8		325×8	
G	v	R	v	R	v	R	v	R	v	R	v	R	v	R	v	R	v	R	v	R	v	R	v	R
0.6	0.3	77	0.2	27.5	0.14	9																		
0.8	0.41	137.3	0.27	47.7	0.18	15.8	0.12	5.6																
1	0.51	214.8	0.34	73.1	0.23	24.4	0.15	8.6																
1.4	0.71	420.7	0.47	143.2	0.32	47.4	0.21	19.8	0.11	3														
1.8	0.91	695.3	0.61	236.3	0.42	84.2	0.27	26.1	0.14	5														
2	1.01	858.1	0.68	292.2	0.46	104	0.3	31.9	0.16	6.1														
2.2	1.11	1038.5	0.75	353	0.51	125.5	0.33	36.2	0.17	7.4														
2.6			0.88	493.3	0.6	175.5	0.38	53.4	0.2	10.1														
3			1.02	657	0.69	234.4	0.44	71.2	0.23	13.2														
3.4			1.15	844.4	0.78	301.1	0.5	91.4	0.26	17														
4					0.92	415.8	0.59	126.5	0.31	22.8	0.22	9												
4.8					1.11	599.2	0.71	182.4	0.37	32.8	0.26	12.9												
5.6							0.83	252	0.43	44.5	0.31	17.5	0.21	6.4										
6.2							0.92	304	0.48	54.6	0.34	21.8	0.23	7.8	0.15	2.5								

续表

公称直径	25		32		40		50		70		80		100		125		150		200		250		300	
外径×壁厚	32×2.5		38×2.5		45×2.5		57×3.5		76×3.5		89×3.5		108×4		133×4		159×4.5		219×6		273×8		325×8	
G	v	R	v	R	v	R	v	R	v	R	v	R	v	R	v	R	v	R	v	R	v	R	v	R
7							1.03	387.4	0.54	69.6	0.38	27.9	0.26	9.9	0.17	3.1								
8							1.18	506	0.62	90.9	0.44	36.3	0.3	12.7	0.19	4.1								
9							1.33	640.4	0.7	114.7	0.49	46	0.33	16.1	0.21	5.1								
10							1.48	790.4	0.78	142.2	0.55	56.8	0.37	19.8	0.24	6.3								
11							1.63	957.1	0.85	171.6	0.6	68.6	0.41	23.9	0.26	7.6								
12									0.93	205	0.66	81.7	0.44	28.5	0.28	8.8	0.2	3.5						
14									1.09	278.5	0.77	110.8	0.52	38.8	0.33	11.9	0.23	4.7						
15									1.16	319.7	0.82	127.5	0.55	44.5	0.35	13.6	0.25	5.4						
16									1.24	363.8	0.88	145.1	0.59	50.7	0.38	15.5	0.26	6.1						
18									1.4	459.9	0.99	184.4	0.66	64.1	0.43	19.7	0.3	7.6						
20									1.55	568.8	1.1	227.5	0.74	79.2	0.47	24.3	0.33	9.3						
22									1.71	687.4	1.21	274.6	0.81	95.8	0.52	29.4	0.36	11.2						
24									1.86	818.9	1.32	326.6	0.89	113.8	0.57	35	0.39	13.3						
26									2.02	961.1	1.43	383.4	0.96	133.4	0.62	41.1	0.43	16.7						
28											1.54	445.2	1.03	154.9	0.66	47.6	0.46	18.1						
30											1.65	510.9	1.11	178.5	0.71	54.6	0.49	20.8						
32											1.76	581.5	1.18	203	0.76	62.2	0.53	23.7						

续表

公称直径	25		32		40		50		70		80		100		125		150		200		250		300	
外径×壁厚	32×2.5		38×2.5		45×2.5		57×3.5		76×3.5		89×3.5		108×4		133×4		159×4.5		219×6		273×8		325×8	
G	v	R	v	R	v	R	v	R	v	R	v	R	v	R	v	R	v	R	v	R	v	R	v	R
34											1.87	656.1	1.26	228.5	0.8	70.2	0.56	26.8						
36											1.98	735.5	1.33	256.9	0.85	78.6	0.59	30						
38											2.09	819.8	1.4	286.4	0.9	87.7	0.62	33.4						
40													1.48	316.8	0.95	97.2	0.66	37.1	0.35	6.8	0.22	2.3		
42													1.55	349.1	0.99	107	0.69	40.8	0.36	7.5	0.23	2.5		
44													1.63	383.4	1.04	118	0.72	44.8	0.38	8.1	0.25	2.7		
45													1.66	401.1	1.06	123	0.74	46.9	0.39	8.5	0.25	2.8		
48													1.77	456	1.13	140	0.79	53.3	0.41	9.7	0.27	3.2		
50													1.85	495.2	1.18	152	0.82	57.8	0.43	10.6	0.28	3.5		
54															1.28	178	0.89	67.5	0.47	12.4	0.3	4		
58													1.99	577.6	1.37	204	0.95	77.9	0.5	14.2	0.32	4.5		
62													2.14	665.9	1.47	233	1.02	88.9	0.53	16.3	0.35	5		
66													2.29	761	1.56	265	1.08	101	0.57	18.4	0.37	5.7		
70													2.44	862	1.65	297	1.15	113.8	0.6	20.7	0.39	6.4		
78													2.59	969.9	1.75	332	1.21	126.5	0.64	23.1	0.41	7.1		
80															1.84	370	1.28	141.2	0.67	25.7	0.44	8.2		
90															1.89	388	1.31	148.1	0.69	27.1	0.45	8.6		

续表

公称直径	25		32		40		50		70		80		100		125		150		200		250		300	
外径×壁厚	32×2.5		38×2.5		45×2.5		57×3.5		76×3.5		89×3.5		108×4		133×4		159×4.5		219×6		273×8		325×8	
G	v	R	v	R	v	R	v	R	v	R	v	R	v	R	v	R	v	R	v	R	v	R	v	R
100																								
120																					0.5	11		
140																			0.78	34.2	0.56	13.5	0.39	5.1
160																			0.86	42.3	0.67	19.5	0.46	7.4
180															2.13	491			1.03	60.9	0.78	26.5	0.54	10.1
200															2.36	607			1.21	82.9	0.89	34.6	0.62	13.1
220															2.84	874	2.3	454	1.38	107.9	1.01	43.8	0.7	16.6
240																	2.63	592.3	1.55	137.3	1.12	54.1	0.77	20.5
260																			1.72	168.7	1.23	65.4	0.85	24.8
280																			1.9	205	1.34	77.9	0.93	29.5
300																			2.07	243.2	1.45	91.4	1.01	34.7
340																			2.24	285.4	1.57	105.9	1.08	40.2
380																			2.41	331.5	1.68	121.6	1.16	46.2
420																			2.59	380.5	1.9	155.9	1.32	55.9
460																			2.93	488.4	2.13	195.2	1.47	74
500																			3.28	611	2.35	238.3	1.62	90.5
																			3.62	745.3	2.57	286.4	1.78	108.9
																					2.8	348.1	1.93	128.5

8.6 供热管网规划及水力计算

热水网路局部阻力当量长度表
($K=0.5\text{mm}$)（用于蒸汽网路 $K=0.2\text{mm}$，乘修正系数 $\beta=1.26$）

表8.6.3-2

公称直径(mm) 当量直径(m) 名称	局部阻力系数 ζ	32	40	50	70	80	100	125	150	175	200	250	300	350	400	450	500	600	700	800
截止阀	4~9	6	7.8	8.4	9.6	10.2	13.5	18.5	24.6	39.5	—	—	—	—	—	—	—	—	—	—
闸阀	0.5~1	—	—	0.65	1	1.28	1.65	2.2	2.24	2.9	3.36	3.73	4.17	4.3	4.5	4.7	5.3	5.7	6	6.4
旋启式止回阀	1.5~3	0.98	1.26	1.7	2.8	3.6	4.95	7	9.52	13	16	22.2	29.2	33.9	46	56	66	89.5	112	133
升降式止回阀	1~7	5.25	6.8	9.16	1.4	17.9	23	30.8	39.2	50.6	58.8	—	—	—	—	—	—	—	—	—
套筒补偿器（单向）	0.2~0.5	—	—	—	—	—	0.66	0.88	1.68	2.17	2.52	3.33	4.17	5	10	11.7	13.1	16.5	19.4	22.8
套筒补偿器（双向）	0.6	—	—	—	—	—	1.98	2.64	3.36	4.34	5.04	6.66	8.34	10.1	12	14	15.8	19.9	23.3	27.4
波纹管补偿器（无内套）	1.7~1	—	—	—	—	—	5.57	7.5	8.4	10.1	10.9	13.3	13.9	15.1	16					
波纹管补偿器（有内套）	0.1	—	—	—	—	—	0.38	0.44	0.56	0.72	0.72	1.1	1.4	1.68	2					
方形补偿器																				
三缝焊管 $R=1.5$	2.7	—	—	—	—	—	—	—	17.6	22.1	22.1	33	40	47	55	67	76	94	110	128
锻压弯头 $R=(1.5~2)d$	2.3~3	3.5	4	5.2	6.8	7.9	9.8	12.5	15.4	19	19	28	34	40	47	60	68	83	95	110
焊管	1.16	1.8	2	2.4	3.2	3.5	3.8	5.6	6.5	8.4	8.4	11.2	11.5	16	20	—	—	—	—	—
弯头																				
45°单缝焊接弯头	0.3	—	—	—	—	—	—	—	1.68	2.17	2.17	3.33	4.17	5	6	7	7.9	9.9	11.7	13.7
60°单缝焊接弯头	0.7	—	—	—	—	—	—	—	3.92	5.06	5.06	7.8	9.7	11.8	14	16.3	18.4	23.2	27.2	32
锻压弯头 $R=(1.5~2)d$	0.5	0.38	0.48	0.65	1	1.28	1.65	2.2	2.8	3.62	3.62	5.55	6.95	8.4	10	11.7	13.1	16.5	19.4	22.8
煨弯 $R=4d$	0.3	0.22	0.29	0.4	0.6	0.76	0.98	1.32	1.68	2.17	2.17	3.3	4.17	5	6					

续表

名称	局部阻力系数 ζ	公称直径 (mm) 当量直径 (m)																		
		32	40	50	70	80	100	125	150	175	200	250	300	350	400	450	500	600	700	800
除污器	10	—	—	—	—	—	—	—	56	72.4	72.4	111	139	168	200	233	262	331	388	456
分流三通	1.0	0.75	0.97	1.3	2	2.55	3.3	4.4	5.6	7.24	8.4	11.1	13.9	16.8	20	23.3	26.3	33.1	38.8	45.7
直通管 分支管	1.5	1.13	1.45	1.96	3	3.82	4.95	6.6	8.4	10.9	12.6	16.7	20.8	25.2	30	35	39.4	49.6	58.2	68.6
分流三通	1.5	1.13	1.45	1.96	3	3.82	4.95	6.6	8.4	10.9	12.6	16.7	20.8	25.2	30	35	39.4	49.6	58.2	68.6
直通管 分通管	2.0	1.5	1.94	2.62	4	5.1	6.6	8.8	11.2	14.5	16.8	22.2	27.8	33.6	40	46.6	52.5	66.2	77.6	91.5
三通汇流管	3	2.25	2.91	3.93	6	7.65	9.8	13.2	16.8	21.7	25.2	33.3	41.7	50.4	60	69.9	78.7	99.3	116	137
三通分流管	2	1.5	1.94	2.62	4	5.1	6.6	8.8	11.2	14.5	16.8	22.2	27.8	33.6	40	46.6	52.5	66.2	77.6	91.5
焊接异径接头（按小管径计算） $F_1/F_0=2$	0.1	—	0.1	0.13	0.2	0.26	0.33	0.44	0.56	0.72	0.84	1.1	1.4	1.68	2	2.4	2.6	3.3	3.9	4.6
$F_1/F_0=3$	0.2~0.3	—	0.14	0.2	0.3	0.38	0.98	1.32	1.68	2.17	2.52	3.3	4.17	5	5.7	5.9	6	5.6	7.8	9.2
$F_1/F_0=4$	0.3~0.49	—	0.19	0.26	0.4	0.51	1.6	2.2	2.8	3.62	4.2	5.55	6.85	7.4	7.8	8	8.9	9.9	11.6	13.7

式中 K_{bi}、$l_{bi \cdot d}$——局部阻力当量长度表中采用的 K 值（表 8.6.3-2 中 $K_{bi}=0.5\text{mm}$）和局部阻力当量长度（m）；

K_{sh}——水力计算中实际采用的当量绝对粗糙度（mm）；

$L_{sh \cdot d}$——相应 K_{sh} 值条件下的局部阻力当量长度（m）；

β——K 值的修正系数，其值可见表 8.6.3-3。

K 值的修正系数 m 和 β 值　　　　表 8.6.3-3

K (mm)	0.1	0.2	0.5	1.0
m	0.669	0.795	1.0	1.180
β	1.495	1.26	1.0	0.84

当采用长度法进行水力计算时，热水网路中管段的总压降可用下式求得：

$$\Delta P = R(l + l_d) = R l_{zh} \text{ (Pa)} \quad (8\text{-}19)$$

式中 l_{zh}——管段的折算长度（m）。

在进行估算时，局部阻力的当量长度 l_d 可按管道实际长度 l 的百分数来计算。即：

$$l_d = \alpha_j \cdot l \text{ (m)} \quad (8\text{-}20)$$

式中 α_j——局部阻力的当量长度百分数（%）见表 8.6.3-4；

l——管段的实际长度（m）。

热网管道局部损失与沿程损失的估算比值 α_j　　表 8.6.3-4

补偿器类型	公称直径（mm）	α_j 值	
		蒸汽管道	热水和凝结水管道
输送干线 套筒或波纹管补偿器 （带内衬筒）	≤1200	0.2	0.2

续表

补偿器类型	公称直径 (mm)	α_j 值	
		蒸汽管道	热水和凝结水管道
方形补偿器	200~350	0.7	0.5
方形补偿器	400~500	0.9	0.7
方形补偿器	600~1200	1.2	1
输配干线 套筒或波纹管补偿器			
(带内衬筒)	≤400	0.4	0.3
(带内衬筒)	450~1200	0.5	0.4
方形补偿器	150~250	0.8	0.6
方形补偿器	300~350	1	0.8
方形补偿器	400~500	1	0.9
方形补偿器	600~1200	1.2	1

(3) 热水网路水力计算方法和例题

在进行热水网路水力计算之前,应有下列已知资料:网路的平面布置图(平面图上应标明管道上所有的附件和配件)、热用户热负荷的大小、热源的位置以及热媒的计算温度等。

1) 热水网路水力计算的方法及步骤如下:

①确定热水网路中各个计算管段的计算流量

管段的计算流量就是该管段所负担的各个用户的计算流量之和,以此计算流量确定管段的管径和压力损失。

对只有供暖热水供暖的系统,用户的计算流量可用下式确定:

$$G'_n = \frac{Q'_n}{c(\tau'_1 - \tau'_2)} = A \frac{Q'_n}{(\tau'_1 - \tau'_2)} \quad (t/h) \quad (8-21)$$

式中 Q'_n——供暖用户系统的计算热负荷,通常可用 GJ/h、MW 或 Mkcal/h 表示;

τ'_1、τ'_2——网路的设计供、回水温度(℃);

c——水的质量比热,$c = 4.1868 \text{kJ/(kg·℃)} = 1 \text{kcal/}$

(kg·℃);

A——采用不同计算单位的系数。见表 8.6.3-5:

不同计算单位的系数　　　　表 8.6.3-5

采用的计算单位	Q'_n (GJ/h = 10^9 J/h) c (kJ/kg·℃)	Q'_n (MW = 10^6 W) c (kJ/kg·℃)	Q'_n (Mkcal/h = 10^6 kcal/h) c (cal/kg·℃)
A	238.8	860	1000

对具有多种热用户的并联闭式热水系统,采用按供暖热负荷进行集中质调节时,网路计算管段的计算流量应按下式计算:

$$G'_{zh} = G'_n + G'_t + G'_r$$

$$= A\left(\frac{Q'_n}{\tau'_1 - \tau'_2} + \frac{Q'_t}{\tau'''_1 - \tau'''_{2,t}} + \frac{Q'_r}{\tau''_1 - \tau''_{2,t}}\right) \quad (t/h) \quad (8-22)$$

式中　　G'_{zh}——计算管段的计算流量 (t/h);

G'_n、G'_t、G'_r——计算管段担负供暖、通风、热水供应热负荷的设计流量 (t/h);

Q'_n、Q'_n、Q'_n——计算管段担负供暖、通风、热水供应热负荷的设计热负荷,通常可以用 GJ/h、MW 或 Mkcal/h 表示;

A——采用不同单位时的系数,见表 8.6.3-5。

τ'''_1——在冬季通风室外计算温度 $t'_{w,t}$ 时的网路供水温度 (℃);

$\tau'''_{2,t}$——在冬季通风室外计算温度 $t'_{w,t}$ 时,流出空气加热器的网路回水温度,采用与供暖热负荷质调节时相同的回水温度 (℃);

τ''_1——供热开始 ($t_w = +5$℃) 或开始间歇调节时的网路供水温度 (一般取70℃)(℃);

$\tau''_{2,t}$——供热开始 ($t_w = +5$℃) 或开始间歇调节时,

流出热水供应的水-水换热器的网路回水温度（℃）。

在按式（8-22）确定计算管段的总计算流量时，由于整个系统的所有热水供应用户不可能同时使用，用户越多，热水供应的全天最大小时用水量越接近于全天的平均小时用水量。因此，对热水网路的干线，式（8-22）的热水供应计算热负荷 G'_r，可按热水供应的平均小时热负荷 $G'_{r,p}$ 计算；对热水网路的支线，当用户有储水箱时，按平均小时热负荷 $G'_{r,p}$ 计算；对无储水箱的用户，按最大小时热负荷 $G'_{r,max}$ 计算。

对具有多种用户的闭式热水供热系统，当供热调节不按供暖热负荷进行质调节，而采用其他方式——如在间接连接供暖系统中采用质量—流量调节，或采用分阶段改变流量的质调节，或采用两级串联或混联闭式系统时，热水网路计算管段的总计算流量，应首先绘制供热综合调节曲线，将各种热负荷的网路水流量曲线叠加，得出某一室外温度 t_w 下的最大流量值，以此作为计算管段的总计算流量。

②热水网路的主干线及其沿程比摩阻

热水网路水力计算是从主干线开始计算的。网路中平均比摩阻最小的一条管线，成为主干线。在一般情况下，热水网路各用户要求预留的作用压差是基本相等的，所以通常从热源到最远用户的管线是主干线。

主干线的平均比摩阻 R 值，对确定整个管网的管径起着决定性作用。如选用 R 值越大，需要的管径越小，因而降低了管网的基建投资和热损失，但网路循环水泵的基建投资及运行电耗随之增大。这就需要确定一个经济比摩阻，使得在规定的计算年限内总的费用为最小。影响经济比摩阻的因素很多，理论上应根据工程具体条件，通过计算确定。

根据《城市热力网设计规范》，在一般情况下，热水网路主干线的设计平均比摩阻,可取 40~80Pa/m 进行计算。《城市热力网设计规范》建议的数值,主要是根据多年来采用直接连接的热水网路系统而规定的。对于采用间接连接的热水网路系统,根据北欧国家的设计与运行经验,采用主干线的平均比摩阻值比上述规定的值高,有达到 100Pa/m 的。间接连接的热网主干线的合理平均比摩阻值,有待通过技术经济分析和运行经验进一步确定。

③根据网路主干线各管段的计算流量和初步选择的 R 值,利用表 8.4.2-2 的水力计算表,确定主干线各管段的标准管径和相应的实际比摩阻。

④选用的标准管径和管段中的局部阻力的形式,查表 8.6.3-1,确定各管段局部阻力的当量长度 l_d 的总和,以及管段的折算长度 l_{zh}。

⑤据管段的折算长度 l_{zh} 以及由表 8.4.2-2 查到的比摩阻,利用式 (8-19),计算主干线各管段的总压降。

⑥干线水力计算完成之后,便可以进行支干线、支线等水力计算。应按支干线、支线的资用压差确定其管径,但热水流速不应大于 3.5m/s,同时比摩阻不应大于 300Pa/m(见《城市热力网设计规范》(CJJ 34—2002)规定)。规范中采用了两个控制指标,实质上是对管径 $DN \geqslant 400mm$ 的管道,控制其流速不得超过 3.5m/s(尚未达到 300Pa/m);而对管径 $DN <$ 400mm 的管道,控制其比摩阻不得超过 300Pa/m(如对 $DN50$ 的管道,当 $R=300Pa$ 时,流速 v 仅约为 0.9m/s)。

为了消除剩余的压头,通常在用户引入口或热力站处安装调压板、调压阀门或流量调节器。用于热水网路的调压板,一般用不锈钢或铝合金制成。不锈钢的调压板的厚度一般为 2~3mm,调压板通常安装在供水管路上,也可安装在回水管路上。

【例题】 某工厂厂区热水供热系统,其网路平面布置如

图 8.6.3-1 所示，网路的计算供水温度 $\tau_1' = 130℃$，计算回水温度 $\tau_2' = 70℃$，用户 E、D、F 的设计热负荷分别为：3.518GJ/h、2.513GJ/h 和 5.025GJ/h。热用户内部的阻力损失为 $\Delta P = 5 \times 10^4 Pa$。试进行该网路的水力计算。

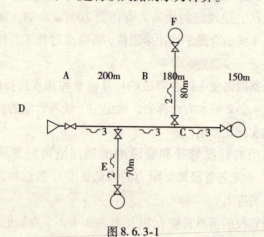

图 8.6.3-1

【解】（1）确定各用户的设计流量

对热用户 E

$$G_n' = \frac{Q_n'}{c(\tau_1' - \tau_2')} = A \frac{Q_n'}{(\tau_1' - \tau_2')} = 238.8 \times \frac{3.518}{130 - 70} = 14 t/h$$

其他用户和各管段的计算流量的计算方法同上。各管段的计算流量列入表 8.6.3-6 中。

（2）热水网路主干线计算

因各用户内部的阻力损失相等，所以，从热源到最远用户 D 的管线是主干线。

首先取主干线的 $R = 40 \sim 80 Pa/m$ 范围之内，确定主干线各管段的管径。

管段 AB：$Q_n' = 14 + 10 + 20 = 44 t/h$

根据管段 AB 的计算流量和 R 值的范围，从表 8.6.3-1 中可确定管段 AB 的管径和相应的比摩阻 R 值。

$$d = 150\text{mm}; \quad R = 44.8\text{Pa/m}$$

管段 AB 中局部阻力的当量长度 l_d，可由表 8.6.3-2 查出，得：

闸阀 $1 \times 2.24 = 2.24\text{m}$；方形补偿器 $3 \times 15.4 = 46.2\text{m}$；

局部阻力的当量长度之和 $l_d = 2.24 + 46.2 = 48.44\text{m}$；

管段 AB 的折算长度 $l_{zh} = 200 + 48.44 = 248.44\text{m}$；

管段 AB 的压力损失 $\Delta P = Rl_{zh} = 44.8 \times 248.44 = 11130\text{Pa}$。

同样的方法，可计算主干线的其余管段 BC、CD，确定管径和压力损失。计算结果列于表 8.6.3-6 中。BC 和 CD 的局部阻力当量长度 l_d 值，如表 8.6.3-6。

管径和压力损失　　　　表 8.6.3-6

管段	管径(mm)	直流三通(m)	异径接头(m)	方形补偿器(m)	闸阀(m)	总当量长度 l_d(m)
BC	125	$1 \times 4.4 = 4.4$	$1 \times 0.44 = 0.44$	$3 \times 1.25 = 3.75$		42.34
CD	100	$1 \times 3.3 = 3.3$	$1 \times 0.33 = 0.33$	$3 \times 9.8 = 29.4$	$1 \times 1.65 = 1.65$	34.68

(3) 支管计算

管段 BE 的资用压差为：

$$\Delta P_{BE} = \Delta P_{BC} + \Delta P_{CD} = 12140 + 14627 = 26767\text{Pa}$$

设局部损失与沿程损失的估算比值 $\alpha_j = 0.6$（见表 8.6.3-4），则比摩阻大致可控制为

$$R' = \Delta P_{BE}/l_{BE}(1 + \alpha_j) = 26767/70(1 + 0.6) = 239\text{Pa/m}$$

根据 R' 和 $G_{BE}' = 14\text{t/h}$，由表 8.6.3-4 得出：

$$d_{BE} = 70\text{mm}; \quad R_{BE} = 278.5\text{Pa/m}; \quad v = 1.09\text{m/s}$$

管段 BE 局部阻力的当量长度 l_d，查表 8.6.3-2 得：

三通分流：$1 \times 3.0 = 3.0\text{m}$；方形补偿器 $2 \times 6.8 = 13.6\text{m}$；

闸阀：$2 \times 1.0 = 2.0\text{m}$，总当量长度 $l_d = 18.6\text{m}$。

管段 BE 的折算长度 $l_{zh} = 70 + 18.6 = 88.6 \text{m}$。

管段 BE 的压力损失

$$\Delta P_{BE} = R l_{zh} = 278.5 \times 88.6 = 24675 \text{Pa}$$

用同样的方法计算 CF，计算结果见表 8.6.3-7。

水力计算表（例题）　　　　表 8.6.3-7

管段编号	计算流量 G' (t/h)	管段长度 l (m)	局部阻力当量长度之和 l_d (m)	折算长度 l_{zh} (m)	公称直径 d (m)	流速 v (m/s)	比摩阻 (Pa/m)	管段的压力损失 ΔP (Pa)
1	2	3	4	5	6	7	8	9
主干线								
AB	44	200	48.44	248.44	150	0.72	44.8	11130
BC	30	180	42.34	222.34	125	0.71	54.6	12140
CD	20	150	34.68	184.68	100	0.74	79.2	14627
支线								
BE	14	70	18.6	88.6	70	1.09	278.5	24675
CF	10	80	18.6	98.6	70	0.78	142.2	14021

8.6.4 蒸汽网路的水力计算

（1）蒸汽网路水力计算公式

蒸汽供热系统的管网有蒸汽网路和凝结水网路两部分组成。热水网路水力计算的基本公式，对蒸汽网路同样是适用的。在计算蒸汽管道的沿程压力损失时，流量 G_t、管径 d 与比摩阻 R 三者的关系式与热水网路水力计算的基本公式完全相同，如式（8-9）～式（8-11）。

$$R = 6.88 \times 10^{-3} K^{0.25} \cdot (G_t^2/\rho \cdot d^{5.25}) \quad (\text{Pa/m});$$

$$d = 0.387 (K^{0.0476} \cdot G_t^{0.381})/(\rho R)^{0.19} \quad (\text{m});$$

$$G_t = 12.06 \times ((\rho R)^{0.5} d^{2.625})/K^{0.125} \quad (\text{t/h})。$$

式中　R——每米管长的沿程损失（比摩阻）（Pa/m）；

d——管子的内直径（m）；

ρ——管段中蒸汽的密度（kg/m³）；

G_t——管段内的蒸汽质量流量（t/h）；

K——管道的当量绝对粗糙度（m）。

在设计中，为了简化蒸汽管道水力计算的过程，通常也是利用计算图或表格进行计算。表 8.6.4-1 给出了蒸汽管道水力计算表。该表是按 $K=0.2mm$，蒸汽密度 $\rho=1kg/m^3$ 编制的。

在蒸汽网路水力计算中，由于网路长，蒸汽在管道内流动的过程中密度变化大，因此，必须对密度的变化予以修正计算。如计算管段内的蒸汽密度 ρ_{sh} 与计算采用的水力计算表的密度 ρ_{bi} 不相同，则应按公式（8-13）、式（8-14）对表中查出的流速和比摩阻进行修正：

$$v_{sh} = (\rho_{bi}/\rho_{sh}) \cdot v_{bi} \quad (m/s)$$

$$R_{sh} = (\rho_{bi}/\rho_{sh}) \cdot R_{bi} \quad (Pa/m)$$

式中 ρ_{bi}、R_{bi}、v_{bi}——表 8.6.4-1 中采用的热媒密度和在表 8.6.4-1 中查出的比摩阻和流速的值；

ρ_{sh}——水力计算中热媒的实际密度（kg/m³）；

R_{sh}、v_{sh}——相应于实际 ρ_{sh} 条件下的实际比摩阻（Pa/m）和流速（m/s）值。

当蒸汽管道的当量绝对粗糙度 K_{sh} 与计算采用的蒸汽水力计算表中的 $K_{bi}=0.2mm$ 不符时，同样应按式（8-12）进行修正：

$$R_{sh} = (K_{sh}/K_{bi})^{0.25} \cdot R_{bi} \quad (Pa/m)$$

式中 R_{bi}、K_{bi}——按表 8.6.4-1 查出的比摩阻和规定的 K_{bi} 值，（表中 $K_{bi}=0.2mm$）；

K_{sh}——水力计算时采用的实际当量绝对粗糙度（mm）；

R_{sh}——相应 K_{sh} 情况下的实际比摩阻（Pa/m）。

蒸汽管道的局部阻力系数通常用当量长度表示，并按式（8-29）计算：

$$l_d = \sum \zeta (d/\lambda) = 9.1(d^{1.25}/K^{0.25}) \cdot \sum \zeta \ (m)$$

式中　$\sum \zeta$——管段的总局部阻力系数；

　　　d——管道的内径（m）；

　　　K——管道的当量绝对粗糙度（m）。

室外蒸汽管道的局部阻力当量长度 l_d 值，可查表 8.6.3-1 热水网路局部阻力当量长度表。但因 K 值不同，需按式（8-18）进行修正：

$$l_{sh,d} = (K_{bi}/K_{sh})^{0.25} \cdot l_{bi,d} = (0.5/0.2)^{0.25} \cdot l_{bi,d}$$
$$= 1.26 \cdot l_{bi,d}$$

式中　K_{bi}、$l_{bi,d}$——局部阻力当量长度表中采用 K 值（表 8.6.3-1 中 $K_{bi}=0.5$mm）和局部阻力当量长度（m）；

　　　K_{sh}——水力计算中实际采用的当量绝对粗糙度（mm）；

　　　$L_{sh,d}$——相应 K_{sh} 值条件下的局部阻力当量长度（m）；

当采用当量长度法进行水力计算时，按式（8-19）蒸汽网路中的计算管段的总压降为：

$$\Delta P = R(1 + l_d) = Rl_{zh} \ (Pa)$$

式中　l_{zh}——管段的折算长度（m）。

（2）蒸汽网路水力计算方法

在进行蒸汽网路水力计算前，应根据供热管网总平面图画出蒸汽网路水力计算草图。图上标明各用户的计算热负荷（计算流量）、蒸汽的参数、各管段的长度、阀门、补偿器等管道附件。

1）蒸汽网路水力计算的任务

蒸汽网路水力计算的任务是：选择蒸汽网路各管段的管

径，以保证各热用户对蒸汽流量的使用参数的要求。

2）蒸汽网路水力计算的步骤与方法如下：

①根据各用户的计算流量，确定蒸汽网路各管段的计算流量。

各用户的计算流量，应根据各热用户的蒸汽参数及其计算热负荷按式（8-23）确定。

$$G' = A \frac{Q'}{r} \text{ (t/h)} \qquad (8-23)$$

式中　G'——热用户的计算流量（t/h）；

　　　Q'——热用户的计算热负荷，通常用 GJ/h，MW 或 Mkcal/h 表示；

　　　r——用汽压力下的汽化潜热（kJ/kg）；

　　　A——采用不同计算单位的系数，见表 8.6.4-1。

不同计算单位的系数　　　　表 8.6.4-1

采用的计算单位	Q'（GJ/h＝10^9 J/h） r（kJ/kg）	Q'（MW＝10^6 W） r（kJ/kg）	Q'（Mkcal/h＝10^6 kcal/h） r（kJ/kg）
A	1000	3600	1000

蒸汽网路中各管段的计算流量是由该管段所负担的各热用户的计算流量之和来确定。但对蒸汽管网的主干线管段，应根据具体情况，乘以各热用户的同时使用系数。

②蒸汽网路主干线和平均比摩阻。

主干线应是从热源到某一热用户的平均比摩阻最小的一条管线。主干线的平均比摩阻按式（8-24）求得。

$$R_{pj} = \Delta P / \sum l(1 + \alpha_j) \text{ (Pa/m)} \qquad (8-24)$$

式中　ΔP——热网主干线始端与末端的蒸汽压力差（Pa）；

　　　$\sum l$——主干线的长度（m）；

　　　α_j——局部阻力系数所占比例系数，按表 8.6.3-4 选用。

③主干线的水力计算。

通常从热源出口的总管段开始进行水力计算。热源出口蒸汽的参数已知,现需先假设总管段的末端蒸汽压力,由此得出该管段蒸汽的平均密度 ρ_{pj},如式(8-25)。

$$\rho_{pj}=(\rho_s+\rho_m)/2 \quad (kg/m^3) \tag{8-25}$$

式中 ρ_s、ρ_m——计算管段始端和末端的蒸汽密度(kg/m³)。

④根据该管段假设的蒸汽平均密度 ρ_{pj} 和按式(8-24)确定的平均比摩阻 R_{pj} 值换算为蒸汽网路水力计算表 ρ_{bi} 条件下的平均比摩阻 $R_{bi·pj}$ 值,通常水力计算表采用 $\rho_{bi}=1kg/m^3$,得:

$$\frac{R_{bi·pj}}{R_{pj}}=\frac{\rho_{pj}}{\rho_{bi}} \tag{8-26}$$

$$R_{pj·bi}=\rho_{pj}\cdot R_{pj} \quad (Pa/m) \tag{8-27}$$

⑤根据计算管段的计算流量和水力计算表 ρ_{bi} 条件下得出的 $R_{bi·pj}$ 值,按水力计算表,选择蒸汽管道直径 d、比摩阻 R_{bi} 和蒸汽在管道内的流速 v_{bi}。

⑥根据该管段假设的平均密度 ρ_{pj},将水力计算表中得出的平均比摩阻 R_{bi} 和 v_{bi} 值,换算为在 ρ_{pj} 下的实际比摩阻 R_{sh} 和 v_{sh}。如水力计算表中 $\rho_{bi}=1kg/m^3$,则

$$R_{sh}=\left(\frac{1}{\rho_{pj}}\right)\cdot R_{bi} \quad (Pa/m) \tag{8-28}$$

$$v_{sh}=\left(\frac{1}{\rho_{pj}}\right)\cdot v_{bi} \quad (m/s) \tag{8-29}$$

蒸汽在管道内的最大允许流速,按《城市热力网设计规范》(CJJ 34—2002),不得大于下列规定:

过热蒸汽:公称直径 $DN>200mm$ 时,80m/s

公称直径 $DN\leqslant 200mm$ 时,50m/s

饱和蒸汽:公称直径 $DN>200mm$ 时,60m/s

公称直径 $DN\leqslant 200mm$ 时,35m/s

⑦按所选的直径,计算管段的局部阻力总当量长度 l_d (查表 8.6.3-2),并按下式计算该管段的实际压力降。

$$\Delta P_{sh} = R_{sh}(l + l_d) \text{ (Pa)} \tag{8-39}$$

⑧根据该管段的始端压力和实际末端压力 $P_m = P_s - \Delta P_{sh}$,确定该管段的蒸汽的实际平均密度 ρ'_{pj}。

$$\rho'_{pj} = (\rho_s + \rho'_m)/2 \text{ (kg/m}^3\text{)} \tag{8-40}$$

式中 ρ'_m——实际末端压力下的蒸汽密度(kg/m³)。

⑨验算该管段的实际平均密度 ρ'_{pj} 与原假设的蒸汽平均密度 ρ_{pj} 是否相等。如果两者相等或差别很小,则该管段的水力计算过程结束。如果两者相差较大,则应重新假设 ρ_{pj},然后按同一计算步骤和方法进行计算,直到两者相等或差别很小为止。

⑩蒸汽管路分支管线的水力计算。

蒸汽管路主干线所有管线逐次进行水力计算结束后,可以分支线和主干线节点处的蒸汽压力,作为分支线始端蒸汽压力,按主干线水力计算的步骤和方法进行水力计算。

8.7 "三联供"规划

"三联供"是指冷、暖、汽联供系统。实现三联供一般是在基础设施比较好的小城镇。

城镇"三联供"系统是指城镇利用各类热源,使用一套系统解决城市供冷、供暖、供汽的问题。但许多小城镇随着工业、经济迅速发展,基础设施在不断地完善,因此,在一些有条件的小城镇,中远期规划也适宜采用三联供系统。

8.7.1 "三联供"的组成

"三联供"系统由 5 个单元组成,如图 8.7.1-1。

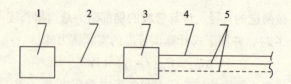

图 8.7.1-1　三联供系统示意图
1—热源；2——级蒸汽管网；3—冷热站；4—二级蒸汽管网；5—供、回水管

（1）热源

热源应根据具体情况而定，尽可能以热电厂作为冷、暖、汽三联供的热源。

（2）一级蒸汽网

一级蒸汽网通常指到冷暖站的蒸汽输送分配管网。

（3）冷暖站

冷暖站是冷、暖、汽三联供系统的核心部分，它由各种换热、制冷设备及附件组成。一般利用溴化锂吸收式制冷机作为制冷设备。

（4）二级蒸汽网

二级蒸汽网是指从冷暖站至各用户的管网系统。二级管网中，蒸汽管主要用于生产工艺或某些生活用热。供、回水管主要用于空调用户；夏季，供水管输送冷冻水，供、回水设计温度为8℃和13℃；冬季，供、回水设计温度为60℃和50℃。此外，还可以设热水管将热水送至热水用户。

（5）用户系统

用户系统主要为生产工艺用热、生活用热和空调系统。

8.7.2 "三联供"的适用范围

三联供适合于夏季气候炎热、冬季比较寒冷、四季分明的地区。我国的长江流域至黄河流域之间的区域较适合三联供的模式。在这些地区，一年中夏季需要供冷和冬季需要供暖的累计时间大多在半年以上。这样，三联供管路系统的年利用率会很高。

8.7.3 "三联供"系统的冷、热负荷估算

(1) 冷负荷估算

夏季空调用冷负荷，可采用冷负荷指标估算法，见表 8.7.3-1。

冷负荷指标估算法　　　　表 8.7.3-1

建筑类型	宾馆高级公寓	办公楼图书馆	学校	住宅	医院	商场超市	体育馆	影剧院	饭店餐厅
冷负荷 (W/m²)	100~120	120~150	160~200	90~110	130~160	200~250	200~240	300~400	150~180

(2) 夏季空调热负荷

冷暖站常采用蒸汽溴化锂吸收式制冷机，这种制冷机以热制冷，实际消耗的是蒸汽。根据目前蒸汽溴化锂吸收式制冷机的性能（双效机组），空调的冷负荷与消耗蒸汽量的热负荷相等。

(3) 冬季热负荷估算

冬季空调热负荷采用热指标方式估算。方法如下：

$$q_k = (1.3 \sim 1.5) q_f \ (\text{W/m}^2) \tag{8-41}$$

式中　q_k——冬季空调热负荷面积热指标（W/m²）；

　　　q_f——冬季采暖热负荷面积热指标（W/m²）。

q_f 值见表 8.4.2-2。

8.8 主要设施布局、选址与用地预留

8.8.1 新建热电厂

(1) 热电厂的平面布置

热电厂由生产建筑和辅助建筑组成，如图 8.8.1-1。生产

建筑主要包括锅炉房、汽机房、主控室、配电和升压变电站、化学水处理间、输煤系统和冷却塔等；辅助建筑有机修、仓库、办公楼、食堂、宿舍等。

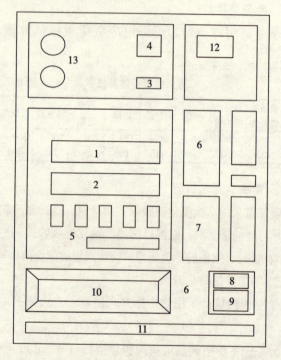

图 8.8.1-1 热电厂平面布置示意图
1—汽机房；2—锅炉房；3—主控楼；4—升压电站；
5—灰浆泵房；6—办公楼；7—水处理；8—修配厂；
9—材料库；10—煤场；11—卸煤设备；12—水泵房；
13—冷却塔

(2) 热电厂用地

热电厂厂区占地面积的参考指标（不包括施工用地）见表8.8.1-1。由表8.8.1-1可见，单机容量越大，相对占地面积越小。

热电厂厂区占地面积的参考指标　　表 8.8.1-1

单机容量（万 kW）	1.2	2.5~5.0	10~20
单机容量占地（万 m^2/万 kW）	1.5~2.0	0.8~1.2	0.4~0.6

8.8.2 热水锅炉房

（1）热水锅炉房规模

热水锅炉的出力通常以产热量表示。

规模较大的锅炉房，供热量宜在 5.8~3.0MW，供热半径在 1.0~2.0km 范围内，规模大的热水锅炉房供热量往往超过 30MW，供热半径可达 3.5~5.0km。

（2）热水锅炉房位置的选择

1）应靠近热负荷集中的地区。

2）便于供热管道引出，并使室外管道的布置技术可靠、经济合理。

3）便于燃料储运和灰渣排除，使人流和煤、灰车流分开。

4）位于地质条件较好的地区。

5）有利于避免烟尘和有害气体对居住区和主要环境保护区的影响。

6）锅炉房为独立的建筑物。

（3）热水锅炉房用地面积

锅炉房的用地面积与锅炉的总容量相关，见表 8.8.2-1。

锅炉房的用地面积与锅炉的总容量　　表 8.8.2-1

锅炉房总容量（MW）	用地面积（$\times 10^4 m^2$）	锅炉房总容量（MW）	用地面积（$\times 10^4 m^2$）
5.8~11.6	0.3~0.5	58.0~116	1.6~2.5
11.6~35.0	0.6~1.0	116~232	2.6~3.5
35.0~58.0	1.1~1.5	232~350	4~5

(4) 热水锅炉房平面布置

锅炉房包括锅炉间、辅助间和生活间。锅炉间为锅炉本体用房，一般锅炉台数应在 2~4 台之间。人工加煤的锅炉房，锅炉台数不宜超过 5 台；机械加煤的锅炉房，锅炉台数不宜超过 7 台。辅助间一般包括风机、水泵、水处理、计量及控制设备等用房。生活间包括办公室、休息室、更衣室、浴室等用房。

(5) 热水锅炉房的用水量

热水锅炉房引出的供、回水管一般与室外热力管网直接连接。因此，初次投入运行时，充水量很大。运行时，热水锅炉房（包括室外热网）的补水量为总循环水量的 1%~2%。

8.8.3 蒸汽锅炉房

(1) 蒸汽锅炉房规模

蒸汽锅炉的出力通常以每小时的蒸汽产出量表示。每小时每吨蒸汽的产热量约为 0.58~0.7MW。蒸汽锅炉房的供热半径一般≤4.0km。

(2) 蒸汽锅炉房选址

与热水锅炉房的要求相同。

(3) 用地面积

见表 8.8.2-2。

(4) 平面布置方式

与热水锅炉房类似。

(5) 蒸汽锅炉房用水量

蒸汽锅炉房用水量包括以下两部分：

1) 送至热用户的蒸汽无法回收的水量。

2) 蒸汽泄露的补水量，一般占总蒸汽量的 3%~5%。

有汽—水换热设备的，需考虑被加入热水系统的补水量，其补水量为热水系统循环量的1%~2%。

蒸汽锅炉房用地面积　　　　表8.8.2-2

锅炉房额定蒸汽出力（t/h）	锅炉房是否有汽—水换热站	用地面积（$\times 10^4 m^2$）
10~20	无	0.25~0.45
	有	0.3~0.5
20~60	无	0.5~0.8
	有	0.6~1.0
60~100	无	0.8~1.2
	有	0.9~1.4

8.9　小城镇供热工程案例

例：某镇供热工程规划

（1）供热工程现状

根据现状调查表明，该镇供热热源只有小区锅炉房供热，无生活热水供应；现有锅炉房85座，有锅炉95台，总容量181.5t/h，总供热面积近70万 m^2，其余为一些小炉灶火炕取暖，主要分布在平房区及棚户区。

（2）规划原则

根据该镇的具体情况及城镇建设的发展需要，供热规划的基本原则是：以城镇建设总体规划为依据，发展区域锅炉房为主要热源的供热体系。主要体现在：

1）在城镇建设总体规划指导下，供热设施的建设和技术水平与该镇的城镇建设和管理水平相适应。

2）随着防腐技术的发展，在国家政策允许的前提下，可适量发展地热供暖。

3) 供热力求体现近期、中期、远期相结合；工业与民用相结合；综合利用与改善环境相结合；传统能源与新型能源相结合的四结合原则。

4) 合理发展集中供热和联片供热，打破部门、行业界限，统筹规划，合理布局，既着眼于现状，又考虑将来发展。

(3) 规划依据及规划期限

1) 该镇总体规划。

2)《城市热力网设计规范》（CJJ 34—2002）。

3)《关于加强城市供热规划管理工作的通知》建设部、国家计委（建城字第126号）。

4) 该镇供热现状调查资料。

(4) 气象、水文和地质情况

该镇处于中纬度地带，四季分明，冬寒夏暑，属北温带大陆性气候，日照充足，雨量集中。平均无霜期176天，平均风速4.1m/s，年最大风速23.0m/s。年平均降雨量为647.3mm。地震基本烈度为7度。地质允许抗压强度为8~12t/m^2。

冬季采暖室外计算温度：	−16℃
采暖天数：	149天
采暖期：	11月1日~次年3月31日
采暖日平均温度：	−4.8℃
年平均气温：	9℃
冬季主导风向：	东北
最大冻土深度：	136cm
极端最高温度：	35℃
极端最低温度：	−29.3℃

(5) 热负荷

1) 热指标的确定

根据《城市热力网设计规范》(CJJ 34—2002) 及考虑该镇的具体情况,住宅、公建及厂房的供热指标确定如下:

住宅:$64W/m^2$ $[230kJ/(m^2 \cdot h)]$

公建:$75W/m^2$ $[270kJ/(m^2 \cdot h)]$

厂房:$105W/m^2$ $[378kJ/(m^2 \cdot h)]$

计算综合热指标按住宅70%、公建20%、厂房10%计算,确定综合热指标为$70W/m^2$ $[251kJ/(m^2 \cdot h)]$。随着科学技术的发展,建筑物的节能措施将越来越多,因此,热指标也将随之降低。

2) 供热区划分

根据该镇的城区自然条件及城镇建设的发展情况,将整个城区的供热划分为3个相对独立的供热区域,分别为Ⅰ号、Ⅱ号、Ⅲ号供热区。

3) 采暖热负荷的确定

各供热区最终供热面积确定如下:

Ⅰ号区:280 万 m^2

Ⅱ号区:200 万 m^2

Ⅲ号区:180 万 m^2

综合热指标确定为$65W/m^2$,各区热负荷为:

Ⅰ号区:196.00MW

Ⅱ号区:140.00MW

Ⅲ号区:126.00MW

4) 生活热水热负荷

随着人民生活水平的提高,生活热水已成为人们生活的必需品。经过多年的实践证明,搞大型的集中热水供应系统投资大,运行费用及热损失较高,造成热水供应成本高,用户不易接受，而供应方又无利润。随着太阳能技术的改进，利用非传统能源实现热水供应成为可能。因此，规划确定，热水供应采用小型集中式和分散式太阳能生活热水供应为主，以电热式及液化气式生活热水供应为辅的生活热水供应方案。

(6) 供热规划

1) 热源规划

规划建成区设热源 3 个；区域供热锅炉房 3 个。

① Ⅰ 号供热区采暖热负荷 196MW，加之工业生产用汽，规划确定建 58MW 热水锅炉 4 台。根据发展情况适时兴建上述锅炉房。锅炉房建设用地 3.0 公顷。

② Ⅱ 号供热区采暖热负荷 140MW，规划确定建 58MW 热水锅炉 3 台，根据供热面积发展情况逐步形成，锅炉房建设用地 3.0 公顷。

③ Ⅲ 号供热区采暖热负荷 126MW，规划确定扩建 29MW 锅炉 4 台，总建设用地 3.0 公顷。

2) 热网规划

供热管网的布置原则及敷设方式：

① 主干管应靠近大型用户和负荷集中地区，避免长距离穿越没有负荷的地段。

② 供热管道应尽量避开主要交通干道和繁华街道，特别要避免破坏文物。

③ 蒸汽管道采用地沟敷设，条件允许的地段可采用架空敷设，待技术条件成熟可采用直埋敷设。

④ 热水管网一律采用直埋敷设，并按二次网设置，一次网水温为 120~70℃，二次网水温为 75~55℃。

室外高压蒸汽管径计算表见表 8.9.1-1。

室外高压蒸汽管径计算表

表 8.9.1-1

表中采用单位：水流量 G (t/h)；流速 v (m/s)；比摩阻 R (Pa/m)

($K=0.2$mm, $\rho=1$kg/m³)

公称直径	65		80		100		125		150		175		200		250	
外径×壁厚	73×3.5		89×3.5		108×4		133×4		159×4		194×6		219×6		273×7	
G	v	R	v	R	v	R	v	R	v	R	v	R	v	R	v	R
2.0	164	5213.6	105	1666	70.8	585.1	45.3	184.2	31.5	71.4	21.4	26.5				
2.1	171.7	5754.6	111	1832.6	74.3	644.8	47.6	201.9	33.0	78.8	22.4	28.9				
2.2	180.4	6310.2	116	2018.8	77.9	707.6	49.8	220.5	34.6	86.7	23.5	31.6				
2.3	188.1	6902.1	121	2205	81.4	774.2	52.1	240.1	36.2	94.0	24.6	34.4				
2.4	195.8	7507.8	126	2401	85	842.8	54.4	260.7	37.8	102.9	25.6	37.2				
2.5	204.6	8149.7	132	2597	88.5	914.3	56.6	282.2	39.3	110.7	26.7	41.1	20.7	21.8		
2.6	212.3	8816.1	137	2812.6	92	989.8	59.9	311.6	40.9	119.6	27.8	43.5	21.5	23.5		
2.7	221.1	9508	142	3038	95.6	1068.2	62.2	329.3	42.5	129.4	28.9	47	22.3	25.5		
2.8	228.8	10224.3	147	3263.4	99.1	1146.6	63.4	354.7	44.1	138.2	29.9	51	23.1	27.2		
2.9	237.6	10965.2	153	3498.6	103	1234.8	67.7	380.2	45.6	145.0	31.0	53.9	24	28.4		
3.0	245.3	11730.6	158	3743.6	106	1313.2	68	406.7	47.2	156.8	32.1	57.8	24.8	30.4		
3.1	253	12533	163	3998.4	110	1401.4	70.2	434.1	48.8	167.6	33.1	61.7	25.6	32.1		
3.2	261.8	13349	168	4263	113	1499.4	72.5	462.6	50.3	179.3	34.2	65.7	26.4	34.8		
3.3	269.5	14200	174	4527.6	117	1597.4	74.8	492	51.9	190.1	35.3	69.6	27.3	37.0		
3.4	278.3	15072	179	4811.8	120	1695.4	77	522.3	53.5	200.9	36.3	73.7	28.1	39.2		
3.5	286	15966	184	5096	124	1793.4	79.3	494.9	55.1	212.7	37.4	78.4	29	41.9		

续表

公称直径	65		80		100		125		150		175		200		250	
外径×壁厚	73×3.5		89×3.5		108×4		133×4		159×4		194×6		219×6		273×7	
G	v	R	v	R	v	R	v	R	v	R	v	R	v	R	v	R
3.6			190	5390	127	1891.4	81.6	588	56.6	224.4	38.5	83.3	30	44.1		
3.7			195	5693.8	131	1999.2	83.8	619.4	58.2	237.4	39.5	87.2	30.6	46.1		
3.8			200	6007.4	135	2116.8	86.1	652.7	59.8	250.9	40.6	92.6	31.4	49		
3.9			205	6330.8	138	2224.6	88.4	688	61.4	263.6	41.7	97.5	32.2	51.7		
4.0			211	6664	142	2342.2	90.6	723.2	62.9	277.3	42.7	99.6	33.0	54.4		
4.2			221	7340.2	149	2577.4	97.4	835.9	66.1	305.8	44.9	112.7	34.7	58.8		
4.4			232	8055.6	156	2832.2	99.7	875.1	69.2	336.1	47.0	122.5	36.4	64.7		
4.6			242	8810.2	163	3096.8	104	956.5	72.4	366.5	49.1	133.3	38.0	70.1		
4.8			253	9584.4	170	3371.2	109	1038.8	75.5	399.8	51.3	145.0	39.7	76.4		
5.0			263	10407.6	177	3655.4	113	1127	78.7	433.2	53.4	157.8	41.3	84.3		
6.0					210	5262.6	136	1626.8	94.4	624.3	64.1	226.4	49.6	117.1	31.7	37
7.0					248	8232	170	2538.2	118	975.1	80.2	253.8	62.0	180.3	39.6	57
8.0					283	9359	181	2891	126	1107.4	85.5	401.8	66.1	204.8	42.2	64.4
9.0					319	11848	204	3665.2	142	1401.4	96.2	508.6	74.4	259.7	47.5	81.1
10.0							227	4517.8	157	1734.6	107	628.6	82.6	320.5	52.8	99
11.0							249	5468.4	173	2097.2	118	760.5	90.9	387.1	58	119.6
12.0							272	6507.2	189	2499	128	905.5	99.1	460.6	63.3	142.1

注：编制本表时，假定蒸汽动力粘滞性系数 $\mu=2.05\times10^{-6}kg\cdot s/m$，进行验算蒸汽流态，对阻力平方区，摩擦系数用式 $\lambda=[1.14+21g(d/K)]^{-2}$ 计算，对流过渡区，查得数值有误差，但不大于5%。

主 要 参 考 文 献

1 贺平等. 供热工程. 北京：中国建筑工业出版社，1996
2 汤慧芬等. 城市供热手册. 天津：天津科学技术出版社，1992
3 李善化等. 集中供热手册. 北京：中国电力出版社，1996
4 化工部热工设计技术中心站. 热能工程设计手册. 北京：化学工业出版社，1998
5 曾志诚主编. 城市冷·暖·汽三联供手册. 北京：中国建筑工业出版社，1995
6 戴慎志主编. 城市基础设施工程规划手册. 北京：中国建筑工业出版社，2000
7 中国城市规划设计研究院、中国建筑设计研究院、沈阳建筑工程学院编著. 小城镇规划标准研究. 北京：中国建筑工业出版社，2002

9 小城镇燃气工程规划

小城镇燃气是指可以供小城镇居民、工业企业、企事业单位使用的各种气体燃料的总称。燃气是一种清洁、优质、使用方便的能源。燃气供应是小城镇市政公共事业和能源供应的组成部分,是小城镇的一项重要设施。气体燃料较之液体燃料和固体燃料具有更高的热效率,其燃烧温度高,易于调节火力,使用方便,容易实现燃烧过程自动化。燃烧清洁卫生,可以利用管道和瓶装供应,可以满足多种生产工艺(如玻璃工业、冶金工业、机械工业等)的特殊要求,达到提高产量、改善劳动条件的目的。在人们日常生活中应用燃气作为燃料,对于改善人们生活条件,减少空气污染和保护环境,都具有重大的意义。

燃气化是实现小城镇现代化不可缺少的一个方面。城镇现代化的标志,主要是城镇基础设施的现代化。人们曾以使用自来水或使用电能来衡量小城镇开发的深度和广度,而今世界各地都在多方面促进城镇燃料的气体化,燃气的使用普及率和耗用量,已被视为一个国家、一座城镇的经济和社会发展的重要象征。

发展小城镇燃气有以下的优点:

节约能源 居民用煤烧水、做饭,热能利用率一般只有15%~20%,而用燃气来代替直接烧煤,燃气灶的热效率就能达到55%~60%,除去在燃气制造过程中不可避免的转化损失之后,烧燃气比直接烧煤的热能利用率至少高一倍。

服务效益 燃气点火容易，燃烧迅速、稳定，使用方便。小城镇使用燃气比烧蜂窝煤，每户每天可以节约家务劳动近2小时。

经济效益 由于燃气燃烧洁净稳定，火焰、温度容易控制，对玻璃制品的灯工、织物的烧毛，精密锻造的少氧化、无氧化加热、有色泽要求产品的制造，都能提高产品质量，起着比电热和其他燃料更为优越、甚至无法替代的作用。使用燃气还可以实现产品加工自动化，改善职工劳动强度，提高生产效率。

环境效益 小城镇大气污染物如 SO_2、CO 和飘尘，主要来自煤的直接燃烧。苯并芘（一种公认的致癌物质）是煤的不完全燃烧产物。小城镇居民如以燃煤为主，小城镇低空将污染严重。如我国云南省开远市燃料主要以小龙潭的黑煤为主。1986年日耗量为285t，其中民用煤230t，每年排放废气量为62万 m^3，其中含氮8857t，二氧化硫12124t，硫化氢1056t，氟48t，使市区大气污染十分严重，自开远市燃气工程1990年建成后，大大地减轻了大气污染。根据上海市环保部门对低空污染的测定，就排放大气污染物而言，燃气灶比燃煤炉有大幅度下降（见表9-0）。

上海市街道煤气灶与煤灶排放污染物比较　　表9-0

污染物	单位	燃煤灶（金陵街道）	煤气灶（长沙街道）	煤气/煤比率%
SO_2	mg/m^3	0.326	0.026	8.0
CO	mg/m^3	6.77	0.12	1.7
飘尘	mg/m^3	0.48	0.28	58.3
苯并（α）芘	$mg/100m^3$	1.03	0.48	46.6

综上所述，发展小城镇燃气，实现小城镇燃气化，是小城镇建设中一项具有重要意义的事业。同时，由于燃气具有易

燃、易爆和一定毒性等特点，所以，对于燃气设备及其管道的规划设计、加工和敷设，都有严格的要求，同时必须加强维护和管理工作，防止安全事故的发生。

小城镇燃气工程规划是编制小城镇燃气工程计划任务书和指导小城镇工程分期建设的重要依据。

9.1 编制小城镇燃气工程规划的原则和任务

9.1.1 编制小城镇燃气工程规划应遵循的原则

(1) 规划原则

1) 必须按照小城镇总体规划的要求，结合本地区能源的平衡的特点进行。

2) 要贯彻远、近期结合，以近期为主的方针，并应考虑持续发展的可能，使小城镇燃气的发展规模和速度与小城镇经济发展和人民生活水平相适应。

3) 根据国家的能源资源和能源政策，小城镇燃气工程规划要符合统筹兼顾，因地制宜，有利生产、方便生活、保护环境的要求。

4) 必须对各种可能的方案进行技术经济比较，经过科学论证，从中选择技术可靠、经济合理、切实可行的方案。

5) 小城镇燃气工程规划方案要尽量采用先进技术和工程综合利用。

(2) 规划要求

确定小城镇燃气的气源、供气规模和主要供气对象，选择经济合理的输配系统、调峰方式，拟定不同规划年限的燃气规划方案，制定分期实现小城镇燃气规划的步骤。

小城镇燃气工程规划的年限，应和小城镇总体规划相一致。远期规划年限为20年，近期规划年限为5年，同时还应考虑20~30年的远景设想。

(3) 规划任务与内容

1) 小城镇燃气总体规划

①合理确定小城镇燃气供应的主要供气对象和供气规模，计算各类用户的用气量及总用气量；

②根据当地能源资源的实际，选择和确定小城镇燃气的气源；

③确定气源厂、储配站、储罐站等主要供气设施的规模、分布与预留用地；

④选择确定小城镇燃气供应系统的供气方式、管线压力级制和调峰方式；

⑤布置小城镇燃气干线管网；

⑥提出燃气生产中可能产生的三废污染情况，确定三废处理设施、解决办法和措施，环境保护对策措施和要求。

2) 小城镇燃气详细规划

①测算小城镇详细规划范围的燃气负荷；

②选择确定小城镇镇区详细规划范围燃气供应系统的规模、位置与预留用地等；

③布置落实小城镇镇区详细规划范围燃气供应系统的输配管网；

④计算确定小城镇镇区详细规划范围燃气输配系统管道管径；

⑤估算规划期内所需建设投资、主要原材料和设备等的数量。

9.1.2 编制小城镇燃气工程规划所需的基础资料

一般情况下，为满足规划工作的需要，应搜集下列基础资料：

(1) 关于小城镇现状和近期、远景发展方面的资料

1) 小城镇总体规划说明书、附件及有关图纸；
2) 小城镇人口及其分布状况；
3) 乡镇工业规模、类别、数目及其分布状况；
4) 公共建筑的数量及分布；
5) 居住区建筑的层数、质量、面积和配套公共福利设施情况；
6) 小城镇道路系统、道路等级、红线和宽度；
7) 地下管道、人防设施等的分布情况；
8) 对外交通和城镇内运输条件。

(2) 燃料资源和地区能源供应系统的有关资料

1) 地区能源平衡的有关资料；
2) 各类燃气用户的燃料供应和利用的现状及其历年增长情况，尤其是工艺上必须使用燃气的乡镇工厂企业，应作重点调查资料；
3) 位于小城镇附近并有可能向小城镇供应燃气的气源现状和发展资料；
4) 已有燃气供应的小城镇，必须掌握燃气供应系统的现状和有关图纸，以及小城镇燃气的各种技术经济指标及主要设备技术性能等。

(3) 自然资料

1) 小城镇气象资料，如气温、地温、风向、最大冻土深度等；
2) 小城镇水文地质资料，如水源、水质、地下水位、主要河流的流量、流速、水位等；
3) 小城镇工程地质资料，如地震基本烈度、地质构造与特征、土壤的物理化学性质（地耐力、腐蚀程度、冻胀类别等）。

(4) 其他资料

1) 发展小城镇燃气所需要的原材料和设备供应的可能性;

2) 小城镇燃气工程的施工能力和设备加工水平;

3) 燃气副产品的产销平衡情况;

4) 环境保护的要求和燃气厂进行"三废"处理的可能性。

9.1.3 小城镇燃气工程规划的文件

(1) 小城镇燃气工程规划的成果

小城镇燃气工程规划成果内容应包括以下内容:

1) 确定气源

遵照国家的能源政策,结合本地区燃料资源,对各种气源方案(包括利用钢铁厂、化工厂等多余的可燃气体供应的小城镇)进行详细的技术经济比较,使所选的气源技术上可靠、经济上合理。对于较大型的小城镇,在可能的条件下,规划安排两个以上气源。

2) 确定供气规模

根据小城镇人口规模、公共建筑及工业用气等情况,合理选择相应的用气定额,确定小城镇供气规模。

3) 气源厂(站)址选择

综合小城镇总体规划从气源布局合理出发,使选择的气源厂(站)址,有利生产、方便运输、保护环境。

4) 燃气储存

确定储气量和燃气储存方式,选择储配站址。

5) 管网系统确定

确定小城镇燃气管网系统,合理布置小城镇燃气管网,选择调压室位置。

(2) 小城镇燃气工程规划的文件

小城镇燃气工程规划的文件主要由说明书、图纸和附件组成。

规划说明书 主要包括下列内容：

1) 规划的依据、指导思想和原则；
2) 气源选择与供气规模的论证；
3) 供气对象与居民气化率，各类用户用气量和气量平衡表；
4) 输配系统的选择与方案的技术经济比较；
5) 储存方式与调节用气不均衡的手段；
6) 重要厂、站选址及与有关部门协商的结果；
7) 小城镇燃气管道和其他地下管道的关系；
8) 主要燃气管道穿（跨）越重要河流、铁路的方案；
9) 小城镇燃气供应的技术维修、设备加工与生活设施等配套工程项目；
10) "三废"治理措施和环境影响报告；
11) 规划分期的年限及其相应的投资、主要设备数量、原材料消耗、运行管理人员定额以及规划期内的经济效益；
12) 规划分期实现的步骤，所应采取的措施；
13) 主要技术经济指标。

注：8) ~ 11) 内容在燃气专项规划中包含。

规划图纸

小城镇燃气工程规划的规划图纸主要是小城镇燃气规划总图，常用比例一般为总体规划 1:2000 ~ 1:5000，详细规划 1:1000 ~ 1:2000；图中应标出气源（或天然气远程干线的门站）、储配站、灌瓶站、主要调压室位置、管网分布和供气区域。

附件

小城镇燃气工程规划的附件主要有下列几项：

1）小城镇燃气用气量计算书；
2）小城镇用气不均衡气量和储气容积计算书；
3）小城镇燃气管网水力计算书；
4）方案技术经济比较的图纸与计算书；
5）主要厂、站选址图；
6）规划小区的管网布置图及其投资、材料消耗计算（详细规划）；
7）经济效益计算书。

9.2 小城镇燃气的气源与燃气供应系统

9.2.1 燃气的气源及其选择

（1）燃气的分类

供应小城镇的燃气按其成因不同，可分为天然气、人工煤气和液化石油气等。

1）天然气

包括纯天然气、含油天然气、石油伴生气和煤矿矿井气等。从气井开采出来的气田气称纯天然气；伴随石油一起开采出来的石油气称油田伴生气。含石油轻质馏分的凝析气团气；从井下煤层抽出的矿井气。天然气的主要成分是甲烷，低热值约为 $33494 \sim 41868 kJ/Nm^3$。

我国天然气分布很广，储量丰富。随着社会主义建设的发展，天然气工业将成为重要的动力工业之一。同时，也将成为城镇燃气的重要气源之一。在四川、辽宁、天津、大庆等地已经应用天然气和油田伴生气，供应城镇用作燃料和化工原料。随着我国西气东输工程的建设，将带动我国城镇燃气事业的快速发展。

2）人工煤气

人工煤气是从固体燃料或液体燃料加工中获取的可燃气体。根据制气原料的不同，人工煤气可分为煤制气、油制气和生物质制气等。根据制气方法的不同可分为固体燃料干馏煤气、固体燃料的气化煤气和重油蓄热裂解制气等。

人工煤气具有强烈的气味和毒性，含有硫化氢、萘、苯、氨、焦油等杂质，容易腐蚀及堵塞管道，因此，人工煤气需要经过净化后才能使用。

供应小城镇的人工煤气要求低热值在 $14654 kJ/Nm^3$ 以上。一般的焦炉煤气的低热值为 $17585 \sim 18422 kJ/Nm^3$，重油热裂解气的低热值为 $16747 \sim 20515 kJ/Nm^3$。

3）液化石油气

液化石油气是在石油开采和对石油加工处理过程中（例如减压蒸馏、催化裂化、铂重整等等生产工艺）所获得的副产品。它的主要成分是丙烷、丙烯、正（异）丁烷、正（异）丁烯、反（顺）丁烯等。这种液化石油气在标准状态下呈气相，而当温度低于临界值时或压力升高到某一数值时呈液相，它的低热值为 $83736 \sim 113044 kJ/Nm^3$。

供应小城镇燃气还可根据其热值的不同分为两大类：一类是低热值燃气，其热值为 $14654 kJ/Nm^3$，如煤制煤气；另一类是高热值燃气，其热值为 $20515 kJ/Nm^3$，如油制煤气、天然气和液化石油气等。

（2）小城镇燃气的质量要求

小城镇燃气是在压力状态下输送和使用的、具有一定毒性的爆炸气体。由于材质和施工方法存在的问题或使用不当，往往会造成漏气，有时会引起爆炸、失火和人身中毒事故。因此，在小城镇燃气规划中，必须充分考虑燃气质量问题。

供应小城镇的燃气的质量标准如下：

1) 燃气组分的变化应综合下列要求：
①燃气的华白指数波动范围，一般不超过±5%；
②燃气燃烧性能的所有参数指标，应与用气设备燃烧性能的要求相适应。
2) 人工煤气质量应符合下列指标要求：
①低热值大于 $14654 kJ/m^3$；
②杂质允许含量的指标（mg/m^3）：焦油与灰尘应小于10；硫化氢小于20；氨小于50；萘小于50（冬季）或小于100（夏季）；
③含氧量少于1%（体积比）；
④限制一氧化碳含量。目前，各国对于城镇煤气中一氧化碳（CO）指标的规定很不一致，但都从安全卫生的角度出发，越来越严格。例如瑞士为1.0%~1.5%，日本小于8%，美国为5%，我国略高于他们。
3) 燃气应具有可以察觉的臭味。无臭或臭味不足的燃气应加臭，其加臭程度应符合下列要求：
①有毒燃气在达到允许的有害浓度之前，应能察觉。
②无毒燃气在相当于爆炸下限20%的浓度时，应能察觉。
（3）燃气气源选择
①根据国家有关政策，结合本地区燃料资源的情况，通过技术经济比较来确定气源选择方案。
②应充分利用外部气源。当选择自建气源时，必须落实原料供应和产品销售等问题。

9.2.2 燃气厂和储配站址选择

选择小城镇燃气源厂的厂址或储配站等的站址，一方面要从小城镇的总体规划和气源的合理布局出发，另一方面也要从有利生产、方便运输、保护环境着眼。厂（站）址选择有如下要求：

(1) 应符合小城镇总体规划的要求，并应征得当地规划部门和有关主管部门的批准；

(2) 尽量少占或不占农田；

(3) 在满足环境保护和安全防火要求的条件下，尽量靠近负荷中心；

(4) 交通运输方便，尽量靠近铁路、公路或水运码头；

(5) 位于小城镇下风向，尽量避免对小城镇的污染；

(6) 工程地质良好，厂址标高应高出历年最高洪水位0.5m以上；

(7) 避开油库、交通枢纽等重要战略目标；

(8) 电源应能保证双路供电，供水和燃气管道出厂条件要好；

(9) 应留有发展余地；

(10) 应符合建筑防火规范的有关规定。

9.2.3 小城镇燃气供应系统的组成

小城镇燃气供应系统由气源、输配和应用三部分组成。如图9.2.3-1所示。

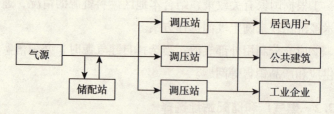

图9.2.3-1 小城镇燃气供应系统组成示意图

在小城镇燃气供应系统中，气源就是燃气的来源，一般是指各种人工煤气的制气厂或天然气门站（天然气从远程干线进入城镇管网时的配气站简称门站)。输配系统是由气源到用户之间的一系列煤气输送和分配设施组成，包括煤气管网、储气库（站）、储配站和调压室。在小城镇燃气总体规划中，应主要侧重研究有关气源和输配系统的方案选择和合理布局等一系列原则性问题。

9.3 燃气用量的计算

9.3.1 供气的一般原则

小城镇燃气应用于不同类型的用户，热效率的提高是各不相同的。燃气供应居民生活和公共建筑，节能效果比较好。特别是供应居民使用，不仅能节约较多的燃料，还有减轻家务劳动，方便城市居民，减轻城市污染，减少城镇黄土、白灰、劈柴用量和煤炭、炉灰运输量等多方面的效益。因此小城镇燃气应当优先满足城市居民生活用气的需要。

为了充分发挥燃气这种优质燃料的效能，在使用上要尽可能做到经济、合理。对于不同类型的用户，应当采取不同的供气原则，供应民用应优先满足小城镇居民炊事和日常生活热水用气；应尽量满足供气范围内的城镇托幼、学校、医院、旅馆、食堂和科研等公共建筑的用气需要。当小城镇实现全面燃气化时，这些公共建筑的用气更应予以保证。人工煤气一般不供锅炉用气。对于乡镇工业，应优先满足工艺上必须使用燃气的企业，但应是用气量不大、自建煤气发生炉又不经济的乡镇工业企业。当然，小城镇燃气在气量分配上也应当兼顾工业和民用，二者用气量最好有一个合理的比例，以利于促进小城镇燃气事业的发展。因为工业用户用气量较稳定，可以减少调峰设施，有利于尽快形成生产能力。

9.3.2 小城镇燃气年用量的计算

(1) 燃料的折算方法

其他燃料(如煤)的年用量可以用下式折算为燃气年用量:

$$V = \frac{1000 G_r Q_r \eta_1}{Q_g \eta_2}$$

式中 V——燃气的年用量（m³/y）；

G_r——其他燃料（煤）的年用量（t/y）；

Q_g——燃气低热值论（kJ/m³）；

Q_r——其他燃料（煤）的低热值（kJ/kg）；

η_1——使用其他燃料时的热效率（%）；

η_2——使用燃气时的热效率（%）。

常用燃料的 Q_r 值见表 9.3.2-1；η_1，η_2 可参考表 9.3.2-2 查得。

常用燃料的 Q_r 值　　表 9.3.2-1

燃料	木材	标准煤	烟煤	无烟煤	焦碳	重油	汽油	柴油	煤油
Q_r (kJ/kg)	9629.64 ~ 10048.32	29307.6	20934 ~ 27214.2	23027.4 ~ 27214.2	25120.8 ~ 27214.2	41868	43961.4	42705.36	43124.04

各类用户应用燃气和直接烧煤的平均热效率（%）　　表 9.3.2-2

燃料用途	燃料种类	
	煤	城镇燃气
居民生活	15~20	55~60
公共建筑	20~25	55~60
工业窑炉	50~60	60~80
电厂锅炉	80~90	90

(2) 小城镇居民生活用气量的确定

可根据当地居民用气量的统计数据来确定；当缺乏用气量的实际统计资料时，可根据当地的实际燃料消耗量、燃气用具的配置、生活习惯、有无集中热水供应、气候条件等具体情况，参照相似的小城镇或城市的居民用气量定额（如表 9.3.2-3 指标）适当修正后确定。

部分城镇居民用气量指标　　　　表 9.3.2-3

城市名称	无集中采暖设备		煤气低热值（$kcal/m^3$）
	$10^4 kcal/$（人·年）	$m^3/$（人·年）	
北京	60～65	150～162	4000
上海	47～48	134～137	3500
南京	49～52	111～118	4400
成都	52～67	61～79	8500
重庆	55～65	65～76	8500
昆明	52	122	4280
开远	52	167	3050

(3) 公共建筑用气量

根据当地公共建筑物用气量的统计数据来确定；当缺乏用气量的实际统计资料时，可根据当地的实际燃料消耗量、生活习惯、气候条件等具体情况，参照相似的小城镇用气量指标和表 9.3.2-4 的指标确定。

部分公共建筑用气定额　　　　表 9.3.2-4

类　别	用气定额	单　位
幼儿园、托儿所		
全　托	1674.72～2093.4	MJ/（人·年）
半　托	628.02～1046.7	MJ/（人·年）
医　院	12721.42～3558.78	MJ/（床位·年）
旅馆（无餐厅）	669.89～837.36	MJ/（床位·年）
饮食业	17954.92～9210.961	MJ/（座位·年）
职工食堂	8.37～10.47	MJ/（斤粮食）
理发店	13.35～4.19	MJ/（人·次）

(4) 乡镇工业用气量的确定

乡镇工业用气量的确定与乡镇工业企业的生产规模、工艺特点等有关。在规划阶段，由于各种原因，很难对每个工业用户的用气量进行精确计算，往往根据其煤炭消耗量折算燃气用量，折算时应考虑自然增长、使用不同燃料时热效率的差别。作为概略计算，也可以参照相似条件的乡镇工业和民用用气量比例，取一个适当的百分数来进行估算。

如果有条件时，可利用各种工业产品的用气定额来计算乡镇工业用气量。

(5) 未预见用气量

应根据气源厂、输配管网和当地乡镇企业、居民和公共建筑物用气量的统计数据等多种因素确定；当缺乏用气量的实际统计资料时，可参照相似的小城镇未预见用气量确定。

未预见用气量一般取小城镇年总用气量的5%。

9.3.3 燃气计算流量的确定

小城镇燃气的年用量不能直接用来确定小城镇燃气管网、设备通过能力和储存设施容积。决定小城镇燃气管网设备通过能力和储存设施容积时，需根据燃气的需用情况确定计算流量。

确定燃气小时计算流量的方法，基本上有两种：不均匀系数法和同时工作系数法。对于既有居民和公共建筑用户，又有乡镇工业用户的小城镇，小时计算流量一般采用不均匀系数法，也可采用最大负荷利用小时法确定。对于只有居民用户的居住区，尤其是庭院管网的计算，小时计算流量一般采用同时工作系数确定。

(1) 小城镇燃气管道的小时计算流量

采用不均匀系数法，可按下式计算：

$$Q_h = \frac{Q_y}{365 \times 24} K_{mmax} K_{dmax} K_{hmax}$$

式中 Q_h——燃气管道的小时计算流量（m³/h）；

Q_y——年用气量（m³/a）；

K_{mmax}——月高峰系数（平均月为1）；

K_{dmax}——日高峰系数（平均日为1）；

K_{hmax}——小时高峰系数（平均时为1）。

一般情况下：$K_{mmax}=1.1\sim1.3$；$K_{dmax}=1.05\sim1.2$；$K_{hmax}=2.20\sim3.20$；供应户数越多，取值应愈低。

（2）庭院管网的小时计算流量

采用同时工作系数法，可按下式来计算：

$$Q_j = K\sum nq$$

式中 Q_j——燃气计算用量（m³/h）；

K——燃气灶具的同时工作系数（见表9.3.3-1）；

$\sum nq$——全部灶具的额定耗气量（m³/h）；

n——同一类型的灶具数；

q——某一种灶具的额定耗气量（m³/h）。

双眼煤气灶灶具的同时工作系数 表9.3.3-1

灶具数 n	1	2	3	4	5	6	7	8	9	10	15	20	25	30
同时系数 K	1.00	1.00	0.85	0.75	0.68	0.64	0.60	0.58	0.55	0.54	0.48	0.45	0.43	0.40
灶具数 n	40	50	60	70	80	90	100	200	300	400	500	600	1000	
同时系数 K	0.39	0.38	0.37	0.36	0.35	0.34	0.33	0.31	0.30	0.29	0.28	0.26	0.25	

注：表中为每户装一个双眼煤气灶的同时工作系数。

9.4 小城镇燃气的输配系统

小城镇燃气的输配系统包括气源厂(或天然气远程干线的门站)以及到用户前的一系列燃气输送和分配设施。小城镇燃气的输送与分配必须把燃气供应的安全性和可靠性放在重要地位。

9.4.1 燃气管道压力的分级

我国城镇燃气管道的压力分级见表9.4.1-1。

燃气管道的压力分级　　　表9.4.1-1

燃气管道压力分级	压力（MPa）
低　压	≤0.005
中　压	0.005～0.15
次高压	0.15～0.3
高　压	0.3～0.8

在进行小城镇燃气规划时，输气压力一般选择低压和中压，但要同时考虑将来发展的需要。

9.4.2 小城镇燃气管网系统形式

小城镇燃气管网系统一般采用单级系统、两级系统。

（1）单级系统

只采用一个压力等级（低压或中压）来输送、分配和供应燃气的管网系统（如图9.4.2-1为低压单级管网系统）。低压单级管网系统输配能力有限，故仅适用于规模不大的小城镇。当供应范围较大采用低压单级系统时，单位投资多和单位金属耗量较大，因此不经济。小城镇采用中压单级管网系统可解决这一问题，但技术要求较低压单级管网系统高。

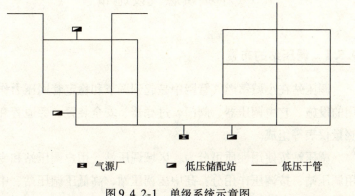

图 9.4.2-1　单级系统示意图

(2) 中压——低压两级系统

采用中压和低压两个压力等级来输送、分配和供应燃气的管网系统（图 9.4.2-2）。中—低压系统由于管网承压低，有可能采用铸铁管，以节省钢材；但不能大幅度升高运行压力来提高管网通过能力。

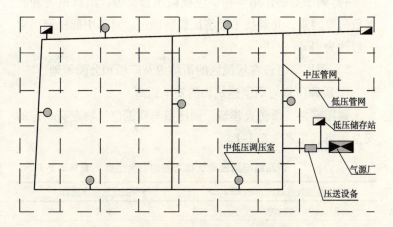

图 9.4.2-2　中低压两级系统示意图

9.5 小城镇燃气设施布置

9.5.1 调压站的布置

调压站在小城镇燃气管网中是起到调节和稳定管网压力作用的设施。它由调压器、阀门、过滤器、安全装置、旁通管和测量仪表等组成。

调压站按使用性质可分为：区域调压站、用户调压站和专用调压站；按调压作用分：高中压调压站、高低压调压站、中低压调压站；按建筑形式分：地上调压站、地下调压站、露天调压站。

(1) 调压站的位置选择应考虑下列因素

1) 力求布置在负荷中心或接近主要燃气用户；
2) 尽可能避开小城镇的繁华地段；
3) 要躲开明火；
4) 调压室的作用半径，应视调压器类型、出口压力和燃气负荷等因素，并经技术经济比较后确定，对于中低压调压室一般约为1km；
5) 调压室可设在居民区的街坊内及广场和公园等地。

(2) 调压室与周围建筑物的安全距离

调压室为二级防火建筑。调压室与周围建筑物应有一定的安全距离，见表9.5.1-1。

调压站与周围建筑物之间的安全距离　　表9.5.1-1

调压器燃气进口压力 P/MPa	与周围建筑物净距/m
$0.3 < P \leq 0.8$	$\leqslant 12$
$P \leq 0.3$	$\leqslant 6$
地下调压室	$\leqslant 5$

9.5.2 燃气储存

在小城镇燃气的供应中，不同季节和不同时间的用量是变化的，而气源的生产一般则是较为均衡的。为了保证各类燃气用户有足够数量和正常压力的燃气，就需要对燃气进行储存，这就需要设置各种储气设备。

（1）小城镇燃气储气设备

小城镇燃气的储存主要采用下列方法：

1）用储气罐储存。

2）在较高压力下储存于燃气管中。

小城镇燃气输配管网系统中的储气罐的储气量一般不大，可以采用低压湿式储罐，对于以长输天然气或压缩天然气作为气源时，也可考虑采用高压储罐储气或高压管道储气，以便充分利用输气压力。

以液化石油气作为小城镇燃气气源时，一般均设置圆筒形或球形高压储罐作为储气设备。

储气设施的储气容积应根据小城镇的用气量和供气及用气工况经计算后确定。

（2）小城镇燃气储配站

储配站的主要功能是储存燃气、加压和向小城镇输气管网分配燃气。

储配站的结构随储气工艺的不同而异。低压储配站一般包括低压储气罐、压缩机及压缩机房、变配电室、控制仪表室、站区燃气管道、给排水、消防设施及生产和生活辅助设施等。高压储配站一般包括低压储气罐、调压器、冷却器、油气分离器、计量器、变配电室、控制仪表室、站区燃气管道、给排水、消防设施及生产和生活辅助设施等。液化天然气储配站一般还设有液态天然气储罐、去除酸性气体装置、脱水装置和制冷液化装置等。

储配站的储气罐之间以及储气罐与其他建（构）筑物之间的距离应符合《建筑设计防火规范》（GB 50016—2006）的有关规定。

9.6 小城镇燃气管网的布置和敷设

9.6.1 小城镇燃气管网的布置

首先要保证安全、可靠地供给各类用户具有正常压力、足够数量的燃气；其次，要满足使用上的要求；同时，要尽量缩短线路，以节省管道和投资。

管网布置的原则是：全面规划，分期建设，近期为主，远近期结合。管网的布置工作应在管网系统的压力级制已原则上确定之后进行，其顺序按压力高低，先布置中压管网，后布置低压管网。对于扩建或改建燃气管网的小城镇，应从实际出发，充分利用原有管道。

(1) 小城镇街区燃气管网布置

在小城镇街区里布置燃气管网时，必须服从镇区管线综合规划的安排。同时，还要考虑下列因素：

1）中压燃气干管的位置应尽量靠近大型用户，主要干线应逐步连成环状。低压燃气干管最好在居住区内部道路下敷设。这样既可保证管道两侧均能供气，又可减少主要干管的管线位置占地。

2）一般应避开主要交通干道和繁华的街道，采用直埋敷设以免给施工和运行管理带来困难。

3）沿街道敷设管道时，可单侧布置，也可双侧布置。在街道很宽、横穿马路的支管很多或输送燃气量较大，一条管道不能满足要求的情况下可采用双侧布置。

4）不准敷设在建筑物的下面，不准与其他管线平行上下重叠，并禁止在下列地方敷设燃气管道：

①各种机械设备和成品、半成品堆放场地；易燃、易爆材料和具有腐蚀性液体的堆放场所。

②高压电线走廊、动力和照明电缆沟道。

5）管道走向需穿越河流或大型渠道时，根据安全、经济、镇容镇貌等条件统一考虑，可随桥（木桥除外）架设，也可以采用倒虹吸管由河底（或渠底）通过，或设置管桥。具体采用何种方式应与小城镇规划、消防等部门协商。

6）应尽量不穿越公路、铁路、沟道和其他大型构筑物。必须穿越时，要有一定的防护措施。

（2）管道的安全距离

为了确保安全，小城镇镇区地下燃气管道与建（构）筑物或相邻管道之间，在水平方向上应保持一定的安全距离。地下燃气管道与建（构）筑物基础及相邻管道之间的水平净距见表9.6.1-1。地下燃气管道与建（构）筑物基础及相邻管道之间的垂直净距见表9.6.1-2。

地下燃气管道与建（构）筑物基础、相邻管道之间的最小水平净距（m）　表9.6.1-1

序号	项目		地下煤气管道（当有套管时，以套管计）			
			低压	中压	次高压	高压
1	建筑物的基础		2.0	3.0	4.0	6.0
2	热力管的管沟外壁、给水管或排水管		1.0	1.0	1.5	2.0
3	电力电缆		1.0	1.0	1.0	1.0
4	通讯电缆	直埋	1.0	1.0	1.0	1.0
		在导管内	1.0	1.0	1.0	2.0

续表

序号	项目		地下煤气管道（当有套管时，以套管计）			
			低压	中压	次高压	高压
5	其他煤气管道	$DN \leq 300mm$	0.4	0.4	0.4	0.4
		$DN > 300mm$	0.5	0.5	0.5	0.5
6	铁路钢轨		5.0	5.0	5.0	5.0
7	有轨电车的钢轨		2.0	2.0	2.0	2.0
8	电杆（塔）的基础	≤35kW	1.0	1.0	1.0	1.0
		>35kW	5.0	5.0	5.0	5.0
9	通信、照明电杆（至电杆中心）		1.0	1.0	1.0	1.0
10	街树（至树中心）		1.2	1.2	1.2	1.2

地下燃气管道与建（构）筑物基础相邻管道之间的最小垂直净距（m） 表 9.6.1-2

序号	项目		地下煤气管道（当有套管时，以套管计）
1	给水管、排水管或其他煤气管道		0.15
2	电缆	直埋	0.50
		在导管内	0.15
3	热力管的管沟底或顶		0.15
4	铁路的轨底		1.20

（3）小城镇庭院燃气管网布置

自街道燃气管网的引入口以后的室外燃气管网为庭院燃气管网。庭院燃气管网大都与建筑物平行铺设。离墙的最小距离为2m，以防止管道漏气时燃气进入建筑物内。庭院燃气管网的设置要求和街道燃气管网相同。

9.6.2 小城镇燃气管道的敷设

敷设在室外的低压燃气管道可以采用承插式铸铁管或涂有

沥青的钢管，而中压必须采用无缝钢管，并用焊接接头。在土质松软之处、极易受震动之处，低压管亦采用无缝钢管。

燃气管道的埋设深度，应在冰冻线以下 0.1~0.2m，并须考虑到地面车辆负荷振动的影响：埋设在车行道下时，不得小于 0.8m，非车行道下不得小于 0.6m。

在穿过河道外露敷设时则需加以保护和保暖，以免损伤和冰冻。穿越铁路必须用钢套管。

在燃气中常含有水汽，为了排除由水汽形成的冷凝水，燃气管道的敷设坡度应不小于 0.003，并在燃气管低的地点设置凝液器。

9.7 燃气管道管径的确定

在计算燃气管网时，首先必须知道每一用具的燃气用量和同时作用系数，求得管网的设计流量，然后根据通过能力和允许的压力损失来决定燃气管的管径。

在相同的发热能力下，燃气的用量是根据管道直径、烧嘴前的燃气压力和燃气的比重而定，当压力和比重不变时，燃气用量正比于管道的断面积。压力不同时，燃气用量与压力的平方根成正比。燃气的比重不同时，燃气用量与比重的平方根成反比。

燃气管道的计算，主要是确定燃气用量、确定管道计算流量、管道直径和燃气管道的压力损失。

9.7.1 燃气管道水力计算基本公式

设计小燃气管道时燃气流动的不稳定性可不予考虑，计算管径时以一段时间内（如 1h）按不变的流量考虑。对于圆断面绝热稳定流动的燃气管道，其水力计算基本方程式如下：

$$\frac{P_1^2 - P_2^2}{L} = 1.6211\lambda \cdot \frac{Q_0^2}{d^5} \cdot \rho_0 \cdot P_0 \cdot \frac{T}{T_0} \cdot Z$$

式中 P_1——管道起点绝对压力（Pa）；

P_2——管道终点绝对压力（Pa）；

P_0——标准状态绝对压力（Pa）；

L——管道长度（m）；

λ——摩阻系数；

Q_0——标准状态燃气流量（Nm^3/s）；

d——管道内径（m）；

ρ_0——标准状态燃气密度（kg/Nm^3）；

T——燃气绝对温度（K）；

T_0——273.15（K）；

Z——燃气压缩系数。

（1）中压燃气管道单位长度的摩擦阻力损失计算公式：

$$\frac{P_1^2 - P_2^2}{L} = 12.674 \times 10^{10} \lambda \cdot \frac{Q_0^2}{d^5} \cdot \rho_0 \cdot P_0 \cdot \frac{T}{T_0} \cdot Z$$

式中 P_1、P_2——管道起、终点绝对压力（Pa）；

L——管道长度（m）；

Q_0——标准状态燃气流量（Nm^3/h）；

d——管道内径（cm）；

ρ_0——标准状态燃气密度（kg/Nm^3）；

T——燃气绝对温度（K）；

T_0——273.15（K）；

Z——燃气压缩系数。

（2）低压燃气管道单位长度的摩擦阻力损失计算公式：

$$\frac{\Delta P}{l} = 625.4\lambda \cdot \frac{Q_0^2}{d^5} \cdot \rho_0 \cdot P_0 \cdot \frac{T}{T_0}$$

式中 ΔP——管道起、终点压差（Pa）；

l——管道长度（m）；
Q_0——标准状态燃气流量（Nm^3/h）；
d——管道内径（cm）；
ρ_0——标准状态燃气密度（kg/Nm^3）；
T——燃气绝对温度（K）；
T_0——273.15（K）。

9.7.2 摩擦阻力系数

摩擦阻力系数 λ 值与燃气在管道内的流动状况、燃气性质、管道材质（管道内壁粗糙度）及连接方法、安装质量有关。管道的相对粗糙度为管道绝对粗糙度与管道直径之比。管道绝对粗糙度通过实验取得平均值，也称为当量粗糙度。

不同的阻力区摩阻系数 λ 值的计算公式如下：

（1）层流区

在层流区（$Re < 2000$）内，摩阻系数 λ 值仅与雷诺数有关，可用下式计算

$$\lambda = \frac{64}{Re}$$

$$Re = \frac{d \cdot v}{\nu}$$

式中 Re——雷诺数；
d——管道内径（m）；
ν——运动黏度（m^2/s）；
v——燃气流动的断面平均流速（m/s）。

（2）临界区（又称临界过渡区）

当 $2000 < Re < 4000$ 时称为临界区，临界区的摩阻系数，采用扎依琴柯公式计算：

$$\lambda = 0.0025 Re^{1/3}$$

适用于新、旧钢管和铸铁管。

(3) 紊流区

紊流区包括水力光滑区、过渡区（又称紊流过渡区）和阻力平方区。由于燃气在紊流区的流动状态比较复杂，摩阻系数 λ 的计算公式也很多，现有的紊流区摩阻系数公式大致可分为两类：一类为适用于各种管材和适用于紊流3个区的综合公式，另一类为适用于一定管材、一定阻力区的专用公式。

柯列勃洛克公式：

$$\frac{1}{\sqrt{\lambda}} = -2\lg\left(\frac{\Delta}{3.7d} + \frac{2.51}{Re\sqrt{\lambda}}\right)$$

式中 Δ——管道内壁的当量绝对粗糙度（m）。

上式适用于紊流的3个阻力区。对于不同的管材用不同的当量绝对粗糙度来反映。

阿里特苏里公式：

$$\lambda = 0.11\left(\frac{\Delta}{d} + \frac{68}{Re}\right)^{0.25}$$

式中 Δ——管道内壁的当量绝对粗糙度，钢管一般取 $d = 0.0001 \sim 0.0002$m。

此式也是综合公式，适用于钢管及其他光滑管道。

谢维列夫公式：

水力光滑区：

对于新钢管，当 $2000 < Re < 10^6$ 时：

$$\lambda = \frac{0.339}{Re^{0.226}}$$

旧钢管和铸铁管，当 $Re > 2000$，$v/\nu < 0.176 \times 10^6 \text{m}^{-1}$ 时：

$$\lambda = \frac{0.886}{Re^{0.284}} \text{ 或 } \lambda = \frac{1.06}{Re^{0.3}}$$

过渡区：

对于新钢管，当 $Re > 10^6$，$v/\nu < 2.4 \times 10^6 \text{m}^{-1}$ 时：

$$\lambda = \frac{0.312}{D^{0.226}} \cdot \left(1.9 \times 10^{-6} + \frac{\nu}{v}\right)^{0.226}$$

$$= \frac{0.664}{d^{0.226}} \cdot \left(6.27 \times 10^{-6} + \frac{v_0 d^2}{Q_0}\right)^{0.226}$$

对于新铸铁管,当 $0.176 \times 10^6 \mathrm{m}^{-1} < v/\nu < 2.7 \times 10^6 \mathrm{m}^{-1}$ 时:

$$\lambda = \frac{0.863}{D^{0.284}} \cdot \left(0.55 \times 10^{-6} + \frac{\nu}{v}\right)^{0.284}$$

$$= \frac{2.229}{d^{0.284}} \cdot \left(1.945 \times 10^{-6} + \frac{v_0 d^2}{Q_0}\right)^{0.284}$$

对于旧钢管和旧铸铁管,当 $0.176 \times 10^6 \mathrm{m}^{-1} < v/\nu < 0.92 \times 10^6 \mathrm{m}^{-1}$ 时:

$$\lambda = \frac{1}{D^{0.3}} \cdot \left(1.5 \times 10^{-6} + \frac{\nu}{v}\right)^{0.3}$$

$$= \frac{2.725}{d^{0.3}} \cdot \left(5.3 \times 10^{-6} + \frac{v_0 d^2}{Q_0}\right)^{0.3}$$

阻力平方区:

对于新钢管,当 $v/\nu > 2.4 \times 10^6 \mathrm{m}^{-1}$ 时:

$$\lambda = \frac{0.01642}{D^{0.223}} = \frac{0.04649}{d^{0.226}}$$

对于新铸铁管,当 $v/\nu > 2.5 \times 10^6 \mathrm{m}^{-1}$ 时:

$$\lambda = \frac{0.01645}{D^{0.284}} = \frac{0.06084}{d^{0.284}}$$

对于旧钢管和旧铸铁管,当 $v/\nu > 0.92 \times 10^6 \mathrm{m}^{-1}$ 时:

$$\lambda = \frac{0.021}{D^{0.3}} = \frac{0.0836}{d^{0.3}}$$

上述诸式中 Re——雷诺数;

v——燃气流动的断面平均流速(m/s);

v_0——标准状态燃气流动的断面平均流速(m/s);

Q_0——标准状态燃气流量(Nm^3/h);

ν——燃气的运动黏度(m^2/s);

ν_0——标准状态燃气的运动黏度（m²/s）；
D——管道内径（m）；
d——管道内径（cm）。

工程设计中应按介质的净化程度和管道的状态选择适当的 λ 计算公式。对于人工燃气推荐选用谢维列夫公式的旧管公式；净化较差的湿天然气建议选用谢维列夫公式的新管公式；净化干燥的天然气和人工燃气建议采用阿里特苏里公式。

（4）塑料管

对于塑料管采用下列公式：

当 $Re < 2300$ 时采用：

$$\lambda = \frac{64}{Re}$$

当 $2300 < Re < 10^5$ 时采用伯拉修斯公式：

$$\lambda = \frac{0.3164}{Re^{0.25}}$$

当 $Re \geqslant 10^5$ 时采用尼古拉池公式：

$$\lambda = 0.0032 + \frac{0.221}{Re^{0.237}}$$

或者采用：

$$\lambda = \frac{1.01}{(\log Re)^{2.5}}$$

9.7.3 燃气管道水力计算图表

在进行燃气管道水力计算时都是利用将摩阻系数 λ 值带入基本公式后得到的计算公式，为了简化计算，通常将上述公式绘制成燃气流量、管径及压力降的关系图，通常是利用据此制成的计算图表进行燃气管道水力计算。部分燃气管道水力计算图如图 9.7.3-1～图 9.7.3-4 所示，详细情况可参见有关的燃气计算手册。

9.7 燃气管道管径的确定

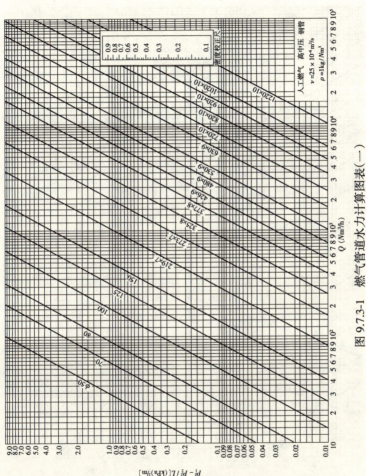

图 9.7.3-1 燃气管道水力计算图表(一)

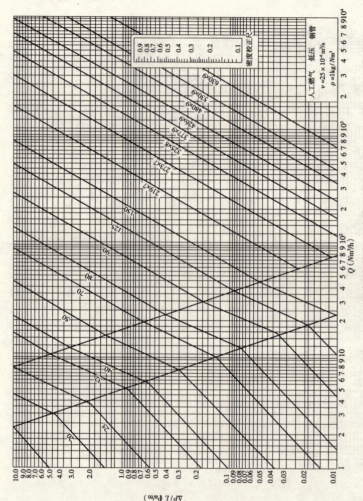

图 9.7.3-2 燃气管道水力计算图表(二)

9.7 燃气管道管径的确定

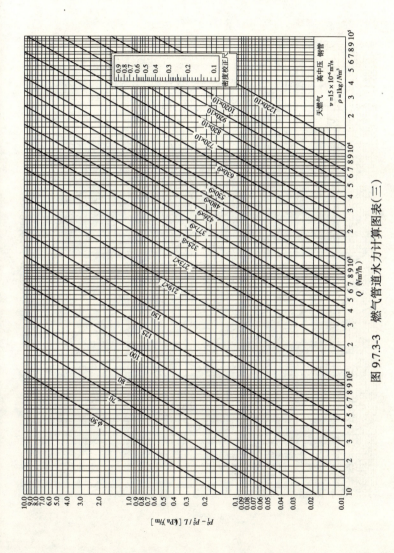

图 9.7.3-3 燃气管道水力计算图表(三)

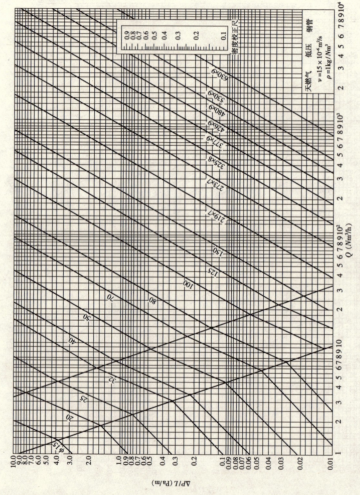

图 9.7.3-4 燃气管道水力计算图表(四)

9.7.4 管材及接口

小城镇中压和低压燃气管道，一般采用球墨铸铁管或无缝钢管；室内燃气管道一般采用无缝钢管或镀锌钢管。

钢管连接采用焊接，镀锌钢管采用丝扣接口。

承插式铸铁管连接接口的选择，一般遵守下列规定：

(1) 低压燃气管道，一般采用水泥接口；
(2) 中压燃气管道，一般采用耐油的橡胶圈水泥接口；
(3) 有特殊要求的燃气管道，应采用青铅接口。

主要参考文献

1 煤气设计手册编写组. 煤气设计手册. 北京：中国建筑工业出版社，1987
2 邓渊主编. 煤气规划设计手册. 北京：中国建筑工业出版社，1997
3 姜正侯主编. 燃气工程技术手册. 上海：同济大学出版社，1997
4 哈尔滨建筑大学等合编. 燃气输配. 北京：中国建筑工业出版社，1986
5 城镇燃气热力工程规范. 北京：中国建筑工业出版社，1997
6 王宁等编著. 小城镇规划与设计. 北京：科学出版社，2001
7 建设部村镇建设办公室、中国建筑设计院小城镇规划设计研究所编. 全国小城镇规划设计优秀方案精选. 北京：中国建筑工业出版社，2003

10 小城镇环境卫生工程规划

小城镇环境卫生工程是由小城镇垃圾处理场、垃圾卫生填埋场、垃圾收集站、转运站、公共厕所、环境卫生专用车辆及环境卫生管理设施等组成。其作用和功能是收集和处理各种固体废弃物，逐步实行垃圾分类收集，实现垃圾的无害化、减量化、资源化，提高垃圾无害化处理率和综合利用率；进一步提高固体废弃物中可利用物质的综合利用率；加强小城镇环境保护和生态恢复治理，加强危险废物的安全处置，变废为宝，清洁小城镇镇容，净化小城镇环境。

10.1 小城镇环境卫生工程规划原则

10.1.1 指导思想

小城镇环境卫生工程系统规划编制的指导思想是：建设和完善小城镇环境卫生设施体系、管理体系和资金融通体系。科学地对当地环卫现状和环卫管理建设现状进行"扬弃"，由政府、单位和城镇居民共同对小城镇环境卫生进行长效管理，使其持续发展。

积极、有序地推进小城镇生活垃圾分类收集和资源化利用进程，坚持可持续发展战略，全面规划、分步实施，加快小城镇环境卫生公共设施建设及设备的更新与技术集成工作，加快生活垃圾"减量化收集、资源化利用、无害化处置"进程。抓好"源头管理、行业管理、长效管理",提高生活垃圾无害化处理率,努力探索适合小城镇生活垃圾收集、运输及处置的模式,实现环境效益、社会效益及经济效益的同步发展。

10.1.2 规划总体原则

(1) 在小城镇总体规划和环境保护规划的基础上,进行小城镇环境卫生工程系统规划,合理确定小城镇环境卫生设施布局与规模。有条件的地区,鼓励进行区域性卫生设施规划和垃圾的集中处理。

(2) 坚持"环境卫生设施建设与小城镇建设同步发展"的原则,根据小城镇发展总体目标和现代化小城镇的发展水平,合理规划、安排环卫建设项目,使环卫设施的数量、规模、功能、水平与小城镇现代化发展、生态平衡及人民生活水平改善相适应。

(3) 坚持有效控制固体废物污染,达到减量化、资源化、无害化的目标。积极推进小城镇垃圾分类收集、发展废品回收,加强废物综合利用,开发二次资源。

(4) 坚持"全面规划、统筹兼顾、合理布局、美化环境、方便使用、整洁卫生、有利排运"的原则,按照小城镇生活垃圾收集、运输、处置系统的实际需要,合理配备各类环卫设施,数量充足、布局合理、相互配套。

(5) 坚持"规划先行,建管并重"的原则。超前规划,搞好建设项目融资集资,搞好环卫设施建设与管理,正确认识环卫设施特点,要遵循"先建后拆"的原则。充分发挥各类环卫设施的功能,取得较好的环境效益、社会效益及经济效益。

(6) 坚持"科学设计,适当超前"的原则。适当提高垃圾处置建设标准、提高垃圾处置环保水平,引进国外先进的垃圾处置技术,依靠科技进步,推进小城镇垃圾收集、运输、处置方式的变革,以适应21世纪小城镇管理的要求。

(7) 收集、储存、运输、利用固体废物,必须采取防扬散、防流失、防渗漏或者其他防止污染环境的措施。

10.2 小城镇环境卫生工程规划内容、步骤与方法

10.2.1 小城镇环境卫生工程规划内容

小城镇环境卫生工程规划的主要内容包括:固体废弃物分析,污染控制目标,生活垃圾量、工业固体废物量和粪便清运量预测,垃圾收运,垃圾、粪便处理与处置以及环境卫生公共设施设置。

(1) 小城镇环境卫生工程总体规划

1) 小城镇环境卫生工程总体规划的主要内容

①测算小城镇固体废弃物产量,分析其组成和发展趋势,提出污染控制目标;

②确定小城镇固体废弃物的收运方案;

③选择小城镇固体废弃物处理和处置方法;

④布局各类环境卫生设施,确定服务范围、设置规模、设置标准、运作方式、用地指标等;

⑤进行可能的技术经济方案比较。

2) 小城镇环境卫生设施工程系统总体规划图纸

①小城镇环境卫生设施工程系统现状图:反映主要环境卫生设施布局;

②小城镇环境卫生设施工程系统总体规划图:表示小城镇

环卫设施和管理机构的位置、规模、服务范围等。

(2) 小城镇环境卫生设施工程详细规划内容与深度

1) 小城镇环境卫生设施工程详细规划的主要内容

①估算小城镇固体废弃物产量;

②提出规划区的环境卫生控制要求;

③确定垃圾收运方式;

④布局废物箱、垃圾箱、垃圾收集点、垃圾转运站、公厕、环卫管理机构等,确定其位置、服务半径、用地、防护隔离措施等。

2) 小城镇环境卫生设施工程系统详细规划图纸

小城镇环境卫生设施工程详细规划图表示各种环卫设施的位置、用地及规模。

10.2.2 小城镇环境卫生工程规划步骤与方法

通常,小城镇环境卫生工程规划工作按下列程序进行:

1) 总体规划阶段

①收集小城镇环境卫生工程资料

小城镇环境卫生设施资料:小城镇环境卫生设施分布,包括小城镇现有垃圾处理场、堆埋场、收集点等设施的分布、数量、处理能力等;小城镇公共厕所、废物箱等设施的分布、数量、现状设置标准;小城镇环卫车停放场、洗车场等设施的分布、数量等;小城镇环卫机构的分布、数量等。

小城镇废弃物等资料:小城镇现状生活垃圾、建筑垃圾、工业固体废物、危险固体废物的产生量、产生源;小城镇现状垃圾的收集、运输、处理方式等资料。

②小城镇固体废弃物产量预测

分析固体废弃物产生的现状与发展趋势,根据小城镇的规模与发展目标,预测小城镇近、远期各类废物量。

③确定小城镇环境卫生设施规划目标

在小城镇环境卫生设施现状分析的基础上,根据对小城镇环境卫生的要求及近、远期各类废物量的预测,确定小城镇环境卫生设施规划目标。

④规划布局小城镇环境卫生设施

根据小城镇总体规划、环境卫生设施规划目标与标准,结合环境卫生设施现状分布和用地规划布局,布置各类环境卫生设施,确定服务范围、设置规模、设置标准、运作方式、用地指标等,进行小城镇垃圾处理场、转运站等各类环境卫生设施的规划布局。

2) 详细规划阶段

根据小城镇详细规划布局和环境卫生设施标准,测算小城镇固体废弃物产量。结合规划范围空间布局,布置垃圾收运、公共厕所等环境卫生设施,并与详细规划空间布局彼此协调。

小城镇环境卫生设施工程规划工作程序框图见图10.2.2-1。

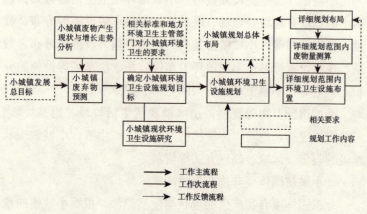

图10.2.2-1 小城镇环境卫生设施工程规划工作程序框图

10.3 小城镇固体废物量预测

10.3.1 小城镇固体废物分类

固体废物是指人类在生产建设、日常生活和其他活动中产生的污染环境的固态半固态废弃物质。固体废物的分类方法很多，通常按来源可分为工业固体废物、农业固体废物、城镇生活垃圾。工业固体废物源于矿业、冶金、石化、电力、建材等，根据其毒性与有害程度又可分为危险废物与一般废物。在小城镇环境卫生工程系统规划中，应主要考虑小城镇的生活垃圾的收集、清运、运输、处理、处置和利用，同时也应对小城镇的工业固体废物收运和处理以及危险固体废物的处理提出规划要求，以减少对城镇环境的影响。小城镇环境卫生工程系统规划所涉及的小城镇固体废物主要有以下几类：

（1）生活垃圾

生活垃圾是指小城镇日常生活中或者为小城镇日常生活提供服务的活动中产生的固体废物以及相关法规规定视为生活垃圾的固体废物。小城镇生活垃圾是小城镇固体废物的主要组成部分，其产量与成分随当地燃料结构、居民生活水平、消费习惯和消费结构、经济发展水平、季节和地域等不同而变化。生活垃圾中除了易腐烂的有机物与炉灰、灰土外，其他废品基本可以回收利用。小城镇生活垃圾处理是环境卫生工程系统规划的主要内容。

（2）普通工业垃圾

普通工业垃圾为允许与生活垃圾混合收运处理的服装棉纺类、皮革类、塑料橡胶类等工业废弃物。

小城镇垃圾包括小城镇生活垃圾和普通工业垃圾两大部

分。小城镇垃圾是环境卫生工程系统规划的主要对象。

（3）建筑垃圾

指城镇建设工地上拆建和新建过程中产生的固体废物，随着小城镇建设步伐加快，建筑垃圾产量也有较大增长。建筑垃圾也属工业固体废物。

（4）一般工业固体废物

指在生产过程中和加工过程中产生的废渣、粉尘、碎屑、污泥等。其对环境产生的毒害比较小，基本上可以综合利用。

（5）危险固体废物

指列入国家危险物名录或者根据国家规定的危险物鉴别标准和方法认定的具有危险性的废物。主要来源于冶炼、化工、制药等行业，以及医院、科研机构等。由于危险固体废物对环境危害性很大，规划中在明确生产者作为治理污染的责任主体外，应有专门的机构集中控制。

10.3.2 小城镇生活垃圾量预测

小城镇生活垃圾量预测主要采用人均指标法和增长率法，规划时可以采用两种方法，结合历史资料进行校核。

（1）人均指标法

按有关资料统计，我国小城镇目前人均生活垃圾产量为 $0.6 \sim 1.2 kg/(人·d)$ 左右。这个值的变化幅度大，主要受小城镇具体条件影响。由于小城镇燃料结构、居民生活水平、消费习惯和消费结构、经济发展水平与小城镇差异较大，小城镇人均生活垃圾产量比大中城镇要高，根据我国小城镇人均生活垃圾产量及其增长规律的调查资料统计结果，比较于世界发达国家小城镇生活垃圾的产量情况，我国小城镇人均生活垃圾规划预测人均指标以 $0.9 \sim 1.4 kg/(人·d)$ 为宜，具体取值结合当地燃料结构、居民生活水平、消费习惯和消费结构及其变化、经济发展水平、季节和地域情况，分析比较选定。由人均指标乘以规划人口数则可以得到小城镇生活垃圾总量。

（2）增长率法

由递增系数，基准年数据测算规划年的小城镇生活垃圾总量。即：

$$W_t = W_0 (1+i)^t \tag{10-1}$$

式中　W_t——规划年小城镇生活垃圾产量；

W_0——现状基年小城镇生活垃圾产量；

i——小城镇生活垃圾年增长率；

t——预测年限。

采用增长率法预测小城镇生活垃圾量，要求根据历史资料和小城镇发展的相关可能性，合理确定生活垃圾增长率。小城镇生活垃圾增长率随小城镇人口增长、规模扩大、经济发展水平、居民生活水平提高、当地燃料结构改善、消费习惯和消费结构及其变化而变，但忽略突变因素。分析国外发达国家城镇生活垃圾变化规律，其增长规律类似一般消费品近似 S 曲线，增长到一定阶段增长慢直至饱和，1980～1990 年欧美国家城市生活垃圾产量增长率已基本在 3% 以下。我国城市垃圾还处在直线增长阶段，自 1979 年以来平均为 9%。

根据小城镇的相关调查分析和推算，小城镇近期生活垃圾产量的年均增长率一般为 8%～10.5%。规划时小城镇生活垃圾增长率还应结合季节和地域情况，分析比较选定。生活垃圾预测应按不同时间阶段确定不同的增长率。

10.3.3　小城镇工业固体废物量预测

（1）单位产品法

即根据各行业的统计资料，得出每单位原料或产品的产废量。规划时，若明确了工业性质和计划产量，则可预测出产生的工业固体废物量。

(2) 万元产值法

根据规划的工业产值乘以每万元的工业固体废物产生系数,则可得出工业固体废物产量。参照我国部分相关走势的规划指标,可选用 0.04~0.1t/万元的指标。当然最好先根据历年资料进行推算。

(3) 增长率法

由式(10-1)计算。根据历史资料和小城镇产业发展规律,确定了增长率后计算。从1981年至1995年的资料看,全国工业固体废物的产量逐年增长,但趋于平缓,年增长率为2%~5%。

10.4 小城镇垃圾收运、处理与综合利用

随着我国城镇化进程的加快和小城镇人口的增加,小城镇固体废物的产量迅速增加,特别是小城镇生活垃圾已经成为中国小城镇环境的主要污染源之一。如何依靠科技进步,使小城镇固体废物收集、运输及处理处置系统科学化、系统化、规范化,实现小城镇固体废物处置"减量化、资源化、无害化"的目标,这是小城镇发展的一项重要的战略任务。

减量化:减少固态废弃物的产生量与排放量,通过从源头上控制固态废弃物的产生量与排放量,最大限度地合理开发利用资源。

无害化:不仅减少固态废弃物的数量和体积,还减少固态废弃物的种类,减低危险固态废弃物的危险性。

资源化:采取管理与工艺措施从固态废弃物中回收物质与能源,加速物质与能源的循环,创造有经济价值的广泛应用技术方法。主要有:物质回收、物质转换、能源转换。

10.4.1 生活垃圾的收集与运输

生活垃圾的收集与运输是指生活垃圾产生以后,由容器将其收集起来,集中到收集站后,用清运车辆运转至转运站或处理场。生活垃圾的收运系统是小城镇垃圾收集处理系统中的重要环节,对垃圾的处理方式有较大的影响。其费用通常占整个处理系统费用的60%~80%。生活垃圾的收运方式通常受城镇地理、气候、经济、建筑分布、居民的文明程度与生活习惯影响。

小城镇应结合其具体情况,设置标准垃圾收集设施,逐步实现收集、清运的容器化、密闭化、机械化,减少暴露垃圾,以提高环境卫生质量。

(1) 生活垃圾的收集

生活垃圾的收集是指将生产的垃圾用一定设施与方法将其集中起来,以便于以后垃圾的运输与处理。各地的具体情况不同,则垃圾的收集方式也有很多种,并且随着社会和技术进步,不断变化。现行的小城镇垃圾收集方式主要分为混合收集与分类收集两种类型,其中混合收集应用广泛,历史悠久。

混合收集是指将生产的各种垃圾混合在一起收集,这种方法简单、方便,对设施和运输的条件要求低,是我国小城镇常用的垃圾收集方法。生活垃圾的混合收集导致生活垃圾的高有机物含量、高水分、低热值、垃圾成分复杂等特点,致使出现垃圾的焚烧处理热值低、堆肥处理产品质量差、填埋处理污染大等问题,不便于垃圾后期处理与回收,提高了处理费用。

分类收集是指按垃圾的处理利用方式或不同产生源区域对垃圾进行分类收集。许多国家和我国部分城镇垃圾处理发展的历程表明:通过垃圾的分类收集,不仅回收了大量的资源,使垃圾资源得到充分的利用,而且大大地减少了垃圾的运输费用，简化了垃圾处理工艺，降低了垃圾的处理成本。该法克服了混合收集的弊端，取得了良好效果。

现阶段，各国采用的废物分类收集方法主要包括可直接回收的有用物质和其他废物分类存放（产生源分类收集方法），分类回收的废金属、废纸、废玻璃、废塑料等直接出售给有关厂家作为二次利用的原料；电池、灯管等有害垃圾进行焚烧单独处理；然后把其他有机垃圾（厨房垃圾）和无机垃圾（炉灰、灰土）分类收集，使其经过不同的工艺处理后得到综合利用。

生活垃圾分类收集应与垃圾的整个运输、处理处置和回收利用系统相统一。若在清运时无法分类清运，或没建立回收利用系统，则分类收集也就失去意义。所以规划时，应结合小城镇相关条件和实际情况，从小城镇垃圾管理的整个系统考虑选择收集方式。小城镇垃圾收集方式可按表 10.4.1-1 结合小城镇实际选择。

小城镇垃圾收集方式选择 表 10.4.1-1

垃圾收集方式		经济发达地区						经济发展一般地区						经济欠发达地区					
		一		二		三		一		二		三		一		二		三	
		近期	远期	近期	远期	近期	远期	近期	远期	近期	远期	近期	远期	近期	远期	近期	远期	近期	远期
	混合收集					●	●	●	●	●	●	●	●	●	●	●	●	●	●
	分类收集	△	●	△	●	△	●	△	●	△	●	△		△	●	△		△	

注：△—宜设；●—应设。

垃圾收集过程通常有以下几种方式：

1) 垃圾箱（桶）收集　这是最常用的方式。垃圾箱

（桶）置于居住小区楼幢旁、街道、广场等范围内。一般是封闭的，并有一定规格，便于清运车机械作业。采用不同标志的垃圾箱可实现垃圾的分类收集。

2）垃圾管道收集　在多层或高层建筑物内设置垂直的管道，底层垃圾间里设垃圾容器。这种方式便于居民倾倒垃圾，但常因设计和管理上的问题，产生管道堵塞、臭气、蚊蝇滋生的现象。

3）袋装化上门收集　居民将袋装垃圾放置在固定地点，由环卫人员定时将垃圾取走，送至垃圾站或垃圾压缩站，将垃圾压缩后，集装运走。这种方式目前在我国小城镇大为推广，具有明显效益。它减少了散装垃圾的污染与散失，基本消除了居住小区、街道上的垃圾箱以及垃圾间，大大节省占地面积，并利于后续的清运，改善城镇卫生环境。

4）厨房垃圾自行处理　厨房垃圾通常占居民日常生活垃圾的50%左右，主要成分为有机物。在一些国家和我国个别小城镇采用厨房粉碎机，将厨房有机垃圾粉碎成较小颗粒，排入排水管道，送至污水处理厂。在能保证不堵塞管道和排水系统完善的小城镇采用此法，有利于垃圾的分类回收，并减少了垃圾总量。

5）垃圾气动系统收集　利用压缩空气或真空作动力，通过敷设在住宅区或城镇道路下的输送管道，把垃圾传送至集中点。这种方式主要用在高层公寓楼房和现代住宅密集区，具有自动化程度高、方便卫生的优点，大大节省了劳动力与运输费用，但一次性投资高。目前仅在欧美和日本使用。垃圾输送管道通常设在小城镇道路下面，管径500mm左右，可设置不同的投入口，或按不同日期分类投放传送，如可燃垃圾或不可燃垃圾等。

（2）生活垃圾的运输

生活垃圾的运输是指从生活垃圾的收集点（站）把垃圾

装运到转运站、加工厂或处理（置）场的过程。

垃圾清运应实现机械化，例如专有车辆、船只等。所以规划时，应保证清运机械通达垃圾收集点。清运车辆有小型（0.5t左右）、中型（2~3t）、大型（4t）、超大型（8t）等。各城镇应根据具体情况选用清运车辆。我国城镇垃圾管理要求日收日清，即每日收集一次。清运车辆的配置数量根据垃圾产量、车辆载重、收运次数、车辆的完好率等确定。根据经验，一般大、中型（2t以上）环卫车辆可按每5000人估算。

随着小城镇环境保护要求的提高，垃圾处理厂为解决垃圾运输车辆不足、道路交通拥挤、储运费用高等问题，在垃圾清运过程中设置转运站。转运站按功能可分为单一性和综合性转运站。单一性转运站只起到更换车型转运垃圾的作用，综合性转运站，可具备压缩打包、分选分类、破碎等一种或几种功能。通常生活垃圾经压实后，体积可减少60%~70%，从而大大提高了运输量。转运站的设置与位置的选定，应进行技术经济比较。从经济上讲，要保证中转运费小于直接运费，还要考虑交通条件、车辆设备配置等因素。

规划时，除了按要求布置收集点外，应考虑便于清运，使清运路线合理，发挥人力、物力作用。路线设计问题是一个优化问题，根据道路交通情况、垃圾产量、垃圾收集点分布、车辆情况、停车场位置等，考虑如何便于收集车辆在收集区域内行程距离最小，根据道路情况要做到以下几点：

1) 收集路线的出发点尽可能接近车辆停放场。垃圾产量大和交通拥挤地区的收集点要在开始工作前清运，而离处置场或中转站近的收集点应最后收集。

2) 路线的开始与结束应邻近小城镇主要道路，便于出入，并尽可能地拥有地形和自然疆界作为线路疆界。

3) 在陡峭地区，应空车上坡、下坡收集，以利于节省燃料，减少车辆损耗。

4) 路线应使每日清运的垃圾量、运输路程、花费时间尽可能相同。

10.4.2 小城镇固体废弃物处理和处置

(1) 固体废弃物对环境的危害

固体废弃物集中了许多污染物成分，含有有害微生物、无机污染物、有机污染物以及其他放射性物质，产生色、臭物质等。其中有害成分会转入大气、水体、土壤，参与生态系统的物质循环，造成潜在的、长期的危害性。

固体废弃物对环境的危害主要表现在以下几方面：

1) 侵占土地

随着城镇的发展与生活水平的提高，小城镇生活垃圾问题日益突出。据有关资料统计：20世纪90年代以来，中国小城镇生活垃圾每年以8%~10%的速度递增。全国小城镇垃圾存量，现已达60亿t，致使占全国小城镇总容量2/3的小城镇周围形成大量的垃圾山。目前全国小城镇垃圾所压占的土地面积高达5亿m^2。而中国的人均耕地面积不足2亩，远远低于世界人均耕地面积4.75亩的水平。

2) 污染环境

垃圾污染环境是多维、立体的。即大气、水体和土壤都不同程度地遭受到垃圾的污染，形成一个"灾害链"。

①固体废物在收运堆放过程中，颗粒物随风扩散；固体废物中的有机物变质散发出大量的有毒、有害的气体（如二氧化硫、氨气、二氧化碳），且臭气熏天，对城镇空气质量影响较大，直接影响城镇人民生活质量。

②垃圾中重金属（汞、镉）及其他有毒、有害物质，随

水注入地表水体（河流、湖泊）或渗入土壤地下水中，污染了水体和土壤，而这些有毒、有害物质通过食物链在人体内逐渐蓄积，将危害人的神经系统、造血系统，甚至引发癌症。此外，对草木和作物的生长都构成危害。

③ 固体废弃物的堆放，有损市容，影响小城镇景观，又容易传染疾病。

④ 由于小城镇垃圾中有机物含量较高，集中堆放容易形成厌氧环境，致使垃圾产生的沼气不断向外释放，一旦遇明火，就可能引起爆炸。

（2）固体废弃物处理和处置技术概述

固体废弃物的处理通常是指通过物理、化学、生物、物化及生化方法把固体废物转化为适于运输、贮存、利用或处置的过程，这是一个固体废物减量化、无害化、稳定化和安全化，加速废物在环境中的再循环，减轻或消除对环境污染的方法。固体废弃物处置是解决固体废弃物的最终归宿，使之在环境容量允许的条件下，置于一定的自然环境中。固体废弃物资源化是指从固体废弃物中回收有用的物质和能源，以减少资源消耗，保护环境，这是利于小城镇可持续发展的。

1）固体废弃物的处理

固体废弃物处理的总原则应首先考虑减量化、资源化，减少资源消耗和加速资源循环，后考虑加速物质循环，而对最终要残留的物质，进行最终无害化处理。防治固体废物污染，首先是要控制其产生量。例如，逐步改革小城镇燃料结构（包括民用与工业用），控制工厂原材料的消耗定额，提高产品的使用寿命，提高废品的回收率等。其次是开展综合利用，把固体废物作为资源和能源对待。实在不能利用的则经压缩和无毒处理后成为终态固体废弃物，然后再填埋或投海。目前主要采用的方法包括压实、破碎、分选、固化、焚烧、生物处理等。

①压实技术

压实是一种通过对废物实行减容化，降低运输成本、延长填埋场寿命的预处理技术。压实是一种普遍采用的固体废弃物预处理方法。如汽车、易拉罐、塑料瓶等通常首先采用压实处理。适于压实减少体积处理的固体废弃物还有垃圾、松散废物、纸带、纸箱及某些纤维制品等。对于那些可能使压实设备损坏的废弃物不宜采用压实处理。

②破碎技术

为了使进入焚烧炉、填埋场、堆肥系统等废弃物的外形尺寸减小，必须预先对固体废弃物进行破碎处理。固体废弃物的破碎方法很多，主要有冲击破碎、剪切破碎、挤压破碎、摩擦破碎等，此外还有专用的低温破碎和湿式破碎等。

③分选技术

固体废物分选是实现固体废物资源化、减量化的重要手段，通过分选将有用的充分选出来加以利用，将有害的充分分离出来；另一种是将不同粒度级别的废弃物加以分离。分选基本原理是利用物料的某些性质方面的差异，将其分选开。分选包括手工捡选、筛选、重力分选、磁力分选、涡电流分选、光学分选等。

④固化处理技术

固化技术是通过向废弃物中添加固化基材，使有害固体废弃物固定或包容在惰性固化基材中的一种无害化处理过程。经过处理的固化产物应具有良好的抗渗透性，良好的机械特性，以及抗浸出性、抗干湿、抗冻融特性。这样的固化产物可直接在安全土地填埋场处置，也可用做建筑的基础材料或道路的路基材料。固化处理根据固化基材的不同可以分为水泥固化、沥青固化、玻璃固化、自胶质固化等。

⑤焚烧技术

通过加温燃烧,使可燃固体废弃物氧化分解,转换成惰性残渣,焚烧可以灭菌消毒。焚烧可以达到减容化、无危害化和资源化的目的。焚烧可以处理小城镇垃圾、工业固体废物、污泥、危险固体废物等。焚烧处理的优点是:能迅速而大幅度地减少85%~95%的体积,质量减少70%~80%;可以有效地消除有害病菌和有害物质;生产的能量可以提供热与发电;另外焚烧法占地面积小、地址灵活。焚烧法的不足之处是投资和运行管理费用高,管理操作要求高;产生的废气处理不当,容易造成二次污染;对固体废物有一定的热值要求。随着小城镇实力的增强,焚烧将成为固体废物的一种主要的处理方式。

⑥热解技术

热解是将有机物在无氧或缺氧条件下高温(500~1000℃)加热,固体废物的有机物受热分解,转化为液体燃料或气体燃料,残留少量惰性固体。热解减容量达60%~80%,污染小,并能充分回收资源,适用于小城镇生活垃圾、污泥、工业废物、人畜粪便等。但其处理量小,投资运行费用高,工程应用尚处在起步阶段。热解是一种有前途的固体废物处理方式。

⑦生物处理技术

生物处理技术是利用微生物对有机固体废物的分解作用使其无害化。可以使有机固体废物转化为能源、食品、饲料和肥料,还可以用来从废品和废渣中提取金属,是固体废物资源化的有效的技术方法。目前应用比较广泛的有:堆肥化、沼气化、废纤维素糖化、废纤维饲料化、生物浸出等。

高温堆肥是指在有控制的条件下,利用生物将固体废弃物中的有机物质分解,使之转化成为稳定的腐殖质的有机肥料,这一过程可以灭活垃圾中的病菌和寄生虫卵。堆肥化是一种无害化和资源化的过程。固体废弃物经过堆肥化,体积可缩减至原有体积的50%~70%。堆肥化的优点是投资较低，无害化程度较高，产品可以用作肥料。不足之处是占地较大，卫生条件差。

2) 固体废物最终处置

无论用什么办法处理固体废物，总有残留的物质无法利用或处理，它们被称为终态固体废弃物。终态固体废弃物的处置，是控制固体废弃物污染的末端环节，是解决固体废弃物的归宿问题。处置的目的和技术要求是：使固体废弃物在环境中最大限度地与生物圈隔离，避免或减少其中的污染组成对环境的污染与危害。一般可分为海洋处置和陆地处置两大类。

①海洋处置

海洋处置主要分为海洋倾倒与远洋焚烧两种方法。海洋倾倒是将固体废弃物直接投入海洋的一种处置方法。海洋是一个庞大的废弃物接受体，对污染物质有极大的稀释能力。进行海洋倾倒时，首先要根据有关法律规定，选择处置场地，然后再根据处置区的海洋学特性、海洋保护水质标准、处置废弃物的种类及倾倒方式进行技术可行性研究和经济分析，最后按照设计的倾倒方案进行投弃。

海洋焚烧，是利用焚烧船将固体废弃物进行船上焚烧的处置方法。废物焚烧后产生的废气通过净化装置与冷凝器，冷凝液排入海中，气体排入大气，残渣倾入海洋。这种技术适于处置易燃性废物，如含氯的有机废弃物。

②陆地处置

陆地处置的方法有多种，包括自然堆存、土地填埋、土地耕作、深井灌注等。

Ⓐ自然堆存　指把垃圾倾卸在地面上或水体中，如弃置荒野地、洼地或海洋中，自然腐烂或发酵。这种方式是小城镇发展初期通常用的方式，对环境污染极大，现已被许多国家禁

止。对于不溶或极难溶，不飞散，不腐烂变质，不产生毒害，不散发臭气的粒状和块状废物，如废石、炉渣、尾矿、部分建筑垃圾等，还是可以使用的。

Ⓑ土地填埋　将固体废弃物填入确定的谷地、平地或废沙坑等，然后用机械压实后覆土，使其发生物理、化学、生物等变化，分解有机物质，达到减容化和无害化的目的。它也是固体废物最终处置方法，主要分两类，即卫生土地填埋，用于生活垃圾；安全土填埋，适于工业固体废弃物，特别是有害废物，它比卫生土地填埋建造要求更严格。

土地填埋适于各种废物，如生活垃圾、粉尘、废渣、污泥、一般固化块等。土地填埋的优点是技术比较成熟、操作管理简单，处置量大，投资和运行费用低，还可以结合小城镇地形、地貌开发利用填埋物。其缺点是垃圾减容效果差，占用大量土地；因产生渗沥水造成水体和环境污染，产生的沼气易爆炸或燃烧，所以选址受到地理和水文地质条件的限制。也是我国小城镇处理固体废弃物的主要途径和首选方法。

3）一般工业固体废物的处理利用

工业固体废物种类繁多，应根据每一种类的特点考虑处理方法，尽可能地综合利用，化废为宝。

4）危险废物的处理处置

危险废物处理宜通过改变其物理、化学性质，达到减少或消除危险废物对环境的影响。常用的方式有减少体积（如沉淀、干燥、分离）、有毒成分固化、化学处理、焚烧去毒、生物处理等。常用的处置方法有土地填埋、焚烧、投海或深井处置。

(3) 小城镇生活垃圾处理方案的选择

20世纪60年代以来，由于垃圾问题的日益突出，各国均投入了大量的人力、物力、财力进行垃圾处理技术研究，并取得了一定的成功经验。目前被广泛应用的处理方法有卫生填埋、焚烧和高温堆肥等。

在小城镇生活垃圾处理方案的选择中，主要考虑5个方面因素：小城镇概况、技术、经济与财务、环境、法律与政策。在每次方案的选择前都应对这5个因素进行全面、详细的调查、分析与评价，并在此基础上选择出最适合本地区的生活垃圾处理方案。

1) 小城镇概况评价

小城镇概况评价，包括：小城镇相关基础数据调查和小城镇垃圾状况调查两方面。

①城镇基础数据调查

城镇基础数据调查包括自然环境条件（地形、气候、地质和水位等）、镇区的分布情况、人口的分布与密度、人口的预测与小城镇发展预测，现状和存在的问题等。

②小城镇垃圾状况调查

通过小城镇垃圾状况分析，可以初步确定小城镇垃圾处理方式，以及处理场的处理规模。小城镇垃圾状况调查分析包括：垃圾产量和人均垃圾产量；垃圾成分调查，包括有机物、尘土、纸、塑料、橡胶、金属、玻璃及其他等物理成分，容重、含水率、热值及灼烧失重等垃圾的物理性质。在较准确地估算出现有垃圾产量的基础上，考虑人口的增长量、经济增长与消费类型的变化与资源回收和垃圾减量法规、政策的发展等，对未来垃圾产量作出预测。

2) 技术评价

小城镇生活垃圾的处理是固体废物处理的重点，小城镇生活垃圾的处置最终要达到减量化、资源化和无害化的原则。我国目前垃圾处理方式中卫生填埋占70%、高温堆肥20%、焚烧及其他处理方法10%。表10.4.2-1列有卫生填埋、焚烧和高温堆肥3种处理方法的比较。

三种垃圾处理方法比较　　　表 10.4.2-1

	卫生填埋	焚烧	高温堆肥
技术可靠性	可靠	可靠	可靠、国内有一定经验
操作安全性	较大，注意防火	好	好
选址	要考虑地理条件，防止水体污染，一般远离小城镇，运输距离大于20km	可靠近城镇，运输距离小于10km	避开住宅密集区，气味影响半径小于200m，运输距离2~10km
占地	大	小	中等
适用条件	适用范围广，对垃圾成分无严格要求，但无机含量大于60%；征地容易，地区水位条件好，气候干旱、少雨的条件更为适用	要求垃圾热值大于4000kt/kg；土地资源紧张，经济条件好	垃圾中可降解有机物含量大于40%；堆肥产品有较大市场
最终处置	无	残渣需作处置占初始量的10%~20%	非堆肥物需作处置占初始量的25%~35%
能源化意义	部分有	部分有	有
资源利用	恢复土地利用或再生土地资源	垃圾分选可回收部分物质	作农肥和回收部分物质
地面水污染	有可能，但可采取措施防止污染	无	无
地下水污染	有可能，需采取防渗保护，但仍有可能渗漏	无	可能性较小
大气污染	可用导气、覆盖等措施控制	烟气处理不当时有一定污染	有轻微气味
土壤污染	限于填埋区域	无	需控制堆肥有害物含量
管理水平	一般	较高	较高
投资运行费用	最低	最高	较高

小城镇生活垃圾收集无害化处理的工艺路线选择，应从本地区的经济状况，自然地理情况，以及生活垃圾的组成、热值

和有机物含量等方面综合考虑。其中比较典型的垃圾处理工艺路线有4条：

① 转运 + 卫生填埋；
② 转运 + 焚烧 + 卫生填埋；
③ 转运 + 堆肥 + 卫生填埋；
④ 转运 + 焚烧 + 堆肥 + 卫生填埋。

3) 经济与财务评价

垃圾的处理，通常不是从产品销售中获取收入，而是从公共资金和通过公共收费制度筹措资金。所以用传统的商业项目投资标准来进行经济与财务评价是不够的，应以全面的态度对待，不仅要看到它的工程经济效益，也要看到它的环境经济效益。

通常对于环境卫生领域的低收益项目，世界银行和其他金融机构，建议采用平均增量成本（动态单位成本）的方法进行评估。通过合理假设和一些限定条件，把成本与同一时间内项目的处理量联系起来，再通过对每个被选方案及延续现状的平均增量成本进行比较，确定最小成本的方案。

在取得不同方案的平均增量成本后，就可以与其技术性能和环境影响一起做综合评价，从而确定实施方案。

4) 环境评价

环境评价可对建设项目的经济效益与环境效益进行评估、协调、找出最佳方案。其内容包括垃圾收运处理处置整个系统对环境的影响、所需投入、生态稳定性和当地公众认可程度等方面的比较。

5) 法律与政策评价

我国于1995年颁布的《固体废物污染环境防治法》，是指导包括城镇垃圾在内的固体废物处理和处置的根本性法律。根据该法及国家其他相关法律、法规，建设部、国家环保总局和科技部于2000年联合发布了《城市生活垃圾处理及污染防治技术政策》。除此以外，我国陆续制定了一批有关小城镇垃圾处理的环境标准。

在确定小城镇垃圾处理设施方案时，必须充分考虑以上法律、法规、政策和标准中的有关规定，这样才能使选择的方案符合实际要求。

通常一个小城镇垃圾处理方式也不是单一的，而是一个综合系统。因此选择小城镇生活垃圾的处理工艺要考虑多种因素，并利用科学的方法进行综合的评估，从而确定出最适宜本地区的小城镇垃圾处理方案，为日后的垃圾管理与资本运行管理，提供崭新的观念和依据。

10.4.3 小城镇垃圾污染控制与环境卫生评估指标

小城镇环境卫生污染控制目标的实现主要是通过小城镇环境卫生污染源头固体垃圾的有效收集和无害化处理来实现。并采用其有效率和无害化处理率作为评估指标。小城镇环境卫生垃圾污染控制目标可按表10.4.3-1指标，结合小城镇实际情况适宜制定。

小城镇生活垃圾治理将以净菜进城、材料回收和分类收集为基本手段，逐步实施总量控制。规划期内，应初步完成小城镇生活垃圾治理从末端处理到全面控制的转变过程。

普通工业垃圾治理的可持续发展应根据全面控制理论，以清洁生产、循环再生和污染控制为原则，减少生产过程中的废弃物产生量。但是，由于市场竞争激烈，受到生产成本的限制，全面推广清洁生产存在一定困难。从发达国家的经验来看，完全控制工业垃圾的产生需要一个相当长的过渡时期。在规划期内，仍应允许普通工业垃圾的产生，普通工业垃圾的产生量将随工业产值的增加而有所增加，但应对其增长幅度进行控制。

白色污染的治理应以全面控制为基本原则。将逐步用可降解塑料和其他清洁材料替代目前的一次性泡沫塑料餐饮具、塑料袋和其他塑料包装物。但由于替代材料成本较高，同时需要全国性的统一行动，因此，规划期内仍将以末端治理为主，提高废塑料的回收利用率。

小城镇环境卫生垃圾污染控制与环境卫生评估指标　　表10.4.3-1

	经济发达地区						经济发展一般地区						经济欠发达地区					
	一		二		三		一		二		三		一		二		三	
	近期	远期	近期	远期	近期	远期	近期	远期	近期	远期	近期	远期	近期	远期	近期	远期	近期	远期
固体垃圾有效收集率（%）	65~70	≥98	60~75	≥95	55~60	95	60	95	55~60	90	45~55	85	45~50	90	40~45	85	30~40	80
垃圾无害化处理率（%）	≥40	≥90	35~40	85~90	25~35	75~85	≥35	≥85	30~35	80~85	20~30	70~80	30	≥75	25~30	70~75	15~25	60~70
资源回收利用率（%）	30	50	25~30	45~50	20~25	35~45	25	45~50	20~25	30~40	15~20	30~40		40~45	15~20	35~40	10~15	25~35

注：资源回收利用包括工矿业固体废物回收利用、结合污水处理改善能源结构、垃圾粪便产生沼气回收中的有用物质等。

小城镇生活垃圾分类收集率是指进行垃圾分类收集的小城镇垃圾量与全城镇垃圾产生总量的百分比。

10.5　小城镇环境卫生设施规划

环境卫生设施是指具有从总体上改善环境卫生、限制或消除生活废弃物危害功能的设备、容器、构筑物和建筑物以及场地等的统称。进行环境卫生设施的布局，确定用地范围、划分收集区域是小城镇环境卫生设施规划的重要内容。

10.5.1 小城镇环境卫生公共设施规划

小城镇环境卫生公共设施是设在公共场所、为公众提供服务的设施。环境卫生公共设施包括公共厕所、生活垃圾收集点、废物箱、粪便污水前端处理设施等。小城镇环境卫生公共设施规划应符合统筹兼顾、合理布局、美化环境、方便使用、整洁卫生，有利于排运的原则。

（1）公共厕所规划

公共厕所是社会公众使用、一般设置在道路旁或公共场所的厕所，是小城镇公共建筑的一部分，是小城镇中最重要的环境卫生设施。公共厕所设置数量、布局方式及建造标准，直接反映了小城镇的现代化程度与环境卫生面貌。

小城镇环境卫生设施规划中应对公共厕所的布局、建设、管理提出要求，统筹兼顾，合理规划。由于公共厕所的建设投资费用较高，占地面积也非常可观，所以如何既能满足城镇居民和流动人口的需要，又能节省用地是规划时应考虑的主要问题。另外，许多小城镇公共厕所少，且大多是旱厕，卫生面貌差，规划中应注意旱厕的改造，根据小城镇经济状况，逐步将旱厕改为水厕。

1）公共厕所设置位置

通常，小城镇在下列范围内应设置公共厕所：

①广场和主要交通干道两侧；

②车站、码头等重要公共建筑附近；

③风景名胜古迹游览区、公园、商业区、大型停车场及其他公共场所；

④新建住宅区和老居民区。

2）公共厕所设置数量

小城镇公共厕所设置数量，可参考下列要求：

①镇区主要繁华街道公共厕所之间距离宜为400~500m；

②一般街道宜为800~1000m；

③新建的居民小区宜为450~550m；并宜建在商业网点附近。

3）公共厕所建筑面积规划指标

①新建的居民小区内公共厕所：千人建筑面积指标为6~10m^2；

②车站、码头、体育场（馆）等公共场所的公共厕所：千人（按一昼夜最高聚人数计）建筑面积指标为15~25m^2；

③居民稠密区（主要指旧城未改造区）公共厕所：千人建筑面积指标为20~30m^2；

④街道公共厕所：千人（按一昼夜流动人数计）建筑面积指标为8~15m^2；

⑤城镇公共厕所建筑面积指标为30~50m^2。

公共厕所的用地范围是距厕所外墙皮3m以内空地为其用地范围。如受到限制，则可靠近其他房屋修建。有条件的地区应发展附建式公共厕所，并结合主体建筑一并设计和建造。

4）公共厕所的建筑标准

小城镇公共厕所的建筑标准可参考城市公共厕所的建筑标准，即商业区、重要公共设施、重要交通客运设施、公共绿地及其他环境要求高的区域的公共厕所不低于一类标准；主、次干路及行人交通量较大的道路沿线的公共厕所不低于二类标准；其他街道及区域的公共厕所不低于三类标准。

公共厕所的粪便严禁排入雨水管道、河流或水沟内。有污水管道的地方，应排入污水管道，没有污水管道的地区，应配建化粪池、贮粪池等粪便污水前端处理设施。

(2) 生活垃圾收集点规划

生活垃圾收集点的规划应以方便居民生活,便于收集运输作业,具有可操作性和可实施性为基本原则,又要利于垃圾的分类收集和机械化运输。

1) 生活垃圾收集点设置位置

供居民使用的生活垃圾收集点的位置要固定,一般设在居住区内或其他用地内,方便居民,并满足必要的交通运输条件。当设置在支路边时应不影响城镇景观环境的要求。

2) 生活垃圾收集点设置数量

供居民投放垃圾的垃圾收集点服务半径一般不应超过70m。服务半径超过70m时,应由清洁工人上门收集垃圾,居民小区多层住宅一般每4幢设一处垃圾收集点。

市场、交通客运枢纽及其他产生生活垃圾量较大的设施附近应单独设置生活垃圾收集点。

3) 生活垃圾收集点类型

目前,小城镇生活垃圾收集点类型不一,在生活垃圾收集点有的直接放置垃圾容器,有的建造垃圾容器间。各城镇采取的生活垃圾收集点的具体形式应根据当地环境条件、经济发展水平和生活习性而定,逐步淘汰简易垃圾池、露天垃圾桶点、散装垃圾屋和其他不符合规划目标要求的垃圾收集方式。

医疗废物及其他危险物必须单独收集、单独运输、单独处理,不能混合于生活垃圾。

4) 生活垃圾收集点的垃圾收集容器设置

垃圾收集容器泛指各种类型用于收集小城镇垃圾的容器,包括塑料垃圾袋、纸垃圾袋、塑料垃圾桶、金属垃圾桶、复合材料垃圾桶和用于收集垃圾的集装箱等。垃圾收集容器一般是封闭的,并有一定规格,便于清运车机械作业。采用不同标志的垃圾箱可实现垃圾的分类收集,如:厨房垃圾容器标志采用灰色,非厨房垃圾容器标志采用蓝色。可回收垃圾容器标志采用绿色,不可回收垃圾容器标志采用黄色,有毒有害垃圾容器标志采用红色。在住宅区进出口和公共场所设置有毒有害垃圾、玻璃回收容器和可回收垃圾容器。

生活垃圾收集点的垃圾容器的设置数量按服务范围内居民人数、垃圾人均产量、垃圾容重、垃圾容器大小与收集次数等计算。

①生活垃圾收集点服务范围内的生活垃圾日产量

$$W = RCA_1 A_2 \quad (10-2)$$

式中 W——生活垃圾日产量(t/d);

R——服务范围内居住人口数(人);

C——实测生活垃圾单位产生量[t/(人·d)];

A_1——生活垃圾日产量不均匀系数,取 1.1~1.15;

A_2——居住人口变动系数,取 1.02~1.05。

②生活垃圾收集点服务范围内的生活垃圾日排出体积

$$V_{ave} = W/(A_3 D_{ave}) \quad (10-3)$$

$$V_{max} = KV_{ave} \quad (10-4)$$

式中 V_{ave}——生活垃圾平均日排出体积(m³/d);

A_3——生活垃圾容重变动系数,取 0.7~0.9;

D_{ave}——生活垃圾平均密度(t/m³);

K——生活垃圾高峰日排出体积的变动系数,取 1.5~1.8;

V_{max}——生活垃圾高峰日排出最大体积(m³/d)。

③生活垃圾收集点的垃圾容器设置数量

$$N_{ave} = A_4 V_{ave}/(EB) \quad (10-5)$$

$$N_{max} = A_4 V_{max}/(EB) \quad (10-6)$$

式中 N_{ave}——平时所需设置垃圾容器数量（个）；

E——单个垃圾容器的容积（m^3/个）；

B——垃圾容器填充系数，取 0.75~0.9；

K——垃圾产生高峰时体积的变动；

A_4——垃圾清除周期，d/次，当日清除 1 次时，取 1，当日清除 2 次时，取 0.5，每 2 日清除 1 次时，取 2，以此类推；

N_{max}——生活垃圾高峰日所需设置垃圾容器数量（个）。

(3) 废物箱规划

小城镇废物箱是设置在公共场合，供行人丢弃垃圾的容器，习惯上称为果皮箱。废物箱的设置应满足行人生活垃圾的分类收集要求，分类收集方式应与分类处理方式相适应。一般在小城镇街道两侧和各类交通客运设施、公共设施、广场、社会停车场等出入口附近、居民区和人流密集地区应设置美观密闭的废物箱。

车站、客运码头、广场、剧院、景区等公共场所应根据人流密度合理设置废物箱，镇区繁华街道设置距离宜为 35~50m，一般道路为 80~100m。在商业区和旅游景点宜选用大容量的不锈钢废物箱，在一般道路上可放置铝合金、玻璃钢和其他材料的废物箱。应对废物箱进行定时清扫、定期消毒，周围无溢漏垃圾、无蝇蛆。

10.5.2 小城镇环境卫生工程设施规划

环境卫生工程设施是指具有生活废弃物运转、处理及处置功能的较大规模的环境卫生设施。

环境卫生工程设施的选址应满足小城镇环境保护和城镇景观要求，并应减少其运行时产生的废气、废水、废渣等污染物对城镇的影响。生活垃圾处理、处置设施及二次转运站宜位于城镇规划建成区夏季最小频率风向的上风侧及城镇水系的下游,并符合城镇建设项目环境评价要求。

环境卫生工程设施运行中产生的污染物应进行处理并达到有关环境保护标准的要求。我国大多数小城镇环境卫生工程设施基础十分薄弱,整体现状水平相当落后。

(1) 垃圾转运站规划

垃圾转运站是把用中、小型垃圾收集运输车分散收集到的垃圾集中起来,并借助于机械设备转载到有大型运输工具的中转设施。为减少垃圾运输费用,小城镇应考虑垃圾转运站,选址应靠近服务区域中心,要求交通便利、对居民和环境危害最少、不影响镇容的地方。

垃圾转运站的设置数量和规模取决于垃圾转运量、收集范围和收集车辆的类型等。垃圾转运量,应根据服务区域内垃圾高产月份平均日产量的实际数据确定,无实际数据时,按下式计算:

$$Q = \delta n q / 1000 \tag{10-7}$$

式中 Q——转运站的日转运量(t/d);

n——服务区域内的实际人数;

q——服务区域内居民垃圾平均日产量[$kg/(人·d)$],按当地实际资料采用。无当地实际资料时,垃圾人均日产量可按 $0.9 \sim 1.4 kg/(人·d)$ 计,气化率低的地方取高值;气化率高的地方取低值。

δ——垃圾产量变化系数。按当地实际资料采用。无当地实际资料时,δ 可取 $1.3 \sim 1.4$。

结合小城镇垃圾转运量等具体情况,小城镇垃圾转运站可参考下列规定进行规划:

1) 每 $0.7 \sim 1.0 km^2$ 设置 1 座小型垃圾转运站,与周围建筑距离不小于5m，用地面积不小于100m²；供居民直接倾倒垃圾的小型垃圾收集、转运站，其服务半径不大于200m，占地面积不小于40m²。

2）用人力收集车收集垃圾的小型垃圾转运站，其服务半径宜为0.4~1.0km；用小型机动车收集垃圾的小型垃圾转运站，服务半径宜为2.0~4.0km。

垃圾转运站可采用容器式垃圾站和集装箱式垃圾站两种形式。垃圾收集除满足混合垃圾收集容器或混合垃圾集装箱的放置外，还必须留有垃圾分类收集容器或分类集装箱的放置空间，以便于逐步开展垃圾分类收集。

垃圾转运站的总平面布置结合当地情况，经济合理布置。作业区应布置在主导风向的下风向，站前布置应与小城镇道路、周围建筑物、周围环境相协调；站内排水系统应采用分流制。站内绿化面积为10%~30%。对日转运量每天在15t以上的，应设置抽风除臭系统、给排水设施，以及供操作人员休息的更衣间和储存可回收物品的储藏室。

垃圾转运站应配备一定运输数量的运输车辆，配置数量可按下式计算：

$$M = \frac{Q}{nm}\eta \qquad (10\text{-}8)$$

式中　M——转输车辆数量；

　　　Q——日转运量；

　　　m——运输车载质量；

　　　η——备用车系数，取1.2；

　　　n——每辆车日转运次数，见式（10-9）。

$$n = \frac{T}{t} \qquad (10\text{-}9)$$

式中　T——额定日运输时间；

t——一次作业时间。

(2) 垃圾码头规划

垃圾码头的设置应符合下列规定:

1) 在临近江河、湖泊、海洋和大型水面的小城镇,可根据需要设置以清除水生植物、漂浮垃圾和收集船舶垃圾为主要作业的垃圾码头以及为保证码头正常运转所需的岸线。

2) 在水运条件优于陆路运输条件的小城镇,可设置以水上转运生活垃圾为主的垃圾码头和为保证码头正常运转所需的岸线。

3) 垃圾码头应设置在人流活动较少及距居住区、商业区和客运码头等人流密集区较远的地方,不应设置在镇中心区域和用于旅游观光的主要水面,并注意与周围环境的协调。

4) 垃圾码头综合用地按每米岸线配备不少于 $15\sim20m^2$ 的陆上作业场地,周边还应设置宽度不小于5m的绿化隔离带。码头应有防尘、防臭、防散落下河(海)的设施。

设置码头的岸线长度,应根据装卸量、船只吨位、河道允许船只停泊档数确定。码头岸线由停泊岸线和附加岸线组成。当日装卸量在300t以内时,按表9.5.2-1选取。当日装卸量超过300t时,码头岸线长度计算采用公式(10-10)并与表10.5.2-1结合使用。

$$L = Qq + I \qquad (10\text{-}10)$$

式中 L——码头岸线计算长度(m);

Q——码头的垃圾(或粪便)日装卸量(t);

q——岸线折算系数(m/t);参见表10.5.2-1;

I——附加岸线长度(m);参见表10.5.2-1。

垃圾、粪便码头岸线计算表　　表 10.5.2-1

船只吨位（t）	停泊档数	停泊岸线（m）	附加岸线（m）	岸线折算系数（m/t）
30	二	110	15~18	0.37
30	三	90	15~18	0.30
30	四	70	15~18	0.24
50	二	70	18~20	0.24
50	三	50	18~20	0.17
50	四	50	18~20	0.17

注：作业制按每日一班制；附加岸线系拖轮的停泊岸线。

(3) 生活垃圾卫生填埋场规划

卫生填埋场是生活垃圾处理必不可少的最终处理手段，也是现阶段我国垃圾处理的主要方式。

1) 建设规模与使用年限

卫生填埋场（厂）建设规模主要由日处理规模和总容量组成，两者要达到有机结合，应根据垃圾产量、场址自然条件、地形地貌特征、服务年限及技术、经济合理等因素综合考虑确定。根据中国小城镇垃圾卫生填埋工程建设标准研究，卫生填埋场建设规模确定为：

①卫生填埋场建设规模分类：

Ⅰ类　总容量为 1200 以上（含 1200）×$10^4 m^3$；

Ⅱ类　总容量为 1200 以上（含 1200）×$10^4 m^3$；

Ⅲ类　总容量为 1200 以上（含 1200）×$10^4 m^3$；

Ⅳ类　总容量为 1200 以上（含 1200）×$10^4 m^3$。

②卫生填埋场建设规模日处理能力分级：

Ⅰ类　日处理量为 1200（含 1200）t/d 以上；

Ⅱ类　日处理量为 500（含 500）t/d 以上；

Ⅲ类　日处理量为 200（含 200）t/d 以上；

Ⅳ类　日处理量为 200t/d 以下。

为了减少初期投资,发挥投资的规模效益,填埋场使用年限应大于10年,特殊情况下不应低于8年。但可根据实际情况,将填埋场库区工程分期建设,避免投资的浪费。

2) 卫生填埋场的选址

卫生填埋场的选址是环境卫生工程系统规划中的一项重要的内容,是卫生填埋场建设的重要组成部分。好的选址不但可以有利于保护环境,而且可以节省工程投资。国外发达国家都非常重视卫生填埋场的选址,并将卫生填埋场的选址技术报告作为重要的文件向社会公开,广泛征求公众意见。我国小城镇卫生填埋场的选址应努力达到以下目标:最大限度地减少对环境的影响;努力减少投资费用;尽量使建设项目的要求与场地特点相一致,尽量得到当地社区的认可与支持。同时场址选择应考虑以下因素:

①垃圾的性质:依据垃圾的来源、种类、性质和数量确定可能的技术要求和场地规模。

②地形条件:能充分利用天然洼地、沟壑、峡谷、废坑,便于施工,便于排水,不易受洪水威胁的地方。

③水文条件:离河岸有一定距离的平地或高地,避免洪水漫滩,距人畜供水点至少500m。底层距地下水位至少2m;厂址应远离地下水蓄水层、补给区;厂址周围地下水不宜作水源。

④地质条件:基岩深度大于9m,避开坍塌地带、断层带、地震区、矿藏区、灰岩坑及熔岩洞区。

厂址应选择在工程地质条件较好的地方。一般选在地下水位较低,地基承载力较大,湿陷性等级不高,岩石较少的地层,以方便施工,降低造价。

⑤土壤条件:土壤层较深,但避免淤泥区;容易取得覆盖土壤,土壤容易压实,防渗能力强。

⑥气象条件:蒸发量大于降水量,暴风雨的发生频率低、具有较好的大气混合、扩散条件,避开高寒区。

⑦交通条件:具有可以使用的全天候公路,方便,运输距离短。

⑧区位条件:远离居民密集区,在夏季主导风向下方,距小城镇规划建成区应大于 2km,距居民点应大于 0.5 km,远离动植物保护区、公园、风景区、文物古迹区、军事区。

⑨土地条件:容易征用土地和取得社会支持,并便于改造开发。

⑩基础设施条件:场址处应有较好的供水、排水、供电及通讯条件。填埋厂排水系统的汇水区要与相邻水系分开。

3)卫生填埋场(厂)建设用地

卫生填埋场(厂)建设用地应遵循科学合理,节约用地的原则,以满足生产、办公、生活的需求。卫生填埋场地由于地形条件的差异,很难确定卫生填埋场(厂)建设用地指标,在一般情况下,卫生填埋场要满足使用 10 年以上,且卫生填埋场区每平方米占地应填埋 5~10 年垃圾或更多。在填埋区占地面积相同的条件下,填埋堆体高,填埋场区单位面积占地产生填埋容积就大。卫生填埋场用地面积可参考下式计算:

$$S = 365y\left(\frac{Q_1}{D_1} + \frac{Q_2}{D_2}\right)\frac{1}{Lck_1k_2} \qquad (10\text{-}11)$$

式中 S——填埋场用地面积(m^2);

365—— 一年的天数;

y——填埋场使用年限(a);

Q_1——日处理垃圾重量(t/d);

D_1——垃圾平均密度(t/m^3);

Q_2——日覆土重量(t/d);

D_2——覆盖土的平均密度(t/m^3);

L——填埋场允许堆积(填埋)高度(m);

c——垃圾压实(自缩)系数,$c = 1.25 \sim 1.8$;

k_1——堆积(填埋)系数,与作业方式有关,$k_1 = 0.35 \sim 0.7$;

k_2——填埋场的利用系数,$k_2 = 0.75 \sim 0.9$。

填埋场的面积布置除了主要生产区外,还应有辅助生产区:仓库、机修车间、调度室等;管理区:包括生产生活用房。填埋场的辅助建筑在满足使用功能与安全条件下,宜集中布置。填埋场的辅助建筑面积指标不宜超过表 10.5.2-2 所列指标。

垃圾填埋场附属建筑面积指标/m^2 表 10.5.2-2

日处理规模	生产管理用房	生活服务设施用房	日处理规模	生产管理用房	生活服务设施用房
Ⅰ类	1200~2500	200~600	Ⅲ类	300~1000	100~200
Ⅱ类	400~1800	100~500	Ⅳ类	300~700	100~200

注:1. 生产管理用房包括:行政办公、仓库、机修车间、调度室、化验室、变配电房、车库、门房等。
2. 生活服务设施用房:食堂、浴室和值班宿舍等。

生活垃圾卫生填埋场用地内绿化隔离带宽度不应小于 20m,并沿周边布置。另外,生活垃圾卫生填埋场四周宜设置宽度不小于 100m 的防护绿地或生态绿地。

填埋场填埋完工后,至少 3 年内(极不稳定区)封场监测,不准使用。经鉴定达到安全期方可使用,可用作绿化用地、造地用田、人造景园、堆肥厂、无机类物资堆放场等。未经长期观测和环境专业鉴定之前,填埋场绝对禁止作为工厂、住宅、公共服务、商业等建筑用地。

(4)生活垃圾焚烧厂规划

当生活垃圾热值大于 5000kJ/kg,且生活垃圾卫生填埋场选址困难时宜设置生活垃圾焚烧厂。

工程选址是垃圾焚烧厂设计和建设的基础，它直接影响到垃圾焚烧厂的环境、运行管理、工程投资与运行费用。生活垃圾焚烧厂选址的基本原则是：不影响自然生态环境和居民生活环境，不产生二次污染，投资小，运行费用低等。一般应考虑以下因素：

1）符合经济运距要求：应尽量靠近垃圾集中产生源，垃圾的平均单程运距不宜大于15km。

2）具备交通运输条件：选择具有良好交通运输条件的位置。

3）满足环境保护要求：远离居民密集区，在夏季主导风向下方，距人畜居栖点500m以上。

4）最好靠近电网和热负荷需求中心地区，以利能源的开发和出售，提高垃圾焚烧厂的经济效益。

5）基础设施较齐全：场址处应有较好的供水、排水、供电及通讯条件。附近具有较充足的水源，能满足用水需要。

6）具有较好的自然条件：尽可能选择人口密度低、土地利用价值小、场地开阔平整、地质条件好、征地费用小、施工方便的厂址。

7）有利于垃圾的综合利用：最好能靠近填埋场、堆肥厂等垃圾处理设施。

8）满足净空要求，工程选址应尽可能避开机场等有净空限制要求的控制范围。

生活垃圾焚烧厂综合用地指标采用 $50 \sim 200 m^2/(t \cdot d)$，并不应小于 $1hm^2$，其中绿化隔离带宽度不应小于10m并沿周边布置。

（5）生活垃圾堆肥厂规划

生活垃圾中可生物降解的有机物含量大于40%时，可设置生活垃圾堆肥厂。生活垃圾堆肥厂应位于小城镇规划建成区以外。堆肥厂建设用地应遵循科学合理,节约用地的原则,以满足生产、办公、生活的需求。生活垃圾堆肥厂综合用地指标拟采用 $85 \sim 300 m^2/(t \cdot d)$,其中绿化隔离带宽度不应小于10m并沿周边布置。堆肥厂建设用地也可根据《城市环境卫生设施设置标准》(CJJ 27—2005)的要求设置。

厂区用地面积为:

静态工艺面积 = (260 ~ 300) × 处理能力(m^2);

动态工艺面积 = (260 ~ 300) × 处理能力(m^2);

若建附属填埋场,则用地面积另计。

生产区面积包括处理设施、辅助设施、公用设施以及其间的道路、过渡段面积之和,一般不少于厂区总面积的40%。

10.5.3 小城镇其他环境卫生设施规划

(1) 车辆清洗站规划

机动车辆(客车、货车、特种车等)进入镇区或在镇区行驶时,必须保持外形完好、整洁。凡车身有污迹、有明显浮土,车底、车轮附有大量泥沙,影响镇区环境卫生和镇容的,必须对其清洗。通常在车辆进城的城区与郊区接壤处建造进城车辆清洗站。清洗站的规模与用地面积根据每小时车流量与清洗速度确定。镇区汽车清洗站宜与城镇加油站及停车场等合并设置,其服务半径一般为 0.9~1.2km。清洗站内设自动清洗装置,洗涤水经沉淀、除油处理后,就近排入城市污水管网。

(2) 环境卫生车辆停车场规划

小城镇可根据自身需要决定是否设置环境卫生车辆停车场。环境卫生车辆停车场的规模由服务范围和停放车辆数量等因素确定,一般按每辆环境卫生作业车辆用地面积不少于 $150m^2$ 计算,数量指标可采用2.5辆/万人。

(3) 环境卫生专用车辆通道规划

小城镇居住小区等道路规划应考虑环境卫生车辆通道的要求。

1) 新建小区和旧镇区的改造相关道路应满足 5t 载重车通行。

2) 旧镇区至少要满足 2t 载重车通行。

3) 生活垃圾运转站的通道应满足 8～15t 载重车通行。

各种环境卫生设施作业车辆吨位范围如表 10.5.2-3。

各种环境卫生设施作业车辆吨位　　　表 10.5.2-3

设施名称	新建小区(t)	旧城区(t)	设施名称	新建小区(t)	旧城区(t)
化粪池	≥5	2～5	垃圾转运站	8～15	≥5
垃圾容器设置点	2～5	≥2	粪便转运站		≥5
垃圾管道	2～5	≥2			

通向环境卫生设施的通道应满足环境卫生车辆进出通行和作业的需要；机动车通道宽度不得小于 4m，净高不得小于 4.5m；非机动车通道宽度不得小于 2.5m，净高不得小于 3.5m。

机动车回车场地不得小于 12m×12m，非机动车回车场地不小于 4m×4m，机动车单车道尽端式道路不应长于 30m。

10.6　环境卫生管理机构及工作场所规划

凡是在小城镇或某一区域负责环境卫生的行政管理和环境卫生专业业务服务的组织称为环境卫生管理机构。环境卫生基层机构一般是指按街道设置的环境卫生机构。

环境卫生基层机构为完成其承担的管理和业务职能需要的各种场所称为环境卫生基层机构的工作场所。

10.6 环境卫生管理机构及工作场所规划

小城镇规划必须考虑环境卫生机构和工作场所的用地要求。

10.6.1 环境卫生管理机构的用地

环境卫生基层机构的用地面积和建筑面积按管辖范围和居住区人口确定。并设有相应的生活设施。

环境卫生基层机构的用地指标可参考表10.6.1-1确定。

环境卫生基层机构的用地面积指标 表10.6.1-1

基层机构设置数 （个/万人）	万人指标（m^2/万人）		
	用地规模	建筑面积	修理工棚面积
1/(1~5)	310~470	160~204	120~170, 100~200

注：表中"万人指标"中"万人"系指居住地区的人口数量。

10.6.2 环卫工作场所

（1）基层环卫管理办公用房

基层环卫管理办公用房是指用作清洁队所的管理用房及附属设施。其用地面积含清洁车辆停车场面积，建筑面积为$80m^2$/辆，用地面积不少于$200m^2$/辆。

（2）废弃物综合利用和环境卫生专业用品厂

废弃物综合利用和环境卫生专业用品工厂可根据需要确定建设项目，其用地应纳入小城镇总体规划。

10.6.3 环境卫生清扫、保洁人员作息场所

（1）清扫、保洁工人作息场所设置要求

露天作业的环卫清扫保洁工人工作区域内，必须设置清扫保洁工人作息场所，以供清扫保洁工人休息、更衣、淋浴和停放小型车辆、工具等。

(2) 作息场所的设置指标

作息场所的面积和设置数量一般以作业区域的大小和环境卫生工人的数量计算（见表10.6.1-2）。

环境卫生清扫、保洁人员
作息场所面积指标（m²）　　表10.6.1-2

作息场所设置数 （个/万人）	环境卫生清扫、保洁人员平均占有建筑面积 （m²/人）	每处空地面积 （m²）
1/(0.8~1.2)	3~4	20~30

注：表中"万人"系指工作地区范围内的人口数量。

(3) 水上环境卫生作息场所

水上环境卫生作息场所按生产管理需要设置，应有水上岸线和陆上用地。为满足清理河道内垃圾，需按港道或行政区域设立船队。船队规模根据废弃物运输量等因素确定，每队使用岸线为200~250m，陆上用地面积为1200~1500m²，内部设置生产和生活用房。

10.7　小城镇医疗卫生与建筑垃圾收运处理规划

10.7.1　小城镇医疗卫生垃圾收运处理规划

医疗卫生垃圾是指小城镇中各类医院、卫生防疫、病员修养、禽兽防治、医药研究及生物制品等单位产生的垃圾，包括手术残物、动物实验废物、废医用塑料制品、针管、有毒棉球、废敷料、感光乳液、废显影液等，另外还包括医院病房产生的住院病人生活垃圾。医疗卫生垃圾属于特种垃圾，按规定是不能进入小城镇垃圾主流的，而应予以专门处理。

(1) 医疗卫生垃圾清运处理原则

医疗卫生垃圾应采用专用医疗卫生垃圾容器收集，并委托环卫部门指定的专业医疗卫生废物清洁公司密闭车辆上门收集运输,由环卫部门负责集中处理。

(2) 医疗卫生垃圾收运方式规划

医疗卫生垃圾的收集运输设施应与处理设施配套规划,逐步实现医疗卫生垃圾收集容器化,垃圾运输密闭化和机械化。医疗卫生垃圾的收集采用专门容器,运输时连同容器一起运往医疗卫生垃圾焚烧厂。医疗卫生垃圾焚烧厂应设置垃圾容器清洗消毒设备,容器经清洗消毒后返回医疗卫生垃圾收集点重复使用。

(3) 医疗卫生垃圾处理方式规划

医疗卫生垃圾易采用集中焚烧处理,对焚烧尾气进行净化处理,以便减少环境污染,预防疾病流行,保护人民健康。

10.7.2 小城镇建筑垃圾和余泥土方收运处理规划

建筑垃圾为小城镇中新建、扩建、改建及维修建筑物和构筑物施工现场产生的垃圾。建筑垃圾又可以分为工程结构施工中产生的碎砖碎石和建筑物装修中产生的装修垃圾。本规划定义余泥土方为小城镇中新建、扩建、改建及维修建筑物和构筑物施工现场挖方过程中产生的多余土方。

(1) 建筑垃圾和余泥土方处理原则

1) 加强环卫部门对建筑垃圾和余泥土方收运处理过程的管理,做到"三个统一",即统一管理、统一清运、统一安排消纳处理。

2) 建筑垃圾的分类收集可参照国外推广绿色建筑工地的经验,将建筑垃圾分类回收处理。建筑垃圾的处理方式将从目前的单一填埋过渡到分类处理,逐步提高材料回收利用的比例。

3) 余泥土方由规划国土局指定的余泥土方受纳场负责处置。

4) 有毒有害垃圾和有机垃圾不得进入余泥土方受纳场,

以免造成二次污染和影响回填工程质量。

(2) 建筑垃圾的收运处理

在建筑施工过程中应配置垃圾分类集装箱,分拣出有用材料,实行分类收集和分类处理。有毒有害垃圾由环保局负责处理;可回收垃圾进入小城镇废品回收系统;易燃垃圾送垃圾焚烧厂;剩余部分运往指定的余泥土方受纳场。

10.8 小城镇粪便渣、污泥收运处理规划

公共厕所的粪便是小城镇主要的固体废物,极大地影响小城镇环境卫生。粪便的收集、清运、处理和处置是小城镇环卫工作的一项重要内容,应在小城镇环境卫生工程系统规划中给以明确的反映。

10.8.1 粪便收运

小城镇粪便来源于公共厕所和居民住宅厕所。城镇粪便主要有两种方式运出城镇:

(1) 小城镇粪便直接或间接(经过化粪池)排入小城镇污水管道、进入污水处理厂处理;

(2) 由人工或机械清淘粪井或化粪池的粪便,再由粪车汇集到小城镇粪便收集站,最后运至粪便处理站或农用。

由于我国目前小城镇污水管网与处理系统还不完善,所以第 2 种方式还将长期存在并发挥作用。小城镇粪便收运主要有吸粪车和人工掏粪 2 种形式。有条件的小城镇粪便收运应采用吸粪车形式。

10.8.2 粪便处理技术概述

粪便资源化,用其作为肥料和土壤调节剂具有悠久的历

史,但粪便中含有多种病原体,所以必须进行无害化处理。小城镇粪便的处置主要有:

(1) 经处理后排入水体;

(2) 经无害化处理后作为农用肥料、污水灌溉和水生物养殖。

粪便排入水体前,可排入污水处理厂处理,也可建单一的粪便处理厂处理。粪便处理厂采用物理、生物、化学的处理方法,将粪便中的污染物质分离出来,或将其转化为无害的物质,使粪便相对稳定,达到排放或使用要求。

粪便处理方法选择应考虑粪便的性质、数量及排放水体的环境要求。通常粪便处理工艺流程分为3阶段:

1) 预处理:去除悬浮物,主要构筑物有:沉砂池、格栅、贮存调节池、浓缩池等;

2) 主处理:使固体物质变为易于分离状态,同时使大部分有机物分解,主要构筑物有厌氧消化池,好氧生物处理构筑物或湿式氧化反应池;

3) 后处理:将上清液稀释至类似小城镇生活污水的水质,采用小城镇生活污水处理的常规方法进行处理。

将粪便进行无害化处理后用于农业,可以化害为利,变废为宝,是我国粪便出路的最好方式。其基本方法有高温堆肥法、沼气发酵法、密封贮存池处理、三格化粪池处理等。

10.8.3 小城镇粪便收运处理设施规划

(1) 化粪池

化粪池的功能是去除生活污水中可沉淀和悬浮的污物(主要是粪便),并储存和厌氧消化沉淀在池底的污泥。化粪池多设于建筑物背向大街的一侧靠近卫生间的地方,应尽量隐蔽,不宜设在人们经常活动之处。化粪池距建筑物的净距不小于 5m，距地下取水构筑物不小于 30m。

化粪池有矩形和圆形两种。对于矩形化粪池，当日处理污水量小于等于 10m³ 时，采用双格，其中第一格占总容积的 75%，当日处理水量大于 10m³ 时，采用 3 格，第一格容积占总容积的 50%，其余两格各占 25%。长度不得小于 1m，宽度不得小于 0.75m，深度不等小于 1.3m。

化粪池的总容积由有效容积和保护层容积组成，保护层容积根据化粪池大小确定，保护层高度一般为 250~450mm。有效容积由污水所占容积和污泥所占容积组成。即：

$$V = V_1 + V_2 + V_3 \quad (10\text{-}12)$$

$$V_1 = \frac{\partial \cdot N \cdot q \cdot t}{24 \times 1000} \quad (10\text{-}13)$$

$$V_2 = \frac{\alpha \cdot \partial \cdot N \cdot T \cdot (100 - b) \cdot K \cdot m}{(1 - c) \times 1000} \quad (10\text{-}14)$$

式中　V——化粪池总容积（m³）；

V_1——污水部分容积（m³）；

V_2——污泥部分容积（m³）；

V_3——保护层容积，根据化粪池大小确定，一般保护层高度 250~450mm（m³）；

N——设计总人数；

∂——使用卫生器具人数占总人数的百分比。

α——每人每日污泥量，生活污水与生活废水合流排放时取 0.7L/(d·人)；分流排放时取 0.4L/(d·人)；

t——污水在化粪池内停留时间，12~24h；

T——污水清掏周期，为 3 个月~1 年；

b——新鲜污泥含水量，为 95%；

c——化粪池内发酵浓缩后污泥含水率，为 90%；

K——发酵后体积缩减系数，取 0.8；

m——清掏污泥后遗留的熟污泥量容积系数，取1.2。

在没有污水管道的地区，必须建化粪池。有污水管道的地区，是否建化粪池视当地情况而定。

(2) 贮粪池

一般建在郊区，周围应设绿化隔离带。贮粪池应封闭，并防止渗漏、防爆和沼气燃烧。贮粪池的数量、容量及分布，应根据粪便日储存量、储存周期和粪便利用等因素确定。

(3) 粪便码头

设置要求同垃圾码头，但粪便码头周边还应设置宽度不小于10m的绿化隔离带。

(4) 粪便处理厂

粪便处理厂的厂址选择应在整个环境卫生工程系统规划方案中全面规划，综合考虑。要根据粪便排放量控制目标、小城镇布局、受纳水体功能及流量等因素来选择。当粪便处理厂厂址有多种方案可供选择时，应根据各种方案的优缺点作综合评价，一般包括：投资与经营指标、土地及耕地的占有、施工难易程度及建设周期、节能分析、运行管理等，进行综合技术经济比较与最优化分析，并通过反复论证再行确定。

粪便处理厂选择原则为：

1) 尽量做到少占或不占农田，且留有适当的发展余地。

2) 厂址位于小城镇水体下游、城镇郊区，并在主导风向的下侧。

3) 远离小城镇居住区与工业区，有一定的卫生防护距离。

4) 厂址不宜设在雨季易受水淹的低洼处。靠近水体的处理厂，应选择在不受洪水威胁的地方。否则应考虑防洪措施。

5) 厂址应选择在工程地质条件较好的地方。一般选在地下水位较低，地基承载力较大，湿陷性等级不高，岩石较少的地层，以方便施工，降低造价。

6）有良好的排水条件，便于粪便、污水、污泥的排放和利用。

7）根据小城镇总体发展规划，厂址的选择应考虑长期发展的可能性，有扩建的余地。

小城镇粪便处理厂占地面积与处理量和采用的处理工艺有关。表10.8.3-1中所列为部分处理厂所需的大体面积，作为估算粪便处理厂规划预留用地面积时的参考，厂区绿化面积不小于30%。

小城镇粪便处理厂部分工艺用地指标 $[m^2/(t \cdot d)]$ 表10.8.3-1

粪便处理方式	用地指标	粪便处理方式	用地指标	粪便处理方式	用地指标
厌氧（高温）	20	厌氧—好氧	12	稀释—好氧	25

主要参考文献

1　中国城市规划设计研究院等. 小城镇规划标准研究. 北京：中国建筑工业出版社, 2003

2　戴慎志等. 城市工程系统规划. 北京：中国建筑工业出版社, 1999

3　赵由才主编. 实用环境工程手册——固体废物污染控制与资源化. 北京：化学工业出版社, 2002

4　城市环境卫生设施规划规范（GB 50337—2003）. 北京：中国建筑工业出版社, 2003

5　国家环境保护总局污染控制司. 城市固体废物管理与处理处置技术. 北京：中国石化出版社, 2000

6　赵由才，朱青山主编. 城市生活垃圾卫生填埋场技术与管理手册. 北京：化学工业出版社, 1999

7　赵由才主编. 城市生活垃圾资源化原理与技术. 北京：化学工业出版社, 2001

11 小城镇综合防灾工程规划

11.1 概述

我国是世界上遭受自然灾害最为严重的国家之一,各种自然灾害发生的频度大、强度高。多年来,对自然资源的过度开发,致使生态环境遭受破坏,造成城市和村镇建设防御自然灾害的能力相对薄弱,结果就是每次重大自然灾害的发生都要给生命和财产带来巨大损失,并使生态环境进一步恶化。据不完全统计,我国自然灾害造成的直接经济损失,一般年份高达500~600亿元,仅对城镇建设造成的直接经济损失就约在300~400亿元,而造成的间接经济损失和社会问题则难以估计。

我国的自然灾害学家预测,从本世纪开始,宇宙天体运动会进入一个新的变异时期,这种变异必然对地球产生较大影响。因此,地震、火山、洪水、山崩、滑坡、泥石流乃至大气层将十分活跃,会使自然灾害日趋严重。另外,从解放后至今,我国人口翻了一番多,工农业生产发展迅速,许多盲目的开发导致生态失去平衡,自然灾害加剧。在各种自然灾害中,尤以洪涝、地震、火灾、风灾和各种地质灾害(滑坡、山崩、泥石流等)对小城镇建设环境威胁最大。为此,应针对我国小城镇易发并致灾的洪涝、地震、火灾、风灾和地质破坏五大灾种,根据不同地区不同小城镇实际情况,因地制宜,制定合理的设防标准,搞好小城镇防灾减灾工程规划,提高其综合防灾能力,这对保护人民生命财产、保障社会经济发展具有重要意义。

11.1.1 小城镇综合防灾工程规划原则

小城镇综合防灾工程规划是小城镇总体规划的重要组成部分,也是保障小城镇安全,提供小城镇发展良好环境的先决条件。小城镇综合防灾工程规划应遵循以下原则:

(1) 小城镇综合防灾工程规划必须依据有关法律,按照相关规范、标准编制。

(2) 小城镇综合防灾工程规划应遵循与小城镇总体规划,以及各项基础设施规划相协调原则;

(3) 平灾结合、综合利用原则;

(4) 因地制宜、预防为主、综合防御的原则。

11.1.2 小城镇综合防灾工程规划内容

小城镇综合防灾工程规划主要内容有:

(1) 论证确定小城镇各项综合防灾工程规划的设防等级、标准与范围。

(2) 规划布局小城镇主要防灾设施,确定各项防灾减灾设施的标准与规模,预留各项设施用地面积。

(3) 提出主要防灾措施。

(4) 综合防灾工程规划应重点编制防洪规划,消防规划,其他抗震、人防、抗风灾和抗地质灾害规划,宜根据小城镇实际决定编制与否。

11.2 防洪工程规划

从世界灾害发生历史来看,洪涝始终是人类所面临的主要自然灾害之一。近些年来，随着地球环境的不断恶化，地球上洪涝灾害发生的频率也愈来愈高，洪涝灾害对人类活动的破坏作用以及造成的经济损失也愈来愈严重。开展洪涝灾害防灾减灾工作十分重要，小城镇防洪工程规划是小城镇主要防灾减灾工程规划之一。

11.2.1 规划依据与原则

（1）小城镇防洪工程规划必须以小城镇总体规划和所在江河流域防洪规划为依据。

（2）编制小城镇防洪规划除向水利等有关部门调查分析相关资料外，还应结合小城镇现状与规划，了解分析设计洪水、设计潮位的计算和历史洪水和暴雨的调查考证。

（3）小城镇防洪工程规划应遵循统筹兼顾、全面规划、综合治理、因地制宜、因害设防、防治结合、以防为主的原则。小城镇防洪规划不仅要与流域防洪规划相配合，同时还要与小城镇总体规划相协调，要统筹兼顾小城镇建设各有关部门的要求和所在河道水系流域防洪的相关要求，做出全面规划。

（4）小城镇防洪工程规划应结合其处于不同水体位置的防洪特点，合理选定防洪标准，制定防洪工程规划方案和防洪措施。充分发挥小城镇防洪工程的防洪作用，并考虑流域防洪设施的资源共享。

（5）小城镇防洪工程规划期限与总体规划期限相一致，远期规划年限为20年。

（6）小城镇防洪工程规划应有两个以上的技术方案，以便进行综合分析比较。

（7）小城镇防洪工程规划尽可能与农业生产相结合，结合小城镇特点，充分考虑发挥效益，保护环境，美化城镇。

11.2.2 规划内容、步骤与方法

(1) 规划内容

小城镇防洪工程规划内容包括：提出历史洪灾和防洪现状分析；确定规划原则、防洪区域和防洪特点及防洪标准；提出和选定防洪规划方案，以及防洪设施和防洪措施（包括工程治理措施和生物处理措施）。

(2) 规划步骤与方法

1) 收集资料，实地踏勘，综合研究

除调查研究小城镇现状、总体规划、布局、气候、自然地理和工程地质状况等相关基础资料外，重点调查考证历史洪水发生时间的洪水位、洪水过程、河道糙率及断面的冲淤变化，同时了解雨情、灾情、洪水来源，洪水的主流方向、有无漫流、分流、死水以及流域自然条件有无变化，现有防洪、排水、人防工程的设施及使用情况，有关河道湖泊管理的文件规定等。通过实地踏勘取得第一手资料后，还要进行多方面的比较、核实、研究，为下一步的规划工作提供依据。

2) 确定防洪标准

小城镇防洪标准按洪灾类型，并依据现行国标《防洪标准》(GB 50201—94) 和行标《城市防洪工程设计规范》(CJJ 50—92) 的相关规定，确定山丘区、平原、洼地及滨海等地区的小城镇防洪标准并包括小城镇中的工矿企业、交通运输、公用设施、水利水电、通讯设施及文物古迹和旅游设施等防洪标准。并依据小城镇性质地位、人口规模、经济社会发展、受洪（雨）水威胁程度、淹没损失大小、工程修复难易程度、环境污染状况以及其他自然经济条件等因素，综合分析，合理选定。

3) 进行小城镇防洪的计算

主要包括洪水计算、沿海地区的潮位计算、防洪堤的位置

和种类、防洪闸的类别和布置及水力计算、排洪渠道和截洪沟分类等。我国大多数河流的洪水由暴雨形成，可以利用暴雨径流关系，推求出所需要的设计防洪标准。

4）选定防洪方案，确定防洪工程措施

根据防洪标准和洪峰流量，合理确定防洪规划方案和防洪工程措施。

11.2.3 防洪标准与方案选择

（1）防洪标准

防洪工程规模是以所抗御洪水的大小为依据，洪水的大小在定量上通常以某一重现期（或某一频率）的洪水流量表示。

小城镇防洪标准（见表11.2.3-1）关系到小城镇的安危，也关系到工程造价和建设期限等问题，是防洪规划中最重要的环节。其值应按照现行国标《城市防洪工程设计规范》（CJJ 50—92）相关规定的范围，结合考虑小城镇人口规模、经济社会发展、受洪（雨）水威胁程度、淹没损失大小、工程修复难易程度、环境污染状况以及其他自然经济条件等因素，进行综合分析，合理选定。

小城镇防洪标准　　表11.2.3-1

	河（江）洪、海潮	山洪
防洪标准［重现期（年）］	50~20	10~5

从小城镇所处河道水系的流域防洪规划和统筹兼顾流域城镇的防洪要求考虑，沿江河湖泊小城镇的防洪标准，应不低于其所处江河流域的防洪标准。

如果大型工矿企业、交通运输设施、文物古迹和风景区受洪水淹没，损失大、影响严重，防洪标准应相对较高。从统筹兼顾上述防洪要求，减少洪水灾害损失考虑，对邻近大型工矿企业、交通运输设施、文物古迹和风景区等防护对象的小城镇防洪规划,当不能分别进行防护时,应按就高不就低的原则,按其中较高的防洪标准执行。

涉及江河流域、工矿企业、交通运输设施、文物古迹和风景区等的防洪标准,应根据国标《防洪标准》等的相关规定确定,表11.2.3-2为小城镇相关工矿企业防洪标准。

小城镇相关工矿企业防洪标准　　　表11.2.3-2

等级	工矿企业规模	防洪标准[重现期(年)]
Ⅱ	大型	100~50
Ⅲ	中型	50~20
Ⅳ	小型	20~10

注:①各类工矿企业的规模,按国家现行规定划分。
　　②对防洪有特殊要求的小城镇相关工矿企业防洪标准按国标《防洪标准》相关条款规定的要求。

(2) 防洪方案选择

城镇防洪涝设防区类型、级别及所处地理位置、自然环境条件不同,其防洪方案也不相同,一般来说,主要有以下几种情况:

1) 位于沿江、河、湖泊沿岸小城镇的防洪规划,应与流域规划相配合,泄蓄兼顾,以泄为主。上游主要以蓄水分洪为主,中游应加固堤防以防为主,下游应增强河道的排泄能力以排为主。

2) 位于河网地区的小城镇防洪规划,根据镇区被河网分割的情况,防洪工程应采用分片封闭的形式,镇区与外部江河湖泊相通的主河道应设防洪闸控制水位。

3) 位于山洪区的小城镇的防洪规划,宜按水流形态和沟槽发育规律对山洪沟进行分段治理,山洪沟上游的集水坡地的治理应以水土保持为主,中流沟应以小型拦蓄工程为主,工程措施与生物措施相结合,因地制宜考虑防洪方案。

4)沿海小城镇防洪规划,以堤防洪为主,同时规划应做出暴潮、海啸及海浪的防治对策。

5)同时位于以上2种或3种水体位置情况的小城镇,要考虑在河、海高水位时,山洪的排出问题及可能产生的内涝治理问题。位于河口的沿海小城镇要分析研究河洪水位,天文潮位及风暴潮增高水位的最不利组合问题。

6)沿江滨湖洪水重灾区一般小城镇的防洪规划应按国家"平浣行洪、退田还湖、移民建镇"的防洪抗灾指导原则和根治水患相结合的灾后重建规划考虑。对于生态旅游主导型的小城镇,还应强调沿岸防洪堤规划与岸线景观规划、绿化规划的结合与协调。

7)对地震区的小城镇,防洪规划要充分估计地震对防洪工程的影响。

11.2.4 设计洪峰流量计算

相应于防洪设计标准的洪水流量,称为设计洪水流量。计算洪水流量的方法较多,常用方法主要有4种。

(1)推理公式

估算山洪所用的推理公式有水科院水文研究所公式、小径流研究组公式和林平一公式3种。如水科院水文研究所公式形式为:

$$Q = 0.278 \times \frac{\omega \cdot S}{\tau^n} \cdot F \quad (11-1)$$

式中 Q——设计洪水流量(L/s);

S——暴雨雨力,即与设计重现期相应的最大一小时降雨量(mm/h);

ω——洪峰径流系数;

F——流域面积（km^2）；

τ——流域的集流时间（h）；

n——暴雨强度衰减指数。

当流域面积为 $40 \sim 50 km^2$ 时，用此推理公式效果较好。公式中各参数的确定方法，需要较多基础资料，计算过程较复杂，参数确定详见相关资料。

（2）经验公式

在缺乏水文直接观测资料的地区，可采用经验公式。常见的经验公式以流域面积为参数，如以下经验公式：

$$Q = K \cdot F^n \qquad (11-2)$$

式中 Q——设计洪水流量（L/s）；

F——流域面积（km^2）；

K、n——随地区及洪水频率而变化的系数和指数，当 $F \leqslant 1 km^2$ 时，$n = 1$。

此经验公式适用于流域面积 $F \leqslant 10 km^2$，该法使用方便，计算简单，但地区性较强。参数的确定详见水文有关资料和地区水文手册。

（3）洪水调查法

包括形态调查法与直接类比法两种。

形态调查法主要是：

1）深入现场，勘察洪水位的痕迹，推导它发生的频率、选择和测量河槽断面；

2）按下列公式计算洪峰流速：

$$v = \frac{1}{n} R^{\frac{2}{3}} I^{\frac{1}{2}}$$

式中 n——河槽壁粗糙系数；

R——水力半径；

I——水面比降，可用河底平均比降代替。

3) 按下列公式计算出调查的洪峰流量：

$$Q = Av$$

式中 A——过水断面。

4) 最后通过流量变差系数和模比系数法，将调查到的某一频率的流量换算成设计频率的洪峰流量。

对以上 3 种方法，应特别重视洪水调查法。在此法的基础上，再结合其他方法进行。

(4) 实测流量法

若小城镇上游设有水文站，且具有 20 年以上的流量等实测资料，利用多年实测资料，采用数理统计方法，计算出相应于各重现期的洪水流量。计算成果的准确性优于其他几种方法。在有条件的地区，最好采用实测流量推求洪水流量。

11.2.5　防洪设施与措施

小城镇防洪、排涝设施主要由蓄洪滞洪水库、防洪堤、排洪沟渠、防洪闸和排涝设施组成。小城镇防洪规划应注意避免或减少对水流流态、泥沙运动、河岸、海岸产生不利影响，防洪设施的选择应适应防洪现状与天然岸线走向，并与小城镇总体规划的岸线规划相协调。

洪水的防治，应从流域的治理入手。一般说来，对于河流洪水防治有"上蓄水，中固堤，下利泄"的原则。一般主要防洪措施有以蓄为主或以排为主两种。

(1) 以蓄为主的防洪措施

1) 径流调节

在河流上游适当位置处利用湖泊、洼地或修建水库，拦蓄或滞蓄洪水。在洪水季节，水库容纳河流断面不能承担的部分洪水来削减下游河道的洪峰流量，可以减轻或消除洪水对城镇的灾害。在缺水地区可以调节枯水径流，增加枯水流量，保证了供水、航运及水产养殖。径流调节是小城镇采用较多的一种有效的防洪措施。

靠近山地的城镇，如果有条件可结合城镇园林绿化，在城镇用地的适当地段，开辟水池，修建水库，疏浚城镇原有的狭水河道和水沟，改善冲沟洼地，把死水变成活水，这是城镇防洪排水和园林绿化密切结合的一种最好的方法。

2）水土保持

修建谷坊、塘、埝，植树造林以及改造坡地为梯田，在流域面积上控制径流和泥沙，不使其流失和大量进入河道。这是一种在大面积上保持水土的有效措施，既有利于防洪，又有利于农业。即使在小城镇周围，加强水土保持，对于小城镇防止山洪的威胁，也会起到积极的作用。

①山坡防护工程是用改变小地形的方法防止坡地水土流失，将雨水及融雪水就地拦蓄，使其渗入农地、草地或林地，减少或防止形成面径流，增加农作物、牧草以及林木可利用的土壤水分。同时，将未能就地拦蓄的坡地径流引入小型蓄水工程。在有发生重力侵蚀危险的坡地上，可以修筑排水工程或支撑建筑物防止滑坡作用。属于山坡防护工程的措施有：梯田、拦水沟、水平沟、水平阶、水簸箕、鱼鳞坑、山坡截流沟、水窖（旱井）以及稳定斜坡下部的挡土墙等。

②小型蓄水用水工程的作用在于将坡地径流及地下潜流拦蓄起来，减少水土流失危害，灌溉农田，提高作物产量。其工程包括小水库、蓄水塘坝、淤滩造田、引洪漫地、引水上山等。

③梯田是基本的水土保持工程措施，对于改变地形，减沙、改良土壤，改善生产条件和生态环境等都有很大作用。具有沟床铺砌、种草皮、沟底防冲林带等措施。

④谷坊是在山区沟道内为防止沟床冲刷及泥沙灾害而修筑的横向挡拦建筑物，又名冲坝、沙土坝、闸山沟等。谷坊高度

一般小于3m,是水土流失地区沟道治理的一种主要工程措施。谷坊的主要作用是防止沟床下切冲刷。

⑤沙坝在减少泥沙来源和拦蓄泥沙方面能起重大作用。拦沙坝将泥石流中的固体物质堆积库内,可以使下游免遭泥石流危害。如前苏联阿拉木图麦杰奥地区修建了一座高达115m的拦坝,1973年7月15日在小阿拉木图河发生了一场特大泥石流,该坝拦蓄了400万m^3的固体物质,使阿拉木图市免除了一场泥石流灾祸。

(2) 以排为主的防洪措施

1) 修筑堤坝

沿干流与小城镇区域内支流的两侧筑防洪堤,是小城镇以排为主的防洪措施。它可增加河道两岸高度,提高河槽泄洪能力,有时也可起到束水攻沙的作用。其布置应考虑小城镇最高洪水位与最低枯水位、小城镇泄洪口标高、地下水位标高等因素。平原地区河流多采用这种防洪措施。

围堤本身并不复杂,但是由于筑堤牵涉到城镇内原有河流的出口、地面排水出口以及影响地下水位升高等许多复杂问题,因此筑堤也必须在具有充分技术经济依据的条件时才可采用。

解决排除镇区水流与筑堤之间的矛盾,有下述几种处理方法:

①沿干流及镇区内支流的两侧筑堤,部分地面水采用水泵排除。这种方法,对排泄支流的流量很方便,但缺点是增加围堤的长度和道路桥梁的投资。

②只沿干流筑堤,支流和地面水用水泵(或不用水泵)抽出。这种方法,只有在支流流量较小,堤内有适当的蓄水面积(如洼地、水池)和洪峰持续较短等情况下方可采用。它的作用原理是:当洪水来时,将支流和城镇内的地面水及时储蓄在堤内,洪水退后,再把堤内的水放出。

③沿干流筑堤,把支流下游部分的水用管道排出,即直接利用水流本身的压力排出,不需使用抽水设备。这种方法,只有在城镇用地具有适宜坡度时才能采用。

④在支流修建调节水库,城镇的上游设置截洪沟,把所蓄的水导向城镇外,以减小城镇内蓄水面积。

在小城镇规划中,选用上述某一种或综合利用几种措施,都须作技术经济方案比较才可确定。

在围堤定线时,要注意以下几个方面:应符合城镇规划的要求;选择较高的地段,以减少土方工程量;围堤的路线要与设计淹没线以及流向相适应;在堤顶筑路时,应符合道路的要求;少拆迁现有的建筑物。

2)整治河道

对河道截弯取直及加深河床,使水流通畅,水位降低,大大提高泄洪能力,从而减少了洪水的威胁。河道的疏浚影响上下游河床,因此必须经过计算。

(3)排洪沟渠

排洪沟渠是应用较为广泛的一种防洪工程设施,特别在山区小城镇和工业区应用更多。排洪沟渠按作用和设置的位置可分为截洪沟、分洪沟和排洪沟。其断面形式通常是梯形与矩形明渠。

截洪沟是在斜坡上每隔一定距离依坡修筑的具有一定坡度的沟道,山坡截流沟能阻截径流,减免径流冲刷,将分散的坡面径流集中起来,输送到蓄水工程里或直接输送到农田、草地或林地。山坡截流沟与梯田、沟头防护以及引洪湿地等措施相配合,对保护其下部的农田,防止沟头前进,防治滑坡,维护村庄和公路、铁路的安全有重要的作用。

山前截洪沟主要采用明渠截洪。排洪沟设计流量在 $150m^3/s$ 以上的采用明渠排洪。设计量在 $150m^3/s$ 以下的可根据城镇用地情况采用暗渠排洪或明渠排洪。为美化城镇景观，按实际需要及排洪明渠底坡情况，设置橡皮坝等活动蓄水构筑物，使排洪沟形成可供居民接近的水面。

（4）填高被淹用地

抬高被淹用地的设计地坪标高是防止水淹的一项简单措施。它的采用条件是：

1) 当采用其他方法不经济，而又有方便足够的土源时；
2) 由于地质条件不适宜筑堤时；
3) 小面积的低洼地段一旦积水影响环境卫生。

采用填高低地的优点是可以根据建设需要进行填土，而且可以分期投资，节约经常开支。缺点是土方工程量大，总造价昂贵，某些填土地段在短期内不能用于修建。如果马上用来修建，需要采用人工基础（如打桩或加深基础等）。采取填高用地的办法，要对土质加以选择。例如砂质黏土就是较好的填土材料，而纯黏土则较难夯实。

11.2.6 不同地区不同洪灾防洪规划特征及分析

（1）重庆山区的小城镇

重庆山区的小城镇，它们多属于老、少、边、穷地区，山高陡峭，加之多年来毁林开荒、广种薄收、耕作粗放，造成森林资源遭到破坏，水土流失严重，水土流失面积占土地面积的60%以上；二是山区小城镇建设不结合当地地形、地貌及地质条件，盲目追求规模，采用移山填沟、高边坡深开挖方式建设，不但破坏自然生态组合，造成隐患，而且大量的弃渣、弃土破坏植被、引起水土流失，加上山区小城镇防洪工程设施基础较薄弱，造成山洪、暴雨、崩塌、滑坡和泥石流等灾害频繁。又例如三峡库区的小城镇，位于水陆生态交错地带，小城镇分布较密集，近年来毁林开荒、陡坡植垦，库区原有森林植被遭受严重破坏,沿江两岸森林覆盖率仅为5%~7%,且主要为人工林和次生林,水源涵养和水土保护能力较低,加之地形破碎,地面切割强烈,地质薄弱,以及土地过度开垦,致使水土流失严重,滑坡、崩塌和泥石流频繁发生。

上述地区小城镇防洪应在加强防洪设施建设的同时,封山植树、退耕还林,保护环境生态;库区小城镇移民迁建、选址布局规划与建设应重视防洪和环境生态并考虑必要的异地移民。

(2) 江西省鄱阳湖地区及赣、抚、信、饶、修等河流尾闾地区

沿江滨湖洪水重灾区的一般小城镇,由于多年来河道、湖泊、沙滩不断被不合理围垦和利用,加上河道上游水土流失日趋严重,导致江河湖泊淤积,排洪能力减弱,且水利设施老化,长年受洪水困扰、损失惨重。

江西省鄱阳湖地区及赣、抚、信、饶、修等河流尾闾地区,由于上述原因造成对鄱阳湖调蓄洪水及河道行洪能力的严重影响,鄱阳湖建国初期高水湖面面积由约5100km² 减为现在的3900km²,蓄洪容积由 $370 \times 108m^3$ 减为现在的 $298 \times 108m^3$,赣、抚、信、饶、修五大河流及其支流也普遍出现同流量下水位升高的现象,而该地区对1万亩以上5万亩以下圩堤按相应湖水位21.68m 设防,绝大多数的圩堤现状防洪能力约为3~30年一遇不等,中小圩堤的现有防洪能力一般在3~15年一遇,1995年~1999年5年中有4年洪灾,且最高水位超过21.8m,洪水溃垸时有发生,特别是1998年的特大洪水,使江西省溃决千亩以上10万亩以下圩堤240座,仅此淹没农田就有109万亩。

沿江滨湖洪水重灾区一般小城镇防洪应按"平垸行洪、退田还湖、移民建镇"的国家重大防洪举措和洪水灾后小城镇重建规划,改变原来就地防洪、避洪为易地主动防洪,通过

碍洪圩堤的平退，扩大江河行洪断面，增加湖区蓄洪容积以及移民建镇，新镇科学合理规划选址、布局与建设，为分、蓄洪区防洪、水利设施安全建设和沿江滨湖洪水重灾区小城镇根除水患创造条件。

(3) 密云县防洪规划

1) 河道及水库现状

密云县位于北京市东北部，地处燕山南麓，长城脚下。全县总面积为 2227.6km²，其中山区为 1866.7km²，占 83.8%，水面为 229.5km²，占 10.3%，南部为山前冲洪积平原为 131.4km²，占 5.9%，俗称"八山一水一分田"。全县地势北高南低，向西南倾斜，境内主要河流有 10 多条，属潮白河、句错河两大水系，其中属潮白河水系的有潮河、白河东西分流，纵贯全县，于县城西南河槽村汇合后称潮白河，其他支流有白马关河、忙牛河、安达木河、清水河、红门川河、沙河等；属句错河水系的有错河等。此外，还有一条京密引水渠。

在全县范围内有大、中、小型水库 24 座，其中大型水库 1 座，中型水库 3 座，小型水库 20 座。此外，还有塘坝 52 座。

2) 存在的问题

①密云水库除了白河主坝于 1976 年抗震加固外，其他潮河主坝及 6 座副坝，据清华大学水电系专家经过 1 年半的时间对潮河主坝及 6 座副坝进行安全检查、试验，发现坝体斜墙上游保护层抗震性较差，如发生 8 度以上地震，潮河主坝及 6 座副坝有可能出现滑坡等现象，这对密云县、县城以及潮白河沿河两岸县城及村庄防洪安全造成严重的威胁，亟待需要加固潮河主坝及 6 座副坝。密云水库水位 159.5m 以下，库区内有 4.5 万移民，需搬迁、安置。

县水利局从 1981 年开始，对 23 座中小型水库按水利部颁发的《水利水电枢纽工程等级划分及设计标准（山区、丘陵部分 SDJ 12—78)》的标准,做了行洪安全复核,复核结果:3座中型水库基本达标,20座小型水库只有7座达标,其他13座小型水库未达标,急需进行除险加固,使其达到防洪标准。

②潮河防洪标准偏低

位于卫星城东部的潮河右堤现状防洪标准为10～20年一遇,其流量为400～750m^3/s。若一旦发生50年一遇洪水时,潮河洪水漫溢,将对卫星城及沿河两岸村庄防洪安全造成严重的威胁。潮河(水库以上)河道行洪能力为1000m^3/s,不足10年一遇标准,也将威胁古北口中心镇防洪安全。

③其他支流防洪能力较低

密云县境内还有3条较大的支流,即忙牛河、安达木河、红门川河,由于上游分别兴建了3座中型水库,基本上控制了山区大部分洪水,但水库下游河道行洪能力较低,河道淤积严重,如忙牛河半城子水库下游河道安全泄量为50m^3/s,红门川河沙厂水库下游河道安全泄量为80m^3/s,安达木河遥桥峪水库下游河道安全泄量为100m^3/s。按1994年的洪水(不足10年一遇标准),3条河道实际发生的洪峰流量均超过其河道安全泄量,造成沿河两岸村庄及农田、公路被淹,交通中断。

④由于山区河道狭窄、弯曲,坡陡水流急,又处于暴雨中心区,再加上有的山洪沟植被覆盖较差,水土流失严重,使泥石流灾害经常发生。

3)**防洪规划标准**

①卫星城防洪规划标准 根据密云卫星城总体规划,到2010年人口规模为18～20万人,以及国家《防洪标准》,确定卫星城防洪规划标准为50年一遇重现期。在卫星城范围内潮河、白河及潮白河均按20年一遇洪水设计,50年一遇洪水校核,并保留安全超高0.5m以上。卫星城内主要雨水管出口管顶高程一般不低于河道20年一遇洪水位。

②县域防洪规划标准 县域内的中心镇、建制镇和一般乡镇其洪水标准确定为20年一遇重现期。相应河道治理标准按10年一遇洪水设计,20年一遇洪水校核。

③大、中、小型水库防洪规划标准按水利部颁发的《水利水电枢纽工程等级划分及设计标准（山区、丘陵部分SDJ 12—78)》的标准。

4）防洪规划

①水库规划 密云水库潮河主坝及6座副坝,坝体斜墙上游保护层抗震能力较差,急需加固;3座中型水库,基本达标;20座小型水库,有13座未达标,其中对中心镇、建制镇和一般乡镇防洪有威胁的小型水库,如银冶岭、白河涧、忙牛河水库等,首先安排除险加固,使其达到防洪标准。

②为控制山区洪水,规划在清水河上兴建潮岭子水库和在沙河支流上兴建牛盆峪水库。为建设板桥峪抽水蓄能电站,需要在白河上兴建青石岭水库。

③河道治理规划 潮河卫星城段河道右堤由现状10～20年一遇标准,应提高到50年一遇标准。

④位于古北口和太师屯中心镇的潮河和清水河现状行洪能力不足10年一遇标准,为确保中心镇防洪安全,中心镇应布置在潮河和清水河20年一遇洪水位淹没线以上。在中心镇段河道,按规划标准进行治理。

⑤位于建制镇和一般乡镇（不老屯、冯家峪、番字牌、北庄、大城子、新城子和东邵渠等）的忙牛河、白马关河、水河、红门川河、安达木河和错河等现状行洪能力较低,为此,以上建制镇和一般乡镇布置也应在上述河道20年一遇洪水位线以上。在建制镇和一般乡镇段河道,按规划标准进行治理。

5）泥石流防治规划

密云县山区泥石流灾害频繁。根据地矿部地质遥感中心于

1985年12月编制的《北京市泥石流分布图》，以及密云县水土保持工作站提供的密云县泥石流防治规划，在密云县境内易发生泥石流预测区分为重点和一般2个区，其中易发生泥石流重点预测区分布在北部的番字牌至半城子一带，西北部的四合堂至二道河一带，以及东部的潮岭子至庄户峪一带。全县易发生泥石流预测区总流域面积约 $1153km^2$，其中水库北约 $866km^2$，水库南约 $287km^2$，截止到1995年底已治理了 $420km^2$，计划"九五"期间治理水库北 $326km^2$，预计到2010年基本治理完成，以取得社会经济和生态效益。治理措施是以植物措施和工程措施相结合，即治本与治标相结合。植物措施：坡面以水平条、鱼鳞坑等形式植树造林；工程措施：治沟以修筑石坝、护村堤等；同时要加强管理，控制人为的水土流失等。并有计划地将泥石流易发区内的农民迁移到安全地带。

6）河道两侧绿化隔离带

为加强河道的保护和管理，提高绿化和环境卫生水平，确保河道行洪安全和供水、排水通畅，特将密云县域内划定主要河道两侧绿化隔离带的宽度。

划定绿化隔离带的宽度主要依据是：北京市水利局"关于划定郊区主要河道保护范围的规定"，即京政发［1986］51号文件；1994年北京市水利局"关于划定河道隔离带和管理范围的意见"，即京水管［1994］109号文件；潮河和白河（下段）绿化带宽度是根据县域规划与市水利局一起商定，具体为：

①潮白河（河漕村－县境内）河长10km，河道两侧绿化带宽度各100m；

②潮河（潮河大坝下－河漕村）河长31km，河道两侧绿化带宽度各100m；

③白河（白河大坝下－河漕村）河长17km，河道两侧绿化带宽度各80m；

④其他河道绿化带宽度为 10~20m，见表 11.2.6-1。

绿化隔离带　　　　　　表 11.2.6-1

河道名称	起迄地段	河道长度（km）	绿化隔离带宽度（m）	
			左岸	右岸
白河上游	石城乡前草洼村－石城乡二道河村	20.0	20	20
白河下游	白河大坝下－河漕村	17.0	80	80
潮河上游	古北口镇河东村－太师屯镇上金山村	24.0	20	20
潮河下游	潮河大坝下－河漕村	31.0	100	100
潮白河	河漕村－密云县境内	10.0	100	100
红门川河	大城子乡营房台村－穆家峪镇邓家湾	20.5	10	10
安达木河	新城子乡北岭村－太师屯镇桑园村	50.0	10	10
清水河	大城子乡关上村－太师屯镇不管峪村	36.0	10	10
忙牛河	半城子乡东沟村－水老屯镇陈各庄村	26.0	10	10
白马关河	番字牌乡水泉沟村－冯家峪镇番子洼	34.5	10	10
沙河	西田各庄镇小水峪村－建新村	10.2	10	10
错河	东邵渠乡银冶岭村－东邵渠乡太保庄	13.4	10	10

(4) 浙江萧山临浦防洪规划

1) 现状概况

①流域概况　临浦境内浦阳江和西小江统属钱塘江水系，为感潮性河流。浦阳江发源于浦阳县，经诸暨流入临浦，再经闻堰镇注入钱塘江，沿途接纳西小江等多条支流。由于诸暨安华以下江道弯曲，水流不畅，下游受钱塘江湖水顶托，遇梅雨及台风、暴雨季节，易发洪涝灾害。

②现有防洪能力　由于临浦位于浦阳江下游，历史上水旱灾害频繁。宋明以后，先后开掘迹堪山，建造麻溪坝，兴修西江塘等水利工程，水旱灾害得以控制。目前镇区（浦阳江以北）主要有火神塘、西江塘等防洪堤，防洪能力分别达到100年和50年一遇的标准。

2) 存在的问题

局部河道泥沙淤积，导致部分河床抬高；往江中倾倒垃圾现象普遍，加速了河床的淤积；镇区内部分桥梁跨度小，进水断面减小，严重影响防洪；浦阳江南岸防洪堤防洪能力相对偏低，目前为20年一遇标准。

3）规划目标

严格执行《防洪法》、《防洪标准》，采取有效防范措施，确保城镇居民和财产安全，保障社会、经济健康发展。

4）规划措施

①疏浚河道，提高泄洪能力；

②及时清除河道淤积泥砂和垃圾杂草，严禁建筑物、构筑物侵占河道，规划镇区沿河两岸不作用地扩展对象，已占用部分用地要求逐渐拆除；

③修筑加固堤防，巩固并加强防洪能力；

④进行山体及江道两岸绿化，增强蓄水能力；

⑤城镇新建建筑物地坪标高要求按50年一遇的高程以上设计。

11.3 消防工程规划

11.3.1 消防站规划

● 消防站布局与选址

（1）消防站布局

小城镇一般设普通消防站。并分标准型普通消防站和小型普通消防站2种。

小城镇规划区内的普通消防站的布局，应以接到报警后5分钟（min）内消防队可以到达责任区边缘为原则确定。这一要求是根据消防站扑救责任区最远点的初期火灾所需要15min消防时间而确定的。根据我国通信、道路和消防装备等情况，

15min消防时间可以扑救砖木结构建筑物初期火灾，有效地防止火势蔓延。

目前，我国城镇虽已建起了相当数量的钢筋混凝土结构和混合结构的建筑，但大多数城镇的旧城区，特别是小城镇的老镇区的砖木结构式木板建筑仍占相当大的数量。

小城镇消防站布局应按小城镇人口、不同地区不同类型小城镇经济社会发展水平和火灾危险性考虑。根据重点单位、中心区、工业园区、人口密度、建筑状况以及交通道路、水源、地形等条件确定。

普通消防站的责任区面积按下列原则确定：

标准型普通消防站不应大于$7km^2$；

小型普通消防站不应大于$4km^2$。

消防站的具体责任区面积还可按以下原则确定：

1）石油化工区，大型物资仓库区，商业中心区，重点文物建筑集中区，政府机关地区，砖木结构和木质结构、易燃建筑集中区以及人口密集、街道狭窄地区等，每个消防站的责任区面积一般不宜超过$4\sim5km^2$。

2）丙类生产火灾危险性的工业企业区（如纺织工厂、造纸工厂、制糖工厂、服装工厂、棉花加工厂、棉花打包厂、印刷厂、卷烟厂、电视机收音机装配厂、集成电路工厂等），科学研究单位集中区，每个消防站的责任区面积不宜超过$5\sim6km^2$。

3）一、二级耐火等级建筑的居民区，丁、戊类生产火灾危险性的工业企业区（如炼铁厂、炼钢厂、有色金属冶炼厂、机床厂、机械加工厂、机车制造厂、制砖厂、新型建筑材料厂、水泥厂、加气混凝土厂等），以及砖木结构建筑分散地区等，每个消防站的责任区面积不超过$6\sim7km^2$。

4）在镇区内如受地形限制，被河流或铁路干线分隔时，消防站责任区面积应当小一些。这是因为坡度和曲度大的道路，行车速度要大大减慢；还有的城镇被河流分成几块，虽有桥梁连通，但因桥面窄，常常堵车，也会影响行车速度；再有，被山峦或其他障碍物堵隔，增大了行车距离。因此，在规划消防站时，要因地因条件制宜，合理解决。

5) 风力、相对湿度对火灾发生率有较大影响的责任区面积考虑。据测定，一般当风速在5m/s以上或相对湿度在50%左右，火灾发生的次数较多，火势蔓延较快，相关消防站责任区面积应适当缩小。

6) 物资集中、货运量大、火灾危险性大的沿海及内河城镇，应规划建设水上消防站。水上消防队配备的消防艇吨位，应视需要而定，海港应大些，内河可小些。水上消防队（站）责任区面积可根据本地实际情况确定，一般以从接到报警起10~15min内达到责任区最近点为宜。

消防站设置一般来说，人口在5万以上、工厂企业较多的县城镇、中心镇、一般镇和工矿区，应设1~3个消防站；人口在1.5万至5万的上述小城镇、工矿区应设置1个消防站，经济发达地区或规划范围较大的上述小城镇也可设置2个消防站；人口不到1.5万，但工厂企业较多，物资集中，或位于水陆交通枢纽，有较大火灾危险性的上述小城镇、工矿区，可设置1个消防站。

(2) 消防站选址

小城镇消防站选址是否合理，对于迅速出动消防车扑救火灾和保障消防站自身的安全有重要的关系。

消防站选址应符合下列条件：

1) 应选择在责任区的中心或靠近中心的适中位置和便于车辆迅速出动的临街地段，如主要街道的十字路口附近或主要街道的一侧。

2) 消防站主体建筑距医院、学校、幼儿园托儿所、影剧院、商场等容纳人员较多的公共建筑的主要疏散出口不应小于50m。

3）责任区内有生产、贮存易燃易爆化学危险品单位的，消防站设置在常年主导风向的上风或侧风处，其边界距上述部位一般不应小于200m。

4）消防站车库门应朝向镇区道路，至镇区规划道路红线的距离宜为10~15m。

5）设在综合性建筑物中的消防站，应有独立的功能分区。

● 消防站建设项目与预留用地

小城镇消防站建设项目由室外训练场、房屋建筑、装备和人员配备等部分构成。

小城镇普通消防站的消防车库的车位数应符合以下规定：标准型普通消防站配备消防车辆4~5辆；

小型普通消防站配备消防车辆2辆。

交通枢纽型小城镇水上消防站根据扑救船舶和沿岸火灾的实际需要，配备消防艇及其他必需的船只。河网地区的陆上消防站根据需要，可配备小型消防艇。

小城镇消防站通讯设备配备应符合表11.3.1-1规定。

小城镇消防站通讯设备配备　　　表11.3.1-1

设备名称	设备数量/地区	小城镇	工矿区
有线通讯设备	火警专用电话	1	1
	普通电话	1~3	1~3
	专线电话	1	1
无线通讯设备	基地台	根据需要配备	
	车载台	根据需要配备	
	袖珍式对讲机	每辆消防车1对	

小城镇消防站建设用地应根据建筑占地面积、车位数和室外训练场地面积等确定。

配备有消防艇的消防站应有供消防艇靠泊的岸线。

小城镇消防站的建筑面积指标应符合下列规定：

标准型普通消防站　　　　　　1600～2300m²；

小型普通消防站　　　　　　　350～1000m²。

小城镇消防站建设用地面积应符合下列规定：

标准型普通消防站　　　　　　2400～4500m²；

小型普通消防站　　　　　　　400～1400m²。

11.3.2　消防给水工程规划

1. 城镇消防给水存在的主要问题

目前，我国城镇消防给水都存在不同程度的问题，主要有以下问题：

（1）水量小、水压低

许多城镇的供水管道，是解放前或解放初期铺设的，管道直径小，或虽铺设了较大的管道，但因使用多年，管道内壁积垢生锈，管径逐渐缩小，致使流量减少，压力降低，满足不了灭火所需要的水量和水压要求。据部分城镇的不完全统计，市政消火栓能完全达到水量、水压要求的为30%，不能完全达到水量、水压要求的为30%，完全达不到水量、水压要求的为40%。

（2）市政消火栓间距大、数量少

许多城镇特别是城镇的边沿地段，市政消火栓的间距都达不到国家防火规范规定的120m的要求。其平均间距都大大超过了这个规定，近者为150m、200m、300m，远者达500m，甚至1000m以上；有的城镇新建成区主要公路干道路边没有安装市政消火栓；还有不少城镇，由于施工而埋压和损坏的市政消火栓未予恢复。

(3) 管道陈旧，缺乏检修更新

我国许多老城镇的供水管道铺设年代早，管径小，陈旧失修，常常出现管道破损、中断供水的情况。当发生火灾时，就是由于水量不足、压力低，以致由小火变成大面积火灾，造成严重损失。

(4) 消防供水设施不匹配

有的城镇高层建筑小区，虽然按照规定设置了室内消防给水管道，而市政给水管道未相应改造扩大，仍旧是小管径，流量不足，致使室内消防管道和市政管道或小区内的给水管道无法连接，不能通水或不能全部通水，影响室内消防给水系统的作用发挥，不利于灭火要求。

还有些城镇新建成的住宅小区、新村，没有考虑消防给水或者铺设的给水管道上未安装市政消火栓，也未设消防水池，加之道路狭窄，将给火灾扑救带来很大困难。

(5) 消火栓规格不一，口径偏小

解放前，我国有不少城镇的一部分被帝国主义列强侵占、租用，安装了各自国家的室外消火栓，因而这些城镇的市政消火栓形式多样，口径大小不一。解放后，又没有有计划地加以改造更新，因而很不利于灭火。

(6) 现有天然水源被填掉，造成消防用水缺乏

我国不少城镇的市区内有小河、小溪、水池或人工地下消防水池等，在灭火活动中，这些天然水源都发挥了极好的作用。可是，有不少城镇在规划建设中不注意保护这些天然水源，在修建道路、建筑物或其他市政工程设施时，将一些天然水源填死，再加市政给水管道建设跟不上城镇建设的发展需要，以致造成某些地区消防用水严重缺乏。

2. 消防用水量

在进行小城镇、小城镇居住小区、工业园区规划设计时，

必须同时规划设计消防给水系统。

小城镇、小城镇居住小区、工业园区室外消防用水量,应按同一时间内火灾次数和一次灭火用水量确定。

表 11.3.2-1 为小城镇和小城镇居住小区室外消防用水量。

小城镇和小城镇居住小区室外消防用水量　　　表 11.3.2-1

人数(万人)	同一时间内火灾次数(次)	一次灭火用水量(L/s)
<1.0	1	10
<2.5	1	15
<5.0	2	25
<10.0	2	35
<20.0	2	45

工厂、仓库和民用建筑计算消防用水量在同一时间内的火灾次数不应小于表 11.3.2-2 的规定。

同一时间内的火灾次数表　　　表 11.3.2-2

名　称	基地面积公顷	附近居住区人数(万人)	同一时间内的火灾次数	备　注
工厂	<100	<1.5	1	按需水量最大的一座建筑物(或堆场、储罐)计算
		>1.5	2	工人、居住区各一次
	>100	不限	2	按需水量最大的两座建筑物(或堆场、储罐)计算
仓库、民用建筑	不限	不限	1	按需水量最大的一座建筑物(或堆场、储罐)计算

注:采矿、选矿等工业企业、如各分散基地有单独的消防给水系统时,可分别计算。

小城镇建筑物的室外消火栓用水量不应小于表 11.3.2-3 的规定。

11.3 消防工程规划

建筑物的室外消火栓用水量　　表 11.3.2-3

耐火等级	建筑物名称及类别		建筑物体积（m³）				
			<1500	1501~3000	3001~5000	5001~20000	20001~50000	>50000

耐火等级	建筑物名称及类别		<1500	1501~3000	3001~5000	5001~20000	20001~50000	>50000
一、二级	厂房	甲、乙、	10	15	20	25	30	35
		丙、	10	15	20	25	30	40
		丁、戊	10	10	10	15	15	20
	库房	甲、乙、	15	15	25	25	—	—
		丙、	15	15	25	25	35	45
		丁、戊	10	10	10	15	15	20
	民用建筑		10	15	15	20	25	30
三级	厂房或库房	乙、丙	15	20	30	40	25	
		丁、戊	10	10	15	20	25	35
	民用建筑		10	15	20	25	30	
四级	丁、戊类厂房或库房		10	15	20	25		
	民用建筑		10	15	20	25	—	

注：1. 室外消火栓用水量应按消防需水量最大的一座建筑物或一个防火分区计算。成组布置的建筑物应按消防需水量较大的相邻两座计算；
　　2. 火车站、码头和机场的中转库房，其室外消火栓用水量应按相应耐火等级的丙类物品库房确定；
　　3. 国家级文物保护单位的重点砖木、木结构的建筑物室外消防用水量，按三级耐火等级民用建筑物消防用水量确定。

小城镇堆场、储罐的室外消火栓用水量应按表 11.3.2-4 的规定。

堆场、储罐的室外消火栓用水量　　表 11.3.2-4

名称		总储量或总容量	消防用水量（L/s）
粮食（t）	圆筒仓 土圆囤	30~500	15
		501~5000	25
		5001~20000	40
		20001~40000	45
	席穴囤	30~500	20
		501~5000	35
		5001~20000	50

续表

名　称	总储量或总容量	消防用水量（L/s）
棉、麻、毛、化纤百货（t）	10～500 501～1000 1001～5000	20 35 50
稻草、麦秸、芦苇等易燃材料（t）	50～500 501～5000 5001～10000 10001～20000 或 >20000	20 35 50 60
木材等可燃材料（m³）	50～1000 1001～5000 5001～10000 10001～25000	20 30 45 55

3. 消防水源及其要求

小城镇消防用水可由给水管网、天然水源，以及消防水池供给。

（1）属下列情况之一，应设消防水池：

1）当生产、生活用水量达到最大时，市政给水管道、进水管或天然水源不能满足室内外消防用水量；

2）市政给水管道为枝状或只有一条进水管，且消防用水量之和超过 25L/s；

3）无市政消火栓和无消防通道的建筑耐火低等级建筑密集区。

（2）消防水池应符合下列要求：

1）消防水池的容量应满足在火灾延续时间内室内、外消防用水总量的要求。

2）在火灾情况下能保证连续补水时，消防水池的容量可减去火灾延续时间内补充的水量。

消防水池容量如超过 1000m³，应分设 2 个。

3）消防水池的补水时间一般不宜超过 48h。

4）供消防车取水的消防水池，保护半径不应大于 150m。

5)供消防车取水的消防水池应设取水口,其取水口与建筑物(水泵房除外)的距离不宜小于15m;与各类储罐距离按相关标准。供消防车取水的消防水池应保证消防车吸水高度不超过6m。

6)消防用水与生产、生活用水合并的水池,应有确保消防用水不作他用的技术设施。

7)寒冷地区的消防水池应有防冻设施。

(3)利用江河、湖泊、水塘等作为天然消防水源时,应修建消防车辆通道和必须的护坡、吸水坑、拦污设施。

(4)消防给水管网布置要求

1)室外消防给水管网应布置成环状,但在建设初期或室外消防用水量不超过15L/s时,可布置成枝状。

2)环状管网的输水干管及向环状管网输水的输水管均不应少于两条,当其中一条发生故障时,其余的干管应仍能通过消防用水总量。

3)环状管道应用阀门分成若干独立段,每段内消火栓的数量不宜超过5个。

4)室外消防给水管道的最小直径不应小于100mm。

(5)室外消火栓布置要求

1)室外消火栓应沿道路设置,道路宽度超过60m时,宜在道路两边设置消火栓,并宜靠近十字路口。消火栓距路边不应超过2m,距房屋外墙不宜小于5m。

2)甲、乙、丙类液体储罐区和液化石油气罐罐区的消火栓,应设在防火堤外。但距罐壁15m范围的消火栓,不应计算在该罐可使用的数量内。

3)室外消火栓的间距不应超过120m。

4)室外消火栓的保护半径不应超过150m;在市政消火栓保护半径150m以内,如消火用水量不超过15L/s,可不设室外消火栓。

5）室外消火栓的数量应按室外消火用水量计算决定，每个室外消火栓的用水量应按照 10~15L/s 时计算。

6）室外地上式消火栓应有 1 个直径为 150mm 或 100mm 和 2 个直径为 65mm 的栓口。

7）室外地下式消火栓应有直径为 100mm 或 65mm 的栓口各 1 个，并有明显的标志。

11.3.3 消防通道规划

小城镇消防通道规划应考虑以下要求：

（1）镇区道路应考虑消防要求，其宽度不小于 4m，以保证消防车辆顺利通行。

（2）根据消火栓保护半径 150m 的作用范围，消防道路平行间距应控制在 160m 以内。当建筑物沿街部分长度超过 150m，或总长度超过 200m 时，应在建筑物适中位置设置穿越建筑物的消防通道。

（3）考虑到消防车的高度，消防通道上部应有 4m 以上的净高。

（4）占地面积超过 3000m^2 的消防规范中甲、乙、丙类厂房，占地面积超过 1500m^2 的消防规范中乙、丙类库房，大型公共建筑、大型堆场、储罐区、重要建筑物四周应设环形消防通道。

（5）消防通道转弯半径不小于 9m，回车厂面积通常取 12m×18m。

11.3.4 消防通讯指挥系统规划

小城镇火灾报警和消防通讯指挥系统规划应符合以下要求：

（1）当发生火灾时，通过有线或无线电话报警，小城镇火警接警、火警接警中队与上级消防指挥中心能迅速受理火警，迅速调度。应实现接警、调度、通讯、信息传递、消防出车、人员调度等程序自动化。

（2）小城镇电话端局、镇政府至消防指挥中心、火警接警中队的 119 火灾报警电话专线不少于 2 对，满足同时发生 2 处火灾可能的需要。

（3）消防指挥中心、火警接警中队或分队与小城镇供水、供电、供气、急救、交通、环保、新闻等部门以及消防重点单位，应安装专门通信设备或专线电话，确保报警、灭火救援工作顺利进行。

11.3.5 消防对策与措施

（1）分析小城镇消防现状及历年发生过的火灾与存在的火灾隐患，按照"隐患险于明火、防范胜于救灾"的要求，小城镇消防要把预防火灾的发生放在首位，防止和减少火灾发生。

（2）依据《中华人民共和国消防条例》及其实施细则、《建筑防火设计规范》等消防法规、技术规范，落实与搞好消防工作；同时加强消防宣传，增强社会消防法制观念和全民消防意识。

（3）加强消防队伍建设，除公安消防队伍外，同时建立专职消防队和义务消防队。

在小城镇消防规划中应考虑消防措施。消防常规措施主要是以下几个方面：

（1）小城镇总体布局中，必须将易燃易爆物品工厂、仓库布置在小城镇边缘的独立安全地区，并应与小城镇中心区的影剧院、会堂、体育馆、商城等人员较密集的公共建筑或场所，保持规定的防火安全距离，布局不合理的旧镇区，消防存在严重隐患的建筑地段和建筑物,应纳入近期旧镇改建规划,限期消除消防隐患和不安全因素。

(2) 合理布局小城镇消防站、点;保证消防车通道和消防水源、消防给水管网和水压、水量,设置必要的市政消火栓;保证火灾报警和消防指挥通讯系统畅通。

(3) 从消防考虑,易燃易爆危险物品的工业企业生产区、仓库以及散发可燃气体、可燃蒸汽和可燃粉尘的工厂和液化石油气储存基地应设在镇区边缘的独立安全地带,布置在镇区全年最小频率风向的上风侧,满足相关防火间距的规定。

(4) 在小城镇规划中应合理确定液化石油气供应站的瓶库、汽车加油站和燃气、天然气调压站的位置,同时采取有效消防措施。

(5) 镇区新建各种建筑物应控制三级建筑物,严格限制修建四级建筑。

(6) 小城镇集市贸易市场,规划部门应会同公安交通和公安消防监督机构,确定设置地点和范围,不得影响交通和堵塞消防车通道。

表 11.3.5-1 为炼油厂、石油化工厂与相邻工厂或设施的防火间距。

表 11.3.5-2 为石油库与周围居住区、工矿企业交通线等的安全距离。

表 11.3.5-3 为汽车加油站与周围设备、建筑物、构筑物的安全距离。

表 11.3.5-4 为汽车加油站各建筑物、构筑物的安全距离。

表 11.3.5-5 为厂房的防火间距。

表 11.3.5-6 为室外变、配电站与建筑物、堆场、储罐的防火间距。

表 11.3.5-7 为汽车加油机、地下油罐与建筑物、铁路、

道路的防火间距。

表 11.3.5-8 为储罐、堆场与建筑物的防火间距。

表 11.3.5-9 为储气罐或储区与建筑物、储罐、堆场的防火间距。

表 11.3.5-10 为湿式氧气储罐或储区与建筑物、储罐、堆场的防火间距。

表 11.3.5-11 为液化石油气储罐或储区与建筑物、堆场的防火间距。

表 11.3.5-12 为露天、半露天堆场与建筑物的防火间距。

表 11.3.5-13 为库房、储罐、堆场与铁路、道路的防火间距。

表 11.3.5-14 为民用建筑的防火间距。

炼油厂、石油化工厂与相邻工厂或设施的防火间距（m） 表 11.3.5-1

序号	自炼油厂或石油化工厂至相邻工厂或设施			生产区（不包括右面两项）	液化石油气储罐组	全厂性高架火炬
1	居住区、村庄、公共福利设施			100	120	100
2	相邻工厂	总厂内各分厂之间	已知相邻面单元至未知相邻面单元（至围墙）	按相邻面工艺装置生产单元、储罐及其他设施防火间距，按最大值的1.30倍确定		100
				30	60	100
	其他工厂和设施（距围墙）			45	70	100
3	国家铁路线（中心线）			45	70	100
4	其他企业铁路线（中心线）			30	40	80
5	铁路编组站（最外侧铁路或建、构筑物）			45	70	100
6	厂外公路（至路边）			20	25	80
7	区域变配电站			45	70	120
8	架空电力线路（中心线）			1.5倍杆高	1.5倍杆高	100

续表

序号	自炼油厂或石油化工厂至相邻工厂或设施	生产区（不包括右面两项）	液化石油气储罐组	全厂性高架火炬
9	Ⅰ、Ⅱ级国家架空通讯线路（中心线）	40	50	100
10	厂外液化石油气和可燃液体大型管廊（外边线）	20	30	60

石油库与周围居住区、工矿企业交通线等的安全距离（m）　　表11.3.5-2

序号	名　称	石油库等级		
		一级	二级	三、四级
1	居住区及公共建筑	100	90	80
2	工矿企业	80	70	60
3	国家铁路线	80	70	60
4	工业企业铁路线	35	30	25
5	公路	25	20	15
6	国家一、二级架空通讯线路	40	40	40
7	架空电力线路和不属国家一、二级的架空通信线路	1.5倍杆高	1.5倍杆高	1.5倍杆高
8	爆破作业场地（如采石场）	300	300	300

汽车加油站与周围设备、建筑物、构筑物的安全距离（m）　　表11.3.5-3

序号	加油站等级 油罐建设方式 名称			一级		二级		三级
				地下直埋卧式油罐	地上卧式油罐	地下直埋卧式油罐	地上卧式油罐	地下直埋卧式油罐
1	明火或散发火花的地点			30	30	25	25	17.5
2	重要公共建筑物			50	50	50	50	50
3	民用建筑及其他建筑	耐火等级	一、二级	12	15	10	12	5
			三级	15	20	12	15	10
			四级	20	25	14	20	14

续表

序号	油罐名称\建设方式\加油站等级		一级		二级		三级
			地下直埋卧式油罐	地上卧式油罐	地下直埋卧式油罐	地上卧式油罐	地下直埋卧式油罐
4	主要道路		10	15	5	10	不限
5	架空通信线	国家一、二级	1.5倍杆高	1.5倍杆高	1.5倍杆高		
		一般	不应跨越加油站	不应跨越加油站	不应跨越加油站		
6	架空电力线路		1.5倍杆高	1.5倍杆高	1.5倍杆高		

汽车加油站内各建筑物、构筑物的安全距离（m）

表 11.3.5-4

序号	建筑物、构筑物名称	直埋地下卧式油罐	地上卧式油罐	加油机或油泵房	站房	独立锅炉房	围墙
1	直埋地下卧式油罐	0.5	—	不限	4	17.5	3
2	地上卧式油罐	—	0.8	8	10	17.5	5
3	加油机或油泵房	不限	8	—	5	15	见注
4	其他建筑物、构筑物	5	10	5	5	5	—
5	汽车油罐的密闭卸油点	—	—	—	5	15	

注：加油机或油泵与非实体围墙的安全距离不得小于5m，与实体围墙的安全距离可不限。

厂房的防火间距（m） 表 11.3.5-5

防火间距\耐火等级 耐火等级	一、二级	三级	四级
一、二级	10	12	14
三级	12	14	16
四级	14	16	18

室外变、配电站与建筑物、堆场、储罐的防火间距 表11.3.5-6

建筑物、堆场、储罐名称		防火间距(m)	变压器总油量(t) 5~10	>10~50	>50
民用建筑	耐火等级	一、二级	15	20	25
民用建筑	耐火等级	三级	20	25	30
民用建筑	耐火等级	四级	25	30	35
丙、丁、戊类厂房及车库	耐火等级	一、二级	12	15	20
丙、丁、戊类厂房及车库	耐火等级	三级	15	20	25
丙、丁、戊类厂房及车库	耐火等级	四级	20	25	30
甲、乙类厂房			25		
甲、乙类库房	储量不超过10t的甲类1、2、5、6项物品和乙类物品		25		
甲、乙类库房	储量不超过5t的甲类3、4项物品和储量超过10t的甲类1、2、5、6项物品		30		
甲、乙类库房	储量超过5t的甲类3、4项物品		40		
稻草、麦秸、芦苇等易燃材料堆场			50		
甲、乙类液体储罐		1~50	25		
甲、乙类液体储罐		51~200	30		
甲、乙类液体储罐		201~1000	40		
甲、乙类液体储罐		1001~5000	50		
丙类液体储罐		5~250	25		
丙类液体储罐		251~1000	30		
丙类液体储罐		1001~5000	40		
丙类液体储罐		5001~25000	50		
液化石油气储罐	总储量(m^3)	<10	35		
液化石油气储罐	总储量(m^3)	10~30	40		
液化石油气储罐	总储量(m^3)	31~200	50		
液化石油气储罐	总储量(m^3)	201~1000	60		
液化石油气储罐	总储量(m^3)	1001~2500	70		
液化石油气储罐	总储量(m^3)	2501~5000	80		
湿式可燃气体储罐		≤1000	25		
湿式可燃气体储罐		1001~10000	30		
湿式可燃气体储罐		10001~50000	35		
湿式可燃气体储罐		>50000	40		

续表

防火间距 (m) \ 建筑物、堆场、储罐名称	变压器总油量 (t)	5~10	>10~50	>50
湿式氧化储罐	总储量 (m³) ≤1000		25	
	1001~50000		30	
	>50000		35	

注：①防火间距应从距建筑物、堆场、储罐最近的变压器外壁算起，但室外变、配电构架距堆场、储罐和甲、乙类的厂房不宜小于25m，距其他建筑物不宜小于10m。
②本条的室外变、配电站，是指电力系统电压为35~500kV，且每台变压器容量在10000kVA以上的室外变、配电站，以及工业企业的变压器总油量超过5t的室外总降压变电站。
③发电厂内的主变压器，其油量可按单台确定。
④干式可燃气体储罐的防火间距应按本表湿式可燃气体储罐增加25%。

汽车加油机、地下油罐与建筑物、铁路、道路的防火间距 表11.3.5-7

名　　称			防火间距 (m)
民用建筑、明火或散发火花的地点			25
独立的加油机管理室距地下油罐			5
靠地下油罐一面墙上无门窗的独立加油机管理室距地下油罐			不限
独立加油机管理室距加油机			不限
其他建筑	耐火等级	一、二级	10
		三级	12
		四级	14
	厂外铁路线（中心线）		30
	厂内铁路线（中心线）		20
	道路（路边）		5

注：①汽车加油站的油罐应采用地下卧式油罐，并宜直接埋设。甲类液体总储量不应超过60m³，单罐容量不应超过20m³。当总储量超过时，与建筑物的防火间距应按储罐、堆场与建筑物的防火间距规定执行。
②储罐上应设有直径不小于38mm并带有阻火器的放散管，其高度距地面不应小于4m，且高出管理室屋面不小于50cm。
③汽车加油机、地下油罐与民用建筑之间如设有高度不低于2.2m的非燃烧体实体围墙隔开，其防火间距可适当减少。

储罐、堆场与建筑物的防火间距　　表 11.3.5-8

名称	一个罐区或堆场的总储量（m³）	耐火等级 一、二级	三级	四级
甲、乙类液体	1~50	12	15	20
	51~200	15	20	25
	201~1000	20	25	30
	1001~5000	25	30	40
丙类液体	5~250	12	15	20
	251~1000	15	20	25
	1001~5000	20	25	30
	5001~25000	25	30	40

注：①防火间距应从建筑物最近的储罐外壁、堆垛外缘算起。但储罐防火堤外侧基脚线至建筑物的距离不应小于10m。
②甲、乙、丙类液体的固定顶储罐区、半露天堆场和乙、丙类液体堆场与甲类厂（库）房以及民用建筑的防火间距，应按本表的规定增加25%。但甲、乙类液体储罐区、半露天堆场和乙、丙类液体堆场与上述建筑物的防火间距不应小于25m，与明火或散发火花地点的防火间距，应按本表四级建筑的规定增加25%。
③浮顶储罐或闪点大于120℃的液体储罐与建筑的防火间距，可按本表的规定减少25%。
④一个单位如果有几个储罐区时，储罐区之间的防火间距不应小于本表相应储量储罐与四级建筑的较大值。
⑤石油库的储罐与建筑物、构筑物的防火间距可按《石油库设计规范》的有关规定执行。

储气罐或储区与建筑物、储罐、堆场的防火间距　　表 11.3.5-9

防火间距（m）名　称		总容积（m³）≤1000	1001~10000	10001~50000	>50000
明火或散发火花的地点，民用建筑，甲、乙、丙类液体储罐，易燃材料堆场，甲类物品库房		25	30	35	40
其他建筑	耐火等级 一、二级	12	15	20	25
	三级	15	20	25	30
	四级	20	25	30	35

注：①固定容积的可燃气体储罐与建筑物、堆场的防火间距应按本表的规定执行。总容积按其水容量（m³）和工作压力的乘积计算。
②干式可燃气体储罐与建筑物、堆场的防火间距应按本表增加25%。
③容积不超过20m³的可燃气体储罐与所属厂房的防火间距不限。

11.3 消防工程规划

湿式氧气储罐或储区与建筑物、储罐、堆场的防火间距　　表 11.3.5-10

防火间距（m） 名　称		总容积（m^3）		
		≤1000	1001～50000	>50000
民用建筑，甲、乙、丙类液体储罐，易燃材料堆场、甲类物品库房		25	30	35
其他建筑	耐火等级 一、二级	10	12	14
	三级	12	14	16
	四级	14	16	18

注：①固定容积的氧气储罐，与建筑物、储罐、堆场的防火间距应按本表的规定执行。其容积按水容量（m^3）和工作压力的乘积计算。
②氧气储罐与其制氧厂房的间距，可按工艺布置要求确定。
③容积不超过 $50m^3$ 的氧气储罐与所属使用厂房的防火间距不限。

液化石油气储罐或储区与建筑物、堆场的防火间距　　表 11.3.5-11

防火间距（m） 名称		总容积（m^3）	≤10	11～30	31～200	201～1000	1001～2500	2501～5000
		单罐容积（m^3）		≤10	≤50	≤10	≤10	≤10
明火或散发火花的地点			35	40	45	60	70	80
民用建筑，甲、乙类液体储罐，甲类物品库房、易燃材料堆场			30	35	45	55	65	75
丙类液体储罐，可燃气体储罐			25	30	35	45	55	65
助燃气体储罐，可燃材料堆场			20	25	30	40	50	60
其他建筑	耐火等级	一、二级	12	18	20	25	30	40
		三级	15	20	25	30	40	50
		四级	20	25	30	40	50	60

注：①容积超过 $1000m^3$ 的液化石油气单罐或总储量超过 $5000m^3$ 的储区，与明火或散发火花的地点和民用建筑的防火间距不应小于120m，与其他建筑的防火间距应按本表增加25%。
②防火间距应按本表总容积或单罐容积较大者确定。

露天、半露天堆场与建筑物的防火间距　　表 11.3.5-12

名称	一个堆场的总储量	防火间距（m）／耐火等级		
		一、二级	三级	四级
粮食仓（t）	筒仓、土圆	500～10000 10001～20000 20001～40000	10 15 20	15 20 25	20 25 30
粮食（t）	席穴囤	10～5000 5001～20000	15 20	20 25	25 30
棉、麻、毛、化纤、百货（t）		10～500 501～1000 1001～5000	10 15 20	15 20 25	20 25 30
稻草、麦秸、芦苇等易燃烧材料（t）		10～5000 5001～10000 10001～20000	15 20 25	20 25 30	25 30 40
木材等可燃材料（m³）		50～1000 1001～10000 10001～25000	10 15 20	15 20 25	20 25 30
煤和焦炭（t）		100～5000 >5000	6 8	8 10	10 12

注：①一个堆场的总储量如超过本表的规定，宜分设堆场。堆场之间的防火间距，不应小于较大堆场与四级建筑物的间距。

②不同性质物品堆场之间的防火间距，不应小于本表相应储量堆场与四级建筑物间距的较大值。

③易燃材料露天、半露天堆场与甲类生产厂房、甲类物品库房以及民用建筑的防火间距，应按本表的规定增加25%，且不应小于25m。

④易燃材料露天、半露天堆场与明火或散发火花地点的防火间距，应按本表四级建筑物的规定增加25%。

⑤易燃、可燃材料堆场与甲、乙、丙类液体储罐的防火间距，不应小于本表和储罐、堆场与建筑物的防火间距中相应储量堆场与四级建筑物间距的较大值。

⑥粮食总储量为20001～40000t一栏，仅适用于筒仓；木材等可燃材料总储量为10001～25000m³一栏，仅适用于圆木堆场。

库房、储罐、堆场与铁路、道路的防火间距　　表 11.3.5-13

防火间距（m）		铁路、道路				
		厂外铁路线中心线	厂内铁路线中心线	厂外道路路边	厂内道路路边	
					主要	次要
名称	液化石油气储罐	45	35	25	15	10
	甲类物品库房	40	30	20	10	5
	甲、乙类液体储罐	35	25	20	15	10
	丙类液体储罐易燃材料堆场	30	20	15	10	5
	可燃、助燃气体储罐	25	20	15	10	5

注：①厂内铁路装卸线与设有装卸站台的甲类物品库房的防火间距，可不受本表规定的限制。
②未列入本表的堆场、储罐、库房与铁路、道路的防火间距，可根据储存物品的火灾危险性适当减少。

民用建筑的防火间距　　表 11.3.5-14

耐火等级　　防火间距（m）　　耐火等级	一、二级	三级	四级
一、二级	6	7	9
三级	7	8	10
四级	9	10	12

注：①两座建筑相邻较高的一面的外墙为防火墙时，其防火间距不限。
②相邻的两座建筑物，较低一座的耐火等级不低于二级、屋顶不设天窗、屋顶承重构件的耐火极限不低于1h，且相邻的较低一面外墙为防火墙时，其防火间距可适当减少，但不应小于3.5m。
③相邻的两座建筑物，较低一座的耐火等级不低于二级，当相邻较高一面外墙的开口部位设有防火门窗或防火卷帘和水幕时，其防火间距可适当减少，但不应小于3.5m。
④两座建筑相邻两面的外墙为非燃烧体如无外露的燃烧体屋檐，当每面外墙上的门窗洞口面积之和不超过该外墙面积的5%，且门窗口不正对开设时，其防火间距可按本表减少25%。
⑤耐火等级低于四级的原有建筑物，其防火间距可按四级确定。

11.4 抗震防灾工程规划

在众多的自然灾害中,地震因其孕育机制的隐蔽性、爆发的突然性和损失的巨大性,成为群灾之首。我国地处环太平洋地震带和欧亚地震带之间,无论在历史上还是在近代,都是世界上地震死亡人数最多、经济损失最严重的国家。从地震区的分布来看,我国有60%的国土位于地震烈度6度及6度以上地区。可见我国地震区分布之广,面临的地震形势之严峻。另外,小城镇是人口和物质财富相对集中的地区,如果防震减灾工作做不好,一旦地震发生,必将造成严重的人员伤亡和经济损失。

大地震造成的强烈地面运动除直接使建筑物倒塌或破坏之外,还会诱发山崩、地裂、滑坡、泥石流、地基液化等地质灾害,从而加剧建筑物的倒塌破坏。例如发生在我国东部的邢台、海城和唐山大地震,它们不仅使大量建筑倒塌破坏,而且还引起大范围地面沉陷、开裂、积水、滑坡和喷砂,导致大批房屋倒塌、桥梁坠毁、水坝坍裂、机井淤积等灾害,受灾面积分别达 $1000km^2$、$3600km^2$ 和 $20000km^2$。地震使建筑物和工程设施倒塌、设备破坏,从而引起火灾、水灾、爆炸、毒气蔓延扩散及瘟疫流行等次生灾害。随着我国经济建设的发展,特别是关系国计民生的煤气、热力、电力、通讯、交通等生命线系统的扩大,地震所造成的次生灾害将会日益突出。

随着城乡经济的发展,我国小城镇的发展也具备了相当的规模,它的建设也面临地震的严重威胁。然而,对小城镇的抗震设防标准、设防区划工作及防治措施的研究相对薄弱,必须加强此方面的工作。应该开展减轻小城镇的地震灾害的抗震设防标准、设防区划工作及防治措施的研究,包括编制小城镇抗震防灾、减灾规划,制定区域综合防御体系;根据规划组织实施对房屋、工程设施、设备的抗震设防和加固,提高城镇和区域的综合抗震能力;宣传、普及抗震防灾知识,强化群众自主抗震意识和应变能力。这样才能做到震前稳定群众情绪,保证社会安定;震时指挥自如,临震不乱,减轻地震损失;震后加快恢复生产和重建家园的速度,大大增强我国小城镇综合防灾减灾的能力。

11.4.1 规划内容

小城镇抗震防灾工程规划是小城镇防灾减灾工程规划的组成部分。抗震防灾工程规划的主要内容包括历史震灾分析和工程震害预测,抗震设防区划和设防标准等级,规划目标,抗震防灾生命线工程和地震次生灾害预防,避震场地的布置和疏散道路的安排,主要抗震对策和措施。

11.4.2 地震类型与地震区划

1. 地震类型

地震可分为自然地震和人类活动地震两类。

天然地震可按以下分类:

(1) 按产生方式分构造地震、火山地震和塌陷地震。其中构造地震占所有地震的90%。

(2) 按震级大小分超微震、微震、弱震、强震、大地震5类地震。

其中,弱震为5级以下,3级和3级以上地震;

强震为7级以下,5级和5级以上的地震。

大地震为7级和7级以上的地震。

(3) 按人的感觉分无感地震和有感地震。

(4) 按破坏性分非破坏性地震和破坏性地震。

其中破坏性地震一般为5级以上或烈度为7度的地震。

(5) 按震中距分地方震、近震和远震。

其中,地方震为震中距小于 100km 的地震,近震为震中距小于 1000km 的地震。

人类活动地震是人工爆破、矿山开采、军事施工、地下核试验、人类生产活动等引起的地面震动。

2. 地震震级

地震震级 M 是地震学上用来衡量地震能量大小的一种量度。一次地震只有一个震级,我国现用的地震震级 M 规定的是一种面波震级。

地震越大,所释放的能量越大,震级也越高。全球一年全部地震释放的能量约为 $10^{25} \sim 10^{27}$ erg,其中绝大部分来自 7 级和 7 级以上的大地震。

表 11.4.2-1 为地震震级和能量对应表。

地震震级和能量对应　　　　表 11.4.2-1

震级 (M_L)	能量(erg)	震级 (M_L)	能量(erg)
0	6.3×10^{11}	5	2×10^{19}
1	2×10^{13}	6	6.3×10^{20}
2	6.3×10^{14}	7	2×10^{22}
2.5	3.55×10^{15}	8	6.3×10^{23}
3	2×10^{16}	8.5	3.55×10^{24}
4	6.3×10^{17}	8.9	1.4×10^{25}

3. 地震区划

(1) 下图中地震烈度值,系指在 50 年期限内,一般场地条件下,可能遭遇超越概率为 10% 的烈度值,即地震基本烈度。

(2) 下图适用范围可作为国家经济建设和国土利用规划的基础资料,一般工业与民用建筑的地震设防依据,制定减轻和防御地震灾害对策的依据。

(3) 在应用下图的基础上,应进行专门地震安全性评价

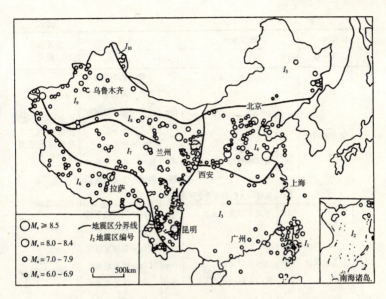

图 11.4.2-1 中国地震区带划分图

I_1—台湾地震区；I_2—南海地震区；I_3—华南地震区；I_4—华北地震区；
I_5—东北地震区；I_6—青藏高原南部地震区；I_7—青藏高原中部地震区；
I_8—青藏高原北部地震区；I_9—新疆中部地震区；I_{10}—新疆北部地震区

工作的工程包括：地震设防要求高于中国地震烈度区划图设防标准的重大工程、特殊工程；可能产生严重次生灾害的工程、位于中国地震烈度区划图分界线附近的新建工程等。

表 11.4.2-2 为我国地震区（带）划分表。

我国地震区（带）划分 表 11.4.2-2

地震区		地震亚区		地震带		地震活动程度
代号	名称	代号	名称	代号	名称	
I_1	台湾地震区	II_1 II_2	台湾东部地震亚区 台湾西部地震亚区			强度大、频度高 西部频度较低
I_2	南海地震区					强度小、频度低

续表

地震区		地震亚区		地震带		地震活动程度
代号	名称	代号	名称	代号	名称	
I_3	华南地震区	II_3	东南沿海地震亚区	III_1	泉州－汕头地震带	中强地震活动，频度较低。东南沿海地震强度较大
				III_2	邵武－河源地震带	
				III_3	广州－阳江地震带	
				III_4	灵山地震带	
				III_5	雷琼地震带	
		II_4	长江中下游地震亚区	III_6	扬州－铜陵地震带	
				III_7	麻城－常德地震带	
		II_5	秦岭－大巴山地震亚区			
I_4	华北地震区	II_6	华北平原地震亚区	III_8	邢台－河间地震带	强度大频度较高
				III_9	许昌－淮南地震带	
				III_{10}	营口－郯城地震带	
		II_7	山西地震亚区	III_{11}	怀来－西安地震带	
		II_8	阴山－燕山地震亚区	III_{12}	三河－滦县地震带	
				III_{13}	五原－呼和浩特地震带	
I_5	东北地震区					强度小频度低
I_6	青藏高原南部地震区	II_9	滇西南地震亚区			强度大、频度高
		II_{10}	腾冲地震亚区			
		II_{11}	阿隆岗日地震亚区			
		II_{12}	察隅－墨脱地震亚区			
		II_{13}	雅鲁藏布江地震亚区			
I_7	青藏高原中部地震区	II_{14}	川滇地震亚区	III_{14}	下关－剑川地震带	强度大频度高
				III_{15}	通海－石屏地震带	
				III_{16}	东川－嵩明地震带	
				III_{17}	马边－昭通地震带	
				III_{18}	冕宁－西昌地震带	
				III_{19}	炉霍－康定地震带	
		II_{15}	可可西里－三江地震亚区			
		II_{16}	西昆仑地震亚区			
		II_{17}	托索湖地震亚区			

续表

地震区		地震亚区		地震带		地震活动程度
代号	名称	代号	名称	代号	名称	
I_8	青藏高原北部地震区	II_{18}	宁夏-龙门山地震亚区	III_{20}	龙门山地震带	强度大 频度较高
				III_{21}	松潘地震带	
				III_{22}	天水地震带	
				III_{23}	西海固地震带	
				III_{24}	民勤地震带	
				III_{25}	银川地震带	
		II_{19}	祁连山地震亚区	III_{26}	柴达木地震带	
				III_{27}	祁连地震带	
				III_{28}	河西走廊地震带	
		II_{20}	阿尔金地震亚区			
I_9	新疆中部地震区	II_{21}	北天山地震亚区			强度大 频度高
		II_{22}	南天山地震亚区	III_{29}	拜城-和静地震带	
				III_{30}	柯坪-喀什地震带	
I_{10}	新疆北部地震区	II_{23}	阿尔泰地震亚区			强度大 频度高

我国地震活动区分为地震区、地震亚区和地震带3个层次。

全国12个抗震防灾重点地区是：京津唐及晋冀蒙交界地区；江苏、山东交界和苏、鲁、皖、浙、沪地区；川西-滇东带；滇西南和滇西北地区；祁连山地区；辽东半岛、辽西及辽蒙交界地区；甘肃东南至甘青川交界地区；宁蒙交界及呼包地区；新疆北天山西和南天山东段地区；山西中南段至晋陕豫交界地区；珠江三角洲和桂东南及琼州海峡沿海地区；东北松辽平原两侧地区。

11.4.3 抗震设防区划与抗震设防标准

抗震设防区划由有关抗震主管部门组织编制，并应根据城镇总体布局以及地震地质、工程地质、水文地质、地形地貌、土质和土层分布、工程建设现状与发展趋势、历史地震影响，对编制范围内设计地震动和场地地震效应进行综合评价和分区。

抗震设防区划应包括设计地震动和场地破坏效应分区，以及土地利用等定量、定性综合评价结果。

小城镇地震动分区及其选择应包括场地类别分区及相应的设计地震动参数或设防烈度。

小城镇场地破坏效应应包括基本设防水准下的场地破坏效应。

小城镇土地利用规划应包括场地抗震有利、不利或危险地段的划分及土地利用建议。

上述小城镇抗震设防区划与抗震设防标准内容应纳入小城镇抗震防灾工程规划和在规划中落实要求。

11.4.4 避震疏散与抗震设施布局

1. 避震疏散规划

小城镇避震疏散规划应确定避震疏散的道路和场地，宜有明显标志。

（1）避震疏散场地

小城镇避震疏散场地应符合以下要求：
1) 每一疏散场地不宜小于 $4000m^2$；
2) 人均疏散场地不宜小于 $3m^2$；
3) 居民住宅至疏散场地的距离不宜大于 800m；
4) 主要疏散场地应具有临时供电、供水和卫生条件。

小城镇的学校操场、公园、广场、绿地等是主要规划的临时避震场地。上述场地规划除满足其自身基本功能的需要和有关法律规范的要求外，作为规划避震疏散场地还应满足抗震防灾方面的相关要求。

(2) 避震疏散道路

小城镇避震疏散道路应确保疏散通道及出口，并满足道路抗震设防和避震疏散相关的技术要求。

1) 地震区的道路工程及重要的附属构筑物应按国家工程所在地区的设防烈度，进行抗震设防。

道路工程以设计地震烈度表示的设防起点为8度。以下3种情况设防起点应为7度，高填方路基边坡或深挖方路堑边坡，地震时可能产生大规模滑坡、塌方的重要路段；重要附属构筑物，如高挡土墙、高护坡、高护岸；软土层或可液化土层上的道路工程。7度以下不设防。

2) 居住（小）区道路规划，在地震不低于6度的地区，应考虑抗震防灾救灾的要求。

3) 居住（小）区道路红线宽度不宜小于20m，小区路路面宽5~8m，建筑控制线之间的宽度，采暖区不宜小于14m，非采暖区不宜小于10m；组团路路面宽3~5m，建筑控制线之间的宽度，采暖区不宜小于10m，非采暖区不宜小于8m；宅间小路路面宽不宜小于2.5m。

4) 在地震设防地区，居住区内的主要道路，宜采用柔性路面。

2. 抗震设施布局与技术规定

小城镇建筑物、构筑物和工程设施应根据其重要性和震灾可能造成的社会、经济损失大小划分抗震设防类别。

(1) 广播、电视和邮电通信建筑应根据其在整个信息网络中的地位和保证信息网络通畅的作用划分抗震设防类别，其配套的供电、供水的建筑抗震设防等级，应与主体建筑的抗震设防类别相同。小城镇终局容量超过5万门的交换局通信建筑为乙类抗震设防。

（2）交通运输系统生产建筑应根据其在交通运输线路的地位和对抢险救灾、恢复生产所起作用划分抗震设防类别。小城镇所辖地域范围内的高速公路、一级公路为乙类公路建筑抗震设防。

（3）县及县级市的二级医院的住院部、门诊部，县级以上急救中心的指挥、通信、运输系统的重要建筑，县级以上的独立采、供血机构的建筑，消防车库，县城镇、中心镇110kV及以上的变电站等动力系统建筑为乙类防灾建筑抗震设防。

（4）小城镇新建建筑物、构筑物和工程设施应按现行国标《建筑抗震设防分类标准》（GB 50223—2004）和国家现行的其他有关标准规定执行。

（5）小城镇现有建筑物、构筑物和工程设施应依据现行国家有关标准进行鉴定。对不符合抗震要求的工程应结合大修、改建、扩建进行加固或改造；对无加固价值的工程应进行拆迁或翻建。

（6）小城镇建筑物、构筑物和工程设施的体形、高度、局部尺寸、高宽比、长度比、刚度应有利于抗震，并应符合现行国标《建筑抗震设计规范》（GB 50011—2001）和《构筑物抗震设计规范》（GB 50191—1993）的规定。

11.4.5 抗震防灾对策与措施

1. 抗震防灾对策

（1）建立和完善抗震防灾管理体制，纳入省市抗震防灾管理体系，下属县建委（局）抗震办公室。

（2）加强抗震防灾的法制化和规范化建设，依法管理抗震防灾工作。

表 11.4.5-1 为国家和有关部门制定的抗震防灾行政法规。

表 11.4.5-2 为我国抗震防灾技术标准与规范。

国家和有关部门制定的行政法规　　表 11.4.5-1

序号	名　　称	颁发单位	颁发日期
1	关于抗震加固工作的几项规定（试行）	国家基本建设委员会、财政部、国家劳动总局	1979 年 4 月 9 日
2	关于加强抗震加固计划和经费管理的暂行规定	国家基本建设委员会、财政部	1981 年 3 月 25 日
3	关于印发《设备抗震加固暂行规定》、《地震基本烈度六度地区重要城市抗震设防和加固的暂行规定》、《抗震加固技术管理办法》的通知	城乡建设环境保护部	1984 年 5 月 8 日
4	关于印发《城市抗震防灾规划编制工作暂行规定》的通知	城乡建设环境保护部	1985 年 1 月 23 日
5	关于印发《城市抗震防灾规划编制工作补充规定》的通知	城乡建设环境保护部	1987 年 9 月 26 日
6	关于重点抗震城市供水、煤气、桥梁设施做好抗震防灾的通知	城乡建设环境保护部城市建设管理局	1988 年 5 月 27 日
7	关于印发《地震基本烈度六度区现有建筑抗震加固暂行规定》和《地震基本烈度十度区建筑抗震设防暂行规定》的通知	建设部	1989 年 9 月 12 日
8	关于印发《新建工程抗震设防暂行规定》的通知	建设部、国家计划委员会	1989 年 10 月 19 日
9	关于城市抗震防灾规划编制和评审工作有关问题的通知	建设部	1990 年 7 月 11 日
10	关于统一抗震设计规范地面运动加速度设计取值的通知	建设部	1992 年 7 月 3 日
11	关于地震基本烈度六度地区抗震设防和抗震加固问题的通知	建设部	1993 年 4 月 10 日

11 小城镇综合防灾工程规划

续表

序号	名　称	颁发单位	颁发日期
12	建设工程抗御地震灾害管理规定（建设部令38号）	建设部部长：侯捷	1994年11月10日
13	关于印发《抗震设防区划编制工作暂行规定（试行）》的通知	建设部	1996年1月11日
14	关于发布国家标准《建筑抗震鉴定标准》的通知	建设部	1996年1月3日
15	关于印发《全国抗震防灾"九五"计划和2010年远景目标》的通知	建设部	1997年8月28日
16	关于印发《加强全国抗震防灾工作的几点意见》的通知	建设部	1997年8月28日
17	中华人民共和国防震减灾法（中华人民共和国主席令94号）	中华人民共和国主席：江泽民	1997年12月29日

抗震防灾技术标准与规范　　表11.4.5-2

编号	名　称	种类
1	建筑抗震设计规范	国标
2	构筑物抗震设计规范	国标
3	室外给水排水和煤气热力工程抗震设计规范	国标
4	工业与民用建筑抗震鉴定标准	国标
5	工业构筑物抗震鉴定标准	国标
6	工业设备抗震鉴定标准	国标
7	室外给水排水工程设施抗震鉴定标准	国标
8	室外煤气热力工程设施抗震鉴定标准	国标
9	电力设施抗震设计规范	部标
10	道桥抗震设计规范	部标
11	水工建筑物抗震设计规范	部标
12	水运工程水工建筑物抗震设计规范	部标
13	铁路工程抗震设计规范	部标
14	公路工程抗震设计规范	部标

续表

编号	名称	种类
15	工业设备抗震鉴定标准（电力设施）	部标
16	电力设施抗震设计标准	部标
17	水运工程水工建筑物抗震鉴定标准	部标
18	铁路工程抗震鉴定标准	部标
19	通信设备抗震安装加固技术措施	部标
20	通信设备抗震加固验收办法	部标
21	水运工程建筑物抗震鉴定标准	部标
22	建筑结构设计统一标准	国标
23	建筑结构设计通用符号、计量单位和基本术语	国标

（3）小城镇抗震防灾工程规划应作为易受震灾地区小城镇防灾减灾工程规划的必不可少的重要组成部分。

（4）研究和推广震灾地区小城镇生命线工程设施的抗震防灾技术。

（5）建立和健全小城镇震害预测预报机制。

（6）制定小城镇震后恢复与重建的抗震防灾对策。

2. 抗震防灾技术措施

（1）易震区小城镇与建筑规划设计抗震防灾技术措施

1）小城镇规划建设用地应选择抗震防灾有利地区和地段。

2）严格控制建筑密度，结合旧镇改造，降低人口稠密的旧镇区密度。

3）预留足够的应急疏散通道和避震场所，疏散人员就近疏散半径一般不大于300m。

4）不同地基和场地的建筑物设计，应选择合理抗震结构。

5）建筑物平面造型长宽比例应适度，平面刚度应均匀。

6）建筑物应力集中部位结构应适当加强。

7）建筑物体型力求简洁规整，减轻自重，降低重心。

8）建筑间距一般按檐高的 1.7~1.8 倍确定。

（2）易震区小城镇生命线系统抗震防灾和防止次生灾害技术措施

小城镇生命线工程是小城镇正常运转的基础，在抗震救灾中处于核心地位。

生命线工程包括交通系统、医疗卫生系统、粮食系统、消防系统、公安系统、供电系统、排水系统、供水系统。

地震可能诱发的次生灾害主要有：

1）由于房屋倒塌、工程设施破坏等诱发的火灾、水灾和爆炸；

2）有毒、有害物质的散溢；

3）伴随地震而产生的暴雨、洪水及诱发滑坡、崩塌等地质灾害；

4）由于人畜尸体来不及处理及环境条件恶化，引起污染和瘟疫流行。

对生命线工程和容易产生严重次生灾害的工程，在规划建设时，一方面要考虑其抗震性能，另一方面要考虑其方便救助和恢复重建，同时要考虑对周围环境、人员和财产的破坏和影响。

生命线工程应考虑多源和有充分备用源，各类系统采用环状网络。

易受震灾地区小城镇的生命线系统抗震防灾和防止次生灾害的技术措施主要有：

1）涉及铁路路基、线路等应选择抗震有利地段并符合其他有关标准的规定。

2）公路路线应绕避基本烈度高于 9 度的地区，避开地震时可能诱发滑坡、崩塌、泥石流等地质灾害的地段。

3）公路路线设计应按技术标准，减少对自然平衡条件的破坏，避免造成较多的高陡临空面。少采用弯桥、坡桥、斜桥、高墩台、高挡墙、高路堤、深长路堑，以及同一山坡上的连续回头等不利抗震的设计方案。路线通过岩土松散，水文地质条件不良或具有倾向路线的构造松软面地段，应采取路基防护措施，加强排水处理。

（3）公路路线宜避开地震可能坍塌造成交通中断的建筑物。镇区道路应宽些，地震时建筑倒塌不致妨碍紧急疏散和消防扑救活动。当线路无法避开因地震而可能中断交通时，宜采取以下措施维护交通设施：

1）加强与邻近公路的联系。

2）当有旧路、老桥、渡口可利用时，要加强养护备用。

3）考虑修建一段低标准的抗震备用辅助道路。

（4）加固通信设施、提高通信线路的抗震能力，尽量采用地下通信电缆，当必须通过断裂带时，应采用钢铠装电缆。

县城镇、中心镇可采取有线和无线相结合的通信方式，无线通信机房应建在地震时比较安全的地方，机房可按规定地震基本烈度高1度设防。

（5）采取多路电源供电，变电站、配电室、控制调度室可按规定地震基本烈度高1度设防。

（6）燃气储罐基础应坚实，防止地震时燃气泄漏，诱发次生灾害。

储气罐的进气管应设有紧急切断阀，地震时能自动切断电源。

燃气管道采用钢管、灰口铸铁管，热力管道必须采用钢管并敷在管沟内。

(7) 给水管道采用钢管时,应做好防腐处理。

预应力混凝土和石棉水泥管,采用胶圈填料的柔性连接管道。

铸铁管应急抗震措施,可采用在接口内推入胶圈后,再以石棉水泥或自应力水泥刚性填料堵口。

管道急剧拐弯、丁字接头处,以及穿越河道等特殊部位,采用机械柔性接头。

(8) 预制混凝土和钢筋混凝土排水圆管,采用加强管道刚度的措施提高抗震性能。

(9) 小城镇消防站应与周围建筑保持一定防护间距,消防站执勤的有关建筑物和构筑物按规定地震基本烈度高1度设防。

结合消防站内训练场地设计,留出备用场地和备用出口,以保证救灾时通行和停放装备等。

(10) 结合用地布局,搬迁易发生次生灾害的工厂、仓库,因地制宜,建立必要的火灾隔离带,阻断火灾蔓延。

1) 提高医院建筑的抗震设防标准和急救设施备用能力。
2) 保障粮食储备。
3) 提高重要工程设施抗震设防标准。
4) 加强防洪、防泥石流的治理。
5) 加强防止易燃、易爆、剧毒物质和石油、电器、燃气等引发次生灾害的安全管理。

11.5 抗风减灾工程规划

风灾主要是飓风、台风、季风、暴风雨灾害,是对人民生命财产威胁十分严重的一种自然灾害,它频度高、范围大。据统计,我国风灾平均每年造成的直接经济损失达100多亿元,死亡人数 5000～10000 人。台风是最为频繁而且危害最严重的风灾，我国东临西北太平洋，是世界上发生台风最多的海区。有的台风在沿海地区登陆后，可深入内地约 500～1500km，它不仅影响沿海地区省份，有时也影响到湖北、山西、陕西等内陆省份。台风除直接对建筑物和工程设施造成破坏之外，通常带来暴雨，引起严重的洪涝灾害。我国仅 1994 年浙江温州的一次台风造成的经济损失就达近 200 亿元人民币，综合该年其他地区风灾损失，其值远大于上述统计数字。可见，减少风灾损失是十分重要和迫切的任务。

鉴于抗风防风的重要性，我国很多国标和省市标准规范，《建筑结构荷载规范》（GBJ 50009—2001）、《钢筋混凝土高层建筑结构设计与施工规程》（JGJ 3—2002）、1996 年的《公路桥梁抗风设计规范》（JTG/TD 60—01—2004）等都对风荷载作了整章或整本的专门条文规定。特别是由于我国的建设正处于蓬勃发展阶段，大量出现的新工程均需要进行合理全面的抗风设计计算。为此，我国对有关很多国标和规范作了大量研究工作，而这些工作基本属于对大中城市中的高层建筑、高耸建筑及生命线工程、大跨度桥梁等而言，对我国小城镇的抗风标准规划研究是一个空白。

随着城乡经济的发展，我国小城镇已经进入了加速发展时期，并具备了相当的规模，因此小城镇建设的抗风减灾工作也逐渐提到议事日程上来。我国地域广阔，小城镇的自然条件千差万别，有的位于沿海地区，有的位于山区，有的位于平原，且各个小城镇经济条件、人口分布、民族生活习惯、生活居住环境等不同，因此造成各种不同的风灾危险性也是不同的，要求的防风等级也是不一样的。因此，有必要针对各种不同的情况，按防风区域把小城镇划分成不同的类别，做好小城镇的防风区划工作。另外，小城镇的建筑一般包括居民住宅、工业厂房、学校、商业建筑及桥梁等,还有的小城镇拥有一些珍贵的历史建筑。因此,有必要根据建筑物的种类、性质、规模及用途等制定各种建筑物的抗风设防标准,并制定一个针对小城镇的风灾经济损失的评估方法。

正确制定小城镇风灾评估方法是制定减灾规划和决策的重要依据。风灾与其他自然灾害一样,具有随机性和复杂性,破坏具有广泛性和无规律性,到现在为止,只看到每次风灾带来的经济损失的报告,却很少看到每次风灾以前在不同风压的作用下风灾的科学的估算资料,更谈不上风灾经济损失模型的探讨。这给制定减灾规划和决策、评价减灾效益带来很大的难度。因此,以风灾特点和计算作为科学依据,定量地估算各种风力作用下可能造成的风灾经济损失,是制定减灾规划和决策的重要依据。

目前,我国对小城镇的抗风设防标准和区划研究,还相当薄弱。没有一个好的抗风设防标准和区划,城镇的经济社会发展就会受到影响,人民的生命财产就要受到威胁。开展小城镇的防风设防标准、设防区划、防治措施及建立适合于小城镇的风灾评估方法的研究,对小城镇的持续发展具有良好的推动作用和十分重要的意义。

11.5.1 风的特性及对城镇规划布局的影响

风除造成自然灾害外,还能利用风能并在城镇规划布局上加以利用,减轻城镇大气污染,化害为利。因此,无论是小城镇抗风减灾规划还是用地布局规划,了解、掌握风的特性与相关事物规律是必要的。

(1) 风的成因、"静风"与"阵风"

空气的水平运动形成风。太阳的热能输送到地面是很不均匀的,在大气中极地与赤道之间、大陆与海洋之间、空气高层与低层之间的温度差别通常很大。由于温度的不同,空气的密度也就不同,造成了各地不同的气压。冷空气较热空气的气压高,这样高气压区的冷空气便流向低气压区,就形成了自然界的风。假如空气压力在大范围内均匀分布,那么空气几乎就不流动了,这时用一般测风仪是测不到的,这种情况叫"静风"。风的运动是从不平衡到平衡,又从平衡到不平衡,循环不已,永远如此。但是每一循环都进到高的一级,不平衡是经常的、绝对的,平衡是暂时的、相对的。实际观测表明,大气是不断地在调整它的速度,以维持其平衡。但大气运动又是不断发展变化的,所以它的平衡运动是暂时的、相对的,不平衡运动则是经常的、绝对的。大气运动正是在这种由平衡到不平衡,然后又在一个新的基础上产生新的平衡和不平衡中发展变化的。

大气对地面也常有相对运动,它们之间有着相互作用的摩擦力。摩擦力在近地面层较为显著,随着距地面的高度的增加,摩擦力也就逐渐减小。从地面摩擦对大气运动影响的程度来看,可以把大气分为两层,即从地面到 1000~1500m 高度为摩擦层;1500m 以上为自由大气层。摩擦层和人类的活动有密切的关系,所以在城镇规划中要考虑的气象条件主要是摩擦层。

在摩擦层中,风速是时强时弱的,这一特点,称为风的阵性,时强时弱的风称为阵风。风向也是忽上、忽下、忽左、忽右摆动的。大气中的这种阵性和摆动就叫做大气的湍流。它的产生是大气扰动的结果,是气流受到地表不平和地面气温不一致而使气流运动速度不均匀,发生大小不同的涡旋运动所形成的。

(2) 风的观测及风的特性

风是一个向量,它是由风速和风向两个量来表示的。

1) 风速

它是单位时间内风经过的水平距离,通常用米/秒(m/s)来计算。风速的快慢,决定风力的大小,风速越快,风力也就越大。测量风速的仪器叫风速计。常用的有电接风速计、达因风压测风仪、风压板测风器、手执风速表和热球(热线)微风仪等。

风速通常在记录中有平均风速(2min 的和 10min 的平均风速)和瞬时风速。最大风速是指在日、月、年中选取 10min 内的平均风速最大值,分别叫日最大风速、月最大风速和年最大风速。日极大风速是指在每日选取瞬间的最大风速。月和年极大风速也是从月年中选取瞬时最大者。

风速在摩擦层中,是随着离地面的高度增加而增大。这是由于愈近地面,风所受到的摩擦力作用愈显著,动能消耗愈多。一般在距地面 50~100m 以下的风速是随高度按对数律增加的,而在 100m 以上是按指数律增加的。这种变化规律,列于表 11.5.1-1。

风速的变化规律　　　　表 11.5.1-1

离地面高度(m)	2	5	10	20	50	100	200	300
风速(m/s)	0.72	0.88	1.00	1.12	1.28	1.40	1.54	1.64

表中所列是以离地面 10m 为 1.00,计算出风速随高度变化的比值,从表中可以看出,100m 高度处风速比 10m 高度处大 40%,比 2m 高度处约大 2 倍。

在没有仪器的情况下,可以观测物体的摇动征象,来估计风力的大小,这可参考常用的风力等级表,该表分成 12 个等级,无风,列入零级;风力越大,级数越高。

表 11.5.1-2 为风力等级与相当风速表。

11.5 抗风减灾工程规划

风力等级与相当风速 表 11.5.1-2

风力等级	海面状况 浪高（m） 一般	海面状况 浪高（m） 最高	海岸渔船征象	陆地地面物征象	相当风速 m/s 范围	相当风速 m/s 中数	km/h	海里/h
0	—	—	静	静，烟直上	0.0~0.2	0.1	小于1	小于1
1	0.1	0.1	普通渔船略觉摇动	烟能表示风向	0.3~1.5	0.9	1~5	1~3
2	0.2	0.3	渔船张帆时，每小时可随风移动2~3km	人脸感觉有风，树叶微响	1.6~3.3	2.5	6~11	4~6
3	0.6	1.0	渔船渐觉簸动，每小时可随风移动5~6km	树叶和细枝摇动不息，旌旗展开	3.4~5.4	4.4	12~19	7~10
4	1.0	1.5	渔船满帆时，可使船倾于一方	能吹起地面灰尘和纸张，树枝摇动	5.5~7.9	6.7	20~28	11~16
5	2.0	2.5	渔船缩帆（收去帆的一部分）	有叶的小树摇摆，内陆的水面有小波	8.0~10.7	9.4	29~38	17~21
6	3.0	4.0	渔船加倍缩帆，捕鱼需注意风险	大树枝摇动，电线呼呼作响，打伞困难	10.8~13.8	12.3	39~49	22~27
7	4.0	5.5	渔船停息港中，在海上的下锚	全树摇动，大树枝弯下，迎风步行困难	13.9~17.1	15.5	50~61	28~33
8	5.5	7.5	近港的渔船停留不出	折毁树枝，步行阻力大	17.2~20.7	19.0	62~74	34~40
9	7.0	10.0	汽船航行困难	烟囱和平房屋顶受到毁坏，小屋受破坏	20.8~24.4	22.6	75~88	41~47
10	9.0	12.5	汽船航行危险	比较少见，可拔起树木，摧毁建筑物	24.5~28.4	26.5	89~102	48~55
11	11.5	16.0	汽船航行特别危险	非常少见，重大损毁	28.5~32.6	30.6	103~117	56~63
12	14.0	—	海浪滔天	绝少，摧毁力极大	大于32.6	大于30.6	大于117	大于63

2)风向

它是风吹来的方向。一般风速计上都有风向标,在观测风速的同时,可以观测风向。在风速计没有风向标时,可用绸或布条观测风向。

风向观测通常分 16 个方位,统一以拉丁缩写字母记录。拉丁字母的书写和我国的习惯不同,是将北、南放在前面,如 NE、SW 等,而我国即写为东北、西南。所谓 NNW 即北西北,是指北和西北之间的风向,也可读作西北偏北;WNW 即西西北,也可读作西北偏西,余类推。

此外,当风速是静风时,风向符号用"C"表示。

在摩擦层中,风速随高度增加而增大。而风向也随高度增加逐渐向右偏转(在北半球)。在中纬度地区的平坦大陆上,约偏转 40°左右;海洋上仅偏转 15°左右。

(3) 风向频率

统计风向频率及静风次数,是表示风向最基本的一个特征指标。在一定时间内各种风向出现的次数占所有观测总次数的百分比,叫"风向频率"。由计算出来的风向频率可以知道某一地哪种风向最多,哪种风向比较多,哪种风向最少。如果年年风向频率中 N11%,即北风出现频率为 11%。

(4) 风对城镇规划布局的影响

随着工业的迅速发展,工业生产向大气中排放废气和微粒的数量及种类日益增多,往往造成大气污染。风是大气中的一部动力机器,在城镇大气中风起着输送、扩散有害气体和微粒的作用。风速较大时,除了能把有害气体和微粒带走外,还可以使这些物质的浓度降低,起到稀释的作用。所以在城镇规划工作中,正确地布置工业区与居住区的相对位置,以减少大气污染,保证城镇居民的身体健康和环境卫生,就必须对风的变化特点进行分析和研究。

11.5 抗风减灾工程规划

在城镇规划中如果不了解当地经常的风向，就很可能将工厂布置在常年盛行风向的上风地区，居住区布置在盛行风向下风地区。这样，居住区就要受到工厂排出的有害气体和微粒的污染；假使再加上风的频率大，风速小，那么位于上风地区的工厂排出的有害物质，就经常地吹入居住区，长时间地不易扩散。这样，就会严重地危害城镇居民的健康。例如我国有的城镇，由于解放前布置的工厂位置不合理，因而使一部分居住区经常受到工业企业排出烟尘的污染。在城镇规划中根据当地风向资料，把产生有害物质的工厂布置在适宜的方位上，是改善城镇卫生状况的一个重要措施。从环境保护角度分析，向大气排放有害物质的工业企业，应当按当地最小频率的风向，布置在居住区的上风侧，以便尽可能地减少居住区的污染。

工业产生的有害气体和微粒对城镇空气的污染，不仅受风向的影响，而且也受风速的影响。某一风向频率越大，其下风方向受到污染的机会越多；频率越小，其下风方向受污染机会越少。即污染程度与风向频率成正比；另一方面，某一方向的风速越大，即下风方向的污染程度减少，因为来自上风方向的有害物质将很快地被带走或扩散，而使浓度降低。也就是稀释能力比较强，即污染程度与风速成反比。为了综合表示某一方向的风向和风速对其下风地区污染影响的程度，用污染系数（烟污强度系数、卫生防护系数等）来表示。

在我国东部季风气候区，全年有两个风频率大体相等、风向基本相反的时候，工业区大致布置在两盛行风的左右两侧。如果两盛行风向成180°，则在当地风频最小风向的上风侧，布置向大气排放有害物质的工业企业，下风侧布置生活区最为合宜。如两个盛行风向成一个夹角，则在非盛行风向频率相差不大的条件下，生活区布置在夹角之内，工业区放在其对应方向最为合理。

工业企业对城镇空气污染程度如何，是取决于工厂排出的各种物质污染程度的大小，也有的工厂并不排出有害的气体。在减少污染方面有的工厂可以利用地形，把工厂布置在高地或用加高烟囱的办法，把烟尘从上空带走；或用绿化地带与居住区隔离的办法；在"综合利用，化害为利"的方针指导下，工业企业可以采取多种技术措施，消除或减少有害气体的烟尘。

(5) 局地风与工业布置

在地形或地面状况比较复杂的地区，会形成局部地区性的风，这类风有其独特之处，如山区的山谷风、沿海的海陆风等。

1) 山谷风在山区或高原的边缘地区，风向有明显的日变化。白天，风自谷口吹向上，叫谷风；夜间，自山上吹出谷口，叫山风。这种循环交替的风叫山谷风。

因为白天山坡空气受热较同高度的自由大气空气增热快，故密度较小，空气就顺山坡向上升；夜间，山坡上空气辐射冷却比同高度自由大气为快，空气密度增大，冷空气就由山坡向下流向山口。山谷风的风向较稳定，从实际观测的几个山区来看，其频率大体相等，山风和谷风各占40%~45%。谷风的平均风速在1.3~2.0m/s，远较山风的平均风速0.3~1.0m/s为大。风速最小是在早上7~9点的山风转为谷风和下午17~19点的谷风转山风的转换期。由于山谷的几何形状各异，方位也不同，有时还有支沟和峡谷，所以山谷风实际上是比较复杂的。

在山谷中，晚上最不利于有害气体和微粒的扩散。因为夜晚不但山风风速小，而且在山风出现时，通常伴有逆温出现，大气稳定。这时厂房排出的物质往往会停滞少动，造成工厂周围严重的污染。故在工厂总体布局时，应根据工厂设计规模和产品生产的要求，分清主次，权衡利弊，解决好主要矛盾，处理好次要关系。有害气体的装置或车间不应布置在山谷窝风地带，宜布置在宽敞、通风良好、盛行风向下风侧的山丘地区。易燃易爆车间，应避免布置在窝风区和盛行风向的上风向，可燃物露天场宜布置在盛行风向的左右两侧。

在迎风向山坡叫迎风坡，反之叫背风坡。迎风坡一侧的工厂排出的气体和微粒可以顺风扩散。而背风坡一侧的工厂排出的气体和微粒不仅不易扩散，反而由于翻山风造成山背后的涡流，把从山坡向上吹的物质带向地面造成污染，尤其在风向与山脊垂直时最为严重。在这种情况下，烟囱离开背山坡一段距离为好。

2) 海陆风在海滨和湖滨，白天地表受热，陆地增温比海面快，陆上气温高于海上气温，热空气上升，使高空的气压增加。气流约在 1000m 左右的高度上向水面流去，水面上的气压因而增加，于是下层冷空气就由海面吹向陆地，称为海风；夜间地表散热冷却，陆地冷却比海面快，冷却空气密度变大，同时下沉，上层压力减少。但在这时水上的气温较高，空气上升，使上空的气压增高，结果形成热力环流，上层风向岸上吹，而在地表就由陆地吹向海面，称为陆风。

海陆风的影响，在内陆 50km 和海外 50km 仍可测到。在大湖边也都有这种昼夜变化的风。当风从海面吹向大陆时，由于陆地摩擦力加大，风向就向左偏。在较晚的下午时刻，海风又变为和海岸线平行的趋向。反之，当风从大陆吹向海面时，风向就向右偏。

海陆风这种环状气流，不能把工厂排出的烟尘完全输送出去，而使一部分烟尘在空中循环不已，所以临海工业城镇的布局必须考虑海陆风的影响。

11.5.2 抗风减灾规划内容

小城镇抗风减灾工程规划应根据易受风灾危害地区的风灾类别、灾害危害情况，结合小城镇的实际来编制。

小城镇抗风减灾规划的主要规划内容应包括历史风灾分析、抗风设防区划与抗风设防标准、抗风设防的用地与设施布局、抗风减灾的主要对策与措施。

11.5.3 抗风设防区划与抗风设防标准

按照国家小城镇设防区划研究成果与编制的相关标准，结合小城镇易受风灾危害的历史灾害与现状分析，明确小城镇抗风设防区划，确定抗风设防标准、等级。

11.5.4 用地、建筑及抗风防灾设施布局

（1）易受风灾地区，小城镇用地选址应避开风口，风沙面袭击和袋形谷地等受风灾危害的地段。

（2）处于风灾地区的小城镇规划，应在迎风方向的小城镇边缘选种紧密型的防护林带，加大树种的根基深度，提高抗拔力。

（3）易受台风袭击的地区，小城镇抗风防灾规划，应作以下考虑：

1）在滨海地区，岛屿应修建抵御风暴潮冲击的堤坎；

2）确保暴雨及时渲泄，应按国家和省级气象部门提供的5~7天的总降水量和日最大降水量，规划建设排水体系。

（4）易受风灾地区的小城镇详细规划，应考虑以下要求：

1）建筑物宜成组成片布置；

2）迎风处宜布置刚度大的建筑物，体型力求简洁规整；

3）不宜孤立布置高耸建筑物；

4）建筑物的长边应同风向平行布置。

11.5.5 抗风防灾对策与措施

（1）主要对策

1）加强小城镇抗风设防区划和标准的研究与编制，使小城镇抗风防灾规划和建设有法可依、有章可循。

2）小城镇抗风设防标准应根据防风安全的要求，并考虑小城镇的社会经济条件及风灾害的特点，同时遵循具有一定的安全度，承担一定的风险，经济上基本合理、技术上切实可行的原则。

3）建立和完善易受风灾地区小城镇抗风防灾管理体制，包括机构、管理权限和工作任务在内的管理体系。

4）小城镇抗风防灾工程规划应作为易受风灾地区小城镇防灾减灾规划不可缺少的重要组成部分。

5）建立和健全易受风灾地区小城镇风灾预测、预报机制。

6）研究推广易受风灾地区小城镇工程设施的抗风灾技术。

7）制定风灾后小城镇恢复生产建设的对策。

（2）主要措施

1）易受风灾危害地区小城镇的用地选择，应把有利抗风防灾放在首要位置。

2）易受风灾地区的建筑物和构筑物设计应符合现行国标《建筑结构荷载规范》（GB 50009—2001）的有关规定，满足不同地区风的设计荷载要求。

3）建立抗风防灾的通讯、医疗和救援设施，以及指挥中心。

4）加固生命线工程设施，采用电力和通信电缆提高小城镇电力、通信线路和生命线工程设施的抗风防灾能力。

5）因地制宜的抗风防灾工程设施建设。

6）加强抗风防护林带建设。

11.6　抗地质灾害工程规划

由于自然和人为的地质作用，使人类生产、生活、生态环境遭到破坏的灾害事件，统称为地质灾害。地质灾害对人类生产、生活、生态环境破坏作用由来已久。20世纪，全球性地质灾害，如地震、泥石流、洪水、滑坡、崩塌、岩溶塌陷、砂土液化、地面沉降、地裂缝等屡有发生，且有日渐加剧的趋势。据估计，全球每年因各类地质灾害的损失达850~1200亿美元。

我国是一个地质灾害多发的国家，很多小城镇分布于自然地质条件复杂地带，受地质灾害的影响严重。然而，我国大多数地质灾害都是由人为因素引发的。首先，我国目前还没有开展小城镇地质灾害的设防区划工作，地质灾害形成、预报和防治的系统理论研究等和国外相比还有较大的差距；其次，我国多数小城镇还没有树立对地质灾害设防的正确概念，小城镇的布局，建筑物场地的选择很少或甚至没有考虑到地质灾害这一十分重要的因素。有的小城镇的设防工作简陋而经不起重大地质灾害的考验，有的小城镇由于缺少基础工作及科学的论证，而使设防工作无针对性；再加上肆意采伐林木、随意开垦、过度放牧等使天然植被破坏，致使崩塌、滑坡、泥石流、水土流失、土地沙漠化形成；另外，过度、不科学地采矿会导致煤岩和瓦斯突出，过量开采地下水会使地面沉降等。地质灾害防治工作日显重要。

编制小城镇抗地质灾害工程规划是易受地质灾害地区小城

镇防灾减灾规划的重要组成部分。

11.6.1 规划内容

小城镇抗地质灾害工程规划应根据易受地质灾害地区的地质灾害类别、灾害危害程度，结合小城镇的实际编制。

小城镇抗地质灾害的主要规划内容应包括区域地质灾害发育历史分析、发育类型，地质灾害的危害程度，设防区划，设防等级，工程地质场地评价，抗地质灾害用地布局和技术规定，抗地质灾害的主要对策与措施。

11.6.2 设防区划与设防等级

按照国家小城镇抗地质灾害设防区划研究成果与编制相关标准，结合小城镇区域地质灾害发育历史的分析，地质灾害的发育类型、不同地质灾害的危害程度，明确小城镇抗地质灾害设防区划，确定小城镇抗地质灾害的设防等级。

11.6.3 工程地质评价

通过对小城镇区域地质构造稳定性分析，地形地貌条件、工程地质条件、水文地质条件的分析和地质勘测，由地质勘测部门作出工程场地评价，纳入小城镇抗地质灾害规划。

11.6.4 抗地质灾害用地布局及相关技术要求

根据地质灾害分布和影响情况及场地评价，提出抗地质灾害用地布局要求及相关技术要求。

例如小城镇斜坡地带规划

（1）选择斜坡地带作为小城镇建设用地时，应对场区和周边地带的工程地质和水文地质进行分析和评价，并作出用地论证和说明。

(2) 位于斜坡地带布置建筑物、构筑物和工程设施时,应避开可能发生的滑坡、断层、崩塌、沉陷等不良地质地段。

(3) 由于特殊需要必须在可能发生和发展的不良地质斜坡地带布置建设项目时,应按下列规定:

1) 避免改变原有的地形、地貌和自然排水体系;

2) 制定可靠的整治方案和防止引发地质灾害的具体措施;

3) 不得布置居住、教育、医疗及其他公众密集活动的建设项目。

(4) 位于斜坡地带进行规划设计,应符合现行国标《建筑地基基础设计规范》(GB 50007—2002)、《膨胀土地区建筑技术规范》(GBJ 112—87)等的有关规定。

11.6.5 抗地质灾害对策与措施

(1) 主要对策

1) 加强小城镇抗地质灾害设防区划和相关标准的研究与编制,以及相关立法工作,使小城镇抗地质灾害规划和建设法制化、制度化、规范化。

2) 研究我国小城镇地质灾害常见类型、形成条件特征、地质灾害区域性特征在全国范围内的分布规律、地质灾害与人类工程活动的关系;根据小城镇地质灾害的发育情况,确定地质灾害等级划分原则和相关标准,确定地质灾害设防的级别。

3) 研究分析我国不同地区区域地质构造稳定性、地形地貌条件、地质条件、水文及水文地质条件、区域地质灾害发育历史,明确区域地质灾害发育类型分布,不同地质灾害危害级区分布,地质灾害设防区划。

4) 建立和完善易受地质灾害地区小城镇抗地质灾害管理体制,包括机构、管理权限和工作任务在内的管理体系。

5) 小城镇抗地质灾害工程规划应作为易受地质灾害地区小城镇防灾减灾规划不可缺少的重要组成部分。

6) 针对地质灾害的自然规律性及其随机性，建立适合于我国不同地区、不同地质灾害、不同信息量基础的城镇地质灾害预测预报方法，如岩土体结构力学分析法、灾变论、灰色系统理论、神经网络理论等有关的预测预报方法。

7) 研究和推广地质灾害地区小城镇生命线工程设施抗地质灾害技术。

8) 制定地质灾害后小城镇恢复生产建设对策。

(2) 主要措施

1) 小城镇规划建设用地选址应避开不良地质条件地段。对于需经工程基础处理地段的建设、建筑物、构筑物和工程设施必须符合国家现行相关标准规范的规定要求。

2) 针对小城镇地质灾害的特点、危害程度、影响范围，重点研究和推广设防区常见地质灾害防治的有效方法与技术措施。如排水工程、挡土墙工程、刷方工程、河流整治工程等。

3) 针对不同地区不同地质灾害，因地制宜地加固生命线工程设施，采用多源、环路等不同方法提高生命线工程设施运行的可靠性和抗地质灾害的能力。

4) 建立抗地质灾害的通讯、医疗和救援设施，以及指挥中心。

主要参考文献

1 中国城市规划设计研究院，中国建筑设计研究院，沈阳建筑大学编著，刘仁根，汤铭潭主编. 小城镇规划标准研究. 北京：中国建筑工业出版社，2003（电子版）

2 马东辉，汤铭潭等. 小城镇防灾减灾规划规范中灾害综合防御研究.《工程抗震与加固改造》，2006

3 马东辉，李刚，钱稼茹. 城镇土地利用中强震地面断裂适宜性评估研究. 清华大学学报，2006，2
4 戴慎志主编. 城市基础设施工程规划手册. 北京：中国建筑工业出版社，2000
5 汤铭潭. 曲靖市总体规划中消防、抗震减灾规划. 中国城市规划设计研究院，2000
6 汤铭潭. 徐州市总体规划中防灾减灾规划. 中国城市规划设计研究院，2005
7 汤铭潭. 唐山市总体规划综合地质条件分析与用地适宜性评价. 中国城市规划设计研究院，2006
8 汤铭潭，徐国栋，马东辉等. 京唐港规划区综合地质条件分析与用地适宜性评价. 中国城市规划设计研究院. 北京工业大学，2006
9 临浦镇总体规划防灾减灾规划. 浙江省城乡规划设计研究院，2000
10 密云县域规划防洪规划. 北京市城市规划设计研究院，2000

12 小城镇工程管线综合规划

12.1 概述

目前我国小城镇的市政基础设施还比较薄弱。但从发展看，小城镇市政基础设施会逐步完善，小城镇与城市差别会逐步缩小。就一般的小城镇而言，主要有给水、雨水、污水、电力、电信等管线。有燃气条件和热力需求、设施较完备的小城镇还有煤气、热力管道。城镇基础设施的各单项工程，均由各专业设计人员结合现状进行规划设计。对于新区城镇建设，可以预先规划、设计好各单项工程管线。为了解决各管线之间的矛盾和冲突，应有秩序的组织安排，使之在平面走向、垂直标高、管线交叉等方面不互相干扰，便于施工建设，便于运转、维护和检修。这一项全面、综合地组织和安排各项市政设施工程管线的工作，即为城镇管线工程综合。

12.1.1 小城镇管线工程综合的意义

小城镇管线工程综合，对于城镇规划、城镇建设与管理方面都是很重要的。综合的目的是为了协调和解决各种管线在平面、空间及时间上的相互冲突和干扰，从而加速城镇各项建设的设计与施工的进度，避免对城镇人民生活造成影响和国家资金的浪费。因此，管线工程综合是小城镇规划的一个重要组成部分，同时，这不是某一个专业单位所能解决的，而需要城镇规划部门予以综合解决。

12.1.2 小城镇管线工程的分类及内容

（1）小城镇管线工程的分类有以下几种方法

1）按工程管线性能和用途分类

①给水管道：包括工业给水、生活给水、消防给水等管道。

②排水管道：包括工业污水（废水）、生活污水、雨水、降低地下水等管道和明沟。

③电力线路：包括高压输电、中低压配电线路。

④电信线路：包括市内电话、长途电话、电信网及其他通信线路、有线广播、有线电视等线路。

⑤热力管道：包括热水、蒸汽等管道。

⑥燃气管道：包括煤气、液化气、天然气等管道。

2）按工程管线输送方式分类

①压力管道：指管道内流体介质由外部施加力使其流动的工程管线，通过一定的加压设备将流体介质由管道系统输送给终端用户。给水、热力、燃气管道多为压力输送管道。

②重力自流管道：指管道内流动着的介质由重力作用沿其设置的方向流动的工程管线。这类管线有时还需要中途提升设备将流体介质引向终端。污水、雨水管道系为重力自流输送管道。

3）按工程管线敷设方式分类

①架空线：指通过地面支撑设施在空中布线的工程管线。如架空电力线、架空电话线等。

②地铺管线：指在地面铺设明沟或盖板明沟的工程管线，

如雨水沟渠、地面各种轨道等。

③地埋管线：指在地面以下有一定覆土深度的工程管线。根据覆土深度不同，地埋管线又分为深埋和浅埋两类。划分深埋和浅埋主要决定于：Ⓐ有水的管道和含有水分的管道在寒冷的情况下是否怕冰冻；Ⓑ土壤冰冻的深度。所谓深埋，是指管道的覆土深度大于1.5m者，如我国北方的土壤冰冻线较深，给水、排水、煤气（指湿煤气）等管道属于深埋一类；热力管道、电信管道、电力电缆等不受冰冻的影响，可埋设较浅，属于浅埋一类。由于土壤冰冻深度随着各地的气候不同而变化，如我国南方冬季土壤不冰冻，或者冰冻深度只有十几厘米，给水管道的最小覆土深度就可小于1.5m。因此，深埋和浅埋不能作为地下管线的固定的分类方法。

4）工程管线弯曲程度分类

①可弯曲管线：指通过加工措施易将其弯曲的工程管线。如电讯电缆、电力电缆、自来水管道等。

②不易弯曲管线：指通过加工措施不易将其弯曲的工程管线或强行弯曲会损坏的工程管线。如电力管道，电讯管道，污水管道等。

工程管线的分类方法很多，通常根据工程管线的不同用途和性能来划分。各种分类方法反映了管线的特性，是进行工程管线综合时的管线避让的依据之一。

(2) 工程管线综合规划的主要内容

确定城镇工程管线在地下敷设时的排列顺序和工程管线间的最小水平净距、最小垂直净距；确定城镇工程管线在地下敷设时的最小覆土深度；确定城镇工程管线在架空敷设时的管线及杆线的平面位置及周围建（构）筑物、道路、相邻工程管线间的最小水平净距和最小垂直净距。

12.2 管线综合布置原则与方法

12.2.1 管线综合布置原则与规定

(1) 规划中各种工程管线的平面位置和竖向位置均应采用城镇统一的坐标系统和高程系统。工厂内的管线也可以采用自己定出的坐标系统,但厂界、管线进出口则应与城镇管线的坐标一致。如存在几个坐标系统和标高系统,必须加以换算,取得统一。

(2) 充分利用现状工程管线。当现状工程管线不能满足需要时,经综合技术、经济比较后,可废弃或抽换。

(3) 管线综合布置应与总平面布置、竖向设计和绿化布置统一进行。应结合城镇道路网规划,在不妨碍工程管线正常运行、检修和合理占用土地的情况下,使线路短捷。

(4) 管线敷设方式应根据管线内介质的性质、地形、生产安全、交通运输、施工检修等因素,经技术经济比较后择优确定。

(5) 必须在满足生产、安全、检修的条件下节约用地。当技术经济比较合理时,应共架、共沟布置。

(6) 管线带的布置应与道路或建筑红线相平行。同一管线不宜自道路一侧转到另一侧。

(7) 管道内的介质具有毒性、可燃、易爆性质时,严禁穿越与其无关的建筑物、构筑物、生产装置及贮罐区等。

(8) 平原城镇宜避开土质松软地区、地震断裂带、沉陷区以及地下水位较高的不利地带;地形起伏较大的山区城镇,应结合城镇地形的特点合理布置工程管线位置,并应避开滑坡危险地带和洪峰口。

(9) 应减少管线与铁路及其他干管的交叉,沿铁路、公路敷设的工程管线应与铁路、公路平行。当工程管线与铁路、公路交叉时宜采用垂直交叉方式布置;受条件限制,可倾斜交叉布置,其最小交叉角宜大于30°。

(10) 当规划区分期建设时,管线布置应全面规划,近期集中,近远期结合。近期管线穿越远期用地时,不得影响用地的使用。

(11) 工程管线综合布置时,干管应布置在用户较多的一侧或将管线分类布置在道路两侧,应减少管线在道路交叉口处交叉。当工程管线竖向位置发生矛盾时,宜按下列原则处理:

1) 压力管线让重力自流管线;
2) 可弯曲管线让不易弯曲管线;
3) 分支管线让主干管线;
4) 小管径管线让大管径管线;

(12) 严寒或寒冷地区给水、排水、燃气等工程管线应根据土壤冰冻深度确定管线覆土深度;热力、电信、电力电缆等工程管线以及严寒或寒冷地区以外的地区的工程管线应根据土壤性质和地面承受荷载的大小确定管线的覆土深度。

工程管线的最小覆土深度应符合表12.2.1-1的规定。

工程管线的最小覆土深度(m) 表12.2.1-1

序号		1		2		3		4	5	6	7
管线名称		电力管线		电信管线		热力管线		燃气管线	给水管线	雨水排水管线	污水排水管线
		直埋	管沟	直埋	管沟	直埋	管沟				
最小覆土深度(m)	人行道下	0.50	0.40	0.70	0.40	0.50	0.20	0.60	0.60	0.60	0.60
	车行道下	0.70	0.50	0.80	0.70	0.70	0.20	0.80	0.70	0.70	0.70

注:10kV以上直埋电力电缆管线的覆土深度不应小于1.0m。

(13) 工程管线在道路下面的规划位置,应布置在人行道或非机动车道下面。电信电缆、给水输水、燃气输气、污雨水排水等工程管线可布置在非机动车道或机动车道下面。

(14) 工程管线在道路下面的规划位置宜相对固定。从道路红线向道路中心线方向平行布置的次序,应根据工程管线的性质、埋设深度等确定。分支线少、埋设深、检修周期短和可燃、易燃和损坏时对建筑物基础安全有影响的工程管线应远离建筑物。布置次序宜为:电力电缆、电信电缆、燃气配气、给水配水、热力干线、燃气输气、给水输水、雨水排水、污水排水。

(15) 工程管线在庭院内建筑线向外方向平行布置的次序,应根据工程管线的性质和埋设深度确定,其布置次序宜为:电力、电信、污水、排水、燃气、给水、热力。

当燃气管线可在建筑物两侧中任一侧引入均满足要求时,燃气管线应布置在管线较少的一侧。

(16) 工程管线之间及其与建(构)筑物之间的最小水平净距应符合表 12.2.1-2 的规定。当受道路宽度、断面以及现状工程管线位置等因素限制难以满足要求时,可根据实际情况采取安全措施后减少其最小水平净距。

(17) 对于埋深大于建(构)筑物基础的工程管线,其与建(构)筑物之间的最小水平距离,应按下式计算,并折算成水平净距后与表 12.2.1-2 的数值比较,采用其较大值。

$$L = (H-h)/\lg\phi + b/2 \qquad (12-1)$$

式中 L——管线中心至建(构)筑物基础边水平距离(m);

H——管线敷设深度(m);

h——建(构)筑物基础底砌置深度(m);

b——开挖管沟宽度(m);

ϕ——土壤内摩擦角(°)。

12.2 管线综合布置原则与方法

表 12.2.1-2 工程管线之间及其与建（构）筑物之间的最小水平净距（m）

序号	管线名称		1 建筑物	2 给水管 d≤200mm	2 给水管 d>200mm	3 污水、雨水排水管	4 燃气管 低压 B	4 中压 B	4 中压 A	4 高压 B	4 高压 A	5 热力管 直埋	5 地沟	6 电力电缆 直埋	6 缆沟	7 电信电缆 直埋	7 管道	8 乔木	9 灌木	10 通信照明<10kV	10 高压铁塔基础边 ≤35kV	10 >35kV	11 道路侧石边缘	12 铁路钢轨（或坡脚）
1	建筑物			1.0	3.0	2.5	0.7	1.5	2.0	4.0	6.0	2.5	0.5	0.5	0.5	1.0	1.5	3.0	1.5		*	3.0	1.5	6.0
2	给水管	d≤200mm	1.0			1.0	0.5					1.5	1.0	0.5		1.0	1.5	1.5		0.5	3.0		1.5	
		d>200mm	3.0			1.5																		
3	污水、雨水排水管		2.5	1.0	1.5		1.0	1.2	1.5	2.0		1.5	1.0	0.5	0.5	1.0	1.0	1.5		0.5	1.5	5.0	1.5	
4	燃气管	低压 p≤0.05MPa	0.7	0.5		1.0						1.0		0.5		0.5	1.0	1.2		1.0	1.0			5.0
	中压	0.005MPa<p≤0.2MPa	1.5			1.2																		
	中压	0.2MPa<p≤0.4MPa	2.0		DN≤300mm 0.4																			
	高压	0.4MPa<p≤0.8MPa	4.0	1.0	DN>300mm 0.5	1.5						1.5	2.0	1.0	1.5	1.0				2.0	4.0		2.5	
	高压	0.8MPa<p≤1.6MPa	6.0	1.5		2.0						2.0	4.0	1.5		1.5								
5	热力管	直埋	2.5	1.5		1.5	1.0	1.5	2.0	1.5	2.0			2.0		1.0		1.5		1.0	2.0	3.0	1.5	1.0
		地沟	0.5																					
6	电力电缆	直埋	0.5	0.5		0.5	0.5	1.0	1.5	1.0	1.5	2.0				0.5		1.0		0.6			1.5	3.0
		缆沟	0.5																					

续表

序号	管线名称		1 建筑物	2 给水管		3 污水雨水排水管	4 燃气管					5 热力管		6 电力电缆		7 电信电缆		8 乔木	9 灌木	10 地上杆柱			11 道路侧石边缘	12 铁路钢轨(或坡脚)
				d≤200 mm	d>200 mm		低压	中压 B	中压 A	高压 B	高压 A	直埋	地沟	直埋	缆沟	直埋	管道			通信照明及<10kV	高压铁塔基础边 ≤35kV	>35kV		
7	电信电缆	直埋	1.0	0.5		1.0	0.5		1.0		1.5	1.0		0.5				1.0	1.0	0.5	0.6	0.5	1.5	2.0
		管道	1.5			1.5		1.0				1.0		1.0				1.0	1.0	1.5			0.5	
8	乔木(中心)		3.0	1.5		1.5			1.2			1.5		1.0		1.0	1.5							
9	灌木		1.5	0.5		0.5			1.0			1.0		0.6		0.5	1.0	1.5			0.5		0.5	
10	地上杆柱	通信照明及<10kV	*																					
		高压铁塔基础边 ≤35kV	*	3.0		1.5			1.0		2.5	2.0	3.0							0.5				
		>35kV	*							5.0														
11	道路侧石边缘		1.5	1.5		1.5	1.5					1.5		1.5		1.5	2.0	0.5	0.5		0.5			
12	铁路钢轨(或坡脚)		6.0				5.0					3.0		3.0		2.0								

注:*见表 12.2.1-5。

对于埋深大的工程管线至铁路的水平距离可按下式计算：

$$L = 1.25 + h + b/2 \geqslant 3.75 \text{m} \qquad (12\text{-}2)$$

式中　L——管道中心到铁路中心距离（m）；

　　　h——枕木底至管道底之深度（m）；

　　　b——开挖管道槽的宽度（m）。

埋深大的工程管线至公路的水平距离，按下式计算，折算成净距与表 12.2.1-2 比较，采用其较大值。

$$L = 1 + b/2 \qquad (12\text{-}3)$$

式中　L——管道中心到公路边的距离，m；

　　　b——开挖管沟宽度，m。

（18）当工程管线交叉敷设时，自地表面向下的排列顺序宜为：电力管线、热力管线、燃气管线、给水管线、雨水排水管线、污水排水管线。

（19）工程管线在交叉点的高程应根据排水管线的高程确定。工程管线交叉时的最小垂直净距，应符合表 12.2.1-3 的规定。

工程管线交叉时的最小垂直净距（m）　　表 12.2.1-3

序号	上面的管线名称	净距（m）下面的管线名称	1 给水管线	2 污、雨水排水管线	3 热力管线	4 燃气管线	5 电信管线 直埋	5 电信管线 管块	6 电力管线 直埋	6 电力管线 管沟
1	给水管线		0.15							
2	污、雨水排水管线		0.40	0.15						
3	热力管线		0.15	0.15	0.15					
4	燃气管线		0.15	0.15	0.15	0.15				
5	电信管线	直埋	0.50	0.50	0.15	0.50	0.25	0.25		
5	电信管线	管沟	0.15	0.15	0.15	0.15	0.25	0.25		
6	电力管线	直埋	0.50	0.50	0.50	0.50	0.50	0.50	0.50	0.50
6	电力管线	管沟	0.15	0.50	0.50	0.15	0.50	0.50	0.50	0.50

续表

序号	净距(m) 上面的管线名称 \ 下面的管线名称	1 给水管线	2 污、雨水排水管线	3 热力管线	4 燃气管线	5 电信管线 直埋	5 电信管线 管块	6 电力管线 直埋	6 电力管线 管沟
7	沟渠（基础底）	0.50	0.50	0.50	0.50	0.50	0.50	0.50	0.50
8	涵洞（基础底）	0.15	0.15	0.15	0.15	0.20	0.25	0.50	0.50
9	电车（轨底）	1.00	1.00	1.00	1.00	1.00	1.00	1.00	1.00
10	铁路（轨底）	1.00	1.20	1.20	1.20	1.00	1.00	1.00	1.00

注：大于35kV直埋电力电缆与热力管线最小垂直净距应为1.00m。

(20) 在交通运输繁忙或工程管线设施较多的机动车道、城镇主干道以及配合兴建地下铁道、立体交叉等工程地段，不宜开挖路面的路段，广场或主要道路的交叉处，需同时敷设两种以上工程管线及多回路电缆的道路，道路与铁路或河流的交叉处，道路宽度难以满足直埋敷设多种管线的路段，工程管线宜采用综合管沟集中敷设。

(21) 综合管沟敷设应符合下列规定：

1）宜敷设电信电缆管线、低压配电电缆管线、给水管线、污雨水排水管线。

2）综合管沟内相互无干扰的工程管线可设置在管沟的同一个小室；相互有干扰的工程管线应分别设在管沟的不同小室。

电信电缆管线与高压输电电缆管线必须分开设置；给水管线与排水管线可在综合管沟一侧布置，排水管线应布置在综合管沟的底部。

3）工程管线干线综合管沟的敷设，应设置在机动车道下面，其覆土深度应根据道路施工、行车荷载和综合管沟的结构强度以及当地的冰冻深度等因素综合确定；敷设工程管线支线的综合管沟，应设置在人行道或非机动车道下，其埋设深度应根据综合管沟的结构强度以及当地的冰冻深度等因素综合确定。

（22）在特殊情况下，城镇各种工程管线可沿围墙、河堤、建（构）筑物墙壁等不影响城镇景观地段架空敷设。一般应符合下列规定：

1）沿城镇道路架空敷设的工程管线，其位置应根据规划道路的横断面确定，并应保障交通畅通、居民的安全以及工程管线的正常运行。

2）架空线线杆宜设置在人行道上距路缘石不大于1m的位置；有分车带的道路，架空线线杆宜布置在分车带内。

3）电力架空杆线与电信架空杆线宜分别架设在道路两侧，且与同类地下电缆位于同侧。

4）同一性质的工程管线宜合杆架设。

5）架空热力管线不应与架空输电线、电气化铁路的馈电线交叉敷设。当必须交叉时，应采取保护措施。

6）工程管线跨越河流时，宜采用管道桥或利用交通桥梁进行架设。

7）架空管线与建（构）筑物等的最小水平净距应符合表12.2.1-4的规定；架空管线交叉时的最小垂直净距应符合表12.2.1-5的规定。

架空管线之间及其与建（构）筑物的之间的最小水平净距（m） 表12.2.1-4

名称		建筑物 （凸出部分）	道路 （路缘石）	铁路 （轨道中心）	热力管线
电力	10kV边导线	2.0	0.5	杆高加3.0	2.0
	35kV边导线	3.0	0.5	杆高加3.0	4.0
	110kV边导线	4.0	0.5	杆高加3.0	4.0
电信杆线		2.0	0.5	4/3杆高	1.5
热力管线		1.0	1.5	3.0	—

架空管线之间及其与建(构)筑物之间交叉时的最小垂直净距(m)　　表12.2.1-5

名称		建筑物(顶端)	道路(地面)	铁路(轨顶)	电信线		热力管线
					电力线有防雷装置	电力线无防雷装置	
电力管线	10kV及以下	3.0	7.0	7.5	2.0	4.0	2.0
	35~110kV	4.0	7.0	7.5	3.0	5.0	3.0
电信线		1.5	4.5	7.0	0.6	0.6	1.0
热力管线		0.6	4.5	6.0	1.0	1.0	0.25

注：横跨道路或与无轨电车馈电线平行的架空电力线距地面应大于9m。

12.2.2 管线综合的编制方法

在管线综合规划阶段，一般要编制管线工程综合规划图及道路标准横断面图。下面，分别叙述具体编制方法。

(1) 管线工程综合规划图

图纸比例通常采用1:10000~1:5000。比例尺的大小随城镇的大小、管线的复杂程度等情况而有所变更，但应尽可能和城镇总体规划图的比例一致。图中包括下列主要内容：

1) 自然地形

主要的地物、地貌，以及表明地势的等高线；

2) 现状

现有的工厂、建筑物、铁路、道路、给水、排水等各种管线以及它们的主要设备和构筑物（如铁路站场、自来水厂、污水处理厂、泵房等）；

3) 规划的工业企业厂址、规划的居住区、道路网、铁路等；

4) 各种规划管线的布置和它们的主要设备及构筑物，有关的工程设施，如防洪堤、防洪沟等；

5) 标明道路横断面的所在地段等。

管线工程综合规划图（以下简称综合规划图）的一般编制方法如下：

①数字化地形图。可以更准确地描绘地形，否则会影响综合规划图的准确性。

②将现有的和规划的工厂、道路网按坐标在平面图上绘出，并根据道路的宽度画出建筑线。如果在总体规划阶段还没有计算出道路中心线交叉点的坐标，则根据道路网规划图复制。

③根据现状资料，把各种管线绘入图中。

以上三项目前均可用计算机绘制。

④把规划和设计的管线的平面布置逐一绘入图中。这样，就可以从图上发现各项管线在平面布置上的问题，便于进行研究和处理。综合安排妥当，问题都已解决，然后标注必要的数据和扼要的说明。

编制综合规划图时，应结合道路网的规划。尽可能使各种管线合理布置，不要把较多的管线集中到几条道路上。综合规划图通常和绘制道路标准横断面图一起进行，因为在道路平面中安排管线位置与道路横断面的布置有着密切的联系。有时会由于管线在道路横断面中配置不下，需要改变管线的平面布置，或者变动道路各组成部分在横断面中的原有排列情况。

(2) 道路标准横断面图

图纸比例通常采用1:200。图中主要内容：

1) 道路的各组成部分，如机动车道、非机动车道（自行车道、大车道）、人行道、分车带、绿化带等。

2) 现状和规划设计的管线在道路中的位置，并注有各种管线与建筑红线之间的距离。目前还没有规划而将来要修建的管线，在道路横断面中为它们预留出位置。

3）道路横断面的编号

道路标准横断面的绘制方法比较简单，即根据该路中的管线布置逐一配入道路规划所作的横断面，注上必要的数据。但是，在配置管线位置时，必须反复考虑和比较，妥善安排。例如，道路两旁行道树，若过于靠近管线，树冠易与架空线路发生干扰，树根易与地下管线发生矛盾。这些问题一定要合理地加以解决。

编制管线工程综合图纸时，通常不把居住区里的电力和电信架空线路绘入综合规划图中，而在道路横断面图中定出它们与建筑红线的距离，就可以控制它们的平面位置。因为几乎在每条道路上都架设架空线路，绘入综合规划图后，会使图面过于复杂。

工业区中的架空线路不一定架设在道路上面，尤其是高压电力线路架设以后再迁移就有一定困难，因此一般都将它们绘入综合规划图中（低压电力线路除外）。

在编制规划综合图纸的同时，应编写管线工程综合的简要说明书，内容包括所综合的管线、引用的资料和它们的准确程度，对规划设计管线进行综合安排的原则和根据、单项工程进行下阶段设计时应注意的问题等。

12.3　管线综合规划

小城镇的建设已被列入中国21世纪议程优先发展项目计划。而小城镇综合管线工程作为小城镇基础设施建设的重要组成部分，已经得到小城镇建设部门越来越多的重视。

小城镇综合管线工程建设项目实施前应首先做好小城镇管线综合规划，依据国家规划法及相关规划设计规范规定。小城镇管线综合规划是城镇规划的一门综合性专项规划，分为控制性详细规划阶段（规划综合）与修建性详细规划阶段（设计综合）。

12.3.1 管线综合控制性详细规划

工程管线综合控制性详细规划是对城镇工程管线的综合总体协调与布置。它是与城镇控制性详细规划同步进行的。需要了解城镇控制规划，即了解城镇的性质、国民经济与社会发展状况、自然环境、城镇建设的历史与现状等，取得详尽准确的基础资料是做好小城镇管线综合规划的基础，也是工程管线综合控制性详细规划和综合设计深化的基础。

(1) 工程管线综合控制规划的基础资料

小城镇工程管线综合控制性详细规划的基础资料收集有以下几类：

1) 城镇发展状况、自然状况及地形地理

我们可从城镇的地形图中了解到所规划城镇的地形、地貌、地面特性、河流水系等情况。工程管线综合中的排水与防洪管渠是重力自流管，而且排水与防洪管渠一般管径比较大，其布置受城镇所在地自然地形、地势影响，自然地形不但影响城镇排水走向，排水分区，还影响排水管渠的大小。在市政设施建设中，城镇排水建设投入较大，合理布置排水管渠是管线综合规划设计的前提，其余各规划管线一般为非重力流管线，受自然地形影响较小，规划设计时应遵循非重力流管线让重力自流管的原则，即进行管线综合规划设计时，应先考虑重力自流管线的布置。

城镇的气象资料、区域地理位置可以从市志或县志中获取，城镇的控制性详细规划说明书部分也应有关于这方面的资料。城镇因土壤和冰冻深度的不同，对给水、排水等管道的最小埋深及最小覆土深度有着不同的规定，了解城镇气象及区域地理位置，掌握国家和有关主管部门对工程规划管线敷设的规范，尤其是对当地工程管线布置的特殊规定的了解，是城镇工程管线综合规划竖向设计必须收集的基础资料。

城镇的基础设施建设周期长，费用高，这与当地地方财政收入息息相关，了解一个城镇的经济发展状况，宏观上确定城镇基础设施建设标准，原则上讲，规划的基础设施建设标准要求高，避免无规划，违反规划盲目建设。只顾眼前利益、城镇基础设施重复建设造成的资金浪费是坚决不可取的。另一方面，制定符合当地经济发展现状，经济的、合理的、可行的市政基础设施中的管线综合规划，必须深入了解所规划的城镇居民和地方财政收入状况，保证公用基础设施建得起，用得起。这样才能使基础建设投资得以有效地回收、再投入，步入良性循环状态。尤其是规划设计人员在做公用基础设施规划时，不但要依据城镇所处地理位置、地形、地貌状况确定城镇公用设施中的管线工程种类及分布，还应深入了解当地居民生活习惯，周边可利用的资源，能源状况，城镇产业结构，城镇所处镇域范围的功能等。有条件还应了解城镇周边大中型城镇经济发展状况，公用设施设置及使用状况，这些对城镇管线综合规划的总体布局是十分有利的。

2）城镇土地使用状况及人口分布资料

城镇的各类用地远期规划布局方面的资料可与控制性详细规划设计者沟通后获得，现状用地状况及城镇分区现状、人口分布情况需要我们规划设计人员做详细的现场调查，掌握规划居住区、商业区、工业区及市政公用设施用地分布，初步确定综合管线主干管位置、走向，还可初步确定例如城镇市政供水水源地、高位水池、区域加压泵站、污水处理厂、城镇煤气供应站、市政供热管网换热站、热电厂、集中供热锅炉房、电厂、变电所等公用事业用地的位置。

12.3 管线综合规划

3) 各种工程管线现状和规划资料

各种工程管线现状分布，各工程管线专业部门对本部门近远期规划或设想的最近资料的收集，是做好管线综合控制性详细规划的前提。各类工程管线都有各自的技术规范要求，因此，收集工程管线控制规划专业基础资料均有各自的侧重点。工程管线综合规划收集资料应有一定的针对性，由于各工程管线可能涉及到众多单位，项目的委托单位也可能不相同，要搞清楚资料的来源，有目的、有重点地收集资料，可提高工作效率，少走弯路。工程管线综合规划和各专项工程管线规划设计参与单位有多种合作关系。

一种是工程管线综合规划设计者只负责管线综合工程，城镇控制性详细规划，区域管线详细规划，工程管线专项规划均由其他单位进行，在这种情况下，工程管线综合规划的基础资料由委托方与每个设计单位联系获取，即可向规划管理部门收取城镇土地利用现状，由委托方提供最新的自然地形图资料，规划管理部门提供总体规划相关资料。各专业工程管线规划可向单项专业工程管线设计单位或部门收取。这种情况下，工程管线综合规划设计者的收集资料工作相应复杂、繁琐。

另一种情况是工程管线综合规划设计者，本人参与控制性详细规划的编制，并与专业工程管线规划设计人员共同编制工程管线综合规划，在进行工程管线综合规划时，已掌握大部分基础资料。由于委托方将城镇总体规划、城镇工程管线规划交与一个设计单位规划设计，这对于工程管线综合规划设计者来讲，收集资料相应的更方便，而且完整。对于小城镇来讲，许多小城镇都是新发展起来的，这种委托规划形式较为普遍。各工程管线资料的来源搞清楚后，给水、排水、供电、电信、供热、燃气等城镇工程管线综合总体规划所需收集的基础资料主要内容有：

①给水工程基础资料：城镇现有、在建和规划的水厂，地面、地下取水工程的现状和规划资料，包括水厂的规模、位置、用地范围，地下取水构筑物的规模、位置，以及水源卫生防护带区域输配水工程管网现状和规划，包括配水管网的布置形式（枝状、环状等）、给水干管的走向、管径及在城镇道路中的平面位置和埋深情况。

②排水工程基础资料：城镇现状和排水工程总体规划确定的排水体制（即采用雨污分流制还是雨污合流制）。现状和规划的雨水、污水工程管网，包括雨水、污水干管的走向，管径及在城镇道路中的平面位置，雨水干渠的截面尺寸和敷设方式，雨水、污水的干管埋深情况，雨水、污水泵站的位置，排水口位置，中途加压提升泵站位置及现状或规划建设污水处理厂的位置。

③供电工程基础资料：城镇现状和规划电厂、变电所的位置、容量、电压等级和分布形式（地上、地下）。城镇现状和规划的高压输配电网的布局，包括高压电力线路的走向、位置、敷设方式、高压走廊位置与宽度、高压输配电线路的电压等级、电力电缆的敷设方式（直埋、管路等）及其在城镇道路中的平面位置和埋深要求。

④通信工程基础资料：城镇现状和规划的邮电局所的规模及分布。现状和规划电话网络布局，包括城镇内各种电话（市区电话、农村电话、长途电话）干线的走向、位置、敷设方式，电话主干电缆、中继电缆的断面形式，通信光缆和电话电缆在城镇道路中的平面位置和埋深情况。有线电视台的位置、规模，有线电视干线的走向、位置、敷设方式。有线电视主干电缆的断面形式，在城镇道路中的平面位置和埋深要求等。

⑤供热工程基础资料：城镇现状和规划的热源状况，包括

热电厂、区域锅炉房、工业余热的分布位置和规模,地热的分布位置、热能储量、开采规模。现状和规划的热力网布局,包括热网的供热方式(蒸汽供热,热水供热),蒸汽管网的压力等级,蒸汽、热水干管的走向、位置、管径,热力干管的敷设方式(架空、地面、地下)及在城镇道路中的平面位置,地下敷设供热干管的埋深要求。

⑥燃气工程基础资料:城镇现状和规划燃气气源状况,包括城镇采用的燃气种类(天然气、各种人工煤气、液化石油气),天然气的分布位置,储气站的位置、规模。煤气制气厂的位置和规模,对置储气站的位置和规模,液化石油气气化站的位置及规模等。现状和规划的城镇燃气系统的布局,包括城镇中各种燃气的供应范围,燃气管网的形式(单级系统、二级系统、多级系统)和各级系统的压力等级,燃气干管的走向、位置、敷设方式,以及在城镇道路中的平面位置和埋深情况,各级调压设施的位置。

(2) 工程管线总体协调

工程管线综合控制规划的第二阶段工作是对所收集的基础资料进行汇总,将各项内容汇总到管线综合平面图上,检查各工程管线规划自身是否有矛盾,更重要的是各工程管线规划之间是否有矛盾,提出管线综合总体协调方案,组织相关专业共同讨论,确定符合工程管线综合敷设规范,基本满足各专业工程管线规划的综合控制规划方案。在工程管线控制协调规划阶段,可按下列步骤进行规划设计:

1) 制作工程管线综合控制规划底图

制作底图是一项比较繁重的工作,规划设计人员应对已收集到的各工程管线的基础资料进行第一次筛选,有选择地摘录与工程管线综合有关的信息,制作底图应当精心、细致、耐心地进行,做到既要全又要精。一张精炼的底图清晰明了地反映了各专业工程管线系统及其相互间的关系,是管线综合协调的基础。

底图的制作通常有两种方法:手绘法与机绘法。

①手绘法:全部抄绘由手工完成,其具体操作步骤为:

(A) 描绘自然地形。在硫酸纸上打好坐标高格网,然后把地形图垫在下面描绘,选择性地绘出主要河流、湖泊及表明地势的等高线和主要标高。这些内容比较确定,可直接用墨线绘出。

(B) 描绘规划地形,将总体规划的土地使用图垫在硫酸纸下面,并对准坐标,把规划的工业仓储、居住、公共设施等各类用地、道路网、铁路等先以铅笔绘入底图,后用墨线绘制。

(C) 根据现状和规划资料,将各种现状和规划工程管线主要工程设施,以及防洪堤、防洪沟等以铅笔绘入图中。手绘法主要通过以上三个步骤完成底图的制作。实际工作中,可能会碰到现状和规划的各种图纸比例不一致的问题,须将供抄绘的原图缩放到统一比例后再描绘底图,确保准确。

②机绘法:将基础资料输入电子计算机,经过筛选完成底图制作,通过绘图仪器输出底图,具体操作步骤如下:

(A) 将现状地形图通过扫描仪、数码像机或数字化仪输入计算机,转化成 CAD 状态下的 DWG 文件。扫描仪与数码相机输入迅速,一般输入的文件先转化成 JPG 或 BMP 格式的图像文件,应用相应软件如 PHOTOSHOOP 等,将输入的零碎图形进行整理,删减多余的信息后再转化成 CAD 状态下的 DWG 文件。分块扫描的地形图应用相关软件完成地形图的拼合的过程,经拼合的地形图,合并成一个图形文件,就得到了一份完整的地形底图,储存在计算机中。数字化仪输入较慢,甚至比手绘图还慢,但可做到取舍得当,重要的是可以边输入资料边归纳分层,为后续工作提供方便,例如可将地形、河流、等高线、地面高程、规划道路网及各种工程管线等分层输入。一般小城镇的工程管线输入量较少,故只需将现状地形图和总体规划道路网、工业仓储、居住、公共设施等各类用地以及河流、铁路等通过数字化仪输入计算机,而工程管线可依据各种工艺管线规划和环状路直接落到计算机中的规划平面图上即可,规模较大的城镇,地形复杂,工程管线繁多,用数字化仪直接输入,是效率较高的方式。

(B)输入计算机的底图信息量庞大,可根据河流、路网、标高、等高线、分区界、各类工程管线、主要工程设施的不同图层进行分层处理;逐一归类,当同一工程管线的现状与规划矛盾时,以规划为准,删除多余的信息,使底图尽量简明、清晰。

机绘法与手绘法对所收集的各类资料的取舍是一致的,手绘法是比较传统的作法,单就总体规划管线综合阶段而言,手绘法操作灵活,工期短,且效率高。但从工程管线综合的全过程来看,规划设计人员沟通、调整,与委托设计单位沟通、汇报,手绘法制成的规划综合底图需不断修改,这时手绘法完成的规划设计,每次修改或深化方案都要重新制作底图。机绘法随计算机应用的普及,逐渐成为规划设计的主要方法。虽然它初期投入工作量大,但成果图出图灵活,图面精确,效果好且易修改,易长久保存等特点,使机绘法已成为管线综合规划设计最常用的方法。

因此,从长远的观点来看,随着计算机的广泛应用,机绘底图在工程管线综合规划中应予推广。机绘法制图还要求规划设计人员掌握一定的计算机基础知识,如数据库软件的应用,图形处理软件的应用等。一些专业规划设计人员与软件设计人员密切配合,工程管线综合也有一些专用的软件系列。规划设计人员可予以考虑。为将来城镇建立工程管线数据库、统一安排、统一管理提供基础资料。

2) 综合协调方案

通过制作底图的工作，工程管线在平面上相互的位置关系，管线和建筑物、构筑物及城镇分区的关系一目了然。下一步骤就是确定工程管线综合的基本原则，如从整个城镇工程管线上看，重力管（污水、雨水管）可将雨水管线布置在道路中间，而将污水管线布置在人行道一侧；可设置污水管线在高程上略比雨水管线深一些，在道路的一侧设采暖管线及给水管线，而道路的另一侧设置煤气管线、电力、电信管线等，这些原则在某一工程中对于管线综合规划设计人员来讲是一个自己设定的原则，它首先须遵循固定规范的要求，又应与这一工程的实际情况紧密结合。而这一自己设定的原则也不是一成不变的。例如，在某一道路上可布置采暖管线与电力、电信管线在道路的一侧，而将给水与煤气管线布置在道路的另一侧；由于污水与雨水管线最终出口不同，经重力计算后的管道埋深，可能出现雨水管线位于污水管线下部的情况。

另一方面，工程管线综合的基本原则还是在与城镇建设（规划）部门以及各单项工程规划设计人员不断沟通、协商的条件下确定的。每项工程管线综合的基本原则都贯穿于工程规划设计的整个过程。从规划综合草图的设计到邀集有关单位、设计人员讨论定案，直到工程管线综合规划成果的编制。

在工程管线综合原则的指导下，检查各工程管线规划自身是否符合规范，各管线之间是否有矛盾，制订综合方案，组织专业人员共同进行研究磋商，确定或完善综合方案。综合方案确定后在底图上用墨线绘出或计算机上调整定案后，输出工程管线综合规划图，标注必要的数据，并附注扼要的说明。

解决工程管线平面布置上矛盾的同时，还要检查管线在竖向有无矛盾。根据收集的基础资料，绘制主要道路（指地下

12.3 管线综合规划

埋管的道路）的横断面图；然后将所有管线按水平位置间距关系，寻找各自在横断面上的位置，根据管线综合有关规范，各专业工程管线的规范，当地有关规定，进行协调综合，提出管线在道路横断面上合理的位置排列，组织有关专业工程管理部门进行协商，完善和确定工程管线道路横断面的综合方案。

编制城镇工程管线综合控制性详细规划时，还应结合道路网的规划，尽可能使各种管线合理布置，还要把较多的管线集中到几条道路上，城镇工程管线综合控制性详细规划图应包括工程管线道路横断面图，因为在道路平面中安排管线位置与道路横断面的布置有着密切的关系，有时会由于管线在道路横断面中布置不下，需要改变管线的平面布置，或者与控制性详细规划设计人员沟通，变动道路横断面形式，调整机动车道、非机动车道、分隔带、绿化的排列位置与宽度及至调整道路宽度。一般工程管线均应埋在城镇道路控制红线以内，并与道路中心线平行，避免乱穿空地，大部分管线须考虑埋在人行道和非机动车道下面，考虑将检修次数少的管线布置在机动车道下，一般沿道路中心线至道路红线方向，按雨水、污水、给水、热力、煤气、电信、电力这样的次序平行布置各条管线。做出道路横断面图后，我们就不难发现，埋地管线与架空线路，埋地管线与树木之间，埋地管线与邻近建筑物的位置距离，一目了然。这里需要注意三点，一是在目前重视城镇绿化的现代化城镇建设中，城镇管线与道路两侧的行道树，在沿道路中心线的平行布置上，应保持一定的水平间距。若过于靠近管线，树冠易与架空线路发生干扰，树根易与地下管线发生矛盾。第二点，小城镇在初期建设的时候，由于资金投入少，部分电力、路灯照明及通讯等管线都是架空敷设的，但随着城镇的发展，特别是现代城镇建设中对城镇景观的要求越来越高，所以在做管线综合设计时，有条件者应为这些架空管路日后改为埋地管线敷设，在管线综合规划图中预留平面布置的位置。第三点，城镇中的内河、截洪沟、过境干线铁路、公路等障碍人为地将城镇管线化分成几个区域，在确定城镇管线综合总体规划方案时，应注意与各专业工程管线设计人员及城镇建设（规划）部门及铁路、水利等部门及时沟通，共同协商工程管线穿越铁路、河流的位置及穿越形式，尽量避免或减少穿越铁路、河流的次数，应有序地、合理地设置穿越位置，可设置沟或在现有铁路涵洞、跨越河流的桥梁处统一安排部分工程管线穿越障碍物。

（3）小城镇工程管线综合控制性详细规划成果

经过汇总协调与综合，确定了工程管线综合总体规划方案，第三阶段的工作是编制城镇工程管线综合规划成果。

小城镇工程管线综合控制性详细规划成果有图纸和说明书两部分，图纸部分包括城镇管线综合总体规划平面布置图及工程管线道路标准横断面图，这两份内容的图纸可在一张工程管线综合总图上表示，图中还应有图例并附简明扼要的说明，规划综合平面图比例通常采用1:5000~1:10000，比例尺的大小随城镇规模的大小、管线的复杂程度等情况而有所变更，但应尽可能与城镇控制性详细规划图的比例尺一致。

小城镇工程管线综合控制性详细规划成果随委托方式不同而略有差异，如果委托方委托规划设计部门作城镇控制性详细规划，工程管线综合规划包括在城镇总体规划成果中，说明书部分作为城镇控制性详细规划说明中的一个章节，应简明，出图比例应与控制性详细规划相一致；若委托方只委托规划设计部门作城镇工程管线综合控制性详细规划设计，则须有详细的综合规划设计说明书。另外，管线综合控制性详细规划图为便于存档、携带，往往除了要完成大比例的彩色挂图外，还可能出成A3纸幅面大小的小比例图纸，这时道路中的各工程管线可能因比例太小而无法看清其各种的位置关系。这里就需作局部街道及交叉路口的平面放大节点详图。附在管线综合总平面图后，图例及说明也可另出图。

1) 小城镇工程管线综合控制性详细规划平面图中包括下列主要内容：

①自然地形：包括主要的地貌以及表明地势的等高线。

②城镇现状：包括现有的工厂、建筑物、铁路、道路、给水、排水等各类管线以及它们的主要设备和构筑物（如铁路站场、自来水厂、污水处理厂及泵房等）。

③规划的工业企业厂址、规划的居住区道路网、铁路等。

④各种规划工程管线的布置和它们的主要设备及构筑物等有关的工程设施及防洪堤、防洪沟等设施。

⑤标明道路横断面的所在地段等。

2) 道路标准横断面图

图纸比例通常采用1:200，图纸内容有：

①道路的各组成部分，如机动车道、非机动车道、人行道、绿化分隔带、绿化带等，还应标出路灯及行道树的位置。

②规划确定的工程管线在道路中的位置，包括沿道路中心线左右的横向定位以及距离路面的相对高差。

③道路横断面的编号。道路标准横断面的绘制方法比较简单，可参考总体规划路网布置图中道路横断面，只需根据该路段道路中的管线布置逐一配入道路规划所作的横断面。注上必要的数据。道路横断面的图中各种管线相对距离及与建筑物的距离，与绿化树木的距离，应符合各有关单项设计规范的规定。

绘制城镇工程管线综合总体规划图时，也可不把电力、电信架空线路绘入综合总体规划图中，而在道路横断面中定出它们与建筑线的距离，就可控制它们的平面位置，把架空线绘入综合规划图后，会使图面过于复杂。

3）小城镇工程管线综合控制性详细规划说明书

工程管线综合控制性详细规划说明书的内容包括所综合的管线，引用的资料和资料的准确程度，规划管线综合的原则和根据，单项专业工程详细规划与设计应注意的问题等。

12.3.2 管线综合修建性详细规划

工程管线综合修建性详细规划是小城镇详细规划中的一门专项规划，协调城镇详细规划中各专业工程详细规划的管线布置，确定各种工程管线的平面位置和控制标高。通常，工程管线综合修建性详细规划是在城镇详细规划和专业工程详细规划的后阶段进行，并反馈给各专业工程，协调修正各专业工程详细规划。编制工程管线综合修建性详细规划内容更加深入，与现状各种工程管线结合更加紧密。小城镇的一个新建区或局部组团往往需要编制修建性详细规划，这样，管线综合规划设计人员就结合新建区或局部组团编制的修建性详细规划，开展工程管线综合修建性详细规划的编制工作，规划一般也分三个阶段：①基础资料收集；②汇总综合，协调定案；③编制规划成果。

（1）小城镇工程管线综合修建性详细规划的基础资料

小城镇工程管线综合修建性详细规划在实际操作中常有两种情况：一种是在城镇工程管线综合控制性规划完成的基础上，进行某一地域的工程管线综合修建性详细规划；另一种是该城镇未有城镇工程管线综合规划，直接进行某一地域的工程管线综合修建性详细规划。前者收集基础资料，相对比较简单，工作量少，原有的控制性详细规划的成果可直接利用，只需要进一步收集详细规划方面的资料，即可进行管线综合的修建性详细规划设计。后者收集基础资料，不仅需要详细规划方面的资料，而且还要总体规划有关的基础资料。下列是工程修建性管线综合详细规划所需的基础资料,它比编制控制性详细规划的内容更详尽。

1) 自然地形资料：规划区内地形、地貌、地物,地面高程（等高线）,河流水系等。这些资料一般由规划委托方提供的最新地形图（1:500~1:2000）上取得。

2) 土地使用状况资料：规划区修建性详细规划总平面图（1:500~1:2000）,规划区内现有的和规划的各类单位用地建筑物、构筑物、铁路、道路、铺装硬地、绿化用地等分布。

3) 道路系统资料：规划区内现状和规划道路系统平面图（1:500~1:2000）,各条道路横断面图（1:100~1:200）,道路控制点标高等。

4) 小城镇总体规划资料以及部分控制性详细规划的资料,还包括城镇工程管线排列原则与规定,本规划区内各种工程设施布局,各种工程管线干管的走向、位置、管径等。

5) 各专业工程现状和规划资料：规划区内现状各类工程设施和工程管线分布,各专业工程详细规划的设计成果,以及相应有关技术规范。城镇给水、排水、供电、电信、供热、燃气等城镇常有工程管线综合详细规划需收集的基础资料。主要内容有：

①给水工程管线综合资料：本规划区的供水水源,包括现有、在建和规划的地表水水厂、地下取水和净水构筑物的规模、位置,以及水源卫生防护带范围。本区现状和规划的高位水池、水塔、泵站等输配水工程设施的规模、位置,与管网系统的衔接方式。城镇给水总体规划确定在本区内的输配水干管走向、管径。本区现状给水详细规划的输配水管线的走向、平面位置、管径、控制点标高,以及各条给水管在道路横断面的排列位置。

②排水工程管线综合资料：本规划区内现状和规划的排水

体制（雨水分流制，或雨污水合流制）。城镇排水总体规划布局的雨、污水干管渠的走向、管径。本区排水工程详细规划的雨污水管道沟渠的位置、管径（或沟渠截面）、控制点标高与埋深；以及各条排水管道、沟渠在道路横断面的排列位置。

③供电工程管线综合资料：本规划区现状和规划的电源（电厂，变电所）、配电所、开闭所等供电设施的位置、规模、容量、平面布置等。区内高压架空电力线路的走向、位置、用地要求等。本规划区供电详细规划的输配电网布局，各种电力线路敷设方式（架空，直埋，管道等），线路回数，电缆管道孔数与断面形式，电缆或管道的控制点标高与埋深。

④通信工程管线综合资料：本规划区内现状和规划的电话局、所的数量、规模、容量、位置。本区电话网络规划布局与接线方式（架空、直埋、管道）、电话电缆管道孔数与断面形式、电缆或管道控制点标高与埋设方式。电缆接续设备（交换机，接线箱等）的数量、位置、容量。有线电视台、有线广播站台的布置，有线电视线路的分布、位置、敷设方式（架空，电缆直埋，光缆共用等）、线路数量、线路控制点标高与埋深。

⑤供热工程管线综合资料：本规划区内现状和规划的热电厂、集中锅炉房、热力站的位置与规模。热力网的形式与规划网络结构。本区详细规划的蒸汽、热水管道的压力等级、敷设方式（架空、地敷、地埋）、走向、管径、断面形式、控制点标高与埋深。

⑥燃气工程管线综合资料：本区现状和规划的燃气气源种类（人工煤气、天然气、石油液化气、沼气等）、气源厂位置与规模，城镇燃气网压力等级。本区燃气详细规划的供气工程设施（储气站、调压站等）的位置，规模、压力等级。燃气管网的布局，各种压力等级的燃气管道走向、管径、压力等

级、敷设方式（一般均为地埋）与埋深。

(2) 城镇工程管线详细综合协调

工程管线综合修建性详细规划的第二阶段是对基础资料进行归纳汇总，将各专业工程详细规划的初步设计成果按一定的排列次序汇总到管线综合平面图上。找出管线之间的矛盾，组织相关专业讨论调整方案，确定工程管线综合详细规划。第二阶段的工作可按以下步骤进行。

1）准备底图

操作过程和工程管线综合控制性详细规划的阶段相似，并且将图纸比例放大，深度加强。如果工程综合修建性详细规划是采用机绘法完成，则可以直接摘选总体综合成果中相应地域的信息，在计算机中继续深化，再输入城镇详细规划和各专业工程详细规划的初步设计成果等相关资料。

2）工程管线平面综合

通过前一步骤制作底图的工作，管线在平面上相互的位置与关系，管线与建筑物、构筑物的关系一目了然。第二步骤就是在工程管线综合原则的指导下，检验各工程管线水平排列是否符合有关规范要求，发现问题，组织专业人员共同进行研究和处理，制订平面综合的方案，从平面和系统上调整各专业工程详细规划。

3）工程管线竖向综合

前步骤基本解决了管线自身及管线之间，管线和建筑物、构筑物之间平面上的矛盾，本阶段是检查路段和道路交叉口工程管线在竖向上分布是否合理，管线交叉时垂直净距是否符合有关规范要求。若有矛盾，需制订竖向综合调整方案，经过与各专业工程详细规划设计人员共同研究、协调，修改各专业工程详细规划，确定工程管线综合修建性详细规划。

①路段检查主要在道路横断面图上进行，逐条逐段地检核

每条道路横断面中已经确定平面位置的各类管线有无垂直净距不足的问题。依据收集的基础资料，绘制各条道路横断面图，根据各工程详细规划初步设计成果中的工程管线的截面尺寸、标高检查两条管道垂直净距是否符合规范，在埋深允许的范围内给予调整，从而调整各专业工程详细规划。

②道路交叉口是工程管线分布最复杂的地区，多个方向的工程管线在此交叉，同时交叉口又将是工程管线各种管井密集的地区。因此，交叉口的管线综合是工程管线综合详细规划的主要任务。有些工程管线埋深虽相近，但在路段不易彼此干扰，而到了交叉口就容易产生矛盾。交叉口的工程管线综合是将规划区内所有道路（或主要道路）交叉口平面放大至一定比例（1:500~1:1000），按照工程管线综合的有关规范和当地关于工程管线净距的规定，调整部分工程管线的标高，使各条工程管线在交叉口能安全有序地敷设。

(3) 小城镇工程管线综合修建性详细规划成果

小城镇工程管线综合修建性详细规划的成果主要有图纸和文本两个部分：

1）工程管线综合修建性详细规划平面图。图纸比例通常采用1:1000，图中内容和编制方法，基本上和管线综合修建性详细规划图相同，而在内容的深度上有所差别。编制综合修建性详细平面图时，需确定管线在平面上的具体位置，道路中心线交叉点，管线的起迄点、转折点以及工厂管线的进出口注上坐标数据。

2）管线交叉点标高图。此图的作用主要是检查和控制交叉管线的高程——竖向位置。图纸比例较综合详细规划平面图有所放大（在综合详细平面图上复制而成，但不绘地形，也可不注坐标。放大比例，分区域或道路交叉点进行绘制），并在道路的每个交叉口编上号码，便于查对。

12.3 管线综合规划

管线交叉点标高的表示方法有以下几种：

①在每一个管线交叉点处画一垂距简表（表12.3.2-1），然后把地面标高、管线截面大小、管底标高以及管线交叉处的垂直净距等项填入表中。如果发现交叉管线发生冲突，则将冲突情况和原设计的标高在表下注明，而将修正后的标高填入表中。表中管线截面尺寸单位一般用毫米，标高等均用米。这种表示方法的优点是使用起来比较方便，缺点是管线交叉点较多时往往在图中绘不下。

垂距简表　　　　表12.3.2-1

名　称	截　面	管底标高
净距		地面标高

②先将管线交叉点编上号码，而后依照编号将管线标高等各种数据填入另外绘制的交叉管线垂距表（表12.3.2-2，以下简称垂距表）中，有关管线冲突和处理的情况则填入垂距表的附注栏内，修正后的数据填入相应各栏中。这种方法的优点是可以不受管线交叉点标高图图面大小的限制，缺点是使用起来不如前一种方便。

③一部分管线交叉点以垂距简表表示，另一部分交叉点编上号码，并将数据填入垂距表中。当道路交叉口中的管线交叉点很多而无法在标高图中注清楚时，通常又用较大的比例（1:1000或1:500）把交叉口画在垂距表的第一栏内（表12.3.2-2）。采用此法时，往往把管线交叉点较多的交叉口，或者管线交叉点虽少但在竖向发生冲突等问题的交叉口，列入垂距表中。用垂距简表表示的管线，它们的交叉点既少，而且又都是没有问题的。

交叉管线垂距表　　　　表 12.3.2-2

道路交叉口图	交叉口编号	管线交点编号	交点处地面标高	上面			下面			垂直净距(m)	附注
				名称	管径(mm)	管底标高	埋设深度(m)	名称	管径(mm)	管底标高	埋设深度(m)		
		3		1 2 3 4 5 6	给水 给水 给水 雨水 给水 电信			污水 雨水 雨水 污水 污水 给水					
		1		给水				污水					
		2		给水				雨水					
		3		给水				雨水					
		4		雨水				污水					
		5		给水				污水					
		6		雨水				污水					
		7		电信				给水					
		8		电信				雨水					
	5	1											
		2											

④不绘制交叉管线标高图，而将每个道路交叉口用较大的比例（1:1000 或 1:500）分别绘制，每个图中附有该交叉口的垂距表。此法的优点是由于交叉口图的比例较大，比较清晰，使用起来也比较灵活，缺点是绘制时较费工时，如果要看管线交叉点的全面情况，不及第一种方法方便。

⑤不采用管线交叉点垂距表的形式，而将管道直径、地面控制高程直接注在平面图上（图纸比例 1:500）。然后将管线交叉点两管相邻的外壁高程用线分出，注于图纸空白处。这种方法适用于管线交叉点较多的交叉口，优点是既能看到管线的全面情况，绘制时也较简便灵活。

表示管线交叉点标高的方法较多，采用何种方法应根据管线种类、数量、以及当地的具体情况而定。总之，管线交叉点标高应具有简单明了、使用方便等特点，不拘泥于某种表示方法，其内容可根据实际需要而有所增减。

3）修订道路标准横断面图。在编制工程管线综合修建性详细规划时，有时由于管线的增加或调整规划所作的布置，需根据综合详细平面图，对原来配置在道路横断面中的管线位置进行补充修订。道路标准横断面的数量较多，通常是分别绘制汇订成册。

在现状道路下配置管线时，一般应尽可能保留原有的路面，但需根据管线拥挤程度、路面质量、管线施工时对交通的影响以及近远期结合等情况作方案比较，而后确定各种管线的位置。同一道路的现状横断面和规划横断面均应在图中表示出来，表示的方法，或用不同的图例和文字注释绘在一个图中，或者将两者分上下两行（或左右并列）绘制。

4）工程管线综合修建性详细规划说明书

工程管线综合修建性详细规划说明书的内容，包括所综合的各专业工程详细规划的基本布局，工程管线的布置，国家和当地城镇对工程管线综合的技术规范和规定，本工程管线详细规划的原则和规划要点，以及必须叙述的有关事宜；对管线综合详细规划中所发现的目前还不能解决、但又不影响当前建设的问题提出处理意见，并提出下阶段工程管线设计应注意的问题等。

工程管线综合修建性详细规划的基本内容和方法，已如上述，关于所作图纸的种类，应根据城镇的具体情况而有所增减，如管线简单的地段，或图纸比例较大，可将现状图和规划图合并在一张图上。管线情况复杂的地段，可增绘辅助平面图等。有时，根据管线在道路中的布置情况，采用较大的比例尺，按道路逐条逐条地进行综合和绘制图纸。总之，应根据实际需要，并在保证质量的前提下尽量简化综合规划工作量。

12.4 小城镇工程管线综合规划例解

小城镇工程管线的规划有其特殊性，往往许多城镇发展较慢，随着近几年国家建设重点逐渐向小城镇转移，小城镇的建设正赶上这一时代发展的机遇，但是受资金及地方经济发展状况的制约，在小城镇市政公用设施建设上力求实用，但又不能只顾眼前利益，在工程管线规划设计建设上标准过低，造成重复建设和资金投入的浪费。以下我们选择了几个工程实例，由浅入深地介绍了小城镇工程管线综合规划情况。

12.4.1 A城镇管线综合例解

A城镇沿河呈条形分布，东部是集中的工业区，西部是居民区，规划功能分区十分鲜明，工程管线规划主要有工业给水管网、生活供水管网、污水管网、雨水管网及电力、电信工程管线。

依据地形，西部工业区污水管网主要是收集各厂矿企业污水，统一集中进行处理，包括部分生活污水，由于西部工业企业生产废水主要有两个大的工厂排出，经现场取样调查，其生产废水量较大，可集中进行处理。故本次规划在城镇西部设工业污水处理厂一座。而城镇东部污水主要以生活污水为主，可统一收集后进入生活污水处理厂进行处理。A城镇的另一个特点是区域供水采用分质供水系统，生产需水量较大，沿河岸打井取浅层地表水，统一铺设工业生产供水管网，而居民生活用水水源则来自河流上游的水源地。这是一个典型的工业性城镇的工程管线规划布置范例。它的规划特点是在工程管线综合规划初期,应详细了解当地的实际情况,充分与当地政府及各大型企业沟通,只有这样才能完成一个科学的、切合实际的规划设计。

A 城镇电力及电信干线的敷设方式有两种,即埋地和架空方式。受资金的限制,大部分的电力、电信线路采用架空方式,建议城镇内新建小区采用地下电缆供电。

在工程管线综合规划上,本次规划考虑工业给水与生活给水管道在道路同侧铺设,污水管道与给水管道分别设置在道路的两侧,通信电缆电力线路分开敷设各走一侧,雨水管道布置在道路的中心,工程管线竖向综合应遵循前面所叙述的管线综合原则,城区雨水的排除应就近收集后排入河流中。原城区中部分合流制管道应逐步改造成分流制,新建城镇排水管网应采用分流制。

12.4.2 B 城镇管线综合例解

B 城镇呈山地丘陵地貌,地势南高北低,两条河流交叉于镇区中部,顺地势由北部流出城镇。B 城镇现状人口近 10 万人,在规划年限内,全镇人口将增加到 15 万人(含流动人口)。城镇内依山傍水,一座中型水库及城边山区的温泉为全镇提供了宝贵的旅游资源。镇内天然富饶的矿产,决定了全镇的主要财政收入来源于采矿业。B 城镇建制历史悠久,随着近几年来城镇建设步伐的加快,一座现代化的环境优美的新型城镇已逐步形成。

由于城镇地形、地貌的限制,镇区内人口规模相对较小,在工程管线规划中只考虑统一的给水、排水管线及电力、电信工程管线,由于该城镇位于北方,供暖只考虑设置区域供热、锅炉房,而不规划集中供热管网。同大多数小城镇一样,本次规划也不考虑燃气输送管线的规划。在规划年限内，居民自家配备石油液化气罐。燃料来自城区内的液化气站。

（1）给水工程规划

现状镇区内供水系统有四个，一个是镇自来水公司，为城镇主要供水单位，其余三个是各区域的企业自备水源供水系统。随着企业自备水源井的逐步衰减，水资源需统一管理。全镇供水将渐渐由镇自来水公司承担。配水管网在城镇中心区规划成环状网，以提高供水的安全可靠性。使区域供水趋于合理、节能。

全镇目前可利用的水源有两个，其一是城区西南部的水库，其二是地下水，水库水资源由省一级单位管理，其水资源主要供临近的两座大城市居民和工业用水，且用水指标已分配完，已无多余的水资源供给本城区。另外水库水质需经复杂的处理构筑物净化后才可饮用，且增加输水管线，增大供水的单价，不但投资高，也会增加城镇居民的负担。结合小城镇的财力和发展，规划采用地下水，作为城镇供水水源。

规划采用分区供水，城区东南部仍由现有供水系统供水，距城区中心地带较远的地区可就近打井，单独供水。城区中心地带原有供水能力不足，设施简陋，管网落后，可在城南就近开辟新的水源，完善城区供水管网，输水及配水管线应尽可能按现有或规划道路铺设，对城区中心供水要求高的地带敷设成环状网，改造城区自备水源供水管网，与市政供水管网相连，形成全镇统一的供水管网系统，改善区域供水不足、供水水质差的状况。

城镇消防供水按总体规划分区设置，根据规范规定其标准：1万人以下居住区同一时间内的火灾次数为1次，1次灭火用水量10L/s，1~2.5万人居住区同一时间内的火灾次数为1次，1次灭火用水量为15L/s。

(2) 排水工程规划

镇区内两条河流是城镇污水的主要接纳水体，城镇排水管网系统虽经多年建设仍不十分健全，城区排水没有明显的分区划分界线，排水体制为合流制，城镇中的生活污水及雨水经合流制管道或明渠、暗渠就近直接排入水体。

规划城镇新建区一律采用雨、污分流制，已建成的城区，有条件者可由目前的合流制逐步改为分流制，部分改造确有困难的，可经截流合流制过渡到分流制，远期在城镇北部设污水处理厂一座。

排水规划依据城镇总体规划，城区内现有的给水、排水及防洪规划的有关文件、资料进行制定。

雨水排水系统规划，应合理选用暴雨强度公式，设计暴雨重现期为 $P=1$ 年，雨水排水管网是随着城区建设的发展而逐步完善的，雨水排除应就近排放，对极少数低洼处的雨水排放口应设控制阀门，汛期关闭阀门并采用临时泵排水。

污水排水系统规划首先应确定污水量。B 城镇污水量较少，可参照城区给水量，规划中生活污水量按生活给水量的 90% 计，工业废水按工业用水量的 80% 计，污水厂厂址的选择依据城区用地布局与地形条件，考虑近远期开发建设时序，保证卫生要求。规划污水处理厂厂址位于城区北部，污水处理达标后排入附近的河体内。

污水管道的布置是否合理、经济是设计污水管道系统的先决条件，是污水管道系统设计的重要环节。管道定线一般按总干管、干管、支管顺序进行。管道应尽可能地在路线较短、埋深较小的情况下，让最大区域的污水能自流排出。定线时通常还要综合考虑地形和水文地质条件、道路宽度、地下管道及构筑物的位置以及发展远景和修建顺序等因素。B 城镇，地形由南向北倾斜，为充分利用地形条件，降低管道埋深，污水干管顺地面坡度敷设,全镇分为四个排水分区,西部排水分区干管末端设提升泵站一座,各居民小区排水管道按排水分区直接或间接排入污水总干管,城区中心地带面积大,且东部排水分区污水干管流经城区中心地带。主干管汇集中部及东部两个分区的污水后,统一设过河倒虹管。污水集水总干管接入污水处理厂前设总提升泵站。全镇污水经总提升泵站提升后,流入污水处理厂。工业企业废水含重金属,需单独设工业废水处理站,达标后方可排入市政排水管网。

(3) 供电工程、电信工程规划

B城镇供电电网线路基本采用架空方式,10kV配电线路只有少量采用直埋方式设置,电信电缆选择比较永久的道路上敷设,这样便于施工维护、技术合理,经济上可行。而且有利于城镇远期的发展,便于近期、远期相结合。通信电缆与电力线路分开敷设,各走道路一侧。

收集到各种工程管线的规划后,进行工程管线的综合规划,B城镇道路上工程管线较少,全区地势坡降较大,绘制统一的管网综合图,规划部门需综合各单项工程管线规划方案,定出管网综合的基本原则;如污水管道与雨水管道交叉时,污水管道位于下部;雨水管道位于规划道路中部,污水管道一般布置在规划道路右侧的人行道下。

12.4.3 某镇工业园区工程管线及综合规划例解

现在新建的工业园区或高新技术园区基本上是在小城镇的基础上逐步发展起来的。这些园区有一个共同的特点,就是距离大城市较近,建设标准较高,各种工程管线规划设计较完善,例如下面介绍的这一例子,是一个工业园区,位于一个小城镇内,结合地理状况,重新进行规划,原有的基础设施建设较少,近几年城镇发展较快,现已发展成一个高新工业园区,进驻园区的企业多为国内及国际知名的大企业。工业园区所在地理位置优越，交通十分便利，工业园区依托邻近城市。在工业园区建立初期就确定一个建设目标，即建成一个技术创新，产、学、研相结合的改革先试先行基地。强调环境及生态保护的原则，走可持续发展的道路。这一个小城镇的建设目标较高，地方经济财力也较雄厚。

在规划区发展目标指引下，园区工程管线规划相应地要求也比较高。本规划园区的工程管线有给水管网，园区绿化给水管网，污水管网，雨水管网，热力管网，燃气管网，电力外线，电信工程线缆 8 种工程管线。

园区内地势北高南低，东西高中部低，平均坡度 0.5%～3%，地势平坦开阔，园区北侧有 110kV 变电站一座。南侧有地下光缆、水源输水干管及燃气输气干管、城市热电厂一座，这些是园区开发建设的基础条件。园区内规划主干管道路红线宽度 42m，次干道宽 24m 和 21m。其中道路两侧绿化带及人行道宽均为 6m。为适应园区经济发展的需要，加强基础设施建设，建立完善高效的供水、排水、电力、供热、环卫、防洪、消防、环保等基础设施系统是建设现代化高新工业园区的重要组成部分。

(1) 给水工程规划

根据园区的位置、气候、工业性质、用地规模等确定区内供水标准，估算用水量，规划区内供水普及率为 100%。结合园区的绿化、景观道路，设置园区绿化用水管线，供水管网为环状网和枝状网相结合。园区内设一座地表水净水厂。

(2) 排水工程规划

依据国家环保政策和规范，排水体制采用雨、污分流制。

1) 污水工程

污水量按给水量的 80% 计算。规划近期在园区西南建一座污水处理厂，污水处理将达到二级处理标准，污水管线采用钢筋混凝土管，污水管道顺地势沿道路由北向南铺设，北部部分污水经提升后接入南部污水干管，工业污水排入需满足《污水排入城市下水道水质标准》的规定。

2）雨水工程

园区内大部分地形坡度在 1%～3% 之间，属平坡地形，规划充分利用地形条件，减少土方工程量，划分 2 个排水分区。暴雨强度公式中，主干管设计重现期 $P=1.0a$，干管设计重现期 $P=0.5a$，综合地面径流系数取 0.5，重要地区和积水地区设计重现期应取 $P=1.5a$。

(3) 电力工程规划

在园区北侧有 110kV 变电站一座，由北往南有两条 66kV 高压线，根据园区建设标准，确定园区为一类负荷，规划在园区北侧，高新九路旁新建一座 35kV 变电站，变电站将成为园区的电源点，输配 10kV 电缆线路，为园区提供安全可靠的电力资源，10kV 配电线路采用环状网布置，地埋敷设，分别通至各地块的 10kV 变电站，再由 10kV 变电站变压后供各用户使用。

(4) 电信工程规划

园区规划建设邮电支局一个，电话线路由园区东部接入，采用枝状、环状网埋地电信管道光缆铺设，通过电信总局实现与市话网程控联网，规划邮电支局建立微机处理系统，实现营业窗口与枢纽系统的联网。

有线电视线路采用地埋电缆铺设，电讯、通信光缆统一纳入沿路铺设的 18 孔电信排管。

(5) 供热工程规划

园区综合供热指标采用 $80W/m^2$，近期启动地块供热来自园区南部的热电厂，远期建设供暖锅炉房一座。

12.4 小城镇工程管线综合规划例解

为调节区域供热平衡，规划设热力站一座，占地约100m²。供热热网与用户通过热力站连接，采暖供回水温度采用95~70℃，管网采用地下直埋敷设。加强热网保温性能，降低热网损失。

（6）燃气工程规划

园区燃气采用天然气，燃气气源从园区南部干管接入，管网采用环网方式，输送至用户，采用单级中压输配管网，经用户专用调压设施调至低压所需压力经计量后进入各地块用户。

燃气管网管材采用钢管埋地敷设，管网布置应严格遵守现行《城镇燃气设计规范》，确保安全距离。

（7）工程管线综合规划

由于园区工程管线较多，首先确定工程管线布置原则，原则一：可将热力管线、燃气管线及通信线缆放在道路的一侧，将给水、污水管线，电力电缆放置在道路的另一侧；原则二：将园区雨水排水管线位于道路中间；原则三：道路两侧各工程管线间距为1.5m，并且沿人行道及绿化带下部平行铺设；原则四：污水管道在与雨水管道及给水管道交叉时，应位于最下方；原则五：各工程管线施工过程中应在各地块相应位置预留过路支管，以利于地块口各工程管线的支管线接入，某镇工业园区管线综合规划见图12.4.3-1。

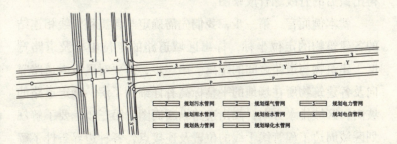

图12.4.3-1 某镇工业园区管线综合规划图

12.4.4　某镇工业区控制性详细规划管线综合例解

本例是一个小城镇工业区控制性详细规划，规划区域内地势变化较大，地形复杂。规划区内众多企业已经落户，工程管线主要有：给水、中水（工业企业用水）、污水、压力流排水、雨水、电力、电信、热力、燃气管道和排洪沟。本项规划各基础资料收集较复杂，合理的布置管线综合需要与规划部门很好地协商，还需走访各工业企业，收集的资料越详尽，工程管线综合规划才能更切合实际。

12.4.5　某镇修建性详细规划管线综合例解

本工程实例是一个复杂的区域管线综合，该区域位于某小城镇规划区中心，结合本区域修建性详细规划，区域内各工程管线与外部市政道路下的主管线有交叉。在区域内需综合的各种工程管线多达 12 种，这 12 种管线均为埋地管线，而架空铺设的电力及道明线路未在图中表示，在众多的工程管线中有污水管线，雨水管线，热力管线，给水及消防管线，还有各种工艺管线，做好复杂的区域管线综合，在熟悉前两节叙述的管线综合布置的原则与方法的同时还需具体了解每一种管线的功能，管线的接管点，确定各种管线的布置原则，经多次调整后得出最后的管线综合成果图。

就本例而言，第一步，我们先需确定与各工程管线相连结的各建筑物的定位坐标，标出区域道路的定位坐标及道路宽度，建筑物与道路之间的距离。第二步，需要对区域内道路竖向及各建筑物所在场地的平整标高有详细的了解，确定道路的坡向，区域排水方向，画出道路纵断面图。第三步，要了解规划区域周边工程管线干线的位置及连接点，各种边界条件了解得越细，对下面的管线综合越有利。

以上三个步骤是为管线工程综合做最初的准备,绘制出规划区域的道路竖向图及平面定位坐标图。接下来,我们就开始布置这十几条管线了,依据前面我们提到的工程管线综合布置原则里的一条,即先布置重力管线,后非重力管线的原则,可以先找出各建筑物的排水点,布置区域污水管网及规划区域内的雨水管网,再逐一布置热力管线,各种工艺管线,最后布置区域给水消防管线。各工程管线平面布置完成后,绘制各种工艺管线总平面布置图,确定每一条工艺管线拐点及交叉点坐标,标出各工艺管线相对距离及工程管线与道路中心线,建筑物边线的相对距离,完成了各种工程管线的平面定位后,下面的工作就是确定各工程管线的竖向埋深。标明各种工程管线拐点、交叉点的地面标高,管中心标高及管道埋深,标明了各管线的管径,坡度等相关数据,必要时需绘制主要干管的横断面图。

工程管线综合是一个繁琐、细致的工作,需要认真,在表达上要简洁、明了。工程管线交叉处,各管道埋深需多次调整,有时设置工程管线时不能满足工程管线交叉时最小垂直净距需要时,需作特殊的工程实施方案,例如增加套管,合并某些工程管线,使之位于同一管沟中统一埋设等。为了标明各种管线的平面定位及埋深等数据,有时要画出局部放大的节点图。

以上我们通过五个工程实例说明了小城镇工程管线规划中所遇到的从简单到复杂,从规划综合到设计综合在实际工程中的应用情况,工程管线规划碰到的实际情况还很多,但是只要掌握了各种工程管线规划原则和布置方法,了解每一次规划的范围,规划的深度,那么在实际工程中,所遇到的任何问题都会迎刃而解了。

主要参考文献

1 戴慎志主编. 城镇工程系统规划. 北京：中国建筑工业出版社，1999
2 王炳坤编. 城镇规划中的工程规划. 北京：中国建筑工业出版社，1999
3 裴杭编. 城镇规划. 北京：高等教育出版社，1988
4 胡修坤主编. 村镇规划. 北京：中国建筑工业出版社，1993
5 肖敦余，胡德瑞编. 小城镇规划与景观构成. 天津：天津科学技术出版社，1989

13 小城镇用地竖向规划

13.1 概述

小城镇建设用地不可能都是地势平坦的，特别是我国小城镇许多分布在山区和丘陵地带。由于地貌的变化，这些小城镇在发展中除了遵循与平原地区一般城镇建设的共同规律外，还有由于地貌高低的变化引起的许多不同之处，因地貌的高低变化在小城镇规划中必须考虑竖向问题。用地竖向规划不仅是小城镇规划的一个重要组成部分，也是小城镇建设重要的技术设计方法。

小城镇各种用地的竖向规划，主要任务是利用和改造建设用地的自然地形，选择合理的设计标高，使之满足小城镇生产和生活的使用功能要求，同时达到土方工程量少、投资省、建设速度快、综合效益佳的效果；尽可能减少对原来自然环境的损坏，建造出适合人群居住和生产的优美环境。

13.1.1 小城镇用地竖向规划的概念

各类小城镇用地的竖向规划是各种总平面规划与设计的组成部分。任何一处总平面设计除了对各种建筑物、构筑物和道路交通等进行平面布置外，对于用地的地面高度也要进行合理考虑，使改造的地形能适于布置和修建各类建筑物；同时，它有利于排除地面水，满足城镇居民正常的生活、生产、交通运输以及敷设地下管线的要求。

一般来说，根据建设项目的使用功能要求，结合用地的自然地形特点、平面功能布局与施工技术条件，在研究建、构筑物及其他设施之间高程关系的基础上，充分利用地形、减少土方量，因地制宜地确定建筑、道路的竖向标高，合理地组织地面排水，有利于地下管线的敷设，并解决好用地及周边的高程衔接。这种对用地地面及管线等的高程（标高）做出的设计与安排，通称为竖向规划。

13.1.2　小城镇用地竖向规划的目的和意义

如何在小城镇规划工作中利用地形，是达到工程合理、造价经济、景观美好的重要途径。

常常有这样的情况，在纸面上制定规划方案时，完全没有考虑实际地形的起伏变化，为了追求某种形式的构图，任意开山填沟，既破坏自然地形的景观，又浪费大量的土石方工程费用。有时各单项工程的规划设计各自进行，互不配合，结果造成桥梁的净空不够，或一些地面水无出路等等。因此需要在总体规划及详细规划阶段，按照当时的工作深度，将小城镇用地的一些主要的控制标高综合考虑，使建筑、道路、排水的标高相互协调。配合小城镇用地的选择，对一些不利于建设的自然地形给予适当的改造，或提出一些工程措施，使土石方工程量尽量减少。还要根据环境规划的观点，注意在小城镇地形地貌、建筑物高度和形成城镇大空间的美观要求方面加以研究。

13.1.3　小城镇用地竖向规划的基本原则

小城镇规划总是在某一特定的地域范围内进行，而各个城镇所在地域的地形都是各不相同的，因此，为了使小城镇规划方案经济合理，在进行整体布局的同时，必须注意结合城镇所在地域的地形条件，进行小城镇用地的总体竖向规划。

充分利用山区丘陵用地，使之在建设中完善地符合生产和生活的使用要求，同时满足土石方工程量少、投资省、建设快、环境好的综合效益，这是竖向规划应当遵循的基本原则。具体应考虑以下几点：

（1）道路走向要合理，并根据技术要求确定各类道路坡度、合适的竖曲线和平曲线以及路口的最小行车转弯半径。

（2）由各类道路划分出来的各种功能的小城镇建设用地，要求对自然地貌的坡向、坡度作适当的整平，为规划及修建提供条件。

（3）地表变化将产生不同坡面的地面径流，要把地面径流引向道路和排水渠。小城镇中大面积用地的上坡面应设置截流沟，引导大量地面径流，以免对城镇或城镇中大面积建设用地的冲刷。

（4）小城镇中各类建筑群体的组合，要充分结合地貌变化，选择合理的标高进行布置。要少动土石方，要尽量维持原来最佳的地貌，使人工建设和自然生态环境紧密地结合。

13.2　小城镇用地竖向规划的任务、步骤与方法

13.2.1　小城镇用地竖向规划的任务

小城镇用地竖向规划工作的基本任务应包括下列几方面：

（1）结合小城镇用地选择，分析研究自然地形，充分利用地形，尽量少占或不占良田。对一些需要经过工程措施后才能用于建设的地段提出工程措施方案。

（2）综合解决小城镇规划用地的各项控制标高问题，如

防护堤、排水干管出口、桥梁和道路交叉口等。

(3) 使小城镇道路的纵坡度既能配合地形又能满足交通上的要求。

(4) 合理地组织小城镇用地的地面排水。

(5) 合理地、经济地组织好小城镇用地的土方工程，考虑到填方、挖方平衡。避免填方土无土源，挖方土无出路，或填方土运距过大等现象出现。

(6) 适当地考虑配合地形，注意小城镇环境的立体空间美观要求。

13.2.2　小城镇用地竖向规划的现状资料

小城镇用地竖向规划需取得必要的基础资料和设计依据，通过现场踏勘等工作深入了解用地及其周围地段的地形和地貌；并应与当地有关部门近年确定的数据相对照，根据规划阶段的内容、深度要求及建设项目的复杂程度，取舍各项资料。基础资料主要有：

(1) 地形图

详细规划阶段比例为 1:500 或 1:1000 的地形测绘图，并标有等高距为 0.50~1.00m 的等高线，以及 50~100m 间距的纵横坐标网和地貌情况等；在山区考虑用地外排洪问题时，为统计径流面积还要求提供 1:2000~1:10000 的地形图。总体规划阶段则应与小城镇总体规划所确定的图纸比例取得一致。

(2) 建设用地的地质条件资料

小城镇建设用地内的工程地质、水文地质资料，如：土壤与岩层、不良地质现象（如冲沟、沼泽、高丘、滑坡、断层、岩溶、峭壁等）及其他地形特征、地下水位等情况。

(3) 建设用地平面布局

小城镇规划中的道路系统规划图（标明道路横断面图及

平曲线、超高等设计参数,道路中心点标高、道路纵坡度、路段长度、纵断面图),建设用地外部的道路定线图、纵横断面图和道路竖向规划图(标明控制点标高、纵坡度、坡长等参数),用地内建、构筑物的总平面布置图。

(4) 用地排水与防洪方案

小城镇建设用地所在地区的降雨强度。建设用地地表雨水排除的流向及出口(如流向沟渠河道、城市雨水管网的接入点位置)、容量(如沟渠河道的排水量及水位变化规律,城市雨水管线的管径等);确定雨水流向用地的径流面积;了解排水与附近农田灌溉的关系。

在有洪水威胁的地区,要根据当地水文站或有关部门提供的水文资料,了解相应洪水频率的洪水水位、淹没范围等资料,历史不同周期最大洪水位,历年逐月最大、最小、平均水位等资料,以及当地洪痕和洪水发生时间;调查所在地区的防洪标准和原有的防洪设施等;了解流向用地的径流面积和流域内的土壤性质、地貌和植被情况等。

(5) 地下管线的情况

建设用地内各种地下工程管线的平面布置图及其埋置深度现状及其要求,重力管线的坡度限制与坡向等。

(6) 填土土源与弃土地点

不在内部进行挖、填土方量平衡的建设用地,填土量大的要确定取土土源,挖土量大的应寻找余土的弃土地点。

以上各项资料应尽可能与有关单位取得协议文件,且可根据设计阶段的内容陆续取得。

13.2.3 小城镇用地竖向规划的方法与步骤

小城镇用地竖向规划常采用的基本表达方法有三种:高程箭头法、纵横断面法、设计等高线法。这三种方法各有特点,适用于不同的情况，分别介绍如下。

(1) 高程箭头法（或称设计标高法）

这是一种简便易行的方法，即用设计标高点和箭头来表示地面控制点的标高、坡向及雨水流向；表示出建筑物、构筑物的室内外地坪标高，以及道路中心线、明沟的控制点和坡向并标明变坡点之间的距离；必要时可绘制示意断面图。

用这种方法表示竖向布置比较简单，并能快速地判断所设计的地段总平面与自然地形的关系；其制图工作量较小，图纸制作快，而且易于修改和变动，基本上可满足设计和施工要求，是一种普遍采用的表达方法。其缺点是比较粗略，需要有综合处理竖向标高的经验；如果设计标高点标注较少，则容易造成有些部位的高程不明确，降低了准确性。

其表示的内容如下（图13.2.3-1）：

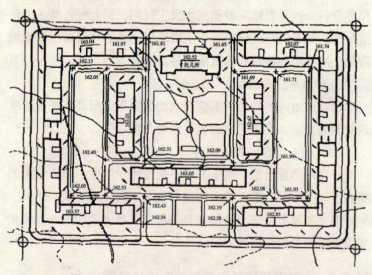

图13.2.3-1　用高程箭头法绘制的竖向规划图

1）根据竖向规划的原则及有关规定，在总平面图上确定规划区域内的自然地形；

2）注明建、构筑物的坐标与四角标高、室内地坪标高和室外设计标高;

3）注明道路及铁路的控制点（交叉点、变坡点……）处的坐标及标高;

4）注明明沟底面起坡点和转折处的标高、坡度、明沟的高宽比;

5）用箭头表明地面的排水方向;

6）较复杂地段，可直接给出设计剖面，以阐明标高变化和设计意图。

该图一般可结合在总平面图中表示。若有些地形复杂或在总平面图上不能同时清楚表示竖向规划时，可单独绘制竖向规划图。

（2）纵横断面法

此法多用于地形复杂地区或需要作较精确的竖向规划时采用。

一般先在场地总平面图上根据竖向规划要求的精度，绘制出方格网（精度越高则方格网越小），并在方格网的每一交点上注明原地面标高和设计地面标高，即：

$$\frac{原地面标高}{设计地面标高}$$

然后沿方格网长轴方向绘制出纵断面，用统一比例标注各点的设计标高和自然标高，并连线形成设计地形和自然地形断面；同样方法沿横轴方向绘出场地竖向规划的横断面。纵、横断面的交织分布，综合表达了场地的竖向规划成果。

此法的优点是对场地的自然地形和设计地形容易形成立体的形象概念，易于考虑地形改造，并可根据需要调整方格网密度，进而决定整个竖向设计工作的精度。其缺点是工作量往往较大，耗时较多。

纵横断面法竖向规划工作主要包括如下内容（图13.2.3-2）：
1）绘制方格网
根据所规划地形的复杂程度、工程要求精度，以适当间距绘制方格网。方格网尺寸的大小因图纸比例和所需精度而定；图纸比例大（如1:500～1:1000），方格网尺寸小；图纸比例小（如1:1000～1:2000），方格网尺寸大。

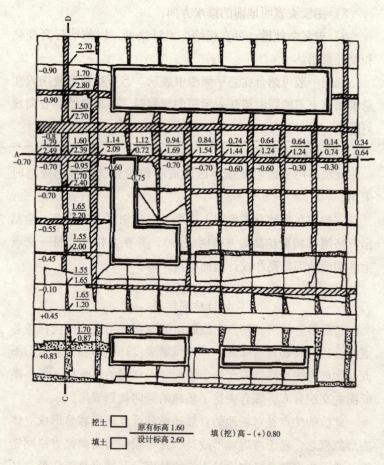

图13.2.3-2 用纵横断面法绘制的竖向规划图

2）确定方格网交点的自然标高

根据地形图中的自然等高线，用内插法，求出方格网点的自然标高。

3）选定标高起点

选定一标高点作为绘制纵横断面的起点，此标高点应低于图中所有自然标高值。

4）绘制方格网的自然地面立体图

放大绘制方格网，并以所选标高起点为基线标高，采用适宜比例绘出场地自然地形的方格网立体图。

5）确定方格网交点的设计标高

根据立体图所示自然地形起伏的情况，考虑地面排水、设计中建筑物的组合排列及土方平衡等因素，综合确定场地地面的设计坡度和方格交点的设计标高。

6）设计场地的土方量

根据纵横断面所示设计地形与自然地形的高差，计算场地填、挖方工程量，进行平衡、调整，并相应修改场地方格网立体图，使之满足工程要求、减少填挖方总量，以确认设计标高和设计坡度的合理性。

7）场地设计地面的表达

根据最后确定的设计标高，在竖向规划成果图上抄注各方格网交点的设计标高，并按比例相应绘出竖向规划的地面线。

（3）设计等高线法

设计等高线法，多用于地形变化不太复杂的丘陵地区的场地竖向规划。其优点是能较完整地将任何一块用地或一条道路的设计地形与原来的自然地貌作比较，随时可以看出设计地面挖填方情况（设计等高线低于自然等高线为挖方，高于自然等高线为填方，所填挖的范围也清楚地显示出来），以便于调整。

13 小城镇用地竖向规划

这种方法,在判断设计地段四周路网的路口标高,道路的坡向、坡度,以及道路与两旁用地高差关系时,更为有用。由于路口标高调整将影响到道路的坡度、两旁建筑用地的高程与建筑室内地坪标高等,采用设计等高线法进行竖向规划调整,可以一目了然地发现相关问题,有效地保证竖向规划工作的整体性、统一性。

这种设计方法整体性很强,还表现在可与场地总体布局同步进行,而不是先完成平面规划、再做竖向规划。也就是,在使用场地平面图进行平面使用功能布置的同时,设计者不只考虑纵、横轴的平面关系,也要考虑垂直地面轴(Z)的竖向功能关系。它成为设计者在图纸中进行三度空间的思维和设计时的一种有效手段,是一种较科学的设计方法。

设计等高线法,大量地应用于小城镇建设用地的竖向规划工作中,如居住小区、广场、公园、学校……及其路网的设计(见图13.2.3-3)。

用设计等高线法进行竖向规划的步骤如下:

①根据建设用地总体布局,在已确定的道路网中绘出道路红线内各组成部分(轴线、控制线等)的平面图。对场地区域内各条道路作纵断面设计,确定道路轴线交叉点、变坡点等控制点的标高。根据道路横断面可求出道路红线的标高。

②当所设计的地段地形坡度较大时,可根据需要布置出护坡、挡土墙等,形成台地,并注明标高。

③用插入法求出街道各转折点及建筑物四角的设计标高。

④建设用地人行道的坡度及线型应结合自然地形、地貌灵活布置,当坡道的纵坡大于10%时,可设置为不连续的坡面,或设置一部分台阶,台阶旁可辅以一定宽度的坡道,以便于自行车的上下推行。

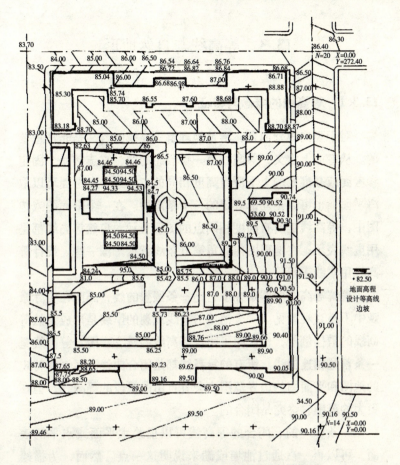

图 13.2.3-3 用设计等高线法绘制的竖向规划图

⑤根据基地地形、地貌的变化,通过地形分析划分出若干排水区域、分别排向临近道路。基地排水系统可采用不同的方式,如设置自然排水、管道系统排水或明沟排水等。地面坡度大时,应以石砌以免冲刷,有的也可设置沟管,并在低处设进水口。

以上步骤,可以初步确定场地的四周边线标高及内部道路、房屋四角的设计标高,再联成大片地形的设计等高线。

13.3 等高线与自然地形

13.3.1 等高线的概念与特征

对于竖向规划而言,清楚地理解等高线的含义是非常重要的。从专业上定义,等高线是一条假想的线,它连接一个固定参考面或基准面的上下所有高度相同的点。这个参考面可以取海平面,也可以是局部确定的一个基准面。在一个平面图或地图中,等高线是所有高度相同点的图形表示。自然等高线都是用虚线表示;在地形图内的每第五条线就描得深一些。设计等高线用实线表示。

理解等高线的困难在于它是一条假想的线,因此在实际景观中不易直观看见。一个池塘的边线或湖的岸线是形成天然等高线的最佳例子,也说明了闭合等高线的概念。闭合等高线是一条首尾相连的线。所有的等高线都是闭合曲线,尽管在特定的地图和平面图的边界范围内会有自由曲线段的等高线,但在更大的范围它终究是闭合的。

一条单一的、闭合的等高线可以描绘水平面或水平的表面,可以再一次通过池塘或湖来说明这一点。然而,为描绘一个三维的表面就需要多条等高线了。从一座体育场或露天竞技场中成排的座位,可以非常容易地想象出一系列定义成碗形的等高线。这里有一点需强调的是,等高线图是用二维来表示三维的形状。城市规划师和景观设计人员必须培养的一个基本能力是通过等高线图形或平面图,去分析、理解、想象地貌特征,一般来讲要参考地形图。规划设计者不但要理解现有的等高线和地形,还要从美学和生态学上理解等高线的变化所产生的内涵。图 13.3.1-1 和图 13.3.1-2 中一系列图例表明等高线如何定义地形以及地形如何根据等高线变化而变化。金字塔形等高线由一系列同心正方形构成,通过把正方形变成圆形,等高线构成的形状就从一个金字塔形变成一个圆锥体。图 13.3.1-2 说明了这种始于等高线平面图上的变化。自然景观是由大量的复杂地形组合在一起的几何形状构成的。

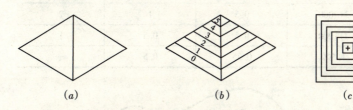

图 13.3.1-1 等高线与三维地形的关系
(a) 各边长度相等的金字塔;(b) 等高线的轴侧图;
(c) 金字塔形等高线平面图(同心的正方形)

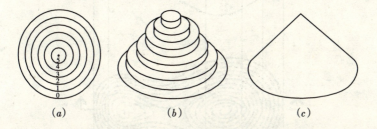

图 13.3.1-2 通过改变等高线来改变地形
(a) 金字塔形正方形等高线变成同心的圆形等高线;
(b) 圆形的等高线按照蛋糕的形状堆放成层状;(c) 等边的锥形轴侧图

相邻等高线的高度之差被定义为等高距。为正确理解一张地形图,包括比例、斜坡方向等,等高距在地形图上通常是一个固定的常数。常用的等高距是 0.20m、0.50m 和 1.00m。等高距的选择根据地形的不平整性、地形平面图应用的目的来确定(参考表 13.3.1-1)。很显然,当地图的整体比例减小(例如从 1:250 到 1:1000),或等高距增加时,大量的细部构造被掩盖,准确率也随之下降(图13.3.1-3)。

不同比例尺的地形图等高距(m)　　表13.3.1-1

比例尺	不同地貌		
	平　地	丘陵地	山　地
1:5000	1.0	2	5
1:2000	0.5	1	2
1:1000	0.5	0.5	1
1:500	0.25	0.5	—

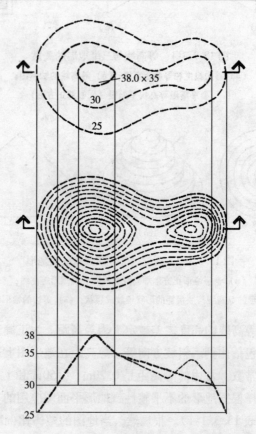

图13.3.1-3　等高线间距与地形的精确性

以下所列各点总结了有关等高线的基本特性。

（1）根据定义，位于同一条等高线上的点高度相同。

（2）任意一条等高线都是连续曲线，它们在地形图内或超出这个范围构成闭合的曲线。

（3）为表示三维地形和斜坡方向，需使用两条或更多的等高线。

（4）最陡的斜坡是和等高线垂直的。这是在最短的水平间距上有最大的竖向变化的结果。

（5）同前一点一致的是，水沿着垂直于等高线的方向流动。

（6）对于相同比例和等高距，当地图上等高线间的距离减小时，斜坡的坡度加大。

（7）间隔均匀的等高线表明坡的坡度一致。

（8）除了有突出的悬崖、天然的桥梁或别的类似现象之外，等高线不会相交。

（9）在天然景观中，等高线不会分开或断开。

13.3.2 自然地形的等高线表示法

在分析地貌特征时，用清楚的等高线图形表示地貌特征会使问题变得很容易。这些图形称为等高线特征图。在图13.3.2-1的等高线地图中（美国国家地质测量机构颁布的标准地形图上的一方格的一部分），可以找出典型的等高线特征图。

（1）山脊和山谷

山脊就是一种凸起的细长形地貌。在地形狭窄处，等高线指向山下方向。典型地，沿着山脊侧边的等高线将相对平行。而且，沿着山脊会有一个或几个最高点。

山谷是长形的凹地，并在两个山脊之间形成空间，等高线沿溪谷向上形成尖。山脊和山谷必须相连，因为山脊的边坡形成山谷壁。山谷由指向山顶的等高线表示。

13 小城镇用地竖向规划

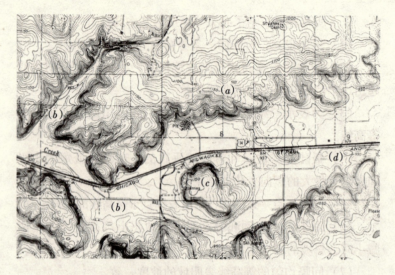

图 13.3.2-1 等高线特征图
（a）山脊；（b）山谷；（c）峰顶；（d）谷底

对于山脊和山谷，其等高线形状是相似的，因此，标出坡度方向是非常重要的。在某种情况下，等高线会改变方向形成U形或V形形状。因为等高线改变方向的是较低点，所以V形经常和山谷联系起来。水沿着两个斜坡的交汇处汇集起来向山下流动，在底部形成天然排水沟（见图13.3.2-2）。

（2）峰顶和谷底

峰顶是这样一种地貌，例如一座小丘、小山或大山，相对于周围地面而言有一个最高点。等

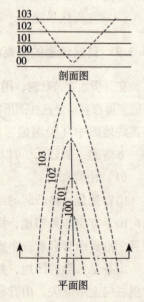

图 13.3.2-2 等高线表示小溪

高线构成同心的、闭合的图形，在中心区是最高的等高线。因为地形在各个方向都向下倾斜，因此峰顶排水最好。

相对周围地面而言存在一个最低点，这种地貌称为谷底。在谷底，等高线再次形成同心的、闭合的图形，但中心区是最低的等高线。为避免把峰顶和谷底混淆，知道高度变化方向是很重要的。在图形上，通常用影线来区别最低等高线。因为谷底积水，所以形成了一些典型的湖泊、池塘和沼泽地。山顶的最高点或谷地的最低点都用点高度来表示。

（3）凹面和凸面斜坡

凹面斜坡的一个明显特点是沿着山脚方向等高线间距越来越大，这说明在高度较高处斜坡陡，而在低处斜坡逐渐变得平缓（见图13.3.2-3）。

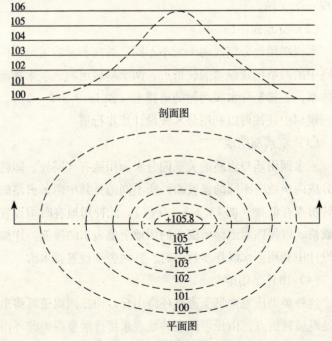

图 13.3.2-3　等高线表示凹面坡

凸面斜坡和凹面斜坡正好相反，换句话说，沿着山脚方向的等高线间距越来越小；斜坡在高处平缓而在低处逐渐变陡。

13.3.3 小城镇的不同地形用地

小城镇用地被路和自然条件分割成块，其大小不同的用地，一般出现以下形式，它们将影响建筑布置和地面排水。

（1）斜坡面用地

这类用地最为普遍。用地与道路之间出现高于道路的正坡面和低于道路的负坡面，两者皆有不同的坡度。从图13.3.3-1（a）中可见，斜坡用地将使道路出现不同纵坡向和坡度，正坡面的地表水将排至路上。这类用地与道路之间出现一个夹角。

（2）分水面用地

水线把用地分割成两个大小不同、坡向各异的用地，四周道路中的两条出现纵坡的转折点，两个斜坡面的地表水排泄各成体系，各排至分水线两侧的道路上（图13.3.3-1（b））。在详细规划中往往可以利用分水线设计成步行道。

（3）汇水面用地

汇水面用地与道路的关系同分水面用地有共同处，即将用地分成两块坡向不同的斜坡面；所不同的是其中两条道路的纵坡转折点在低处（图13.3.3-1（c））。此种用地有时须设置涵洞或桥，以便四周道路所围成的用地上地表水的排泄。详细规划设计中利用汇水线作步行道时，其两旁须设置排水沟。

（4）山丘形用地

这种类型用地常见于道路环绕山丘。山丘四周道路将出现多处纵坡转折点，山丘形用地的地表水将排泄至四周的环山道路上（图13.3.3-1（d））。

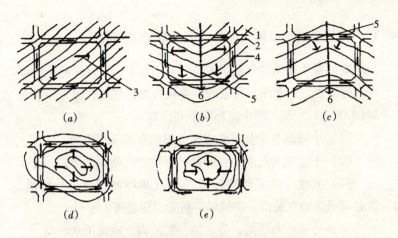

图 13.3.3-1　小城镇道路与用地关系
(a) 斜坡面用地；(b) 分水面用地；
(c) 汇水面用地；(d) 山丘形用地；(e) 盆地形用地
1—等高线；2—道路；3—坡向；
4—道路坡向；5—脊线、谷线；6—分水线

(5) 盆地形用地

被四周道路所围的低洼盆地（图 13.3.3-1 (e)），除非有较大的汇水面形成自然水塘，增添生活环境美，否则，低洼处的积水对环境不利，只得采用回填的竖向规划措施提高用地标高或疏导地表水的排泄。

13.4　小城镇总体规划阶段的竖向规划

小城镇用地竖向规划的工作，要与小城镇规划阶段配合进行。小城镇规划一般分为总体规划与详细规划两个阶段。各阶段的工作内容与具体作法要与该阶段的规划深度、所能提供的资料以及要求综合解决的问题相适应。在总体规划阶段确定的一些控制标高应该是用以确定详细规划阶段标高的依据。

13.4.1 小城镇总体规划阶段竖向规划的内容

需要对小城镇的全部用地进行竖向规划,可以编制小城镇用地竖向规划示意图。图纸的比例尺与总体规划相同,一般为1:10000~1:5000,图中应标明下列内容:

(1) 小城镇各个基本组成部分用地布局及干道网;
(2) 干道交叉点的控制标高,干道的控制纵坡度;
(3) 其他一些主要控制点的位置和控制标高,如桥梁、铁路与干道的交叉口、防护堤、桥梁、隧道等;
(4) 分析地面坡向、分水岭、汇水沟、地面排水走向。

此外,在编制竖向规划示意图的同时,编写说明书,以说明分析小城镇用地的自然地形情况和竖向规划的示意图,以及竖向示意图中未能充分表明、必须用文字说明的内容。

13.4.2 小城镇总体规划阶段竖向规划应注意的几个问题

在小城镇用地评定分析时,就应同时注意竖向规划的要求,要尽量做到利用配合地形,地尽其用。要研究工程地质及水文地质情况,如地下水位的高低,河湖水位和洪水水位及受淹地区。对那些防洪要求高的用地和建筑物不应选低地,以免提高设计标高,而使填方过多,工程费用过大。

竖向规划首先要配合利用地形,而不要把改造地形、土地平整看做是主要目的。

在小城镇干道选线时,要尽量配合自然地形,不要追求道路网的形式而不顾起伏变化的地形。要对自然坡度及地形进行分析,使干道的坡度既符合道路交通的要求又不致填挖土方太多,不要追求道路的过分平直,而不顾地形条件。地形坡度大时,道路一般可与等高线斜交,避免与等高线垂直,亦要注意干道不能没有坡度或坡度太小,以免路面排水困难,或对埋设自流管线不利。干道的标高宜低于附近居住区用地的标高,干道如沿汇水沟选线,对排除地面水和埋设排水管均有利。

对一些影响小城镇总体规划方案关系较大的控制点的标高,要全面综合地研究,必要时放大比例尺,作一些规划方案的草图进行比较。如确定通航河道上的桥梁控制标高时,首先对于通航河道的洪水位要定得恰当,然后根据航道等级确定其净空限制,定出桥底标高,然后加上桥梁的结构厚度,确定桥面标高(图13.4.2-1)。

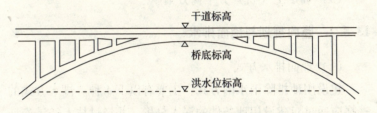

图13.4.2-1 通航河道上的桥梁控制标高

铁路与干道的立交控制标高也要在总体规划阶段确定。铁路坡度及标高一般不易改变。城市干道能否在保证净空限制高度的情况下通过,必要时亦要放大比例尺研究确定。在地形条件限制很严的情况下,有时为了解决合理的标高甚至需要局部调整干道系统(图13.4.2-2)。

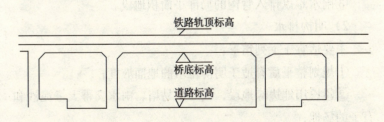

图13.4.2-2 铁路与干道立交控制标高

13.5 小城镇详细规划阶段的竖向规划

13.5.1 小城镇详细规划阶段竖向规划的内容

（1）确定各项建设用地的平整标高；

（2）确定建筑物、构筑物、室外场地、道路、排水沟等的设计标高，并使相互间协调；

（3）确定地面排水的方式和相应的排水构筑物；

（4）确定土（石）方平衡方案。

13.5.2 竖向规划与地面排水

（1）地面排水方式

建设用地排除雨水的方式，主要有以下4种。排水方式的选择应通过对建设用地条件的深入分析，并经过技术经济论证后方能确定。

1）自然排水

即：不使用管沟汇集雨水，而通过设计地形的坡向使雨水在地表流出场地。一般较少采用，仅适用于下列情况：

①降雨量较小的气候条件；

②渗水性强的土壤地区；

③雨水难以排入管沟的局部小面积地段。

2）明沟排水

主要适宜于下列情形：

①规划整平后有适于明沟排水的地面坡度；

②建设用地边缘地段，或多尘易堵、雨水夹带大量泥沙和石子的场地；

③采用重点平土方式的用地或地段（只是重点地在建筑

物附近进行整平,其他部分都保留自然地形不变);

④埋设下水管道不经济的岩石地段;

⑤没有设置雨、污水管道系统的郊区或待开发区域。

3) 暗管排水

这是城区内一般建设用地最常见的一种排水方式,通常适用于下述几种情况:

①用地面积较大、地形平坦,不适于采用明沟排水者;

②采用雨水管道系统与城市管道系统相适应者;

③建筑物和构筑物比较集中、交通线路复杂或地下工程管线密集的用地;

④大部分建筑屋面采用内排水的;

⑤建设用地地下水位较高的;

⑥建设用地环境美化或建设项目对环境洁净要求较高的。

4) 混合排水

即:暗管与明沟相结合的排水方式。可根据建设用地的具体情况,分别不同区域灵活采用不同的排水方式,并使两者有机结合起来,迅速排除地面雨水。

(2) 用地整平坡度的要求

为使建、构筑物周围的雨水能顺利排除,又不致于冲刷地面,建筑物周围的用地应具有合适的整平坡度,一般情况下应大于0.5%;困难情况下也应大于0.3%;最大整平坡度可按场地的土质和其他条件决定,但不宜超过6%的坡度。

(3) 雨水口的布置

当采用暗管排水方式时,雨水管道排水系统中雨水口的位置,应考虑集水方便,使用地雨水顺畅地排出,并与雨水管道系统有良好的连接。应尽量使空旷场地上的雨水排入道路边沟或明沟中,以缩短雨水管道长度。雨水口布置在道路最低点收集雨水效果最佳,并应设在雨水检查井附近25m以内,尽可能接近干管,以缩减部分雨水管的直径并减少检查井的数目。在任何情况下,雨水口布置,都应避免设在建筑物门口、分水点及其他地下管道上。

一个雨水口可负担的汇水面积,应根据重现期、降雨强度、土壤性质、铺砌情况和采用雨水口形式等因素决定,一般采用 $3000 \sim 5000 m^2$,但多雨地区可少些,干旱的西北地区可大些,有时可达 $10000 m^2$ 以下。

雨水口的间距一般按其能负担汇水面积的大小,并结合用地整平排水设计要求确定,如表 13.5.2-1。

建设用地内雨水口的间距　　　表 13.5.2-1

道路纵坡(%)	雨水口间距(m)	备 注
<0.3	30~40	当道路纵坡大于 0.3% 或汇水面积大于 $30000 m^2$ 时,雨水口宜加密设置。
0.3~0.4	40~50	
0.4~0.6	50~60	
0.6~0.7	60~70	
0.7~3.0	80	

在道路交叉处,雨水口的布置应根据道路坡度情况确定,一般布置在街道转角处,如图 13.5.2-1。

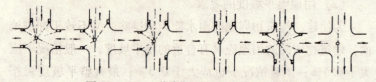

图 13.5.2-1　道路交叉口处雨水口的布置

13.6　建设用地的竖向规划

13.6.1　自然地面坡度的划分

自然地形的坡度可分为平坡、缓坡、中坡、陡坡、急坡等

5 种类型：

(1) 平坡、缓坡

平原地区，地面坡度小于 3% 的为平坡坡地，3%～10% 的为缓坡坡地。

平坡地段建筑、道路布置不受地形坡度限制，可随意安排。坡度小于 0.3% 时，应注意排水组织。

小于 5% 的缓坡地段，建筑宜平行等高线或与之斜交布置，若垂直等高线，其长度不宜超过 30～50m，否则需结合地形作错层等处理；非机动车道尽可能不垂直等高线布置，机动车道则可随意选线。地形起伏可使建筑及环境绿地景观丰富多彩。

5%～10% 的缓坡，建筑道路最好平行等高线布置或与之斜交。若遇与等高线垂直或大角度斜交，建筑需结合地形设计，作跌落、错层处理。垂直等高线的机动车道需限制其坡长。

(2) 中坡

丘陵地区，地面坡度为 10%～25% 的为中坡坡地。中坡地段，建筑应结合地形设计，道路要平行或与等高线斜交迂回上坡。布置较大面积的平坦用地，填、挖土方量甚大。人行道若与等高线作较大角度斜交布置，也需做台阶。

(3) 陡坡、急坡

山地地区，地面坡度 25%～50% 为陡坡坡地；50% 以上为急坡坡地。

陡坡坡地用作建设项目用地，施工不便，费用大。建筑必须结合地形个别设计，不宜大规模开发，在山地建设用地紧张时仍可使用。

急坡地通常不宜用于建设用地。

13.6.2 建设用地的竖向布置形式

设计地面是将自然地形加以适当改造，使其满足设计项目对

13 小城镇用地竖向规划

用地平整程度和高差变化的使用功能要求。根据设计地面整平面之间的连接方法不同,用地地面的竖向布置形式可分为如下 3 种:

(1) 平坡式

平坡式竖向布置(图 13.6.2-1),是把用地处理成接近于自然地形的一个或几个坡向的整平面,整平面之间连接平缓,无显著的坡度、高差变化。

平坡式布置十分有利于建筑布置、道路交通和管线敷设等,但排水条件不利、适应性差。当自然地形复杂、起伏较大时,往往出现大填大挖,形成较大的土方工程量,并造成填土较多处的大量深基础情况。

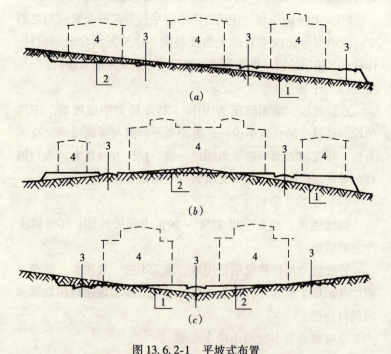

图 13.6.2-1 平坡式布置
1—设计地面;2—原有地面;3—道路;4—建筑
(a) 单向斜面平坡;(b) 由场地中间向边缘倾斜的双向斜面平坡;
(c) 由场地边缘向中间倾斜的双向斜面平坡

一般适用于自然地形较为平缓（坡度在3%~4%之间）的建设用地；以及建筑密度大且铁路、道路、管线较密集，单个建筑占地较大、建筑布置集中，对地面坡度要求较严格（坡度小于2%）的建设项目。

(2) 台阶式

台阶式（又称阶梯式）竖向布置（图13.6.2-2），是由几个高差较大的不同整平面相连接而成的，在其连接处一般设置挡土墙或护坡等构筑物。

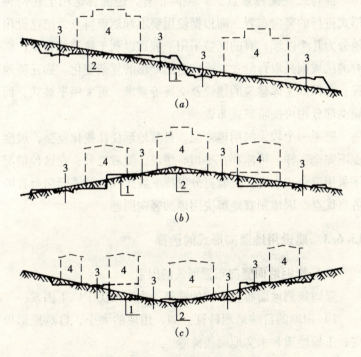

图13.6.2-2 台阶式布置

1—原有地面；2—设计地面；3—道路；4—建筑。

(a) 单向降低的台阶；(b) 由场地中间向边缘降低的台阶；

(c) 由场地边缘向中间降低的台阶

台阶式布置能够较好地适应自然地形的复杂变化,土方工程量小,排水条件较好,但不同整平面之间的道路连接、管网敷设相对困难。

适用于场地自然坡度较大(大于4%)、面积较大的建设用地;或单体建筑占地较小、建筑布置分散,道路交通联系简单、管线不多,以及有大量单向重力运输要求(建筑物之间高差在1.5m以上)的建设项目。

(3) 混合式

混合式(又称重点式)竖向布置,是混合运用上述两种形式进行的竖向布置,即根据使用要求和地形特点,把建设用地分为几个区域,有的区域采用平坡式以利于建筑的布置,而有的区域则采取台阶式以适应自然地形的复杂变化。如丘陵地区,为保证主体建筑的建设及交通等要求,可采用平坡式;而辅助部分则可按阶梯式布置。

对于一个较大的用地来说,自然地形往往变化复杂,坡度也不完全一样,可能存在平坦、缓坡、陡坡之分;在这种情况下采用混合式布置,更能充分发挥平坡式和台阶式竖向布置的各自优点、因地制宜地解决用地的竖向问题。

13.6.3 建设用地竖向形式的选择

(1) 影响地面竖向布置形式的因素

竖向规划地面布置形式的选择,主要取决于以下因素:

1)用地的自然地理特征。如:用地的大小、自然地形坡度、工程地质和水文地质条件等。

2)建、构筑物的布局与基础埋深。即建、构筑物的平面布置形式(集中式或分散式)及建筑密度分布,单体建、构筑物(包括不可分割的建筑群体)占地面积及其基础埋置深度。

3）室外用地的使用要求。即建设项目室外用地的使用对用地平整的坡度要求、交通运输方式的要求等。

4）工程技术方面的要求。如：地上地下管网的分布及密度、用地土方工程量的要求等等。

5）其他因素。竖向规划地面布置形式的选择，还要考虑到用地地质条件（如为黏土类或岩石）、施工方法（人工填挖或机械施工）、室外工程投资额和建设速度的要求等。在某些情况下，这些其他因素对规划地面竖向布置形式的选择往往有很大影响，有时甚至是决定性的。如：某自然地形坡度为2%、宽度不大的用地，应采用平坡式竖向布置，但为减少人工平整场地的土方工程量，而选择了台阶式。

（2）竖向布置形式的选择

1）竖向布置横断面的几何要素

竖向布置横断面的几何要素主要有用地坡地，宽度及挖、填方高度等。

在地形为单一倾斜面的情况下，自然地形坡度、用地整平坡度、用地宽度和挖方、填方高度之间的关系，可用以下公式描述（见图13.6.3-1）：

$$\sum H = H_{挖} + H_{填} = B(i_{地} - i_{整})/100 \quad (13-1)$$

式中　$\sum H$ ——挖填方总高；

$H_{挖}$ ——挖方高度；

$H_{填}$ ——填方高度；

B ——用地宽度；

$i_{地}$ ——自然地形坡度；

$i_{整}$ ——用地设计整平坡度。

考虑土壤疏松系数的影响和基槽等开挖余土，为达到挖填方的平衡，用地土方填方量，一般采用下列比例：

$$H_{挖} = (0.75 \sim 0.8) H_{填} \quad (13-2)$$

将此公式带入式（12-1），则：

$$H_{填} = B(i_{地} - i_{整})/(175 \sim 180) \tag{13-3}$$

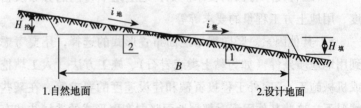

1. 自然地面　　　　　　　　　　　　2. 设计地面

图 13.6.3-1　单一倾斜面中各要素的几何关系示例

2）典型条件下竖向布置形式的选择

在影响地面竖向布置形式的各因素中，建、构筑物的基础埋设深度对用地填方高度有着最直接的制约。从图 13.6.3-1 所示几何关系中可以看出，当单一倾斜面的最大填方高度（$H_{填}$）小于基础构造埋设深度时，用地的竖向布置可采用形式简洁的平坡式；当单一倾斜面的最大填方高度（$H_{挖}$）大于基础构造埋设深度时，则宜采取台阶式，以降低填方高度，使其满足基础埋深的要求。当采用单台阶式布置后，填方高度（$H_{填}$）仍然大于基础合理的埋设深度时，可以多台阶布置方式降低填方高度。

为了在选择中便于比较，可按公式（13-3）所示的关系，设用地整平坡度为 0.5%、$H_{挖}=0.8H_{填}$，则：

$$H_{填} = B(i_{地} - 0.5\%)/180 \tag{13-4}$$

即：在一定的自然地形坡度（$i_{地}$）下，用地宽度（B）与填方高度（$H_{填}$）呈线性正相关（图 13.6.3-2）。根据基础埋设深度的限制，可从图 13.6.3-2 中直观地得到每一具体情况下平坡式与台阶式竖向布置的界限值；即：由基础埋设深度（以 3m 为例）可得到用地竖向的最大填方高度（$H_{填}$=基础埋深=3m），在相应自然地形坡度（设 $i_{地}$=4%）的函数直线中可查得最大用地宽度（$B = 155\mathrm{m}$）；若实际用地宽度小于该最大值（155m），则竖向布置形式可采用平坡式，否则须采用台阶式分段布置。

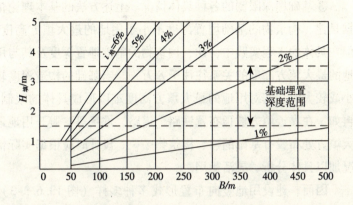

图 13.6.3-2　$H_填$、B 和 $I_地$ 关系图

由于所涉及因素的复杂性，这一方法显然存在某些局限性；但它毕竟具有一定的典型性和实际意义，当用地地形起伏的规律性比较强，能够将整个用地划分为若干单项坡面时，它可以帮助我们确定用地的竖向布置形式。在台阶式竖向布置中，还能借鉴它初步确定各台阶的高宽尺寸。

3）因地制宜、综合选择建设用地的竖向布置形式

应当指出，上图仅是根据典型横断面计算出的临界值，它不可能包括所有用地竖向布置中遇到的各种实际情况，公式 13-1 和图 13.6.3-2 中所涉及的各个参数均有不同的复杂性或不确定性：

①自然地形的复杂性。如：位于起伏较大的丘陵地段或分水岭、凹地地形的用地，其自然地形坡度（$i_地$）变化复杂，工作中应选择典型位置的竖向断面进行具体分析。

②用地竖向设计要求的多样性。不同建设项目对用地设计

整平坡度（$i_{整}$）的要求各不相同。如虽为单向倾斜地形，但主要整平面的坡度允许较大，则对平坡式的选用限制大为降低，设计工作更为灵活。

③基础埋深限制的各种具体情况。上述方法的基本理论依据是建、构筑物的基础埋置深度不小于用地的最大填方高度；但在具体的工程实践中，建、构筑物的基础埋置深度及其与用地的最大填方高度的关系往往千差万别。当基础的构造深度较小或较大时，其对用地的最大填方高度难以形成具体的限制；再如，在靠近填方坡顶布置铁路、道路、堆场等，避开用地最大填方处布置有基础的建、构筑物……。设计时应根据实际情况加以具体分析、灵活运用。

因而，建设用地竖向布置形式多种多样（图13.6.3-3），不能只根据上述公式计算的结果进行选择，还必须与整个总平

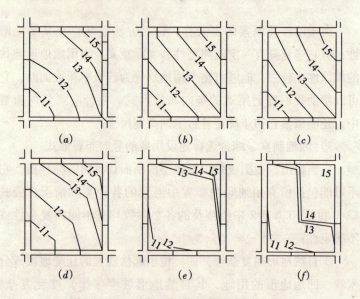

图13.6.3-3 同一用地的不同竖向规划处理

(a) 自然坡；(b) 单匀坡；(c) 凸坡；(d) 凹变坡；(e) 筑平；(f) 台地

面设计和运输设计统一考虑其可能性和合理性。在各种具体情况下，采用何种竖向布置形式为宜，需要结合当地的有关条件进行综合技术经济比较而定。在分析比较中，应抓住起主导作用的关键因素，做出经济、合理的决策。

13.6.4　台阶式竖向规划

在台阶式竖向布置中，整个建设用地可由分别处于不同高程上的若干台阶组成。它的布置应根据用地的自然地理特征、功能分区、内外交通组织、建筑密度和建、构筑物的占地尺寸等因素合理确定。

（1）台阶划分的原则

台阶的划分与用地的功能分区、交通运输组织、管线布置等有着紧密的联系。在满足使用功能的前提条件下，把用地的"平面"和"竖向"布置要求统一考虑，结合用地条件合理进行台阶划分，才能保证用地规划的完整性和经济合理性。在台阶划分时应考虑的主要原则是：

1）结合用地的功能分区，便于交通组织

一般按功能分区划分台阶，以便于使用功能、交通流线的组织和管网的敷设。有时数个功能区可以放在同一台阶上，有时一个功能区也可以布置在几个台阶上。特别是彼此之间交通联系频繁或使用性质相似的建、构筑物等应布置在同一台阶上，以避免因相互间高差过大而造成道路布置困难或线路过长、占地过多。

2）充分适应自然地形条件

为有效利用地形，狭长台阶宜与等高线平行布置，并与建设项目的交通流线组织相协调，形成一个顺序的阶梯系统。工厂总平面的竖向台阶宜按其生产的主要流程划分，最好形成由高而低的生产过程。

3) 台阶的划分宜主、次分明

在某些情况下，台阶可分成主（要）台阶和辅（助）台阶。在主台阶上可布置对整个项目有重大影响的主要功能区和主体建筑或设施，并优先满足其在生产运输、地形地质和台阶宽度等方面的要求。辅台阶则可布置辅助性建、构筑物，并配合主台阶的设置而因地制宜布置。

4) 台阶的数量要适当

在不过多增加工程量和投资的条件下，台阶数量不宜过多，以利于纵横向的交通运输联系和管线的敷设。

5) 有利于减少土方量和基础工程量

在分台处理时，不宜采用全挖方或全填方的台阶，因为这会造成土方量较大、弃土或填土过多；一般都采用半填半挖的台阶，并把建、构筑物尽量布置在挖方的地段。

6) 与建设施工方式相配合

台阶的划分要考虑当地的施工条件，人工施工的场地宜尽量减小对自然地形的改变，以减小土方工程量。当采用重型土方机械进行用地平整施工时，台阶划分不宜过于分散，数量不宜过多、面积不宜过小、宽度不宜过窄、标高变化不易过大，以避免使土方施工复杂化。

(2) 台阶的尺寸

1) 台阶的宽度

台阶的宽度，主要取决于台阶的需要宽度（$B_{需}$）和台阶的容许宽度（$B_{容}$）。前者是建设项目总平面布置需要的台阶宽度，即根据建设项目使用功能、交通流线组织、台阶上建筑物与构筑物的尺度及布置方式、通道宽度、管线敷设要求、建设施工条件以及总平面布局等所需要的台阶宽度；后者是场地自然条件容许的台阶宽度，即在经济合理的条件下，每一自然地形坡度实际允许的台阶宽度。这是一个问题的两个方面，若二者吻合，问题便可顺利解决；否则必须采取有效措施，使二者能够协调。

由公式（13-4）可以得出台阶的容许宽度为：

$$B_{容} = (175 \sim 180) \times H_{填} / (i_{地} - i_{整}) \quad (13\text{-}5)$$

在用地整平坡度（$i_{整}$）中，最小整平坡度须满足地面排水及施工误差要求。一般整平坡度应在0.5%~2%范围内。

合理的填方高度（$H_{填}$），主要视基础的构造埋深而定。一般民用建筑的基础埋深取决于冻土层厚度、地下水位、持力层位置及与基础有关的构造要求等因素。为保证工程建设的经济性，一般填方高度不超过基础埋深。

若设定用地整平坡度和合理的填方高度为某一确定值，即可由公式13-5得到台阶的容许宽度。若台阶需要的宽度小于或等于容许宽度，那么台阶的宽度就可以确定。否则就需要在可能条件下相应调整公式中有关参数，或采取必要的措施（如压缩通道宽度、将用地整平面设计成较大的坡度、将交通联系较少的建筑物与构筑物布置在其他或新设置的台阶上、在足够的技术经济依据下增加基础埋设深度等），使所确定的台阶宽度满足功能、技术、经济等方面的要求。

除此之外，在采用机械化施工时，台阶的最小宽度，还受到施工机械最小操作宽度的限制，应为方便施工创造条件。

2）台阶的高度

相邻台阶之间的高差称为台阶高度。台阶高度主要取决于用地自然地形横向坡度和相邻台阶之间的功能关系、交通组织及其技术要求。此外，建筑物与构筑物基础埋深、台阶宽度、地质条件、台阶坡顶布置（是否有建筑物与构筑物）、土方工程量和挡土墙等支挡工程等，也影响台阶高度的确定。

台阶的高差一般以3.0~4.0m为宜（最高4.0~6.0m），以避免道路坡道过长、交通组织困难并增加挡土墙等支挡结构工程量。当台阶高差处理为斜坡时，随高度增加还会引起斜坡占地过大，从而影响整个总平面布局。一般台阶高度在3m左右、自然地面坡度在2%~3%之间，采用半填半挖设计时，台阶的宽度在20~30m左右，基本上可以满足一般中小型建筑用地的布置要求。

但台阶高度也不宜过低，一般不小于1.0m。过低的台阶虽能减少一些土方量，但总的意义不大，反而会带来其他一些不利影响。若总平面布局和使用功能要求允许，一般不应设置台阶，可采取提高地面坡度的办法予以处理。

在地面坡度较大的地段，如果总平面及运输设计允许，当基础构造埋深时，或在技术、经济允许额外增加局部的基础埋深时；或者当台阶坡顶附近布置小型建筑物、铁路、道路、空地、堆场时，台阶的高度可以稍大些。

建筑物垂直于自然等高线时，可采用建筑物室内地坪标高逐级跌落的处理方式，以降低挡土墙的高度。利用挡土墙作建筑物的基础，可缩小两个台阶之间的间距，节约用地、减小土方和支挡工程的工程量。

13.7 道路和广场竖向规划

根据详细规划设计中总平面图，进行道路和广场的竖向规划，所应用的图纸比例，依据所提供条件而定，如一般小城镇建设地段总平面图用1∶1000或1∶500。

13.7.1 小城镇道路竖向规划的步骤与方法

（1）必须根据规划地段中的总平面图进行分析，以判断各条道路的功能、允许的纵坡度和限制坡长，初步确定各个交叉口和纵坡转折点的标高。标高值要使用地形平面图上原地貌

等高距 H 值，如 $H=1.0$（m），标高值宜用1，2，3，4，…；或 $H=0.5$（m），则标高值宜用1.0，1.5，2.0，2.5，…，依此类推。

（2）根据交叉口至纵坡转折点的标高的高程差，除以该地形图的等高距，（如 1:1000 用 $H=1.0\text{m}$，1:500 用 $H=0.5\text{m}$、1:200 用 $H=0.1\text{m}$），即得所需平距的长度（为了快速作图，可用分规在路的中心线上进行分段），沿路中心线上标出各平距长度的点。

（3）应用平距比例尺（1:500，1:1000，…），即可判断交叉口至纵坡转折点或交叉口至交叉口之间的纵坡度 $i_{纵}$（%）。

（4）可在路中心线已标出的各平距长度的点上注明高程，且用红色数字和点指出它是设计等高线的位置和标高。

（5）判断所设计道路的纵坡度和纵坡长是否符合设计要求。如不符合设计要求则只能重新确定平面图上的交叉口标高和另选纵坡转折点并定出标高，以提高或降低纵坡度和增大或缩小纵坡长度。

（6）分析道路的设计纵坡与原来地貌的挖填状况和设计的道路对两旁用地的影响情况，是否影响两旁用地的发展和次要道路的进入。

13.7.2 小城镇道路纵坡转折点及交叉口标高的确定

小城镇道路有不同的使用功能。山区丘陵地的小城镇道路的功能对道路提出了最大的纵坡要求，见表13.7.2-1。

山区、丘陵地区道路的最大纵坡（%）　　表13.7.2-1

序　号	道路种类	最大纵坡值
1	小城镇主干道	≯8（一般为6）
2	小城镇次干道	≯8
3	建设用地通路	≯8

续表

序 号	道路种类	最大纵坡值
4	辅助道路	≯8
5	电瓶车道	≯4
6	自行车道	≯4
7	排除雨水的最小纵坡	≮0.2~0.4（一般为0.3）

同时，山区丘陵地对道路的纵坡坡长有一定的限制，见表13.7.2-2。

道路纵坡长度极限值（m） 表 13.7.2-2

纵坡（%）	坡长限制
>5~6	800
>6~7	400
>7~8	300
>8~9	100

因此，小城镇道路的路口标高和纵坡转折点标高的确定，必须根据道路功能，允许最大纵坡值和坡长极限值三方面因素来考虑。此外，还必须遵循以下几点。

（1）当道路路段连续纵坡大于5%时，应设置缓和地段。缓和地段的坡度不宜大于3%，长度不宜小于300m。当地形受到限制时，缓和地段长度可减为80m。

（2）道路的定线设计必须充分结合自然地貌，只有在不得已时才动土方，从根本上改变原来的地貌；

（3）在竖向规划时，道路经过之处应尽可能不损坏表土层，使植物的栽培能正常成长；

（4）小城镇中的特殊用地，如工业、铁路专用线，水运码头设施等用地，在不影响它们的生产工艺流程及运输条件下，也应当充分注意完善道路与运输线路的竖向规划。

13.7.3 小城镇道路横断面竖向规划

小城镇规划中建设用地内的道路系统，除选择交叉口、纵坡转折点和确定标高外，尚需分析、确定和绘制道路的横断面竖向设计图。

各种小城镇不同形式的横断面由详细规划要求所决定，道路横断面坡度取决于不同路面的做法，见表13.7.3-1。

道路的横向坡度（%） 表13.7.3-1

序 号	路面面层类型	横 坡
1	水泥混凝土路面	1.0~2.0
2	沥青混凝土路面	1.0~2.0
3	其他黑色路面	1.5~2.5
4	整齐石块路面	1.5~2.5
5	半整齐和不整齐石块路面	2.0~3.0
6	碎石和碎石材料路面	2.5~3.5
7	加固和改善土路面	3.0~4.0

（1）道路横断面的做法

1）抛物线型横断面的设计等高线　这类道路横断面属于低级路面，横坡大。

2）双斜面型横断面的设计等高线　此法多用于高级路面的横断面，横坡小。一般水泥混凝土路面、沥青混凝土路面，其他黑色路面都采用此法。

这类道路横断面的等高线设计可以应用设计等高线法。双斜面型道路横断面等高线设计的图形见图13.7.3-1所示。

（2）路边有挡土墙和台地的设计等高线

路边为垂直的挡土墙，在平面图上以两条平行线表示，两线之间距离为按比例绘出的挡土墙的宽度。挡土墙上首和下脚

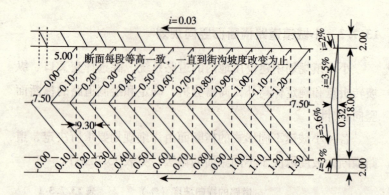

图 13.7.3-1 双斜面型道路横断面的设计等高线

的两条设计等高线的高程差,即为挡土墙的高度。图 13.7.3-2 中两条平行线宽度为 0.8m 表述了挡土墙的平面投影,图中所示等高线 5.80、5.90、6.00、6.10,表示挡土墙下部台地的设计高程,有从东往西向挡土墙内侧倾斜的坡面,墙脚有等高线所示的排水沟。等高线 7.10、7.20、7.30、7.40、7.50、7.60 表示挡土墙上部台地的高程,其排水由东往西向里倾斜,坡度大于挡土墙的下部台地。图中的分式,分子表明挡土墙顶部投影的标高,分母则说明了挡土墙底部的标高。分子与分母所指出的标高差值,即为挡土墙的高度(见图 13.7.3-2)。

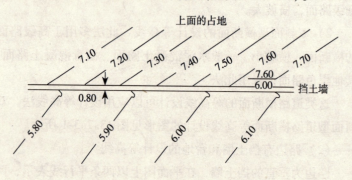

图 13.7.3-2 挡土墙和台地设计等高线

(3) 自然斜坡连接台地并设有石级的设计等高线

小城镇道路两侧有正、负坡面,它们相应高于路面或低于路面,除采取挡土墙分开路与台地、台地与台地的竖向设计做法外,一般为保持自然地貌不至破坏太多,常采用自然斜坡的竖向做法。图13.7.3-3的设计在城镇中容易获得较好的景观。

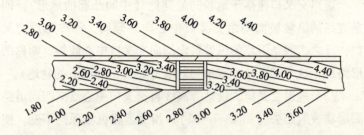

图13.7.3-3 台地之间自然斜坡(有石阶)的竖向规划

它的设计等高线如图所示,斜坡分隔了上部和下部两个台地,其高度可以从上下两台地对应的等高线数值之差中读出。石级是按高差实际情况,根据石级的形状按比例用平面投影绘制。

(4) 小城镇道路等高线设计

道路竖向规划依据交叉口的标高、纵坡转折点标高,并联系次要路口中心点的标高,采用等高线设计法进行绘制。当然还包括红线上的挡土墙及自然斜坡。这在小城镇道路中是最常见的。

遇有道路与水路交叉(有桥梁跨越),或铁路与道路交叉时,均应在竖向规划中标明控制点标高(如前图13.4.2-1及图13.4.2-2所示)。

13.7.4 小城镇道路交叉口竖向规划设计

小城镇道路一般为十字相交或丁字相交,也有多条路相交的路口,其设计等高线的绘制方法大同小异,这里仅以最典型的十字交叉口为例加以说明。

道路交叉口由于道路纵向坡度的大小、坡向和自然地形等情况的不同,所绘制的设计等高线一般有下列 4 种形式。

(1) 凸、凹形地形交叉口

道路交叉口座落于地貌的最高处(中间凸起的地形),四条道路的纵坡坡向均由交叉口中心向外倾斜,称作凸形交叉口;反之,四条道路的纵坡坡向均向交叉口中心倾斜,则称凹形路口,这个交叉口处在地貌的最低处(中间凹下的盆地)。

凸形地形交叉口,设计等高线自交叉口中心点向四周道路圈层状放射出去(图 13.7.4-1),相交道路纵坡保持不变,使雨水流向四周道路的边沟,交叉口转角处不设置雨水口。

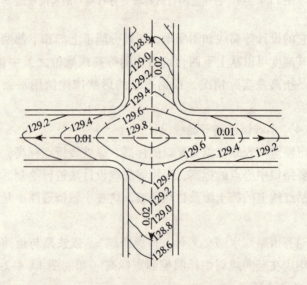

图 13.7.4-1 凸形地形交叉口设计等高级

凹形地形交叉口的情况正好相反,交叉口中心最易聚积地面水,因此只好在交叉口中心附近增设标高略高的设计等高线

(图13.7.4-2),形成中心点略高、转角附近一圈较低、四周外围道路逐渐升高的地形,使凹形交叉口中心处的雨水流向四个转角的雨水口,避免交叉口积水。

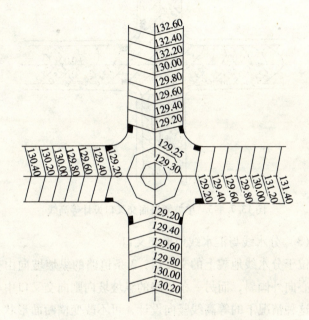

图13.7.4-2 凹形地形交叉口设计等高线

(2)单坡地形交叉口

这类交叉口位于斜坡地形上,相邻两条道路的纵坡向交叉口中心倾斜,另两条道路则由交叉口中心外向倾斜。

在这种交叉口处,向交叉口中心倾斜的两条道路的纵坡轴,共同往其所夹的一侧街沟靠拢,转角处设置集水口。另两条道路的纵坡由交叉口向外倾斜时,它们的纵坡分水线,则应从其与坡向交叉口道路所夹街角街沟处,逐步引向道路的中心轴线。交叉口的设计竖向高程呈现单向的倾斜面(图13.7.4-3)。

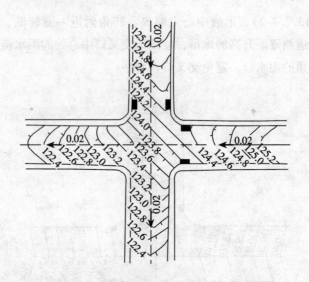

图 13.7.4-3　单坡倾斜面交叉口设计等高线

(3) 分水线与汇水线地形交叉口

位于分水线地貌上的交叉口，3 条道路的纵坡坡向由交叉口中心向外倾斜，而另一条道路的纵坡坡向则向交叉口中心倾斜。这种情况下的等高线竖向设计，可不改变横断面形状，倾向交叉口的道路在进入交叉口范围后，将原来的路拱顶线分为 3 个方向，逐步离开交叉口的中心，在倾向交叉口道路转角处设置雨水口（图 13.7.4-4）。

位于汇水线地貌上的交叉口，与上述情况相反，3 条道路的纵坡坡向是向交叉口中心倾斜，另一条道路的纵坡坡向则由交叉口中心向外倾斜。这种情况下，两条相对倾向交叉口中心的道路，将其路拱纵坡的相交转折点外移；在 3 条倾向交叉口中心道路的街角处形成坡度稍缓的半环形地带，并设置雨水口截流雨水。

(4) 马鞍形地形交叉口

道路交叉口位于马鞍形地形处时，相对两条道路的纵坡

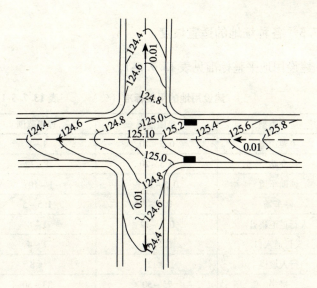

图 13.7.4-4　分水线双斜坡面交叉口设计等高线

向交叉口中心倾斜,另相对两条道路的纵坡由交叉口中心背向向外倾斜。处于这种地形的交叉口,其中心坡向的设置宜与主要道路相一致,并在纵坡向中心点倾斜的道路进入交叉口的街角处,设置雨水口,以减少雨水排向另外两条道路(图 13.7.4-5)。

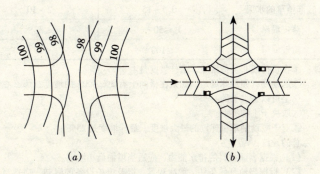

图 13.7.4-5　马鞍形地形交叉口的设计等高线

13.7.5 各种场地的适宜坡度

建设用地平整标准见表13.7.5-1。

建设用地的平整标准（%）　　　　表13.7.5-1

应用类型	极限范围	理想范围
主要街道	0.5~10	1~8
支路	0.5~20	1~12
辅助车道	0.5~15[①]	1~10[①]
停车场	0.5~8	1.5~5
人行道汇集处	0.5~12	1~8
人行道入口	0.5~8	1~4
行人坡道	≤12	≤8
楼梯	25~50	33~50
建筑物的主要通道	1~4	2~3
无障碍斜坡	1~8	2~4
服务区（混凝土）	0.5~5	1~4
球场	0.5~2	0.5~1.5
运动场	1~5[②]	2~3[②]
阶地和休息区	0.5~3	1~2
娱乐草坪区	2~5	2~4
底部植草的水渠	0.5~15	2~10
草皮堤岸	≤50[③]	≤33[④]
植被堤岸	≤100[③]	≤50[③]

注：①在负荷或非负荷区域，最佳坡度是1.5%~3%。
②运动场，如足球场地，如果在横向上有2%~3%的坡度，那么在纵向上可以是水平的。
③取决于土的类型。
④对于电动割草机建议的最大坡度。最佳坡度是25%。
总的建议：
(1) 根据表面材料的排水能力，应适当增加最小坡度。
(2) 根据当地气候条件，如冰和雪，以及维护设备的限制，应适当减小最大坡度。
(3) 所有的标准应对照当地的建筑规范，经管理部门审核。

13.8 土方工程

竖向布置对整平场地的土方工程有三个要求:(1)计算填土和挖土的工程量;(2)使土方工程经济合理;(3)使填方与挖方接近平衡。

13.8.1 计算土方的方格网法

土方量计算,采用方格网法的较多,其步骤如下。

(1)划分方格,并绘制土方量计算方格网

根据地形复杂情况和规划阶段的不同要求,将用地划分为若干个边长为10m、20m、40m或边长大于40m的正方形,并用适当比例绘制土方量计算方格网,如图13.8.1-1所示。

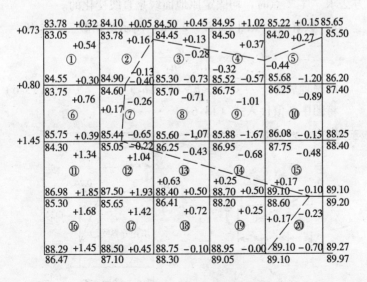

图13.8.1-1 土方量计算方格图

(2) 标注地形图和竖向规划图

用插入法计算各方格角点的自然标高和设计标高,并标注在土方量计算方格图上:

$$\frac{设计标高}{自然标高}$$

(3) 设计施工高度

计算各方格角点的施工高度,并标注在土方量计算方格图上。

$$施工高度 = 设计标高 - 自然标高$$

上式"+"表示填方,"-"表示挖方。

(4) 找出"零"点,确定填挖分界线

在计算方格网中,某一方格内相邻两角,一为填方一为挖方时,其间必有一"零"点存在。将方格中各零点连接起来,即可得出填挖分界线。

"零"点的求法,有数解法和图解法两种。无论采用何种方法求"零"点时,均假定原地面线是直线变化的。

1) 数解法:从图 13.8.1-2 (a) 所示两相似三角形得

$$\frac{x}{h_1} = \frac{a-x}{h_2}$$

经整理后得 $\quad x = a \times h_1 / (h_1 + h_2) \quad$ (13-6)

将图中各值代入式(13-6),

则得 $\quad x = 8\text{m}$

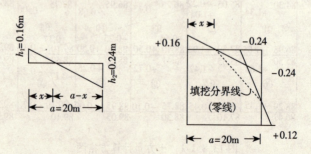

图 13.8.1-2 求土方量"零"点线图

2) 图解法:在图 13.8.1-2 (b) 上,根据相邻两角点的填挖数值,在不同方向量取相应的单位数,以直线相连,则该直线与方格的交点即为"零"点。

(5) 土方量计算

根据每个方格的填挖情况分别计算土方量,然后,将各方格的填方和挖方量汇总,即得整个建设用地的填方量和挖方量。计算时最好采用列表计算,以便于检查、校对,表 13.8.1-1 为计算表格的一种形式。根据计算方法不同,还可以制成其他的表格形式。

方格网土方量计算表　　　表 13.8.1-1

方格编号	平均填挖高度 (m)		填挖面积 (m²)		土方量 (m³)		备注
	填 (+)	挖 (−)	填 (+)	挖 (−)	填 (+)	挖 (−)	

各方格的填挖方量计算采用平均高度法。即:

$$V_{f(c)} = F_{f(c)} \cdot h_{f(c)} \tag{13-7}$$

式中　$V_{f(c)}$——为方格中填方体积 (V_f) 或挖方体积 (V_c) (m³);

$F_{f(c)}$——为方格中填方面积 (F_f) 或挖方面积 (F_c) (m²);

$h_{f(c)}$——为方格中填方(或挖方)部分的平均填方(或挖方)高度 (m)。

13.8.2　计算土方的断面法

断面法是一种常用的土方计算方法,它常用于线路工程的土方计算。当采用高程箭头法进行用地的竖向规划时,用断面法计算土方量比较方便。如果采用纵横断面法进行用地的竖向规划时,也可采用此法计算土方量。为使计算的土方量更接近实际情况,此时,以纵断面和横断面分别计算所得的土方量的平均值,作为用地的土方量。

计算步骤如下:

(1) 布置断面

根据地形变化和竖向规划的情况,在用地竖向规划图上画出断面的位置。断面的走向,一般以垂直于地形等高线为宜。断面位置,应设在地形(原自然地形)变化较大的部位。断面数量、地形变化情况对计算结果的准确程度有影响。地形变化复杂时,应多设断面;地形变化较均匀时,可减少断面。要求计算的土方量较准确时,断面应增多;作初步估算时,断面可少一些。

(2) 作断面图

根据各断面的自然标高和设计标高,在坐标纸上按一定比例分别绘制各断面图。绘图时垂直方向和水平方向的比例可以不相同,一般垂直方向放大 10 倍。

(3) 计算各断面的填挖面积

断面的填挖面积,可由坐标纸上直接求得;或划分为规则的几何图形进行计算,也可用求积仪计算。

计算填挖方量(土方量)

相邻两断面间的填方或挖方量,等于两断面的填方面积或挖方面积的平均值,乘以其间的距离。计算公式为

$$V = 1/2 \cdot (F_1 + F_2) L \tag{13-8}$$

式中 V——相邻两断面间的填(挖)方量(m^3);

F_1——为"1"断面的填(挖)方面积(m^2);

F_2——为"2"断面的填(挖)方面积(m^2);

L——相邻两断面间的距离(m)。

为避免计算中发生遗漏和重复,同时也便于检查、校核和

汇总，最好采用列表（表13.8.2-1）计算。

断面法填挖土方计算表 表13.8.2-1

断面编号	填方面积（m²）	挖方面积（m²）	间距（m）	平均填方面积（m²）	平均挖方面积（m²）	填方体积（m³）	挖方体积（m³）
1~1	+42	-20	20	+28	-16	+560	-320
2~2	+14	-12	40	+58.55	-6	+2342	-240
3~3	103.1	0	40	+64.55	-19	+2582	-760
4~4	+26	-38	40	+56.50	-27	+2260	-1080
5~5	+87	-16	40	+43.50	-22	+1740	-880
6~6	0	-28				+9484	-3280

13.8.3 用地整平土石方量估算

进行用地竖向规划的标高确定过程中，用地的挖填最好平衡，也可参照表13.8.3-1中所列的平衡相差幅度值。若超过表13.8.3-1的值时，如果没有充分理由和根据，应调整用地竖向规划的标高。

各种地形条件的正常土方工程数量 表13.8.3-1

项目名称 \ 地形条件	平地	$i_自$（%）		
		5~10	10~15	15~20
每公顷土方工程量（m³）	2000~4000	4000~6000	6000~8000	8000~10000
建筑物占地面积上土方工程量（m³/m²）	2~4	3~4	4~8	8~10

（1）土方工程设计的原则与方法

为使土方工程设计经济、合理，有必要参照一些行之有效的原则和方法。在符合地面排水、防洪、地下水位要求的前提下，建筑物场地采取"多挖少填"，能减少建筑物基础工程量，使基础处理简易，对建筑物结构有利，"重挖轻填"，即在重型建筑物地段上采取挖方，轻型建筑物、道路、场地及绿化地段上采取填方,也对建筑物结构有利;"上挖下填"、"就近挖填",能减少土方运输距离,尽量使土方量就地平衡;在土方可用于就地烧砖、石方直接作为建筑材料、或土石方可用于造田、增加耕地面积、改良土壤、支援农田基本建设的情况下,土(石)方应是宁多勿缺。一般建设用地在土方初平后,似乎已达挖填平衡,实际上在建筑物竣工后,当清理场地时,往往出现不少余方,因此,应留一定的空地消方。换言之,在计算用地整平土方初平时应以缺方为好。在进行土方平衡时,应考虑土壤的可松性的建(构)筑物、设备基础、道路、管沟等的余土来与初平计算的挖填数量进行总的平衡。

(2) 土壤的松散系数

当土壤经过挖掘后,土体组织破坏,体积增加。在原土壤密实的情况下,如将挖方再作填料时,其体积比原土体积大。只有经过相当长时间后,由于土重力作用、雨水湿润,或经过夯实后,土壤颗粒再度结合,方可密实,但仍不能夯实到原土体积。各类土壤的松散系数如表13.8.3-2所示。若原土孔隙大(如大孔土等)采用机械压实后,有时也会出现 $1m^3$ 原土土料,回填不满 $1m^3$ 的情况。因此,松散系数应根据土质和压实要求的具体情况确定。

土壤松散系数 表 13.8.3-2

土的分类	土的级别	土壤的名称	最初松散系数	最终松散系数
一类土 (松软土)	I	略有黏性的砂土、粉土腐殖土及疏松的种植土;泥炭(淤泥)	1.08~1.17	1.01~1.03
		植物性土、泥炭	1.20~1.30	1.03~1.04
二类土 (普通土)	II	潮湿的黏性土和黄土;软的盐土和碱土;含有建筑材料碎屑、碎石、卵石的堆积土和种植土	1.14~1.28	1.02~1.05

续表

土的分类	土的级别	土壤的名称	最初松散系数	最终松散系数
三类土（坚土）	Ⅲ	中等密实的黏性土或黄土；含有碎石、卵石或建筑材料碎屑的潮湿的黏性土或黄土	1.24~1.30	1.04~1.07
四类土（砂砾坚土）	Ⅳ	坚硬密实的黏性土或黄土；含有碎石、砾石（体积在10%~30%、重量在25kg以下的石块）的中等密实黏性土或黄土；硬化的重盐土；软泥灰岩	1.26~1.32	1.06~1.09
		泥灰岩、蛋白石	1.33~1.37	1.11~1.15
五类土（软岩）	Ⅴ~Ⅵ	硬的石灰纪黏土；胶结不紧的砾岩；软的、节理多的石灰岩及贝壳石灰岩；坚实的白垩；中等坚实的页岩、泥灰岩		
六类土（次坚岩）	Ⅶ~Ⅸ	坚硬的泥质页岩；坚实的泥灰岩；角砾状花岗岩；泥灰质石灰岩；黏土质砂岩；云母页岩及砂质页岩；风化的花岗岩、片麻岩及正常岩；滑石质的蛇纹岩；密实的石灰岩；硅质胶结的砾岩；砂岩；砂质石灰质页岩	1.30~1.45	1.10~1.20
七类土（坚岩）	Ⅹ~Ⅻ	白云岩；大理石；坚实的石灰岩、石灰质及石英质的砂岩；坚硬的砂质页岩；蛇纹岩；粗粒正长岩；有风化痕迹的安山岩及玄武岩；片麻岩；粗面岩；中粗花岗岩；坚实的片麻岩，粗面岩；辉绿岩；玢岩；中粗正常岩		

续表

土的分类	土的级别	土壤的名称	最初松散系数	最终松散系数
八类土（特坚岩）	XIV~XVI	坚实的细粒花岗岩；花岗片麻岩；闪长岩；坚实的玢岩、角闪岩、辉长岩、石英岩；安山岩；玄武岩；最坚实的辉绿岩、石灰岩及闪长岩；橄榄石质玄武岩；特别坚实的辉长岩；石英岩及玢岩	1.45~1.50	1.20~1.30

注：①土的级别为相当于一般16级土石分类级别；
②一至八类土壤，挖方转化为虚方时，乘以最初松散系数；挖方转化为填方时，乘以最终松散系数。

(3) 建筑物、构筑物、设备基础、道路及管沟的余土估计

建设用地的整平土方工程一般在初步设计阶段进行，以便于施工时的"三通一平"，此称为第一次土方工程量或初平土方。施工过程中还有建筑物、构筑物、机械设备等基础的基槽余方和地下工程、管线地沟、道路挖槽等余方。这些余方数量不可能在用地整平时就提供具体的数量，因而只能另行计算。在用地初平选择设计标高时，应考虑用地土方工程总的平衡因素，这是很重要的。因此，这部分余方工程量可参照一些参数进行估算。

1) 建筑物、设备基础的余方量估算公式：

$$V_1 = K_1 \cdot A_1 \tag{13-9}$$

式中 V_1——基槽余方数量（m^3）；

A_1——建筑占地面积（m^2）；

K_1——基础余方量参数（见表13.8.3-3）。

基础余方量参数（m³/m²）　　表 13.8.3-3

名　称		基础余方量参数 K_1	备　注
车间	重型	0.3~0.5	有大型机床设备
	轻型	0.2~0.3	
居住建筑		0.2~0.3	
公共建筑			
仓　库			

注：①基础余方量参数 K_1，指每平方米的建筑占地面积的指标。
　　②建设用地为软弱地基时，K_1 应乘以 1.1~1.2。

2）地下室的余方量估算公式：

$$V_2 = K_2 \cdot n_1 \cdot V_1 \quad (13\text{-}10)$$

式中　V_2——地下室挖方工程量（m³）；

　　　K_2——地下室挖方时的参数（包括垫层、放坡、室外标高差），一般取 1.5~2.5，地下室位于填方量多的地段取下限值，填方量少或挖方地段取上限值；

　　　n_1——地下室面积与建筑物占地面积之比。

3）道路路槽余方量估算（指平整用地后再做路槽）公式：

$$V_3 = K_3 \cdot F \cdot h \quad (13\text{-}11)$$

式中　V_3——道路路槽挖方量（m³）；

　　　K_3——道路系数（详见表 13.8.3-4）；

　　　F——建筑场地范围总面积（m²）；

　　　h——拟设计路面结构层厚度（m）。

4）管线地沟的余方量估算公式：

$$V_4 = K_4 \cdot V_3 \quad (13\text{-}12)$$

式中　V_4——管线地沟的余方量（m³）；

　　　K_4——管线系数（与地形坡度有关），详见表 13.8.3-4。

道路和管线系数　　　　表 13.8.3-4

项 目	地 形	平坡地	$i_自$（%）		
			5~10	10~15	15~20
道路系数（K_3）		0.08~0.12	0.15~0.20	0.20~0.25	>0.25
管线地沟系数（K_4）	无地沟	0.15~0.12	0.12~0.10	0.10~0.05	≤0.05
	有地沟	0.40~0.30	0.30~0.20	0.20~0.08	≤0.08

13.9　小城镇道路中线坐标点的计算

为准确按规划进行小城镇建设，便于分期发展，配合各项建设项目逐步实现，小城镇道路中线的主要控制点需要以地形图测量所定大地经纬度的坐标作为控制依据。本节所列为根据规划道路中线控制点坐标，计算设计道路中线控制点的坐标及点线关系，在设计中常应用的几种情况。至于需要由测量确认坐标值的方法，则不在此列。下述各项中横坐标（东、西向）为 y，纵坐标（南、北向）为 x。

13.9.1　方位角与方向角的关系

见图 13.9.1-1 及表 13.9.1-1 所示。

方位角与方向角的关系　　　　表 13.9.1-1

象限	方位角（α）	方向角（$α_1$）方向	公　式	Δx	Δy
Ⅰ	0°~90°	北　东	$α = α_1$	+	+
Ⅱ	90°~180°	南　东	$α_1 = 180° - α$	−	+
Ⅲ	180°~270°	南　西	$α_1 = α - 180°$	−	−
Ⅳ	270°~360°	北　西	$α_1 = 360° - α$	+	−

注：方位角自北按顺时针方向旋转，方向角自南或北向东或西方向旋转，计算角度。

13.9.2 两点间方位角及距离计算

已知：点 $A(x_a, y_a)$，点 $B(x_b, y_b)$ 及其坐标，

求：$\overline{AB}$ 线的方向角 α_1

由 $\quad \mathrm{tg}\alpha_1 = \dfrac{y_b - y_a}{x_b - x_a}$ 可得 α_1

两点间之距离为

$$AB = \frac{y_b - y_a}{\sin\alpha_1} \quad (13\text{-}13)$$

或 $\quad AB = \dfrac{y_b - y_a}{\cos\alpha_1}$

$$\begin{aligned} AB &= \sqrt{\Delta x^2 + \Delta y^2} \\ &= \sqrt{(x_b - x_a)^2 \sin\alpha - (y_b - y_a)^2} \end{aligned} \quad (13\text{-}14)$$

参见图 13.9.2-1 所示。

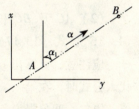

图 13.9.1-1 方位角与方向角关系

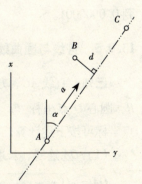

图 13.9.2-1 两点间方位角及距离

13.9.3 已知点至已知线的垂距计算

已知：AC 线方位角 α、A 点坐标 (x_a, y_a) 及线外一点 B 的坐标 (x_b, y_b)，则 B 点至 AC 线的垂距

$$d = (x_b - x_a)\sin\alpha - (y_b - y_a)\cos\alpha \quad (13\text{-}15)$$

见图 13.9.3-1 所示。

图 13.9.3-1 已知点至已知线的垂距

13.9.4 两直线相交点的坐标计算

已知：二直线 AC、BC 相交于 C，A、B 两点的坐标，AC 方位角 α，BC

方位角 β，可按下式计算：

（1）C 点坐标

$$x_c = \frac{x_a \text{tg}\alpha - x_b \text{tg}\beta - y_a + y_b}{\text{tg}\alpha - \text{tg}\beta}$$

或

$$x_c = \frac{(x_a - x_b)\text{tg}\alpha - (y_a - y_b)}{\text{tg}\alpha - \text{tg}\beta} + x_b \quad (13\text{-}16)$$

$$y_c = (x_c - x_a)\text{tg}\alpha + y_a$$

或

$$y_c = (x_c - x_b)\text{tg}\beta + y_b \quad (13\text{-}17)$$

可按二式计算校核。见图 13.9.4-1 所示。

（2）AC 及 BC 长度可按式（13-16）、式（13-17）求出。

应注意，计算出 $\text{tg}\alpha$ 及 $\text{tg}\beta$ 值代入公式时，在第一、三象限为正值，第二、四象限为负值。当方位角 α 或 β 角度甚小时，为使 y_c 值精度达到 0.0001m 即保证闭合计算 x_c 值的有效数应达到 0.0000001。

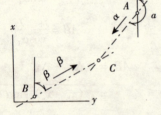

图 13.9.4-1　两直线交点的坐标

13.9.5　直线与圆曲线交点坐标计算

已知：直线 AC、方位角 α、A 点坐标 (x_a, y_a)，圆半径 R，圆心 O 点坐标 (x_a, y_a)，直线与圆曲线交于 C 点。则 C 点坐标可按下述计算。

（1）OA 连线，长度为

$$OA = \sqrt{(x_a - x_o)^2 + (y_a - y_o)^2}$$

OA 方位角 $\gamma = \text{arctg}\dfrac{y_a - y_o}{x_a - x_o}$

$$\angle a = 方位解\ \vec{\gamma} - 方位解\ \vec{\alpha}$$

$$\angle c = \arcsin \frac{\overline{OA} \cdot \sin a}{R}$$

$$\angle b = 180° - \angle a - \angle c$$

OC 方位解 $\varepsilon = \gamma + 180° + \angle b$

$$\overline{AC} = \frac{R \cdot \sin b}{\sin a}$$

则 C 点坐标为

$$\begin{cases} x_c = x_a + AC \cdot \cos a \\ y_c = y_a + AC \cdot \sin a \end{cases}$$

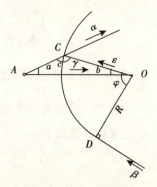

图 13.9.5-1　直线与圆曲线交点坐标

或

$$\begin{cases} x_c = x_a + R \cdot \cos\varepsilon \\ y_c = y_a + R \cdot \sin\varepsilon \end{cases} \tag{13-18}$$

可按二组公式计算、校核。

如需计算 C 点至曲线切点 D 的弧长时，若切线的方位角为 β，则

$$\widehat{DC} = R \cdot \varphi \frac{\pi}{180°},$$

其中

$$\varphi = \varepsilon - (\beta \pm 90°) \tag{13-19}$$

计算方向角时应注意方向及正负号。见图 13.9.5-1 所示。

直线为正东西方向时：

$$\begin{cases} (x_c - x_o)^2 + (y_c - y_o)^2 = R^2 \\ x_c = c \end{cases} \tag{13-20}$$

c 为常数，即由定线要件或计算所得 x 坐标值。

（2）直线为正南北方向时。

$$\begin{cases} (x_c - x_o)^2 + (y_c - y_o)^2 = R^2 \\ y_c = c \end{cases} \tag{13-21}$$

c 为常数，即由定线条件或计算所得 y 坐标值。

（3）直线为任意方向时

$$\begin{cases} (x_c - x_o)^2 + (y_c - y_o)^2 = R^2 \\ y_c - y_a = \text{tg}a(x_c - x_a) \end{cases} \quad (13\text{-}22)$$

13.9.6 两圆曲线交点坐标计算

已知：两圆曲线半径 R_A、R_B 及其圆心坐标，由曲线交点 C 之坐标计算如下：

$$AB = \sqrt{(x_a - x_b)^2 + (y_a - y_b)^2}$$

方向角 $\gamma = \text{arctg}\dfrac{y_b - y_a}{x_b - x_a}$

$\angle a = \arccos\dfrac{R_A^2 + \overline{AB}^2 - R_B^2}{2R_A \cdot \overline{AB}}$ 　　AC 方位角 $\alpha = \gamma - \angle a$

$\angle b = \arccos\dfrac{R_B^2 + \overline{AB}^2 - R_A^2}{2R_B \cdot \overline{AB}}$ 　　BC 方位角 $\beta = \gamma \pm 180° + \angle b$

C 点坐标为

$$\begin{cases} x_c = x_a + R_A \cdot \cos a \\ y_c = y_a + R_A \cdot \sin a \end{cases}$$

或

$$\begin{cases} x_c = x_b + R_B \cdot \cos \beta \\ y_c = y_b + R_B \cdot \sin \beta \end{cases} \quad (13\text{-}23)$$

如需要计算交点至任一曲线切点的曲线长度时，计算方法同前。如图13.9.6-1 所示。

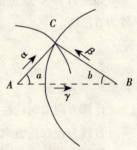

图 13.9.6-1　两圆曲线交点坐标

13.9.7　直线与缓和曲线交点坐标计算

已知直线上 A 点坐标及直线方位角 a，缓和曲线起点 T 的坐标及缓和曲线切线方位角 β。直线与缓和曲线交于 B 点，则 B 点坐标计算如下：

以 T 点为原点,切线为 x 轴,垂线为 y 轴作计算坐标,见图 13.9.7-1。

$\varphi = a - \beta$,计算 a、b 值:

AT 方位角 $\gamma = \text{arctg} \dfrac{y_A - y_T}{x_A - x_T}$

$AT = \dfrac{x_A - x_T}{\cos\gamma}$ 或 $\dfrac{y_A - y_T}{\sin\gamma}$

计算出 θ 值,则

$$a = \overline{AT} \cdot \sin\theta$$
$$b = \overline{AT} \cdot \cos\theta$$

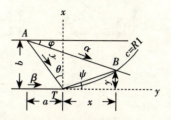

图 13.9.7-1 直线与缓和曲线交点坐标(一)

因为 φ 角很小,则 $S \approx x$(S——为起点至任一点的缓和曲线长度)

由缓和曲线方程得知

$$y = \dfrac{x^3}{6c} + \dfrac{x^7}{336c^3},\ (c = Rl)$$

由直线方程得知 $y = b - (x + a)\text{tg}\varphi$,$\dfrac{x^7}{336c^3}$ 很小,可略去不计。

则 $\quad \dfrac{x^3}{6c} + x\text{tg}\varphi + a\text{tg}\varphi - b = 0$

解上式可得 x 及 y 值,则缓和曲线支距坐标:

$$\overline{AB} = (a + x)\dfrac{1}{\cos\varphi}$$

B 点坐标为

$$\begin{cases} x_B = x_A + \overline{AB}\cos\alpha \\ y_B = y_A + \overline{AB}\sin\alpha \end{cases} \quad (13\text{-}24)$$

$$TB = x + \dfrac{t^5}{40c^2}$$

α 值的符号和直线方程的变化如图 13.9.7-2 所示。

13 小城镇用地竖向规划

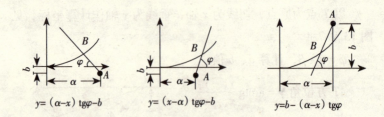

图 13.9.7-2 直线与缓和曲线交点坐标（二）

13.9.8 两条平行于规划中线的施工中线交点坐标计算

（1）平行距离相等时，已知规划中线二直线的方位角 α、β，交点 A 的坐标。施工中线与规划中线平行，距离均为 d，则施工中线交点 B 的坐标计算如下：（如图 13.9.8-1）

$$\angle \theta = \frac{\alpha - \beta}{2}$$

$$\overline{AB} = \frac{d}{\cos\theta}$$

$\overline{AB}$ 的方位角

$$\gamma = \alpha + 90° \pm \theta$$

图 13.9.8-1 平行线交点坐标

增量 $\Delta y = \overline{AB}\sin\gamma$，$\Delta x = \overline{AB}\cos\gamma$

则 B 点坐标为 $\begin{cases} x_b = x_\alpha \pm \Delta x \\ y_b = y_\alpha \pm \Delta y \end{cases}$ （13-25）

正、负号应视 A、B 两点相对位置决定。

（2）平行距离不相等时

已知规划中线二直线的方位角 α、β，交点 A 的坐标。施工中线与规划中线平行距离分别为 d_1、d_2，则施工中线交点 B 的坐标可计算如下：（见图 13.9.8-2）

延长一条施工中线与规划中线交于 C 点，

则 $\angle\varphi = \alpha - \beta \pm 180°$

$\angle\theta = 90° - \varphi$

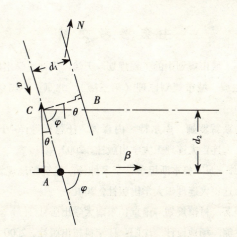

图 13.9.8-2 平行距离不相等时

$$\overline{AC} = \frac{d_2}{\cos\theta} \left(\text{或} \overline{AC} = \frac{d_2}{\sin\varphi} \right)$$

AC 的方位角为 α，则上述可求得 C 点对于 A 点的坐标增量 Δx、Δy。

$$\Delta x = \overline{AC} \cdot \cos\alpha$$
$$\Delta y = \overline{AC} \cdot \sin\alpha$$

由此可求得 C 点的坐标 $\begin{cases} x_c = x_\alpha \pm \Delta x \\ y_c = y_\alpha \pm \Delta y \end{cases}$ (13-26)

$$\overline{BC} = \frac{d_1}{\cos\theta}$$

BC 的方位角为 β，则用同法可计算 B 点对于 C 点的坐标增量，据以求得施工中线交点 B 的坐标。

当施工中线与一条规划中线平行，与另一规划中线相交，求计算交点坐标时，可按上述求 C 点坐标步骤计算。求 BC 长度时可直接用 φ 角以简化。

主 要 参 考 文 献

1. 王炳坤编. 城市规划中的工程规划. 天津：天津大学出版社，1994
2. 李德华主编. 城市规划原理（第三版）. 北京：中国建筑工业出版社，2000
3. 史蒂文·斯特罗姆，库尔特·内森著，任慧韬等译. 风景建筑学场地工程. 大连：大连理工大学出版社，2002
4. （美）哈维·M·鲁本斯坦著，李家坤译. 建筑场地规划与景观建设指南. 大连：大连理工大学出版社，2001
5. 金兆森编著. 村镇规划. 南京：东南大学出版社
6. 姚宏韬主编. 场地设计. 沈阳：辽宁科技出版社，2000

14 *规划案例分析

本章重点选取 6 个有不同代表性的不同规划阶段的小城镇基础设施规划案例。

这几个案例虽然规划内容繁简、深浅不同,但各有一定的特色。通过对这几个案例的规划特征分析,可比较不同地区、不同类别、不同发展时期和规划阶段的相关小城镇基础设施工程规划的共同基本要求和差异。通过不同规划案例分析找出如何使规划更合适小城镇不同情况、不同要求的规律,借鉴长处,弥补不足。

需要指出,本章案例分析,仅作为规划方法的举例分析。为了更好地说明规划方法和重点,也仅仅基于这一考虑,案例分析对原规划内容作了修改与删减,以及提出规划编制内容与方法进一步完善和规范化的若干参考与建议。

14.1 例1 新县城总体规划中的基础设施规划

盘山县位于辽宁省西南部,地处东北松辽平原南端的辽河三角洲中心地带,濒临渤海,地势平坦,全县地形呈弯月状。

1984 年盘锦市成立后,盘山县原县城变成盘锦市的双台子区,盘山县形成有县无城局面。2001 年盘锦市政府编制了《盘锦市域城镇体系规划 2001~2020》,确定盘锦市区为盘锦

---

* 本章规划案例及后 1 章小城镇基础设施规划导则综合示范应用分析涉及的规划图,为节约工本均集中于 16 附图编排。

市域中心，市域副中心为大洼县城和太平镇。明确盘山县城选址在太平镇。2002年10月辽宁省政府同意盘山县在太平镇建设新县城，新县城选址处在京沈高速公路、305国道、秦沈高速铁路交汇处，并依托盘山县经济开发区。城镇性质为全县政治、经济、文化中心，以石油化工工业和物流业为主导产业的现代化新城。远期规划人口10万人，用地约10km^2。

规划特征分析：

（1）按盘锦市市域副中心和盘山县新县城标准要求高起点规划，并充分利用选址条件，依托盘山县经济开发区和太平镇现有基础。

（2）道路交通规划的对外交通组织突出交通区位优势，县城道路等级划分符合小城镇规划相关导则的要求，并考虑了县城的发展，交通设施站场规划全面。

（3）市政工程规划含供热规划，并符合小城镇规划标准、导则。

案例说明：

本例选自同济城市规划院完成的盘山县总体规划（2002~2020），由辽宁省城乡建设规划院收集，编者对规划内容作有修改与删减。

14.1.1 道路交通工程规划

1. 对外交通规划

铁路、高速公路、国道和省道等对外交通设施为盘山的未来发展构建了良好的物质条件，但是也对盘山未来城市用地的拓展带来了相当的影响。

（1）公路

规划区范围内有京沈高速公路（从北京至沈阳）、国道沟盘公路（从庄河至林西）、省道沈盘公路（从沈阳至盘锦）以及盘锦市西外环。京沈高速公路在太平镇有一处出口，与国道沟盘公路相连接，现状沈盘公路在规划建成区中部横向穿过。

本次规划保留现有的京沈高速公路、沟盘公路和西外环路，对省道沈盘公路进行改线，主要规划措施是：

1) 对现状省道沈盘线改线，从建成区南端通过。规划城区内环路，引导过境对外交通，避免对城区的影响。内环路红线宽度控制32m，为三块板形式，设置非机动车专用道，减少对机动车行驶的影响。

2) 改变现状沈盘公路的对外交通性质，远期改造成为城市内部道路。

3) 尽量减少支路与县城内环路相接，避免两种性质的交通流互相交叉影响。

(2) 铁路及站场

规划范围内有沟海铁路（沟帮子——海城）纵穿南北，上连沈山线（沈阳——山海关）、下接沈大线（沈阳——大连），规划区范围内有货运站场一处。规划建议铁路部门将原有货运站场扩建为3级站，更名为盘山站。将原有货场扩建，增加货运能力，在工业区内引入若干铁路专线，加强工业区的对外联系。

(3) 长途客运站场的设置

因县城规模扩大幅度较大，为了给乘客提供一个方便舒适的乘车空间，减少长途客运交通给县城中心区带来的交通压力，结合县城用地功能分析和对外交通联系等因素，在盘锦市西外环和府前大道（现状沟盘公路城区段）交口处以东500m处规划新客运站一处，占地面积为10000m^2。站内设置停车场和微型检修站，对车辆进行简单保养与维修，保证车辆的正常营运。此外应对客运站内车辆停放、运行和外发车辆加强交通线路组织，使之交通秩序井然并减少对临近道路的交通影响。

2. 镇区道路交通规划

（1）镇区交通规划原则与目标

1）设整、改造与新建相结合，增强县城道路的通行能力和综合防灾能力，满足县城内部交通需求，建设一个布局合理、交通便捷的道路网络体系；

2）规划遵循可持续发展的原则，为今后的城市发展留有余地；

3）规划道路线形、走向与自然水系、绿化等要素有机结合，形成具有良好景观及特色的城市道路。

（2）道路等级规划

根据国家规范和盘山县的实际情况，建成区道路分为干道、支路两级。

干道：城市中主要的快速交通道路，主要为临近组团之间与市中心区的中远距离运输服务，是联系城市组团与城市对外交通枢纽联系的主要通道，以交通功能分为：交通性干道、生活性干道和综合性干道。规划红线宽24~60m之间。

支路：是城市一般街坊道路，在交通上起集汇性作用，是直接为用地服务的以生活性服务功能为主的道路，规划红线宽度15~18m。

（3）道路网结构规划

结合总体规划布局形式，充分考虑城市内部交通、对外交通与过境交通的联系，规划后路网形成环路+方格网状混合型路网。

环路：规划根据原有的主要快速交通道路予以改线重组，构成城镇外环路，引导国道、省道的过境交通，减少其对县城内部交通的影响。从环路本身的交通功能和将来大的交通流向分析，确定了32m的红线宽度和三块板的道路横断面形式。

干道网：中心城区规划了4条南北向干道和7条东西向干道，从交通功能上分析干道系统则由1条过境路、1条综合性干道、3条交通性干道和7条生活性干道组成。

(4) 桥梁及公共停车场规划

在县城主要的出入口处近远期规划建设互通式立交桥2座，解决县城内部交通与对外交通的联系。规划改线后沈盘公路与盘锦市西外环相交处建设互通式立交桥，成为城区的西入口；远期规划府前大道（现状沈盘公路城区段）、沈盘公路与沟盘公路交叉口处建设互通式立交桥，分流进入城区的对内交通和过境穿越式交通，避免不同性质交通的相互干扰。

在城区规划公共停车场2处，1处在城区东部，结合城市行政办公区、商业文化区和体育用地布置；另一处位于城区西部，结合长途客运站和医院等设施布置。

盘山县城区干道一览表见表14.1.1-1。

盘山县城区干道一览表　　　表14.1.1-1

序号	路名	道路性质	断面形式	道路长度(m)	红线宽度(m)	机动车道(m)	非机动车道(m)	人行道(m)	隔离带(m)	建筑后退(m)
1	府前大道	综合性干道	两块板	2676	60	10.5×2	7.5×2	7×2	10	15
2	府北一路	生活性干道	一块板	2206	32	7×2	4.5×2	4.5×2	0	10
3	府北二路	交通性干道	三块板	1548	40	7×2	5×2	5×2	3×2	15
4	府南一路	生活性干道	一块板	2389	32	7×2	4.5×2	4.5×2	0	10
5	府南二路	交通性干道	三块板	2381	40	7×2	4.5×2	4.5×2	3×2	15
6	府南三路	生活性干道	一块板	1519	32	7×2	4.5×2	4.5×2	0	10
7	曙光北路	生活性干道	一块板	1090	32	7×2	4.5×2	4.5×2	0	10
8	曙光南路	生活性干道	一块板	1869	32	7×2	4.5×2	4.5×2	0	10

续表

序号	路名	道路性质	断面形式	道路长度(m)	红线宽度(m)	机动车道(m)	非机动车道(m)	人行道(m)	隔离带(m)	建筑后退(m)
9	府西北路	交通性干道	三块板	1108	40	7×2	5×2	5×2	3×2	15
10	府西南路	交通性干道	三块板	1561	40	7×2	5×2	5×2	3×2	15
11	府东北路	生活性干道	一块板	1958	32	7×2	4.5×2	4.5×2	0	10
12	府东南路	生活性干道	一块板	877	32	7×2	4.5×2	4.5×2	0	10
13	内环西路	交通性干道	三块板	4297	32	7×2	4.0×2	4.0×2	1×2	15
14	内环东路	交通性干道	三块板	3217	32	7×2	4.0×2	4.0×2	1×2	15
15	沈盘公路城区路段	过境公路	三块板	3923	40	7×2	5×2	5×2	3×2	15
16	园区一路	交通性干道	一块板	781	32	7×2	4.5×2	4.5×2	0	8
17	园区二路	交通性干道	三块板	1336	40	7×2	5×2	5×2	3×2	8
18	园区三路	交通性干道	三块板	1768	40	7×2	5×2	5×2	3×2	8
19	园区四路	交通性干道	三块板	1015	40	7×2	5×2	5×2	3×2	8
20	园区五路	交通性干道	一块板	799	32	7×2	4.5×2	4.5×2	0	8
21	园区六路	交通性干道	一块板	2200	32	7×2	4.5×2	4.5×2	0	8

盘山县城总体规划道路交通系统规划图见图 14.1.1-1。

盘山县城总体规划道路断面规划图见图 14.1.1-2。

14.1.2 给水工程规划

(1) 现状

盘山县城现状建成区主要集中在工业起步区与井下生活区内。

规划范围内现有 3 座水厂，即太平中心水厂、杜台水厂、五棵树水厂。水厂总占地面积 24500m^2，管理泵房建筑面积 680m^2。3 座水厂均为深井取水方式，日供水量 4614t。建有蓄水池 3 座，总容积 1300m^3，调节水量 2166m^3。

现状管网最大直径 Dg300，输水管多为 Dg80 至 Dg150，Dg80 以下为配水管。杜台水厂在西北部，是近年新建的准备作工业区供水的专供水厂。

井下作业公司有自己独立完善的环状给水系统，建有南、北两区供水站，两座水厂之间有干线连通，日供水量 6000t，供水干管管径在 DN150 至 DN300 之间。位于南部的供水站中有曝气过滤设施，北供水站无处理装置。整个小区干线和支线的形成，基本满足目前的生活和生产的要求。

规划范围所在的太平镇地区在地质上属于盘山凹陷的核心部分。成为自新生界以来的沉降中心，是周边地面水和地下水的汇集中心区，因此在地下蕴藏着丰富的淡水资源。水量丰富，渗透力强，水质除铁、锰少数物质超标外，其他指标均符合国家饮用水标准。工业用水几乎不须处理，生活用水经二级处理即可。

(2) 规划原则

1) 考虑到整个区域的开发，应该对整个区域的人口综合考虑，供水统一规划，水厂分别服务于其附近区域。

2) 水厂间应该用干管进行连接，保证供水的可靠性。而且应该将干管进行统一规划建设，宜形成环状的干管系统将水输送,再用枝状的支管将水配送到城市的各个片区。

3)规划区域的扩大要求原有水厂的供应量应该扩大,但是考虑到经济适用,宜在原来的水厂基础上进行扩建而不宜另外选址建设。

(3)建议措施

1)近期采用原井下公司的水厂和建设五棵树水厂为县城供水,远期采用太平中心水厂及杜台水厂为县城供水。水厂间用给水干管连接,加强给水的安全性。

2)城区采取分区分质供水系统。分为两个区域,分别由两个水厂供水,不同的水质采取不同级别的处理,可以节约资源。

3)城区内的供水主干管应该通达到城区的所有用水区。

4)供水干管尽量形成环线,为城区用水的安全性打好基础。

5)将县城的供水管网的管径进行统一设计,根据县城的用水量将城区的输水管规划为几个等级,并固定每一个等级管道的直径,避免出现一小段供水管上几种管径的现象。

(4)用水量预测

1)县城用水总量预测

人均综合指标法

规划县城总人口为 10 万人,供水率 $k = 100\%$。

按照相关单位人口综合用水量指标:

近期:单位人口综合用水量指标值选 $q = 0.7$ 万 m^3/(万人·天),所以由计算用水量公式 $Q = Nqk$ 得出中心区远期用水量为:

$$Q = 3 \times 0.7 \times 100\% = 2.34 \text{ 万 } m^3/d$$

中期:单位人口综合用水量指标值选 $q = 0.75$ 万 m^3/(万人·天),所以由计算用水量公式 $Q = Nqk$ 得出中心区远期用水量为：
$$Q = 6.5 \times 0.75 \times 100\% = 5.14 \text{ 万 m}^3/\text{d}$$

远期：单位人口综合用水量指标值选 $q = 0.8$ 万 m³/(万人·天)，所以由计算用水量公式 $Q = Nqk$ 得出中心区远期用水量为：
$$Q = 10 \times 0.8 \times 100\% = 8.0 \text{ 万 m}^3/\text{d}$$

建成区用水量预测量表14.1.2-1。

单位用地指标法

建成区用水量预测　　　　　表 14.1.2-1

用地代码	用地名称	面积（km²）	单位设施用水量指标[万 m³/(km²·d)]	中心区选取值[万 m³/(km²·d)] 近期	远期	用水总量预计（万 m³）近期	远期
R	居住用地	2.90	0.13~0.21	0.13	0.2	0.3783	0.582
	公共设施用地	1.5					
C	行政办公用地	0.32	0.5~1.0	0.5	0.9	0.16	0.288
C	商业金融用地	0.71	0.5~1.0	0.5	0.85	0.355	0.6035
C	教育用地	0.13	1.0~1.5	1	1.4	0.13	0.1755
C	体育设施用地	0.07	0.5~1.0	0.5	0.85	0.035	0.0595
C	医疗设施用地	0.08	1.0~1.5	1	1.4	0.08	0.108
C	文化娱乐用地	0.19	0.5~1.0	0.5	0.85	0.095	0.1615
M	工业用地	1.2	1.2~5.0	1.2	3.75	1.44	4.5
W	仓储用地	0.22	0.2~0.5	0.2	0.35	0.044	0.077
T	对外交通用地	0.37	0.35~0.60	0.35	0.5	0.0595	0.085
S	道路广场用地	1.2	0.20~0.25	0.2	0.24	0.468	0.5382
U	市政公用设施	0.20	0.25~0.50	0.25	0.5	0.0525	0.084
G	绿地	2.3	0.10~0.30	0.1	0.28	0.23	0.644
	合　计					3.5763	8.0155

综合两种方法有，见表14.1.2-2。

综合两种方法　　　　　　　　表 14.1.2-2

	近期用水量（万 m^3/d）	远期用水量（万 m^3/d）
人均综合指标法	2.34	8.0
单位用地指标法	3.58	8.02
最后值	2.96	8.0

2）城区给水干管预测

近期：取日变化系数 $K_d = 1.5$，时变化系数 $K_h = 2$，取管内流速为 2.0m/s

年最高日用水量 $= 2.96 \times 1.5 = 4.44$（万 m^3/d）

最大日最大时用水量 $Q = 4.44 \times 2/24 = 0.37$（万 m^3/h）$= 1.04 m^3/s$

$$d = (4Q/\pi v)^{1/2} = 815 mm$$

取 $d \approx 800mm$

远期：取日变化系数 $K_d = 1.3$ 时变化系数 $K_h = 1.6$，取管内流速为 2.2m/s

年最高日用水量 $= 8.41 \times 1.3 = 10.93$（万 m^3/d）

最大日最大时用水量 $Q = 10.93 \times 1.6/24 = 0.729$（万 m^3/h）$= 2.06 m^3/s$

$$d = (4Q/\pi v)^{1/2} = 1091 mm$$

取 $d = 1100mm$

考虑到经济与发展的远见性，取给水干管的管径为 $d = 900mm$

（5）水厂及供水管网规划

1）水厂规划

现状 3 个水厂均处于城区外缘，规划考虑充分利用现有太平、杜台、五棵树水厂进行增容改造，太平水厂增容至日产 3 万 t 水，五棵树、杜台水厂增容至日产 2 万及 4 万 t 水。每个水厂占地 2~3 公顷左右。

2）给水管网

供水干管沿规划县城干道平行布置，间距500~800m。形成互通设闸的环状分区供水系统。供水干管间用间距为900m的连通管。

城区给水管网为环状与枝状结合的形式。县城城区的主干管管径为900mm，次干管的管径为300~400mm。

为了提高送水的安全性，形成环状主干管，次干管在主干管基础上以枝状形式送水。

3）节水措施

尽管每人日供水标准比目前盘山供水能力提高很多，但针对以石油化工工业为主导产业的30年后的城市来说有可能尚有缺口。为了避免给县城水厂及县城管网造成太大压力，应采取各种节水措施。首先大型企业应争取自备水源，其次各类企业的工业冷却用水应直接抽取地表水。遇有大型火灾时，也应争取大量取地表水以作补充。其他如浇洒绿地、路面等也尽量不要大量使用水厂水。

（远期水厂规划宜补充技术经济比较的内容。）

14.1.3 排水工程规划

（1）现状分析

井下作业公司设有不完全分流制排水体系。雨水由东西两侧汇集到曙光十八支路旁侧明沟向南排至太平河边，而后由泵提升入太平河。污水由北向南多级提升，最后在基地南端接一条 $DN600$ 的排水混凝土干管引至污水提升站，进入太平河。

工业起步区内目前还没有建立现代化的排水体系，雨水就近排入沟渠或渗入农田，生活污水就近排入沟渠。

规划范围内其余地区由于现状基本是村庄，除工业起步区内基本没有任何排水管网系统，雨、污水几乎均由明沟导流入太平河或绕阳河。

目前存在的问题有：

1）直排式排水对环境的影响较大

2）县城规划后应该对其雨污水的排放进行整体规划与统筹安排。

（2）污水水量预测

1）近期

城区生活污水　排除率：0.80。生活用水量：3.5763 - 1.44 = 2.1363 万 t/d，污水用水量为 1.709 万 t/d

城区工业污水　排除率：0.90。工业用水量：1.44 万 t/d，污水用水量为 1.296 万 t/d

污水总量　1.709 + 1.296 = 3.01 万 t/d = 348L/s

设置1个污水厂，考虑到随着盘山县的发展污水量的增长，设置污水厂的处理量为 4 万 m³/d，占地面积为 4×0.7 = 2.8 公顷

2）远期

城区工业污水　排除率：0.90。工业用水量：4.5 万 t/d，污水用水量为 4.05 万 t/d。

城区生活污水　排除率：0.85。生活用水量：8.0155 - 4.5 = 3.516 万 t/d，污水用水量为 2.99 万 t/d

污水总量　4.05 + 2.99 = 7.04 万 t/d = 814L/s

设置一个污水厂，处理量为 7 万 m³/d，占地面积为 7×0.8 = 5.6 公顷

（3）雨水水量预测

雨水量计算采用盘锦市暴雨强度公式：

$$q = \frac{1885.764 \times (1 + 0.58 \lg p)}{(t + 8.719)^{0.711}}$$

式中　重现期 $p = 1$ 年，$t = t_1 + t_2$，$t_1 = 10 \sim 15$，$t_2 = $ 长度/流速

设计雨水量：$A = \psi \cdot q \cdot F$

式中　ψ——径流系数，取值 0.45；

　　　F——汇水面积。

雨水管网布置的原则是：雨水排放实行分区排水，基本原则是应尽量排入规划范围内的水体。如果条件不允许再选择排入绕阳河及太平河。

(4) 污水管管径

近期：由于污水平均日流量为 348L/s，所以取总变化系数 K_z 为 1.4

所以，最高日最高时污水量为 $348 \times 1.4 = 487.2$ L/s，设计平均流速为 0.7m/s，充满度为 0.65

$$487.2 \times 0.7 = 3.14 \times \pi R^2 \times 0.65$$

则估算最大的污水管径为 612mm，取 DN700

远期：由于污水平均日流量为 814L/s，所以取总变化系数 K_z 为 1.3

所以，最高日最高时污水量为 $814 \times 1.3 = 1058.2$ L/s，设计平均流速为 0.7m/s，充满度为 0.7

$$1058.2 \times 0.7 = 3.14 \times \pi R^2 \times 0.7$$

则估算最大的污水管径为 851mm，取 DN900

(5) 污水处理厂及管网规划

排水规划采取雨污分流。

1) 污水厂

近期规划建设占地为 2.8 公顷，处理污水总量为 4 万 m^3/d 的污水厂，选址位于建成区北部，绕阳河下游。远期对其规模进行扩大，其占地为 6.4 公顷，处理污水总量为 8 万 m^3/d。

2) 污水管网

根据盘山县的分水线，形成 3 个排水系统，即县城东片、县城西片、工业区。在每一个区域设置污水主干管，并将污水主干管形成环路。污水干管都为枝状截流制,污水经次干管收集后集中到主干管,流到污水厂处理后再排放。

3) 污水工程其他设施

在污水主干管中段,为了减少挖掘量及工程建设成本,在长度较大的污水管中途设置提升泵站。

4) 雨水管网

根据盘山县的分水线,按照雨水就近排放的原则就近排放,在此基础上以简单为原则形成排水区域,形成中心区内排水系统,在每个汇水区域,设置雨水主干管,将次干管的雨水汇集,送到雨水口。

14.1.4 供电工程规划

(1) 现状分析

规划范围内现状太平镇、井下作业公司分别已有自己独立的供电系统。

太平镇在东北八间村建有的66/10kV变电站一座,容量6300kVA,负责全乡镇的供电。从变电站引10kV架空明线向规划范围内天胜会、友谊火车站、杜家台等地供电。

井下地区有职工家属1.3万人,总建筑面积39万 m^2,用电总负荷3620kW,用电负荷278W。它从规划范围外东南方向的曙三60/6kV变电所引6kV线路向本区供电,在井下地区共设6/0.4kV变压器11台,总容量3905kVA。

另外在东南边缘及沟盘运河西侧分别有一条66kV及220kV高压走廊通过。现状存在的问题有:

1) 城区内的用地被高压电缆穿越,对城市景观及居民生活造成严重影响。

2) 由于配电网结构不合理,供电可靠性较差。目前城区配电网结构为辐射状供电,不能形成互供网,缺乏对故障的分段隔离措施。

3）城网建设相对滞后,已经无力满足新的建设对供用电的需求。

4）缺乏必要的从66kV到10kV的变电站,无安全、可靠的变电所。

5）供电电网没有形成环路,不能适应紧急的情况。

(2) 负荷预测

主要采取分类综合用电负荷指标预测,结果如表14.1.4-1。

盘山县远期城区综合年用电负荷预测 表14.1.4-1

用地名称	用地面积（km^2）	综合用电指标（万 kW/km^2）	综合用电负荷（万 kW）
居住用地	2.90	1.5	4.35
行政办公用地	0.32	1.8	0.58
商业金融用地	0.72	2.8	2.0
文教体卫用地	0.47	1.9	0.9
工业用地	1.20	2.5	3.0
仓储用地	0.22	0.4	0.09
市政设施用地	0.2	0.08	0.02
对外交通用地	0.37	2.5	0.92
道路广场用地	1.2	0.002	0.0024
绿地	2.30	0	0
总计	9.9		11.06

同时按相关综合用电指标 5000kWh/人·年,近期 3000kWh/人·年,预测远期主城区年用电量为 5.0×10^4 万 kWh,近期用电量为 0.9×10^4 万 kWh,根据用电量预测,推算用电负荷远期10.2万 kW,近期2.3万 kW。

综合分析比较取预测结果:远期11.2万 kW,近期2.3

万kW。

（3）电网规划

从简化变压层次、优化网络结构考虑，高压配电网电压等级最好选用一级。我国东北地区统一确定为66kV。

按容载比66kV变电所为2.2计算：盘山县城区远期城市供电总容量为 $11.2 \times 2.2 = 24.64$ 万kVA，盘山县城区近期城市供电总容量5.06万kVA。规划66kV变电站近期1座，远期2座。

1）根据盘锦市域规划和地方供电部门的意见，利用曙光和盘山两个变电所引出双路66kV电源线。

2）在高速公路立交桥西侧、城区南端、东南端分设3座66/10kV变电站，每个变电站占地1.5公顷左右，各配置主变容量35MVA的变电器两台，共6台。

3）盘山县电网电压等级分为66kV、10kV、220V三个等级，以环形电网向整个区域供电。保证供电的安全。

4）66kV电力电缆架空铺设，10kV以及380V/220V电力电缆直埋铺设，应铺设于道路东南侧，如果条件许可，应敷设于人行道下，以利于城市景观。

5）对高压线路敷设，应考虑安全使用、美化环境、节约用地和经济承受能力，长远规划、远近结合，树立先有走廊后有线路的概念，线路应在规划走廊内敷设，满足城市景观的要求。

6）远期考虑再建设两个66/10kV的变电站，为远期的使用做好准备。

7）为了避免影响城区内的用地，现状高压走廊予以改线，66kV高压走廊沿改线后的沈盘公路，在城区南端通过；220V高压走廊沿沟盘公路走向，其下控制30m宽的绿化隔离带。

14.1.5 通信工程规划

1. 电信规划

（1）现状

沟海铁路以北太平镇有数字程控交换机一组，直拨电话500门。

（2）用户预测

按照住宅电话每户1号线，非住宅电话占住宅电话的1/3，户平均人数3.5人/户，盘山县近期人口为3万人，远期人口为10万人，得出盘山县电话近期需求量为1.15万门，远期需求量为4.3万门。根据电话局、站设备容量实装率近期为70%，远期为90%，得出盘山县电话近期需求量为8050门，远期需求量为3.87万门。

（3）电信网规划

1）采用现代化先进技术，加强改造和完善、发展电信网。建设具有结构合理、技术先进、功能完全、运行可靠、服务优质的电信网络和支撑网络，近期完善通信网络的支撑网络。远期目标着力于通信技术的动态发展，向高速信息传递迈进，建设智能化、综合化、个人化、移动化的综合业务数字网。

2）规划对现有电信线路进行改造，实现管道化，光纤化，并将光纤延伸到大楼和道路边，延伸到小区和用户，满足国民经济发展、社会信息化及人民生活对通信的需求。

3）近期考虑到建设电话端局的经济性问题，拟盘山县使用盘锦市的电话端局，远期规划建设一电话端局。

4）建立完善的环状电信电缆网络，电信电缆埋于城市道路西北侧，尽量埋于道路人行道下。

5）根据业务增长的情况，不断配套完善移动通信，无线寻呼、微波通信等通信手段,并结合中国信息高速公路的建设,开发 Internet 网和 ATM 网业务。至规划期末,因特网上网数至少达到 1800 人/万人。

(规划尚应明确电话端局的规模及用地预留)

2. 广播电视规划

(1) 规划原则

近期贯彻广播、电视并重,无线有线协调发展的原则。在有线网络建设上,实现电视、广播共站接收、共缆结播、共同入户、共同繁荣。

远期利用卫星、无线电视和有线电视组成混合覆盖网,进一步扩大广播电视有效覆盖率,逐步将广播电视网络系统纳入逐渐发展起来的"信息高速公路"网。

(2) 规划布局

广播电视局规划位于府北一路南侧,县政府东侧。广播电视接收塔可建于城北公园内。县城有线电视与市实现光缆联网,城区 100% 的开通有线电视,无线电视播出系统实现自动化,有线电视实行计算机管理。利用有线网络的高普及率,进一步拓展多功能业务,如电视购物、电视电话、远程医疗等服务。与市网一起建成传输广播电视节目为主,覆盖全镇区的新技术交易和技术商品传递网络。有线电视线路与通讯线平行敷设。

3. 邮政通信系统规划

(1) 现状

盘山县城区沟海铁路以北太平镇现有邮电局 1 处。

(2) 邮政服务网点预测

盘山县远期规划人口为 10 万人,用地面积 990 公顷,城市人口密度为 1 万人/km^2,邮政服务网点服务半径取 0.85km,故应设置邮政服务网点 5 个。规划邮政总局位于城北一路南侧，县政府东侧。

(3) 网点规划

在现有 1 个邮政服务网点的基础上，增加邮政服务网点 4 个。分别位于县城的几个区域，使得每个区域都能得到便捷的邮政服务。

（新县城总体规划尚应补充主要邮政设施、邮件处理中心选址、用地等内容，以及邮政总局用地，若二者合一宜作说明）

14.1.6 燃气工程规划

(1) 现状

现规划范围内有液化石油气供气站两个，均在井下作业公司家属区内。

目前我国城市燃气主要有天然气、人工煤气、液化石油气。比较适合于盘山自然条件的燃气种类可采用天然气、人工煤气中的重油蓄热催化裂解煤气和液化石油气。

盘山县城总体规划燃气工程规划图见图 14.1.6-1。

(2) 规划原则

1) 结合盘山县所处的地理位置和市政设施的现状特点，规划以天然气为燃气发展的方向。

2) 合理划分城区供气分区，确定各燃气储备站、调压站。

3) 建立可靠的天然气供应管道，建立完善的管网系统和位置合理的天然气调压站，按照《城镇燃气设计规范》的要求，确保燃气的气源和供气的安全可靠性。

(3) 用气量预测

按照城镇居民生活用气量指标 2800MJ/(人·年)，盘山县近期规划人口 3 万人，远期规划人口 10 万人，考虑约有 50% 燃气用户使用燃气热水器，居民生活用气占总用气量的 60%，

天然气的低热值为 $H=35.9\text{MJ}/N\text{m}^3$,可确定使用燃气热水器的居民人均用气定额为 $q=5600\text{MJ}/(人·年)$,其他居民人均用气定额为 $q=2800\text{MJ}/(人·年)$,由下式计算出年用气量:

$$Q_a = q \times n / H$$

式中　Q_a——居民年用气量(m^3)

　　　q——人均用气定额[$\text{MJ}/(人·年)$]

　　　n——人数

　　　H——燃气低热值($\text{MJ}/N\text{m}^3$)

近期:

使用燃气热水器的民民　$5600\text{MJ}/人·年 \times 35.9\text{MJ}/N\text{m}^3 \times 1.5$ 万 $= 233.93$ 万 m^3

不使用燃气热水器的民民　$2800\text{MJ}/人·年 \times 35.9\text{MJ}/N\text{m}^3 \times 1.5$ 万 $= 116.97$ 万 m^3

全年城市居民用气量近期为 $Q_a = 233.93$ 万 $\text{m}^3 + 116.97$ 万 $\text{m}^3 = 350.9$ 万 m^3

远期:

使用燃气热水器的民民　$5600\text{MJ}/(人·年) \times 35.9\text{MJ}/N\text{m}^3 \times 5.5$ 万 $= 428.96$ 万 m^3

不使用燃气热水器的民民　$2800\text{MJ}/(人·年) \times 35.9\text{MJ}/N\text{m}^3 \times 5.5$ 万 $= 895.93$ 万 m^3

全年城市居民用气量近期为 $Q_a = 428.96$ 万 $\text{m}^3 + 895.93$ 万 $\text{m}^3 = 1286.9$ 万 m^3

计算出全年城区居民用气量近期为 350.9 万 m^3,远期为 1286.9 万 m^3。取月高峰系数为 1.1,由下式计算出城市气源供应能力:

$$Q = Q_a K_m / 365 + Q_a (1/p - 1) / 365$$

式中　Q——计算月平均日用气量(m^3/d);

　　　Q_a——居民生活年用气量(m^3);

p——居民生活用气量占总用气量比例（60%）；

K_m——月高峰系数（1.1）。

近期：

$Q = 350.9$ 万 $m^3 \times 1.1/365 + 350.9$ 万 $m^3(1/0.6 - 1)$

$= 1.74$ 万 m^3/d

远期：

$Q = 1286.9$ 万 $m^3 \times 1.1/365 + 1286.9$ 万 $m^3(1/0.6 - 1)$

$= 1.74$ 万 m^3/d

计算出城区气源供应能力近期应为 1.74 万 m^3/d，远期应为 6.48 万 m^3/d。

(4) 供气管网规划

1）盘山县今后燃气气源以使用天然气为主，在城区南端建高压燃气储配站。罐容 5.0 万 m^3，占地 1.1ha，电装机容量 410kW。

2）按供气半径为 0.5km 设立调压站，主城区远期用地面积 $10km^2$，计算出共设 $10/0.5 \times 0.5 \times 3.14 = 14$ 个中低压调压站。

3）中低压调压站布局遵循尽量位于负荷中心的原则。

4）规划区管道煤气供应采用中（0.00~0.15MPa）、低（<0.005MPa）二级压力系统，管线布置于城市街道的东南侧。

5）用高压管道从远程气源厂引煤气至城市南侧边缘及外环路绿化带内。由燃气储备站引中压输气管道将燃气引入县城内，并形成环路。中压管道尽量沿城市干道铺设，中压输气干管间距 800m 左右。

6）中低压调压站位于服务范围的负荷中心，根据计算，设置 14 个中低压调压站。满足中低压调压站作用半径最大不超过 1km 的要求。

7）压输气管道采用钢管，中低压管道采用铸铁管。管道采用直埋形式，要务必注意安全防护要求。原则上不应与电力、电讯等其他管线同沟敷设，且间距必须大于 10m。

8）为了保证燃气供应的可靠性及满足近期建设的要求，规划同时考虑建立瓶装液化石油气供应系统。液化石油气的储配站及罐瓶站附设在有关大型石化厂。不在本区考虑，在新县城的井下地区、起步区、太平分设 3 个液化气供应站，每个供应站占地 1500m² 左右。

9）城区燃气普及率，2005 年达到 85%，2010 年达到 95%，2020 年达到 98%。

盘山县城总体规划燃气工程规划图见图 14.1.6-1。

14.1.7 供热工程规划

（1）现状

井下作业公司有自己独立的集中供暖系统。以中心曙光十八支路为界，分为路东和路西两个供暖区。路西油二村锅炉房内装 2t/h 小蒸汽锅炉两台、6t/h 热水锅炉 5 台，热负荷 2029 万 W，循环水量 698t/h。路东中心锅炉房内装 2t/h 蒸汽锅炉 3 台、6t/h 热水锅炉房 5 台，热负荷 1878 万 W，循环水量 646t/h。

太平镇尚无完善的集中供暖系统。

（2）热负荷预测

规划工业区集中供暖的原则是主要满足民用建筑（住宅、办公等）的供暖要求，工业区的供暖应尽量利用工业余热自我解决供暖问题。大力推行集中供暖有利节省能源、保护环境。

参照辽宁省 6 大城市的供热平均热指标（沈阳 47、抚顺 58、阜新 66、本溪 58、鞍山 62、大连 52）及考虑远期高标准要求，规划盘山工业区平均建筑热指标可采用 $70W/m^2$。总人口 10 万人，民用建筑面积按人均 $30m^2$ 计算，则总的民用建筑面积为 330 万 m^2，总的热负荷为 $330 \times 70 = 23.1$ 万 kW。

（居住区、行政区与工业区采用热指标宜有区别，远期工业热负荷的可能应作调查分析论证，并宜规划说明。）

1）在县城西部、起步区分设 3 个集中供热站，分别负责中心城居住区、行政文化体育区、工业起步区的集中供热站，分别负责中心城、起步区的集中供暖问题。3 个供热站总的供热能力为 231MW，大约分别为 80MW、80MW、70MW 左右，占地分别为 2 公顷和 2 公顷、1.5 公顷。

2）东区供热站为近期地步区供热站，西部近期仍依托井下公司锅炉房实行供暖，中远期全县城采用集中供热。

3）规划热媒采用高温水，热力管网供水温度采用 130℃，回水温度采用 70℃，热力管网与大型公共建筑及各居民小区的供暖系统通过热交换站进行连接，各个用户的供暖系统及供水温度由具体设计而定。

4）热水管网沿道路采用不通行地沟敷设。

盘山县城总体规划供热工程规划图见图 14.1.7-1。

14.1.8 管线综合规划

由于城区各种管线集中布置于道路或绿化下面，可能会造成各种管线在平面或垂直方向位置之间相互矛盾和干扰，因此在总体规划阶段要对各种管线进行综合，确定城区管线综合的基本原则和综合规划的基本要求。

（1）城市各种管线应尽量埋在城镇道路红线以内，不要乱穿空地，造成今后对其他设施修建的不利。

（2）管线应避免过分集中在交通频繁的城区干道下面埋设，以免施工和抢修时，开挖路面影响城镇交通。

(3) 埋设在城区道路下面的管线，一般应和道路中心线平行，同一管线不宜从道路一侧转到道路另一侧，以免多占地和增加与其他管线的交叉。

(4) 在道路横断面中安排管线时，首先应考虑将管线安排在人行道及非机动车道下面，其次将检修次数少的管线布局在机动车道下面。规定将电力、给水、雨水管线布置在道路中心线的左侧，将电话、污水管线布置在道路中心线的右侧。

(5) 各种管线由道路线向道路中心线方向平行布置的次序，要根据管线的性质、埋设深度来共同决定，一般按电力、电讯、给水、雨水、污水管线的顺序依次排列。

(6) 管线冲突时，要按具体情况处理，一般是没有修建的管线让已建成的管线，临时管线让永久管线，小管道让大管道，压力管道让重力自流管道，可弯曲的管线让不易弯曲的管线。

(7) 管线之间、管线与建筑物之间的水平和垂直，要满足技术、卫生、安全等要求，管线与地下人防通道要互相协调配合。

（一般情况总体规划中不含管线综合规划，本例为地方规划要求）

14.1.9 综合防灾工程规划

● 防洪规划

(1) 现状

盘山全县处于传统的"九河下梢"地区，有"十年九涝"之称，洪涝灾害一直十分严重。解放后经过多年治理，水利部门在 1986 年将全县划分为双南、双绕、绕西、西月四大封闭治涝区。各区均以其辖境内的回水河、小河沟为骨干排水河。县城处于双绕封闭治涝区的范围。双绕封闭区系辽河（双台子河）与绕阳河之间的封闭地带，以两河大堤为封闭线，以太平河、一统河、小柳河为排水总干。

城区北侧绕阳河左岸堤坝已达 50 年一遇标准，南侧太平河防洪堤坝标准较低，仅达 5 年一遇标准。

（2）规划

1）将防洪规划与环境保护、给水排水、道路交通和电力电信等基础生命工程紧密结合，协调一致，统一规划。

2）按照《中华人民共和国国家标准 GB 50201—94 防洪标准》规定，结合现状，盘山县新县城防洪标准为 50 年一遇。

3）要加强绕阳、太平河的河堤整修维护工作，设计防洪标准为 50 年一遇。并设计建设好两条河的有关雨、污水提升泵站。

4）规划范围内现状沟渠要充分保留，并利用新辟绿地公园开挖水塘，以蓄留洪水减地面径流。

5）坚持远期、近期有机衔接的原则，既节省初期投资，又能及时发挥工程设施的作用，为远期发展留有余地。

- 消防规划

（1）现状

城区现状仅有两个消防站。

（2）规划

1）按照国家颁布的《城市消防规划建设管理规定》，消防站的责任区面积为 $4 \sim 7 km^2$，规划建成区面积为规划设计两个消防站，分别位于其责任区的中心。每个消防站各占地 1 公顷左右。

2）规划在供水管网沿途设置必要的消火栓，沿城市主干道消火栓间距为 120m，距车行道边不大于 2m。

3）城区内将城市的主干路开辟为防灾疏散通道，城区所有区域可以 5 分钟内到达。加强这几条道路的通畅性与可达性。

4）城区 10kV 以上变电所、水厂、邮电局都列为城市生命线工程，在灾害发生时作为重点保护点。为了保护其安全性，在其周边保留 10m 的空地范围。

5）加强消防设施建设和设备人员的配备。城市消防站的规划布局应适应我国规定的自消防队接到火警起，15 分钟内可到达责任区最远点。

- 抗震减灾规划

(1) 现状分析

盘山县位于中朝地台东北部，其三级构造单元称下辽河断陷，场址所在的四级构造单元为辽河断凹。应用数理统计方法对未来地震活动趋势进行预测，经辽宁省地震研究所的研究，认为盘山县在未来百年发生 7 级以上地震的可能性不大，但有发生 6 级地震和若干个 5 级地震的可能。经省地震烈度评定委员会有关专家审查，颁布的《盘山县高新技术产业开发区起步区地震安全性评价报告》中认为，开发起步区东南侧有一条北东向断裂通过，但为非活动性断裂，不会对安全性造成影响。

存在问题有：

1）城区主要道路多属刚性路面，地震发生时易产生断裂性损坏，影响交通的通畅性。

2）城区避震疏散场地不足，城市新区建设必需配套建设公园、体育场、停车场等，同时作为避震疏散场地。

3）抗震基本知识缺乏，亟待加强有关宣传。

4）光缆、电缆等市政设施仍以架空为主。

(2) 规划

1）依据国家 1993 年地震烈度区划图，一般民用和工业建筑市区按7度地震设防。根据《中华人民共和国防震减灾法》规定，重大建设工程、生命线工程，可能产生次生灾害的工程，必须进行地震安全性评价，并根据评价结果，确定设防等级。

2）为了防止地震及其次生灾害，对外通道必须拓宽到8m以上，还必须配备消防设施。多层临街建筑必须按城市规划要求后退道路红线3~5m，高层建筑必须后退红线5~10m。

3）建设必须避开抗震不利地段。规划时必须考虑避震场地、疏散道路，建筑密度应控制在25%以内，房屋间距不小于1.5H，规划预留的公共绿地、广场、体育场地不得改变，消防设施、管线布局必须配套合理。

14.1.10 环境卫生工程规划

（1）垃圾清运与处理规划

1）按每人日垃圾平均产量1kg、3L计，则县城11万人口日总产垃圾110t、330m^3左右。

2）按照国家标准及参照有关城市现状，11万人口的盘山县城应配备运送和清扫垃圾的专用车辆各30辆，共计60辆，与之配套的环卫队的占地面积1公顷左右。规划考虑在沟盘公路以东、以西地区各设一个环卫队，分别配备15辆垃圾车、15辆清扫车，东、西环卫队占地均为7000m^2左右。

3）规划考虑在工业园区、中心城区东西部各建垃圾转运站一处，每处占地700m^2，大约每4km^2一处。

4）在详细规划中居民区内应设小型的垃圾收集点，该收集点每550m服务半径设置一个，每个占地40m^2，计算出来需要10个小型垃圾收集站。

5）在道路两旁及路口，在商业区、公共服务中心区应设置垃圾桶。商业街每25m应设置一个，交通干道每50~80m

应设置一个,一般道路每100m应设置一个。垃圾应日产日清,并应实现机械化。

6)按照城市面积为 10~15km² 时应该设置中型或大型的垃圾中转站的相关要求,在县城内设置一中型垃圾中转站,用地面积为2000m²。

7)城市垃圾分区集中到中型垃圾转运站后,由大型垃圾运输车运送到城外远郊区进行卫生或无害化处理与利用,垃圾堆(填)场或焚烧厂在规划区范围内选址。

(垃圾处理方式及相关填埋场或焚烧厂选择论证和规模、选址宜作补充说明。)

(2)公厕及其他环卫设施规划

1)远期公共厕所全部实现水冲式,纳入城市污水排放管理系统,消灭旱厕。

2)公厕配置标准参照国家有关规范。平均每2500人1座,每座建筑面积50m²,则10万人的建成区总共须建公厕40座,总建筑面积2000m²。

3)公厕设置根据主干道每 300~500m 设置一个公厕,非主干道上每800m设置一个公厕的原则来设置。原则上公厕可以与大商场一起设计。

4)增强环卫专门队伍人员力量,配备必要专业设备及车辆(洒水车、垃圾运输车、铲车、清扫车),加大管理力度。

5)环境卫生清扫、保洁工人休息场所是供进行露天流动作业的环卫清扫、保洁人员休息、更衣、淋浴和停放小型车辆工具的场所。根据建设部标准,环卫工人休息平均占有建筑面积 3~4m²/人,休息场所一般和垃圾中转站相配合建设。

14.2 例2 重点镇、中心镇总体规划中的基础设施规划

某镇是全国重点镇,地处华北平原与太行山脉过渡带的燕山脚下,地势西北高东南低,山区、丘陵、平原面积各占1/3。现状镇域总面积38.7km²,辖18个行政村1个居委会,镇区户籍人口26000多人,暂住人口8000多人。规划2010年镇区5.4km²,4.5万人。

总体规划明确城镇性质为商贸、工业、综合发展绿色生态型中心镇。

规划特征分析:

(1) 本例选择全国重点镇,也是地方中心镇,但在社会经济发展水平和人口规模方面比较适中,对一般小城镇来说更具代表性,其基础设施规划也更有小城镇特色。与小城镇规划标准、导则的要求比较容易吻合。

(2) 本例规划期限至2010年,规划相当于中期规划要求,因而基础设施规划相对也简单一些,但规划及说明较齐全(含供热规划、燃气规划、抗震减灾规划),较突出重点,并简洁明了。

(3) 从延伸的远期规划及标准导则要求考虑,本例更适合提出重点分析建议,更有利于掌握规划方法上的循序渐进。

案例说明:

本实例的选取,编者对原规划内容从便于分析的角度作有修改与删减。

14.2.1 道路交通工程规划

(1) 现状分析

镇域内公路主要有房易公路(房山—河北省易县)及通

向云居寺风景区的云居寺路。

镇区道路近几年改造了房易路北段，大大改善了镇区面貌。现镇区已建成道路有玉粟大街东段、广聚大街北段等，正在建设的道路有金元大街、天宝大街及白云路西段、玉粟大街。

镇与村、村与村通公路，交通较方便。但现房易公路、云居寺公路等级均较低，向南与河北省涿州市的联系道路较差。

（2）对外交通规划

对外交通主要形式为市级公路。根据相关区域规划，市七环路的主要功能为沟通北京外围城镇间的交通联系，鉴于其具体走向尚未明确，本规划建议市七环路作为交通性主要道路应在镇区南部外围通过，避免外部交通对镇区内部交通的干扰，规划市级公路：镇区南边的房易路（市七环路）规划为一级公路，红线宽暂定为80m；镇区北边的云居寺路规划为二级公路，红线宽为40m。

另规划两条向南与河北涿州的联系道路，规划为二级公路标准。

（3）镇区路网规划

镇区路网基本上为上版规划路网格局，规划道路网由市级公路和镇区主干路一同形成"三横、三纵"的主骨架路网。

镇区道路主要为主干路、次干路和支路。

主干路：规划主干路共计4条。其中东西向为白云路1条；南北向为金元大街、天宝大街、政府大街3条。主干路红线宽为36~50m，道路断面采用三块板型式。规划主干路长6.4km，其路网密度为1.18km/km^2。

次干路：规划次干路共计5条。其中东西向为玉粟大街及镇区南部新规划的东西向道路2条；南北向为工业区西侧的规划次干路、广聚大街、泉水河东侧规划次干路3条。次干路红线宽为22m，道路断面采用一块板型式。规划次干路长

6.7km，其路网密度为 1.24km/km²。

支路：规划支路共计 5 条。支红线宽为 16~20m，道路断面采用一块板型式。支路网密度应达到 3.0km/km² 以上。

(4) 停车场规划

镇中心区规划停车场共两处，其中在镇区新公共服务中心处规划 1 处停车场，占地约为 3500m²；在镇区东侧规划的市场处规划 1 处停车场，占地约为 6000m²。

(5) 公交站场规划

在镇区新公共服务中心处规划一处公交站场，占地约为 3000m² 左右。

(6) 加油站规划

根据公共加油站服务半径 0.9~1.2km 的标准布置，共规划 2 个加油站。

另外，规划按标准提高村村间道路等级。

长沟镇总体规划道路交通规划图见图 14.2.1-1。

14.2.2 给水工程规划

(1) 现状概况

某镇域内有泉水河两条。北泉水河发源于镇北的西甘池村和北甘池村，南泉水河发源于南尚乐镇水头村。根据长沟镇近 3 年来的水利统计资料，这两条河加上其他各种拦蓄水利工程，年可供地表水量为 150 万 m³。

镇内太和庄、东长沟、西长沟、东良、北良、双磨村等为强富水区，水位降深 5m 时，单井出水量为 3000~5000m³/d，沿村、坟庄、南正、北正村等为富水区，水位降深 5m 时，单井出水量为 1500~3000m³/d。据资料显示，地下水年可开采量为 1434 万 m³。年水资源总量为 1584 万 m³。

镇内现有水厂一座，位于云居寺路南侧，占地 0.7 万 m²。

现状日供水量为3000m³，水源为地下水，有150m深的井两眼。供水范围为镇中心居民生活（含部分农村生活）和工业用水。

据2000年用水统计资料，城镇总供水量为155万m³。

目前除水厂统一供水外，有部分村、企业各自打井供水。

(2) 用水量预测

至2010年，镇中心区人口约为5万人，规划确定的城镇性质为工业、商贸并重的绿色生态型示范镇。围绕其自然生态环境建设，逐步形成进入西南部风景区的重要枢纽与服务基地。根据其未来发展的要求，预测用水量时，适当提高生活用水量指标，工业用水按用地测算，规划要求镇域内不建议用水量大的工业项目，用水量指标基本与现状持平。参考房山区规划指标及相关规范，确定用水标准为：

综合生活用水：280L/(人·d)；

工业用水：0.6万m³/(km²·d)。

预测2010年最高日总用水量为2.78万m³。

用水量预测表　　　　　表14.2.2-1

项目	规模	用水量（万m³/d）
综合生活用水	5万人	1.40
工业用水	189公顷	1.13
未预见用水	占以上用水和的10%	0.25
总用水量		2.78

(3) 水源及水厂规划

规划城镇供水水源为地下水。

水厂为现状水厂位置，增加的用水量通过扩建水厂供水规模解决。根据用水量预测，规划水厂供水规模为3万m³/d，规划为水厂预留用地1万m²。

水厂及给水管道布置详见图 14.2.2-1 长沟镇总体规划给水工程规划图。

14.2.3 排水工程规划

(1) 现状概况

镇区已实施雨、污分流排水体制。

污水处理厂一期工程 2003 年年底竣工，污水处理规模为 1 万 m^3/d，该污水处理厂总设计规模为 2 万 m^3/d。占地 1.3 万 m^2。

雨水沿自然地形汇入南、北泉水河。

(2) 污水量预测

污水量按平均日总用水量的 90% 估算，预测 2010 年污水总量为 1.92 万 m^3/d（日变化系数取 1.3）。

(3) 污水处理厂、污水管道规划

根据本次规划污水量预测，规划期内镇区污水可全部排入现状镇污水处理厂。在污水处理厂一期工程接近满负荷运行时，适时建设污水处理厂二期工程，即可满足规划期内的污水处理要求。

污水厂及污水管道布置详见图 14.2.3-1 长沟镇总体规划污水工程规划图。

(4) 污水再生水回用规划

由于镇区内的景观主轴围绕水系展开，而环境景观用水要求的水量大、水质标准低，经污水处理厂二级处理后的出水水质基本可满足其要求，因此，规划要求产生的污水再生水应在枯水季节用于人工湖的环境用水。

(5) 雨水排放规划

雨水依地面自然坡度，就近排入水体。

明渠及雨水管道布置详见图 14.2.3-2 长沟镇总体规划雨

水工程规划图。

(规划说明宜补充雨水量计算。)

14.2.4 电力工程规划

(1) 现状概况

本规划区的供电电源为110kV的南尚乐变电站和35kV的五侯变电站。110kV南尚乐变电站位于南尚乐镇内,变电站容量2×31.5MVA,最大负荷17.3MW;35kV五侯变电站位于镇外东北部,占地3000m^2,变电站容量$1\times5.0+1\times5.6$MVA,最大负荷5.2MW。

2002年全镇用电量约为1250万kWh,按现状人口估算,人均综合用电量为470kWh/(人·年)。

(2) 负荷预测

本次负荷预测根据现状用电水平并参考房山区域规划用电负荷,分居民生活综合用电量(含公共设施)和工业用电量,采用人均综合用电量指标和用地分类指标进行预测。

至2010年全镇人口达5.2万人,工业用地189公顷,规划居民生活人均综合用电量指标取1000kWh/人·年,工业用地负荷指标取80kW/ha。预测2010年长沟镇最大用电负荷约2.5万kW(最大负荷利用小时数取5000小时)。

(3) 供电电源规划

根据所在区域供电规划,至2010年规划区供电电源仍为110kV的南尚乐变电站和35kV五侯变电站。目前,110kV南尚乐变电站有3条10kV线进入长沟镇,35kV五侯变电站有2条10kV线进入长沟镇,按本次规划预测的2010年长沟镇用电负荷,这两个变电站对出线基本满足规划区近期的用电需求。

随工业区的开发建议,规划区用电量将快速增长,规划在工业区内预留一处建议110kV变电站用地,面积为5000m^2。

规划电压等级采用 110/10/0.38kV 系列。

(4) 高压电力线路走廊规划

根据电力部门提供的资料,区域电网有部分 220kV 和 500kV 线路穿越本镇用地,规划按线路等级预留高压走廊如下:

110kV 同杆双回 30m;220kV 同杆双回 45m。500kV 同杆双回 140m。

110kV 以上电网详见图 14.2.4-1 长沟镇总体规划电力工程规划图。

(规划说明尚宜补充规划 110kV 变电站规模及高压配电网规划。)

14.2.5 通信工程规划

1. 电信规划

(1) 现状概况

镇区电信支局现有电话机交换容量 1 万门,电话用户 5300 户。目前与房山、良乡、南尚乐均有直达中继 600 条。

(2) 市话用户预测

电话用户采用主线普及率法进行预测。根据镇区现状市话普及水平,参考房山区及相关城镇的规划指标,规划 2010 年主线普及率为 50 线/百人,预测 2010 年镇区市话数为 2.5 万门,市话交换机容量达到 3 万门左右。

(3) 局所规划

根据预测的市话用户数,按照大容量、少局所、广覆盖的原则,为简化网络和节省网络投资,规划期内不再建设新的电信局所。在城镇建设中结合市场需求,对镇区电信支局分期扩容,规划期规模达到 3 万门。

(4) 管道规划

现状电信线路基本为架空敷设,为确保信息传输的安全性，新建电信线路全部采用通信管道敷设于镇区内人行道或慢车道下，并与镇区内道路同步建设。现有的架空线也要随着城镇道路的改造逐渐转入地面下敷设。

电信局所、管道规划布置详见图14.2.5-1长沟镇总体规划通信工程规划图。

2. 邮政规划

镇域内有房山邮政局下设的邮政支局，位于镇政府南侧。

规划期内要不断扩大镇区通信能力，提供高效、多元化综合服务。随着镇区邮件量的增长，为满足不同层次用户的需求，以邮政支局为中心，在小区内及公共设施用地内建设邮政所或邮政代办处（网点位置在详细规划阶段确定）。使邮政局所服务半径达到500m，服务人口15000人。通过电脑化、网络化把镇区内邮政网点互联，形成"点网结合"的综合性营业平台。

邮政局所规划布置详见上述图14.2.5-1通信工程规划图。（规划宜酌情补充广播电视规划内容。）

14.2.6 燃气工程规划

（1）现状概况

区域内有一个小规模的液化石油气混气站，设计供气能力200Nm^3/日，实际供气量约100Nm^3/日。供气范围为西厢苑小区，供气户数约580户。

（2）气源选择与供气原则

1）气源选择

根据北京市天然气中远期供气发展规划和房山区燃气发展原则，考虑陕甘宁天然气进京第二条长输管线从北京西部进京的可能性及镇区现状燃气供应情况，规划确定镇区近期燃气气源为液化石油气，远期燃气气源为天然气。

14.2 例2 重点镇、中心镇总体规划中的基础设施规划

2) 供气原则
- 优先考虑居民生活用气，尽量满足公共设施用气；
- 供应新建居民小区使用燃气壁挂炉用户的采暖用气；
- 在气源允许的情况下供区域锅炉房供暖用气，并支持现状锅炉房的煤改气工程；
- 本次规划不考虑工业生产用气。

(3) 用气量预测

参照北京市和房山区的用气指标，镇区居民生活耗热量指标取 2500MJ/(人·年)。

天然气热值按 $36MJ/m^3$ 计算。

规划人口规模5万人，镇区居民气化率取100%，公共服务设施用气量按占居民用气量的15%考虑。

在采暖季节，采暖热指标取 $60W/m^2$。采暖最大负荷利用小时数取1800。公共建筑采暖热指标取 $70W/m^2$。采暖最大负荷利用小时数取1050。工业建筑采暖热指标取 $80W/m^2$。采暖最大负荷利用小时数取1800。

用气高峰系数 $K_m \times K_d \times K_h$ 取 4.25。

预测2010年镇区非采暖季天然气年总用气量约为420万 m^3，燃气小时计算流量为 $1680m^3$。

预测2010年镇区采暖季天然气年总用气量约为5620万 m^3。燃气小时计算流量为2.7万 m^3。

用气量预测 表14.2.6-1

用户	规模	指标	用气量（万 m^3/年）
非采暖季：			
居民生活	5万人	2500MJ/(人·年)	350
公共建筑		占生活用气的15%	50
未预见		以上两项用气的5%	20
小计			420

续表

用户		规模	指标	用气量（万 m³/年）
采暖季：				
	居住采暖	156 万 m²	60W/m²	1670
	公建采暖	92 万 m²	70W/m²	690
	工业采暖	189 万 m²	80W/m²	2840
	小计	437		5200
合计				5620

（4）供气系统规划

规划近期保留现状混气站，在天然气供气系统未建成前可根据用气需求适当扩大供气规模。

根据陕甘宁天然气进京第二条长输管线的建设情况，镇区应逐步实施管道天然气供气计划，根据本次规划预测的用气量，结合天然气高压管道可能的敷设路线，规划在广聚大街和玉粟大街交叉口的东南部预留高中压调压站用地 2000m²，调压站非采暖季高峰小时流量为 1680m³，采暖季高峰小时流量为 2.7 万 m³。

采暖季与非采暖季的季节性调峰由北京市调峰设施统一考虑。

镇区内敷设中压配气管道，经区域调压箱或楼栋调压至用户。

燃气管道及调压站位置详见图 14.2.6-1 长沟镇总体规划燃气工程规划图。

14.2.7 供热工程规划

（1）现状概况

现状镇区主要供热热源为长安物业集中供热锅炉房，设计规模为2台20t热水锅炉和2台10t热水锅炉。目前安装了2台10t热水锅炉,一用一备。供热面积约为9万 m^2,供热范围基本覆盖了镇区内的商住楼和各机关单位。

(2) 热负荷预测

本次规划用热负荷只考虑采暖热负荷。

至2010年,规划一类居住用地62万 m^2,二类居住用地73万 m^2,公共设施用地46万 m^2,工业用地189万 m^2。

规划采暖热指标为:居住建筑60W/m^2,公共建筑70W/m^2,工业建筑80W/m^2。

2010年规划总供热量约为309MW,由区域锅炉房集中供热。

采暖热负荷预测　　　　表14.2.7

		2010年	
		采暖面积(万 m^2)	热负荷(MW)
一类居住		25(按容积率为0.4估算)	15
二类居住		131(按容积率为1.8估算)	79
其中	泉水河以西	51	31
	泉水河以东	80	48
公共建筑		92(按容积率为2估算)	64
工业及其他建筑		189(按容积率为0.8估算)	151
合计		437	309

(3) 热源与热力网规划

1) 供热方式

规划区现状为集中锅炉房供热,根据天然气管道建设情况,规划期内采用区域性集中供热锅炉房和分散供热相结合的方式。

一类居住和泉水河以西的二类居住全部采用分户壁挂燃气炉解决采暖、生活热水用热,其余均由区域锅炉房集中供热。

2) 热源规划与供热区划分

现状长安物业集中供热锅炉房负责一个供热区，供热范围为北泉水河以东、房易路以西区域。供热面积约为 50 万 m^2。

房易路以东为一个集中供热区，供热面积约为 70 万 m^2。

北泉水河以西为一个供热区。该区域为集中供热和分散供热结合区，居住区以分户天然气炉供热为主，商业金融及工业区为集中供热，在该区域中部设一个较大型集中供热锅炉房，供热面积约为 200 万 m^2。

3) 供热管道规划

供热管道按供热区分片敷设。

集中供热热源及管道详见图 14.2.7-1 长沟镇总体规划供热工程规划图。

（上述规划中宜补充集中锅炉房规模及预留用地，同时分析远期工业热负荷的可能，酌情考虑集中供热的热源、管道用地的预留余地，以统筹规划，避免重复建设。）

14.2.8 综合防灾工程规划

1. 防洪规划

（1）自然概况

镇域内有南泉水河、北泉水河流过，两条河水源均为泉水，流量基本稳定，没有洪水灾害。

规划区地势西北高，东南低。山区、丘陵、平原面积各占 1/3。西北部山区海拔 150m 以上，坡度较大，土层较薄，植被稀疏。在暴雨季节，山水下泄，沿冲沟和排洪沟进入南、北泉水河后流出镇域。根据调查，镇区内从未发生过较大的洪水灾害。

（2）防洪标准及规划措施

根据《房山区域规划》，中心镇和建制镇的防洪标准为 20

年一遇,因此,确定规划区防洪标准为20年一遇。

规划区内河道按10年一遇洪水设计。按20年一遇洪水校核。

规划区内排洪沟按5~10年一遇洪水设计。

规划沿镇区西侧边缘修建排洪沟,将西部山区洪水拦截至镇区南部的南泉水河排走。

在镇域内进行各类工程建设时,要尽量保持冲沟、排洪沟、河道原自然走向和过水断面,不得随意占用排洪沟用地,保留充足的泄洪通道,确保城镇安全。

2. 抗震减灾规划

(1) 地震地质环境

镇域大部分地区位于第三代中国地震烈度区划图地震基本烈度8度区,第四代中国地震动参数区划图地震动峰值加速度0.20g区。

八宝山—高丽营断裂带位于房山区西北边界,该断裂带又分南大寨—八宝山断裂和黄庄—高丽营断裂两条相伴而行的断裂组成。南大寨—八宝山断裂南起长沟附近,经南大寨、磁家务、八宝山、北洼到达海淀附近。

另据记载,1976年唐山地震时,东西长沟村、沿村、五侯村损失严重。

(2) 规划及措施

1) 在区域内地震断裂带附近进行工程建设,项目前期须由具有一定等级资质的勘察设计部门进行实地勘察,确定项目是否可行并提出相应设防要求。

2) 区域内新建、扩建、改建工程均必须严格按照《中国地震动参数区划图》(GB 18306—2001) 规定的抗震设防要求,进行抗震设防。

3) 重大工程及可能产生严重次生灾害的建设工程必须依

据国家标准（GB 17741—1999）《工程场地地震安全性评价技术规范》的要求进行地震安全性评价工作，保证建设工程的安全。

4）镇域内房易路、云居寺路、七环路为灾害发生时的疏散、救援通道。

5）镇域内广场、公园、绿地和其他空旷场地为灾害发生时的避难、救护场所。

3. 消防规划

（1）现状概况

镇域范围内没有消防站，消防责任属良乡消防中队。

（2）规划及措施

1）消防站：根据国家有关部门颁布的《城市消防规划建设管理规定》和《城市消防站建设标准》的要求，规划在镇区设一个标准型普通消防站，消防站位于房易路西侧，规划预留用地 3000m^2。

2）消防供水：为保证有充足的水源扑救火灾，随集中供水系统的建设，严格按国家相关规定敷设消火栓。

3）消防通道：加强消防车通道建设，满足消防车通行和限高要求，通道间距不应大于 160m。

4）消防通讯：利用先进的通信技术和计算机技术，建立现代化的消防通信、报警系统。达到报警及时、快速扑救、减少损失的目的。

长沟镇总体规划综合防灾规划图见图 14.2.8-1。

14.2.9　环境卫生工程规划

（1）现状概况

镇环卫站负责全镇的环境卫生工作，镇区垃圾运至位于云居寺路口附近的垃圾堆放场，各村的垃圾基本就近倾倒。

镇区内有公共厕所2座，位于长沟大市场内。

(2) 垃圾量预测

考虑现状垃圾生产水平和未来本镇居民的生活居住特点，人均生活垃圾量按0.9kg/(人·日) 计算，2010年日产垃圾量约45t。

(3) 垃圾收集与处理

镇域内生活垃圾先送到小型垃圾转运站后用密闭垃圾集装箱运至垃圾处理场。

小型垃圾转运站按小车收集平均运距300~500m设置，每座转运站用地不少于200m²。根据用地布局，镇区内共设置小型垃圾转运站6处，其中工业区设2处，居住区设4处，具体位置在详细规划阶段确定。

工业垃圾、建筑垃圾及有毒有害物垃圾由垃圾产出单位先进行回收利用和无害化处理后自行送至环卫管理部门指定的场所。

(规划宜对生活垃圾处理方式选择和垃圾卫生填埋处选址、规模、用地适当补充。)

14.3 例3 城镇密集地区、城市郊区小城镇总体规划中的基础设施规划

容桂镇地处珠江三角洲腹地，位于顺德市东南，北隔德胜河与顺德市新城区相望，西邻顺德杏坛镇，东邻番禺，南接中山。

镇域地势西部略高，东部稍低，除马岗、小黄圃等有一些小山丘外，大部分土地属冲积平原，水网交织。

容桂镇由容奇、桂洲两镇强强合并而成。镇域总面积7923.9公顷，下辖19个居委会、7个村委会，全镇户籍总人

口17.13万,暂住人口10.18万,城镇建设用地25.65km²,总人口（含暂住人口）24.86万。顺应顺德市城乡一体发展需要,远期在建设顺德市中心城市的过程中,容桂镇将撤镇建区,远期规划人口45万,用地47km²。

规划特征分析：

（1）本例为位于经济发达的珠三角城镇群、城市规划区,并在远期有条件成为中心城市组成部分的经济强镇,依托区域和城市基础设施条件好,特别是区域交通道路系统、电力系统等方面条件与大城市差别较小,结构比较复杂,不同等级设施齐全。

（2）基础设施规划起点要求高,既有近期主要的小城镇特点,又有远期更多城市的相关要求,规划需更多突出小城镇规划标准与城市规划标准的衔接与协调,强调近期规划与远期规划的衔接与一致。

（3）从总体规划层面考虑,规划内容可部分删减。

案例说明：

本例选自中国城市规划设计研究院深圳分院完成的顺德市容桂镇总体规划,为突出总体规划编制重点,编者对规划内容作了适当修改,对电力规划原10kV电压等级内容等作了较大删减。

14.3.1 综合交通规划

容桂镇综合交通规划主要包括两大部分,即城市对外交通和城市内部交通。其中城市对外交通部分主要指容桂镇行政区域范围内的城区与周围城市、城镇之间的交通,包括公路、港口、货运中心、长途客运站等,城市内部交通部分主要指容桂镇内部的交通,包括城市道路、静态交通、公共交通及公交设施等,它们构成一个联系紧密的、有机的城市综合交通体系。

14.3 例3 城镇密集地区、城市郊区小城镇总体规划中的基础设施规划

(1) 规划目标

1) 从广东省、珠三角、顺德市区域角度出发,将容桂镇交通体系融入大区域之中,建立以高速公路、城市快速路、水运为骨架的交通运输系统,形成与顺德市、珠三角和广东省运输体系相衔接,与香港水运相协调的综合交通运输体系。

2) 积极、优先发展顺德市各城镇之间快速便捷的公共交通方式,确立现状105国道为以快速公共交通为主导的城市快速路,适度发展私人小汽车,逐步限制摩托车数量,形成多种交通工具协调发展的安全、经济的城镇客运公共交通体系。

3) 建立与城镇布局和土地利用相适应,由城镇快速路、主干道、次干道和支路组成的结构合理的城市道路网络系统,满足城镇不断增长的交通要求,促进并引导城镇合理有序地发展。

4) 高度重视静态交通及配套建设管理,加强停车场(库)的规划、建设与管理,建立与土地利用性质、开发规模以及停车需求的时空分布相适应的城镇静态交通系统。

(2) 对外交通规划

1) 对外公路规划

容桂镇现状对外公路主要有105国道、碧桂公路两条,对外公路出入口有4个,现状105国道(广珠公路)在容桂镇境内全长约6700m,为双向八车道,南可至中山、珠海,经虎门大桥可至珠三角东部各城市,北部贯穿顺德市5个镇区至广州,是目前容桂镇主要的出入口公路,昼夜交通量达到3.43万辆(按标准车预算)。

现状碧桂路在容桂镇境内全长约5500m,为双向四车道,南起桂洲大道,北部从顺德新城区边缘通过至顺德碧桂园。

根据顺德市交通系统规划,容桂镇对外交通干道系统形成"三纵一横"格局,即伦桂路、105国道、碧桂路三纵和红旗

路一横。远景还可考虑在顺德大学东侧、顺德客运港西侧之间建一座跨容桂水道的大桥，北接顺番公路，南经容桂镇东部至中山市的城市快速路，使容桂镇对外交通系统形成"四纵一横"格局。

伦桂路南起红旗路，北部从顺德市中心城区大良、伦教组团西侧通过至伦勒路，为连接顺德市中心城区各组团的城市快速路。

105国道为纵贯顺德南北五镇区之间的以客运为主体的城市快速路。

碧桂路南段向南延伸至中山市，为以货运交通为主体的城市高速公路。

红旗路东起碧桂路，西经规划中的广珠高速，至顺德市杏坛镇。

2）港口

容桂镇现状港区位于容桂水道和顺德支流交汇处，港区范围包括：容桂水道东起眉蕉河口，西至马岗粮仓，全长9km，河面宽250~400m，常水深8~10m，可通航300~5000t轮驳船，沿岸建有码头48座，泊位64个，多数码头可停靠300~500t轮船，最大可停靠2000t船舶。现状105国道以西码头多为小型散装杂货码头。顺德货柜码头位于105国道以东，眉蕉河口以西，是顺德市最大的集装箱货运码头，占地面积9.7公顷，其中露天场地4.9公顷，拥有进出口及内贸仓库6座，建筑面积1万m^2，码头直立式岸线455m，码头一线吊机9台，可供8条船同时作业。港池水域宽裕，可常年停泊2000t的船舶。全年货物吞吐量可达120万t，可处理23万个标准箱。主要航线有：容奇至广州、梧州、贵港、桂平、东莞、香港、澳门及珠江、东江、西江、北江和沿海线各港。

规划港口走集约化发展道路，充分发挥顺德货柜码头的作用，取消小型散装杂货码头，保留粮食码头等部分专用码头和轮渡客运码头。

远景在小黄圃片区北部预留为顺德高新技术产业开发园配套的专用港口和全市港口发展备用地。

3）货物流通中心

货物流通中心是组织城镇货运的一种新的形式，是以货运车辆枢纽站为中心，包括仓库批发甚至包括小型加工和包装工场等组织在一起的综合性中心。容桂镇现状货运设施均为小型货运公司，分布于105国道南段，对交通影响大。容桂镇全年公路货物运输量为65万t，规划货运中心位于碧桂路与桂洲大道交叉口的西北部，用地面积近20公顷。从远景发展来讲，碧桂路是容桂镇对外的主要货运高速公路，而105国道是以客运为主的快速路，货运中心的位置接近高速公路又位于城镇发展的边缘地带，对城镇内部交通影响小。同时货运中心的位置与工业区紧临，接近货源中心。因此，这种布置方式有利于货物流通的经济合理和货运车辆的集疏，并减少了中心城区交通的混乱。

4）长途汽车客运站

容桂镇现状有容奇、桂洲两个汽车客运站。容奇客运站位于凤祥路，占地面积2700m^2。每天发出班次为137班，日发送旅客数为1500人，其中附设有超长途汽车站，主要发往四川泸州市、遂宁市、玄滩县等。桂洲客运站位于桂洲大道中，桂洲医院东侧，占地面积3000m^2，每天发出班次为125班，日发送旅客数为500人，主要发往周边市、镇。

现状容桂镇客运站设施陈旧，占地小，运量少，位于城市的中心商业地带，车辆进出困难，对城市交通影响大。现有客运站已不能满足城市发展的需要，现状容奇大桥边、南头路口等地段，非法营运现象较多，客运秩序较乱，影响了顺德大道交通的畅通。规划在东部片区红旗路与105国道立交路口东部新建容桂汽车客运站，为长途和中短途相结合的汽车客运站，用地面积为5.3公顷。另有市内公共交通设施相配套，现状的两个客运站规划改做公交首末站。

(3) 道路交通规划

1) 现状分析

容桂镇现状主干路格局为三横四纵格局。三横为：容奇大道（容桂大道至碧桂路段）、桂洲大道（容桂大道至兴华工业区）、红旗路（桂洲中学至大福路），三横路网之间的间距接近2000m，红旗路只修建了西半部分，东半部分与105国道尚未接通，也就是说现状东西向交通干道主要依靠容奇大道和桂洲大道。四纵为：容桂大道、凤祥路—振华路—文华路、105国道（顺德大道）、碧桂路。

2000年全镇有10个停车场（包括临时停车场）。

存在的主要问题：

A. 没有形成相对完整的道路系统

容桂镇现状南北交通干道有四条，东西向干道能与四条纵向道路相接的只有桂洲大道，因此东西交通不畅，桂洲大道压力大。由于容桂两镇长期分设，除主干道有所协调外，次干道、支路极不完整，没有相对完整的道路系统，道路错口多，新修建的次干道大部分为断头路，没有合理的路网间距，道路红线布置不合理。支路道路红线窄，路型弯曲，断头路多。

B. 道路功能混杂，主要体现在如下两点：

(A) 105国道功能混杂，交通压力大，对镇内交通干扰大，分割镇区。现状过境交通大部分集中在105国道上，同时105国道也是镇内南北向的重要交通干道，造成过境车辆与镇内交通相互混杂，现桂洲大道与105国道为平交路口，南北、东西交通流量均较大，使该路口交通不畅。

(B) 碧桂路作为规划过境高速公路,现状与中山没有联系,成为尽端路,使桂洲大道东段需承担部分过境交通的功能。

(C) 停车场地及其他配套设施严重不足

容桂镇现有停车场大部分为临时停车场,主要利用路边旧城改造拆迁后未建设的土地临时停车,每个停车场占地面积小,大多为 1000m² 左右。

(D) 缺乏公共交通,导致交通混乱

容桂镇现状公交线路的主要服务对象是容桂镇镇区与顺德其他各镇区之间的长距离出行,无区内公交线路。居民目前出行的主要交通工具为摩托车和自行车,自 1996 年以来,摩托车年均增长速度均在 15% 左右,目前拥有量达到 6 万多辆,常住人口户均拥有量达 1.2 辆。同时存在大量的非法营运摩托车辆,摩托车乱停、乱放现象严重,使镇区交通秩序混乱,交通环境恶化。

2) 规划原则及目标

A. 规划原则

(A) 对道路及交通系统进行综合规划,满足总体用地布局对道路、交通设施的不同要求,为道路交通建设和规划管理提供科学的依据。

(B) 适度超前,增加主次干道网密度,对中心城区以外区域亦进行路网控制。

(C) 处理好内部道路与城市快速路的衔接,控制交叉口用地,减少快速路对城市内部交通的影响。

B. 规划目标

(A) 建成与城市社会经济发展相适应、布局合理、快捷畅通的道路网络系统以及完备的现代化道路交通设施。各项指标应达到国家相关规范要求。

（B）大力发展公共交通，适度发展私人小汽车，逐步控制摩托车数量，形成多种交通工具协调发展的安全、经济的城市客运公共交通体系。

（C）货运交通以专业运输为主，水运与陆运相结合，建立高效的城市货运体系。

（D）采用先进的技术装备和管理手段，逐步实现交通组织、交通管理现代化。

3）道路系统规划

A. 路网规划

容桂镇镇域路网采用外环加方格网的布局形式，道路等级划分为3个层次5个等级，即高速公路、快速路、城镇内部道路3个层次和高速公路、快速路、主干道、次干道、支路5个等级。根据广东省交通网络规划，确定碧桂路为广州与珠海之间的高速公路。在容桂镇境内与红旗路立交规划有1个出入口，因此，对镇内交通分割极大，为此规划沿高速公路东西两侧各规划1条城市主干道（或称辅道）与镇内主次干道连接，容奇大道、新发路、桂洲大道3条主干道下穿通过高速公路，以解决东西交通分割状况。

规划对穿越镇区的快速路采用主（快速）、辅（常速）路的形式修建，以减少对镇区交通的影响。105国道由于受道路红线宽度的限制，已无法在东西侧修建辅路，规划在其两侧修建2条与之平行的南北向次干道，将105国道上南北向镇内交通分离出来；伦桂路东侧规划辅路与城区主次干道相接，红旗路是连接3条纵向快速路的城镇快速路，规划与外环路相接，与容奇大道、伦桂路共同形成容桂镇外围环路。

中心镇区重点加强东西向主干道的规划，除容奇大道、桂洲大道、红旗路外，另外规划3条东西向主干道，南北向主干道以现有主干道为基础，另外规划3条南北向主干道，形成以

14.3 例3 城镇密集地区、城市郊区小城镇总体规划中的基础设施规划

快速路为支撑,主干道为骨架,主次干道等级明确,功能合理的路网系统,以满足各片区之间,以及片区内部的交通需求。

规划快速路和主、次干道总长约为 30.4km。其中中心城区干道网密度为 4.44km/km^2,人均道路广场用地面积为 20.24m^2/人。道路网规划见表 14.3.1-1、表 14.3.1-2。

道路网规划指标 表 14.3.1-1

道路等级	设车车速（km/h）	机动车道路（条）	红线宽度（m）	中心城区道路网密度（km/km^2）	建筑区退红线距离（m）
快速路	80	6~8	60~100	0.55	20~30
主干道	60	4~6	40~60	1.37	4~20
次干道	30~40	4	30~40	2.52	5~10
支路	20~30	2.3	16~25	3~4	3~8

快速路及主干道规划一览表 表 14.3.1-2

道路名称或编号	道路性质	道路长度（km）	规划红线宽度（m）	建筑后退红线宽度（m）
（1）碧桂路	中部：高速公路 东西两侧：城市主干道	6.76	130（A-A）	20~30
（2）105国道（顺德大道）	快速路	6.72	60（B-B）	10~20
（3）伦桂路	快速路	4.63	75（C-C）	20~30
（4）顺番路	快速路	3.90	60（D-D）	20~30
（5）红旗路	快速路	9.99	60（D-D）	20~30
（6）桂南路	快速路	0.95	60（B-B）	10~20
（7）华基路	城市主干道	2.49	45（H-H）	5~15
（8）容桂大道	城市主干道	5.09	35（J-J）	4~10
（9）凤祥路+振华路	城市主干道	2.20	35（J-J）	4~10
（10）文华路	城市主干道	1.86	45（H-H）	5~15
（11）新业路	城市主干道	4.27	45（H-H）	5~15

续表

道路名称或编号	道路性质	道路长度(km)	规划红线宽度(m)	建筑后退红线宽度(m)
(12) 容辉路	城市主干道	3.01	45 (H-H)	5~15
(13) 华发路	城市主干道	4.11	50 (E-E)	6~10
(14) 外环路	城市主干道	11.30	60 (F-F)	20~30
(15)	城市主干道	8.53	40 (G-G)	4~10
(16) 容奇大道西	城市干道	3.80	60 (F-F)	10~20
(17) 容奇大道中	城市干道	2.04	43 (F1-F1)	3~10
(18) 容奇大道东	城市干道	3.57	43 (F1-F1)	10~20
(19) 建业路	城市干道	4.20	40 (G-G)	4~10
(20) 环安路+新发路	城市干道	7.04	45 (H-H)	5~15
(21) 桂洲大道西	城市干道	3.05	60 (I-I)	6~20
(22) 桂洲大道中	城市干道	2.38	45 (I1-I1)	6~10
(23) 桂洲大道东	城市干道	5.09	60 (I-I)	6~20
(24) 文海路	城市干道	7.06	45 (H-H)	5~15
(25)	城市干道	4.72	60 (F-F)	6~10

B. 道路规划管理要求

（A）经批准的城市道路红线宽度未经原审批机关批准不得调整修改。

（B）规划道路红线内不得修建任何建筑物、构筑物，包括临时性建筑物、构筑物。

（C）城市支路不能直接与快速路相接。快速路穿过人流集中的地区，应设置人行天桥或人行隧道。

（D）城市道路两侧的建筑物或构筑物，必须后退道路红线3~30m，道路红线与建筑红线之间的退让间距，只能作为道路拓宽、防灾救灾、人流疏散和沿街绿化用地。

14.3 例3 城镇密集地区、城市郊区小城镇总体规划中的基础设施规划

4) 道路交通设施规划

城镇道路交通设施包括城镇道路设施和城镇交通设施。城镇道路设施主要包括：立交、渠化路口、高架路、桥梁、隧道等；城镇交通设施包括：社会公共停车场、公交站场、公共加油站、城镇广场等。

A. 城镇道路设施规划

（A）道路交叉口规划：道路交叉口形式包括立体交叉口和平面渠化交叉口两种形式。其中立体交叉口划分为互通式立交和非互通式立交两种形式。平面渠化交叉口包括展宽式信号灯管理平面交叉口、平面环形交叉口、信号灯管理平面交叉口和不设信号灯的平面交叉口等形式。根据容桂镇的具体情况，规划重点处理好穿越城区的高速公路、快速路与城镇主次干道相交的交叉口形式。

105国道（顺德大道）从容桂镇中部穿越，对镇区造成了较大的分割。规划105国道与红旗路相交的交叉口采用互通式交叉口处理形式。105国道与其他主干道相交路口采用非互通式交叉口处理，即采取上跨或下穿的形式处理，并通过交叉口展宽设置右转匝道，左转交通需通过平行于105国道的辅道和互通式立交转换。次干道与105国道相交只能采取上跨或下穿形式处理，支路不与105国道相交，可采用尽端式处理。

碧桂路在中心镇区边缘通过，顺德中心区规划已确定碧桂路在中心区与顺番公路立交设一出入口，根据高速公路出入距离限制要求及容桂镇实际，规划在碧桂路与红旗路设一互通式出入口立交，容奇大道、新发路和桂洲大道采用下穿形式通过碧桂路。根据城镇道路系统规划和道路交叉口设置的规划原则，容桂镇道路交叉口设施规划见表14.3.1-3、表14.3.1-4、表14.3.1-5。

道路交叉口的形式　　　　表14.3.1-3

相关道路	快速路	主干道	次干道	支路
快速路	A	A	A、F	—
主干道		A、B	B、C、D	B、D、F
次干道			B、C、D	C、D、E
支路				D、E

注：A 为立体交叉口；B 为展宽式信号灯管理平面交叉口；C 为平面环形交叉口；D 为信号灯管理平面交叉口；E 为不设信号灯的平面交叉口；F 为右进右出平面交叉口。

平面交叉口的规划通行能力及用地规模　　表14.3.1-4

相交道路等级	交叉口形式					
	T型灯控交叉口		十字型灯控交叉口		环形交叉口	
	通行能力	用地规模	通行能力	用地规模	通行能力	用地规模
主干道与主干道	3.3~3.7	0.50	4.4~5.0	0.65		
主干道与次干道	2.8~3.3	0.40	3.5~4.4	0.55	2.4~2.7	1.0~1.5
次干道与次干道	2.2~2.7	0.30	2.8~3.4	0.45	2.0~2.5	0.8~1.2

注：①表中相交道路的进口道车道系数：主干道为3~4条，次干道为2~3条。
②通行能力按当量小汽车计算，单位为：千辆/小时。
③用地规模单位为：公顷。

立体交叉口通行能力及用地规模　　表14.3.1-5

通行方式	立交形式	通行能力（当量小汽车/小时）	用地规模（公顷）
互通式	环形	5000~7000	2.5~3.0
	喇叭形	6000~8000	3.5~4.5
	苜蓿叶形	9000~13000	7.0~9.0
	定向形	13000~15000	8.5~12.5
非互通式	跨线桥	4000~6000	2.0~2.5
	部分定向形		2.5~3.0
	部分苜蓿叶形	6000~8000	3.5~5.0

(B) 桥梁规划：现状容桂镇对外交通的桥梁共有5座，即北部有德胜大桥、容奇大桥、马岗大桥，南部有细滘大桥和南头大桥。规划新增对外交通大桥4座，其中顺德支流上新增1座，容桂水道上新增2座，桂洲水道新增1座，远景在容桂水道上预留2座大桥。

现状镇内主要水系眉蕉河上有机动车桥梁2座，人行桥1座，挡水坝桥2座，规划新增机动车桥梁2座。

规划桥梁的车道数量一般应与联接道路的车道数量相一致。

A. 城市交通设施规划

(A) 社会公共停车场规划

容桂镇现状公共停车场极为缺乏，停车场的规划建设必须作为一项重要项目实施，规划社会公共停车场分为外来机动车公共停车场和区内机动车公共停车场。外来机动车公共停车场设置在城市对外交通出入口附近，规划共计4处。市内机动车公共停车场主要设置在商贸、大型公建、交通枢纽、居住区等附近。服务半径在中心地区不大于200m，一般地区不应大于300m。规划社会公共停车场总用地面积为38.9公顷。考虑机动车数量的快速增加，可以利用区内支路设置咪表停车。同时严格按照表14.3.1-6的指标要求设置配建停车场。

配建停车场指标　　　　表14.3.1-6

类别	单位	机动车
高中档旅馆（宾馆、招待所）	单位/客房	0.2~0.25
普通旅馆（招待所）	单位/客房	0.1~0.15
饭店、酒家、茶楼	车位/100m² 营业面积	1.7~1.8
政府机关及其他行政办公楼	车位/100m² 建筑面积	0.3~0.4
商业大楼、商业区	车位/100m² 营业面积	0.25~0.3
肉菜、农贸市场	车位/100m² 建筑面积	0.15~0.2

续表

类别	单位	机动车
大型体育场馆（场>1500座，馆>4000座）	车位/100座	0.25~3
影剧院	车位/100座	0.8~1.0
城市公园	车位/公顷占地面积	1.5~2.0
医院	车位/100m² 建筑面积	0.2~0.3
中学	车位/100学生	0.3~0.35
小学	车位/100学生	0.5~0.7
甲类居住小区（多高层）	车位/户	0.5~1.0
乙类居住小区（别墅式）	车位/户	1.0
工业厂房区	车位/100m² 建筑面积	0.08~0.1

（B）公交站场

公交站场包括公交首末站、枢纽站、中途站、公交停车场、保养场等设施。容桂镇公交线路规划应结合顺德市特别是大良区综合考虑，逐步形成区域性快速公交走廊，在容桂镇内形成中小巴系统，利用中小巴特有的灵活性，作为容桂镇常规公共交通的一种辅助方式。在容桂镇内主要公交线路上设置港湾式公交停靠站。规划将现状容奇、桂洲两处汽车客运站改为公交首末站，结合规划新建的容桂长途汽车客运站，规划公交枢纽站，便于长途与公交的接驳转换。

（C）公共加油站

根据国家标准，公共加油站按服务半径 0.9~1.2km 设置，中、小型站相结合，以小型站为主。根据昼夜加油的车次数，加油站用地面积为 1200~3000m²，选址应符合国家标准《小型石油库及汽车加油站设计规范》的有关规定。加油站的进出口宜设在城市次干路上，并附设车辆等候加油的停车道。附设机械化洗车的加油站，应增加用地面积160~200m²。

（D）城镇广场

城镇广场是城市的"客厅"和"门户"，市民的"起居室"。分为交通集散广场和游憩集会广场两种。容桂镇以城市游憩集会广场为主，城镇广场总用地面积按规划城市人口每人 $0.13 \sim 0.4 m^2$ 计算。容桂镇现状城镇广场有两个，即容桂广场和千禧广场。容桂镇城镇广场规划见表14.3.1-7。

城市广场规划一览表　　　表14.3.1-7

广场名称	用地面积（公顷）	规划位置
容桂广场（现状）	6.9	容桂大道中（现状）
千禧广场（现状）	1.47	振兴路（现状）
文塔广场（规划）	结合公园确定	文塔公园
南环广场（规划）	0.96	容桂大道北
滨河广场（规划）	1.64	容桂大道北端
南区广场（规划）	3.34	桂洲大道东（副中心区）
大福广场（规划）	1.22	大福

C. 道路交通设施规划管理要求

（A）城市道路交通设施用地不得擅自改变使用性质；

（B）规划确定的社会公共停车场，原则上不得综合开发，不能减少规划明确的面积；

（C）规划的公交站场用地不得改变其使用性质；

（D）城市道路根据公交线路规划，设置港湾式公交停靠站；

容桂镇总体规划道路交通规划图见图14.3.1-1。

容桂镇总体规划道路横断面规划图见图14.3.1-2。

容桂镇总体规划道路坐标图见图14.3.1-3。

容桂广场

千禧广场

14.3.2 给水工程规划

(1) 现状分析

容桂镇现有3座规模较大的水厂：容奇水厂、桂洲水厂、容里水厂，其中属容桂自来水公司管辖的水厂有2座，是容奇水厂和桂洲水厂。目前镇中心城区及70%的乡村由容桂自来水公司供水。

14.3 例3 城镇密集地区、城市郊区小城镇总体规划中的基础设施规划

容奇水厂位于西堤四路上澳坊,现有水处理能力为20万 m^3/d。桂洲水厂位于西堤四路穗香管理区,现有水处理能力为6万 m^3/d。以上两座水厂均位于城市上游,水源水质良好,受城市排污影响小,是良好的取水点。目前实际平均日供水量16万 m^3/d。

容里水厂位于容桂镇小黄圃北嘴庙头岗边,厂区面积60亩,供水范围23 km^2。该水厂设计规模20万 m^3/d,目前供水能力16万 m^3/d。现实际平均日供水量为6万 m^3/d。源水水质符合地表水环境质量标准(GHZB 1—1999)的Ⅱ类水质要求,供水水质符合GB 5749—85标准。

镇内水厂水源均取自容桂水道。

存在的主要问题:

镇域范围内有多家分属不同部门的水厂同时供水,相互间缺乏有机的联系。给水管网布置缺乏系统性,未形成全镇统一的供水管网,供水安全可靠性差。现该镇供水管网布局不合理的情况较为突出,均存在水厂有水供不出,而部分城区及乡村存在供水水压偏低、水量不足的问题。容奇水厂、桂洲水厂部分水处理设施的工艺及控制设施有待改造、更新。容里水厂取水点位于容桂镇的下游,原水受城市排污影响较大,随着城市排污量的增加,原水水质亦有恶化的趋势。

(2) 用水量预测

根据规划预测指标,2020年规划人口规模控制为城镇人口45万人,城镇总人口50万人。规划工业用地面积766.45公顷。根据国标《城市给水工程规划规范》确定用水量标准,计算用水量。

预测2020年容桂镇最高日用水量为39.5万 m^3,见表14.3.2-1。

容桂镇 2020 年用水量预测表　　表 14.3.2-1

项目	指标	用水量标准	用水量
综合生活	50 万人	400L/人·天	20 万 m^3/d
工业	766.45 公顷	200m^3/公顷·天	15.3 万 m^3/d
其他		上述之和的 12%	4.2 万 m^3/d
合计			39.5 万 m^3/d

注：1. 综合生活用水为居民日常生活用水和公共建筑用水之和。
　　2. 其他用水量为除综合生活用水和工业用水以外的其他项目用水及未预见用水。

（3）水源规划

容桂镇位于顺德市南部，西北江下游。顺德支流、容桂水道、桂洲水道四周环绕，上接西江干流之东海水道，下接西北江汇流之洪奇沥，地属珠江三角洲洪潮区。容桂镇四周水道的特点是流量大、潮汐现象明显，水质状况随丰枯水季节而变化，枯水期以有机污染为主，水质较清洁，丰水期以无机污染为主。

根据容奇水文站多年统计观测资料，多年平均降雨量 1591mm，年最大降雨量 2538mm，年最小降雨量 1050mm。

表 14.3.2-2 为根据广东省水文局容奇水文站提供的资料。

环绕容桂镇河道水位及其流量表　　表 14.3.2-2

水道名称	观测位置	水位（珠基）(m)				流量（Q）(m^3/s)			
		$P=1\%$	$P=2\%$	$P=10\%$	最枯	$P=1\%$	$P=2\%$	$P=10\%$	最枯
容桂水道	容奇水文站	3.83	3.70	3.38	0.41				
	龙涌段	4.88	4.71	4.33		6064	5704	4762	911
	容奇大桥	3.68	3.56	3.27		9712	9136	7626	1460
顺德支流	马岗大桥	3.98	3.85	3.50		3648	3432	2865	548
鸡鸦水道	华丰沙	4.79	4.63	4.25		9619	9048	7553	1446
桂洲水道	海尾	4.21	4.07	3.25		3164	2906	2484	476

14.3 例3 城镇密集地区、城市郊区小城镇总体规划中的基础设施规划

容桂镇地处水网密布地区，水资源丰富，可提供充足的水量满足容桂镇的用水需求。随着顺德市新城区的建设发展与容桂中心城区的建设发展，在城市污水处理厂未投入使用前，作为供水水源的容桂水道受污染程度将日渐加深，为了保证原水水质，应加强对容桂水道的污染控制。枯水期以有机污染控制为主，丰水期以无机污染控制为主。抓污染源头，加强对水道的清污工作，同时提高人们保护供水水源的意识，以确保其符合国家饮用水的水质标准。为提高容桂镇供水的安全保证率，可将容桂水道上游作为后备取水点。

（4）水厂及管网规划

根据规划用水量预测，2020年容桂镇最高日用水量为39.5万m^3。容桂镇现有3座规模较大的水厂：容奇水厂、桂洲水厂、容里水厂，供水能力分别为：20万m^3/d、6万m^3/d、16万m^3/d。3座水厂的供水能力之和已达42万m^3/d，可满足容桂镇2020年的用水需求。

3座水厂的供水方式应为统一调度管理，互为补充，联网供水，以确保城市供水的安全可靠。

根据远期三大水厂统一管网、联合供水的情况，在现有给水管网的基础上，改造和逐步完善全镇域的供水管网，解决现有管网布局不合理的问题。严格按照国家有关供水管道建设规范，高质量、高标准建设安全的供水管网系统，同时不断完善供水管网系统的安全运行管理，确保不间断向用户供水。

针对饮用水水质要求的不断提高，水厂应增加直饮水设备的建设，对有条件的小区实行分质供水，饮用水直接饮用，并实现各小区直饮水管道联网。

给水管网布置详见图14.3.2-1 容桂镇总体规划给水工程规划图。

14.3.3 防洪工程规划

(1) 规划依据

1)《顺德市中心城区总体规划(1995~2010)》;

2)《桂洲镇水利会2001年~2005年水利工程建设规划》(初稿);

3)《桂洲镇水利会2006年~2015年水利工程建设规划》(初稿);

4)《顺德市桂洲镇、容奇镇内河涌整治排涝达标水力计算书》;

5)《容桂联围水利史料概述》;

6)《胜江围水利史料概述》。

(2) 现状分析

容桂镇属珠三角洪潮区,地濒南海,四面环水,镇内河网密布,坡度平缓。因属亚热带季风气候,雨量充足,但分配不均匀,多集中于春夏季,形成秋冬干旱、春夏洪涝,春夏季又值台风季节,受海洋台风影响,珠江流域雨量大,西江、北江发洪下泻,加上潮汐顶托,往往出现特大洪水。洪峰多出现于每年六、七月份。

容桂镇现有容桂联围和胜江围的部分堤段。容桂联围围内有大小河涌80条,长度近140km,其中眉蕉河、龙华大涌、容桂大涌、海尾大涌、细滘大涌、容奇新涌、塘埗涌、小黄圃新涌、高黎上涌、高黎下涌、上涌河、下涌河为12条主干河涌。现主、支河涌的水质污染问题十分严重。

容桂联围干堤堤线总长40.286km,现有水(船)闸25座,排水站21座。总的来说,该镇堤围长,老闸旧闸多,排涝标准仍低。

容桂镇排水站见表14.3.3-1。

14.3 例3 城镇密集地区、城市郊区小城镇总体规划中的基础设施规划

容桂镇排水站资料情况一览表　　表14.3.3-1

序号	站名	装机容量（kJ/台）	流量（m³/s）	备注
1	华丰沙	95/1	1.1	一级站
2	细滘	80/1	1.1	一级站
3	海尾	900/5	15.75/5	一级站
4	容边	80/1	1.39	一级站
5	扁滘	80/1	1.43	一级站
6	六十亩	80/1	1.1	一级站
7	高黎	130/2	2.38/2	一级站
8	进潮	45/3	0.88/3	一级站
9	东升	95/1 55/1	1.43 0.4	一级站
10	沙涌	80/1	1.1	一级站
11	大汕	55/1	0.42	一级站
12	新业路	115/5	9.75/5	一级站
13	桥西路	115/3	5.85/3	一级站
14	凤祥路	115/4	7.8/4	一级站
15	下涌	360/2	6.44/2	一级站
16	穗香	155/1	2.8	一级站
17	塘垳	60/1	1.06	二级站
18	急流	55/1	0.8	二级站
19	眉蕉	120/2	1.7/2	二级站
20	华口	455/7	9.26/7	二级站
21	天九	65/1	1.16	二级站
22	江佩	190/2	3.4/2	一级站
23	飞鹅	80/1	1.48	一级站
24	新塘	190/2	3.36/2	一级站
25	四社	230/2	3.15/2	一级站
合计		4080kJ/53台	86.36m³/s	

注：一级站直接排向容桂联围外，二级站排向眉蕉河。

(3) 防洪标准

容桂镇是四周被水道围合的区域。防洪主要为防河洪。根据防洪标准和"桂洲镇水利2006年~2015年水利工程建设规划",2020年容桂联围防洪标准为100年一遇,容桂围堤全线按百年一遇设防。胜江围防洪标准为50年一遇,胜江围容桂堤段按50年一遇设防。

围堤内部排涝标准为十年一遇,24小时暴雨量1天排干。

(4) 河涌改造及整治

根据土地开发建设,远期将容桂联围内原主干河涌中的上涌河、下涌河取消,保留其他10条主干河涌,非主干河涌中保留进潮涌,其他全部取消。远期将胜江围内属容桂镇区域的河涌全部取消。对保留的河涌截弯取直,进行疏挖,清理淤泥,搞好两岸绿化,并对眉蕉河、小黄圃新涌渠化整治,两岸砌石挡土墙,以保留各河涌现断面;及时清理岸边和河涌中的垃圾、杂物,抓污染源头,控制污染排放,采取开闸引水冲污、开机人工换水等措施,同时提高企业、个人的环保意识,以治理河涌污染,改善环境。

(5) 防洪、排涝工程设施规划

按照100年一遇和50年一遇的防洪标准,将容桂联围全线和胜江围容桂堤段加固加高。堤围路面全面硬底化,堤围两侧填塘固基。堤脚险断抛石护岸,以提高防洪能力,确保容桂镇的安全。

远期保留的现状河涌,保留和新建与之对应的水闸和排水站,其他水闸和排水站逐步取消。对保留的水闸、排水站进行修建、改建,以达到规划排涝标准。

河道改造和防洪、排涝工程设施布置详见图14.3.3-1容桂镇总体规划雨水防洪工程规划图。

14.3.4 排水工程规划

1. 雨水工程规划

(1) 现状分析

容桂镇绝大部分建成区都为雨、污合流管,雨水经合流管,就近排入附近水道和河涌。由于该镇地势低洼,坡度平缓,部分现有排水管排水不畅,局部地区在汛期出现水淹。

(2) 排水体制选择

根据顺德市总体规划及国家有关排水体制的规定,容桂镇排水体制采用雨、污分流制。

(3) 雨水量计算

采用广州市暴雨强度公式:

$$q = \frac{2424.17\,(1+0.533\lg T)}{(t+11.0)^{0.668}}$$

式中 q——暴雨强度[L/(s·公顷)];

T——重现期(年);

t——降雨历时(min);

设计重现期取 1 年,地面流行时间(降雨历时)t 取 10 分钟。

设计雨水量公式:

$$A = \phi \cdot q \cdot F$$

式中 ϕ——径流系数,取值 0.65;

F——汇水面积。

(4) 雨水管渠规划

充分利用地形、水系进行合理分区,根据分散和直接的原则,保证雨水管渠以最短路线、较小管径把雨水就近排入附近水体。雨水管渠沿规划道路铺设,雨水尽可能采用自流方式排放,避免设置雨水泵站。

雨水就近排入围堤内河涌，然后排入围堤外水道，在围堤外水道水位低时，围堤内河涌水自流排入外水道，在围堤外水道水位高时，围堤内水经排涝泵站抽升排入外水道。

雨水管道布置详见上述图14.3.3-1雨水防洪工程规划图。

2. 污水工程规划

（1）现状分析

容桂镇除容奇地区建有部分污水管外，其他绝大部分建成区都为雨、污合流管。而未建成区，如农田、鱼塘之类，则不存在排水管道。现状排水系统比较凌乱，设施简陋，污水未经处理就近直接排入河涌。目前容桂镇尚无一座城镇污水处理厂。

存在的主要问题：

容桂镇建成的部分污水管因堵塞而无法使用。所有生活污水和工业污水基本上未经任何处理直接排入水体，对水体造成污染。随着城镇的发展，排污增加，使周边水体水质逐年恶化，并威胁到城市供水水源。

（2）污水量预测

污水量计算取给水量的85%，2020年容桂镇总污水量为34万m^3/d。

（3）污水管道及污水处理规划

根据《顺德市中心城区总体规划（1995~2010）》，容桂镇规划设立一座集中的城镇污水处理厂。污水处理厂位于容桂镇南部合胜围，为给水厂的下游，污水厂占地面积20公顷。全镇的污水经污水管道收集，全部汇入规划污水处理厂。污水经二级处理达标后，排入桂洲水道。

污水管道系统参照《顺德市中心城区总体规划（1995~2010）》，并结合本次规划污水量及路网变化的情况，沿规划路设置。设置时以排水线路短、埋深浅、管网密度均匀合理为原则。污水管道的埋深(标高)应在下一步专项工程规划中详细计算确定。污水管应根据埋深情况酌情设置污水中途提升泵站,泵站需保证有足够的用地。大型工业企业需自设污水处理设施,经处理满足国家规定的市政管道排放标准才可排入全镇市政污水系统。

污水管道布置详见图14.3.4-1容桂镇总体规划污水工程规划图。

(4) 管网改造利用规划

对容桂镇的现状雨、污合流管,近期将其保留,在其排出口处建截流管,汇入规划的污水管道系统。晴天时,污水通过截流管汇入规划污水管道系统,最后汇入规划污水处理厂处理;雨天时,当混合污水量超过截流管的输水能力,混合污水由沿截流管设置的溢流井溢流,直排入河涌中。

远期雨、污分流形成后,保留部分现状合流管,将其改造为雨水管使用,雨水经雨水管直排入河涌。规划污水管只排污水。对容奇地区已建成的污水管进行清污,恢复排水后接入规划污水管。

容桂镇新建区严格执行雨、污分流制。

14.3.5 电力工程规划

1. 现状分析

(1) 供电电源

目前,顺德市城市供电电源主要由省网电、市地方电厂、企业自备电源三部分构成。其中,省网计划分配指标约为30万kW,地方电厂装机总容量约为55.8万kW,企业自备电厂装机总容量约为27.4万kW。按电力市场划分,以1999年全市用电量统计为例,省电网供电量为13.2亿kWh,市地方电厂供电量为 14.7 亿 kWh，企业自备电厂的自发自用部分粗略统计达 2~4 亿 kWh，详细情况见表 14.3.5-1。

顺德市供电电源情况统计表　　表 14.3.5-1

电源种类	电源来源	容量（万 kW）	容量比例（%）	供电量（亿 kWh）	市场份额（%）	备注
省电网	全省各大电厂	30	26.5	13.2	41	1999 年统计数字计
市地方电厂	德胜、全顺、宏图、西达、华顺等市电厂	55.8	49.3	14.7	46	
企业自备电源	工厂企业自备电厂	27.4	24.2	2~4	13	
总计		113.2	100	29.9~31.9	100	

从统计数据可以看出，顺德市供电电源中，省网电供电比例偏低，而以中小型电厂为主的市地方电厂及企业自备电厂在市场份额中占近 60%，现有网电供电能力不足。

容桂镇位于顺德市域电网的东南部，其供电电源亦由网电、地方电厂及企业自备电厂三部分组成。

容桂镇域网供电电源主要引自北部大良 220kV 变电站，市地方电厂主要有德胜电厂、全顺电厂、宏图电厂，装机总容量为 45 万 kW，其中宏图电厂为容桂镇地方电厂，装机 5.1 万 kW，1999 年发电量为 1.42 亿 kWh，另外镇域内部分企业尚有自备机组，从供电能力及市场份额看，容桂镇供电电源主要以电厂供电为主。

（2）110kV 变电站及系统网架

容桂镇域内现有 110kV 变电站 3 座，分别为容奇站、桂洲站、华容站，总装变容量 300MVA。

1）110kV 容奇站：该站位于镇中北部，1990 年 8 月投运，现状装机 2×50MVA，其 110kV 电源引自北部大良 220kV 变电站，并与 110kV 华容站联络，2 回 110kV 进线，24 回

14.3 例3 城镇密集地区、城市郊区小城镇总体规划中的基础设施规划

10kV出线，主要供原容奇片及容里居委会部分负荷。

2）110kV桂洲站：该站位于镇中西部，1982年8月投运，在2000年扩容改造后，现有主变2×50MVA，2回110kV进线，110kV电源引自全顺电厂及宏图电厂。19回10kV出线，主要供镇中西部负荷。

3）110kV华容站：该站位于镇东部，1999年1月投运，现状装机2×50MVA，2回110kV进线，110kV电源引自德胜电厂、宏图电厂，并与110kV容奇站联络，组成110kV网架。12回10kV出线主要供广珠路以东地区负荷。110kV变电站情况详见表14.3.5-2。

容桂镇110kV变电站现状　　　表14.3.5-2

变电站名称	主变容量（MVA）	最高负荷（万kW）	备用容量（MVA）	位置	扩容能力	10kV出线（回路）
容奇站	2×50	5	37.5	容奇大桥	有	24
桂洲站	2×50	5	37.5	容桂广场对面	无	19
华容站	2×50	3.5	56.3	小黄圃龟山	无	12

容桂镇域内现有2回500kV架空线路，1回220kV架空线路、6回110kV架空线路、110kV及以上线路全部采用架空敷设，线路总长约37.6km。

1）500kV超高压输电走廊（沙江线）：该走廊位于镇东部，途经小黄圃、高黎、容里、容边、南区、海尾等地，2回500kV线路均为沙角电厂至江门500kV变电站超高压输电线路，走廊保护区宽度约80m。

2）220kV高压走廊（良小线）：该走廊位于镇东北部，途经小黄圃、高黎、华口等地，1回220kV线路为大良220kV变电站至小缆220kV变电站输电线路，走廊保护区宽度约46m。

3）110kV高压走廊

14 规划案例分析

* 110kV 良容线：由大良 220kV 变电站架空引至容奇 110kV 变电站，走廊保护区宽度 30m。
* 110kV 华容线：由华容 110kV 变电站架空引至容奇 110kV 变电站，走廊保护区宽度 30m。
* 110kV 电桂线：由全顺电厂架空引至桂洲 110kV 变电站，走廊保护区宽度 30m。
* 110kV 宏桂线：由宏图电厂架空引至桂洲 110kV 变电站，走廊保护区宽度 30m。
* 110kV 胜华线：由德胜电厂架空引至华容 110kV 变电站，走廊保护区宽度 30m。
* 110kV 宏华线：由宏图电厂架空引至华容 110kV 变电站，走廊保护区宽度 30m。

容桂镇 110kV 及以上高压走廊详见表 14.3.5-3。

容桂镇 110kV 及以上架空线路　　　表 14.3.5-3

电压等级	线路名称	线路起止点	保护区宽度	回路情况	走廊位置
500kV	沙江 I 线 沙江 II 线	沙角电厂－江门 500kV 站 沙角电厂－江门 500kV 站	80	2	小黄圃、高黎、容里、容边、南区、海尾村
220kV	良小线	大良 220kV 站－小缆 220kV 站	46	1	小黄圃、高黎、华口
110kV	良容线	大良 220kV 站－容奇 110kV 站	30	1	德胜区、容奇大桥
110kV	华容线	华容 110kV 站－容奇 110kV 站	30	1	小黄圃、容里、南区、红星、体育路
110kV	电桂线	全顺电厂－桂洲 110kV 站	30	1	德胜区、马岗、幸福
110kV	宏桂线	宏图电厂－桂洲 110kV 站	30	1	海尾、南区、中兴、红星、幸福
110kV	宏华线	宏图电厂－华容 110kV 站	30	1	海尾、南区、容里、小黄圃
110kV	胜华线	德胜电厂－华容 110kV 站	30	1	王沙、小黄圃、高黎

(2) 负荷现状

随着近几年容桂镇经济的平稳增长,容桂镇供电量以年均10%以上的速度高速增长,为保障全镇社会经济的发展作出了重要贡献,近几年容桂镇供电情况详见表14.3.5-4。

容桂镇历年供电情况表　　　　　表14.3.5-4

项目＼年份	1995	1996	1997	1998	1999	2000	1995年~2000年平均增长
全社会用电量亿kWh	3.98	4.41	5.31	5.89	6.75	8.03	15.12%
年平均递增(%)	/	10.8	20.4	10.9	14.6	18.9	15.12%
最高用电负荷	9.21	9.68	10.88	12.25	14.73	16.70	12.72%
年平均递增	/	5.1	12.4	12.6	20.2	13.4	12.74%

2000年,容桂镇各类用户社会总用电量近8.025亿kWh,全镇最高负荷达16.7万kW(顺德市全市最高负荷接近80万kW),其中,非普工业和工业用电比重最大,分别达到39.7%和30%,各类用户用电量详见表14.3.5-5。

2000年容桂镇各类用户用电量统计表　　　表14.3.5-5

供电范围＼用户类别	商业	大工业	非普工业	农业	住宅	总计
容奇片区(万kWh)	3176.4	9912.9	5299.5	/	5028.4	2.342亿kWh
桂洲片区(万kWh)	2336.6	14405.8	26544.9	38.7	13504.7	5.683亿kWh
全镇总计(万kWh)	5513	24318.7	31844.4	38.7	18533.1	8.025亿kWh
各类用电比例(%)	6.87	30.30	39.68	0.048	23.10	100

从上表统计可以看出,工业用电占全镇总用电量的近70%,居民生活及第三产业比重近30%,而传统农业用电比重已降至不足0.1%,容桂镇已成为顺德市重要的工业重镇。

存在的主要问题:

1) 供电电源缺乏

从全市范围看，容桂镇网电严重不足，主要供电电源依赖地方电厂，省、市网电仅占市场40%份额，而地方电厂是以高速柴油机组为主的小型机组。从大环境看，国际原油价格持续攀升，燃油紧缺趋势愈发明显，导致发电成本上升，而随着供电机制改革的深入及网电建设的加强，网电价格不断下降。国家经贸委已发出"关于关停小火电机组有关问题的意见"。从自身因素看，随着机组运行周期的延长，经济效益比显著下降，而噪声、污染等环境问题日益受到广泛重视，根据《顺德市电网规划》，容桂镇宏图发电厂将于2003年关停，全顺电厂亦将随后关停，主力电厂中仅保留用于调峰及应急的德胜电厂，而随着燃油发电成本上升及网电降价的利差逐步显现，原来大量自发自用电的企业将改用网电。主要以地方电厂及自发自用机组为供电电源的容桂镇，面临极大的电能缺口，解决问题的惟一途径是大力增加网电供电量，保证现有及未来新增负荷需求。

2）输电网架薄弱

因容桂镇电源主要以地方电厂及自发自用机组为主，110kV及以上输电网架建设相对滞后，目前镇域内尚未建设220kV变电站及系统，主要网电从大良220kV变电站通过容奇110kV变电站供给。现状容奇、桂洲、华容站主变均为2×50MVA，负荷较大的容奇、桂洲站备用容量均小于单台主变容量。如其中一台主变维修或事故状态停运时，另一台主变不能担负全部负荷，必须采取拉闸限电措施，从供电系统看，不满足"N-1"安全可靠运行准则，供电质量及安全可靠性不能得到有效保障，需大力加强系统网络建设，从根本上保障省网电安全可靠地传输到镇区用户。

(3) 负荷预测

1) 采用人均综合用电水平法预测

2000年全镇总供电量8.025亿kWh，根据人口普查结果，总人口约 27.3 万人，人均综合用电量约为 0.3 万 kWh，2010 年人均综合用电量取 0.5 万 kWh，2020 年人均综合用电量取 0.8 万 kWh，预测用电量及负荷情况详见表 14.3.5-6、表 14.3.5-7。

人均综合用电水平法预测情况表　　表 14.3.5-6

年份	2000 年	2010 年	2020 年	备注
总人口（万人）	27.3	35	50	
人均综合用电水平（万 kWh）	0.3	0.5	0.8	
全镇总用电量（万 kWh）	8.025	17.5	40	
最大负荷利用小时（小时）	4800	5500	5800	
全镇最大电力负荷（万 kW）	16.7	32	69	

人均综合用电负荷指标法预测情况表　　表 14.3.5-7

项目 \ 年份	2000	2010	2020
人均负荷指标（kW/人）	0.61	0.8～10	15～20
人口	27.3 万	35	50
负荷总量（万 kW）	16.7 万	28～35	75～100

2）采用负荷密度法预测

参照《深圳市城市规划标准与准则》中相关负荷密度预测标准，根据本次规划用地性质及相关指标，预测负荷情况如下表 14.3.5-8。

容桂镇负荷密度法预测负荷情况表　　表 14.3.5-8

用地性质代码	用地性质	用地面积（ha）	负荷密度标准（kW/ha）		预测负荷（万 kW）	
			下限	上限	下限	上限
R	居住	1418.4	150	250	21.28	35.46
C	公建	414.29	400	700	16.57	29

续表

用地性质代码	用地性质	用地面积(ha)	负荷密度标准(kW/ha)		预测负荷(万 kW)	
			下限	上限	下限	上限
M	工业	766.45	200	300	15.33	22.99
W	仓储	59.05	20	20	0.12	0.12
T	对外交通	75.85	15	15	0.11	0.11
S	道路广场	910.68	15	15	1.37	1.37
U	市政设施	71.68	150	150	1.08	1.08
E	发展备用地	505.39	150	150	7.59	7.59
总计		4421.79			63.45	97.72

备注：本表用地面积未含绿地、水域、农田保护用地。

上述预测标准参考了深圳市、东莞市、惠州市等相关负荷预测指标，从预测结果看，至 2020 年规划期末，全镇最低总负荷值将达 65~70 万 kW，最大负荷接近 100 万 kW（备用地等全部开发的最终负荷值）。人均负荷 1.5~2kW，负荷密度 1.5~2.27 万 kW/km^2。

（4）电源与电网规划

1）区域供电电源规划

在未来三至五年内，顺德市内为容桂镇供电的地方电厂全顺电厂、宏图电厂等将逐步关停，仅保留德胜电厂作为应急及调峰电源。大力发展电源及区域网络建设是今后顺德市及容桂镇电力基础设施建设的重点工作。2005 年，顺德市将建设第一座 500kV 枢纽变电站，主变装机终期容量 3×1000MVA，该站位于德胜电厂以东，容桂镇东北部，其电源引自沙角电厂及江门 500kV 站。该站建成后，将大幅增加输变电能力，缓解目前顺德市网电严重不足的情况，使顺德市输电网络升至 500kV，成为顺德市网与广东省网联系的重要枢纽，大大提升全市网络供电能力及供电安全可靠性,成为全市经济持续高速发展的重要保障。

2) 220kV 电网规划

根据负荷预测结果,容桂镇远期总负荷约 65~70 万 kW,终极负荷接近 100 万 kW,需规划建设 2 座 220kV 变电站,作为容桂镇电网的重要电源点。

①桂洲 1 号 220kV 变电站(220kV 高黎输变电工程)

由于容桂镇用电负荷集中、密度大,仅靠 220kV 大良站供电将无法满足新增负荷的要求。规划在容桂镇东部高黎村附近选址建设 220kV 变电站,作为 500kV 顺德输变电工程的配套工程。该站建成后,有利于提高容桂镇的供电可靠性和供电质量。该工程计划在 2003 年底完成,首期规模为 $2 \times 180MVA$,终期容量 $3 \times 180MVA$,220kV 电源线从 500kV 顺德站出 2 回,长度为 $2 \times 5km$。220kV 桂洲 1 号站 110kV 出线共 11 回:计划第一期工程建设 6 回 110kV 线路,其中有 2 回路解口 110kV 胜华线(线路长约 1km),分别接入 110kV 华容站和德胜电厂;引 1 回路到 110kV 容奇站(路径长约 6km);另双回路解口现在的 110kV 宏桂线(路径长约 10km)分别接入 110kV 桂洲站和善坦站;再引 1 回至现在的宏图电厂(路径长约 7km)。另有双回路引至拟建的 110kV 容山站,其余 3 回路留作日后扩建之用。

②桂洲 2 号 220kV 变电站

为满足 2010 年后容桂镇新增负荷需求,规划远期在容桂镇西部(规划金龙大道以西)建设桂洲 2 号 220kV 变电站,终期容量 $3 \times 180MVA$,首期初装 $2 \times 180MVA$,其 220kV 电源由西部规划杏坛 220kV 站架空引入,110kV 出线主要供桂洲 110kV 站,规划桂洲 2 号 110kV 站,并与规划善坦 110kV 变电站联络,组成 110kV 网架,该站与桂洲 1 号 220kV 变电站,从地理位置上形成东、西2个220kV电源支撑点,加上中部大良220kV变电站,组成三角形骨干220kV网架,其供电可靠性大大加强,系统结构坚固,充分保障网电输送能力,确保供电质量及安全可靠性,该站作为远期预留是十分必要的,需预留建站用地约4公顷。

3) 110kV电网规划及近期建设

①近期建设:"十五"及"十一五"期间,容桂镇规划新建110kV变电站1座,扩建2座,把电厂升压站改造为降压站1座,新建110kV线路2回。"十五"期间,将原10kV善坦开关站迁移改造成110kV善坦变电站,并解口110kV宏桂线;110kV容奇站增容至3×63MVA,详见表14.3.5-9。

2000～2005年容桂镇110kV输变电工程项目计划表

表14.3.5-9

序号	项目名称	建设规模		总投资(万元)	开工年份	投产年份	说明
		容量(MVA)	线路(kM)				
1	110kV胜华线输电工程		7.8	820	2000	2001	德胜电厂至华容站
2	110kV善坦站输变电工程	3×63	2	3000	2002	2002	现善坦开关站址(GIS)
3	110kV容奇站增容工程	3×63	10	3000	2002	2002	增高黎站至容奇站线路
4	110kV宏图输变电工程	2×63	0	2250	2005	2005	升压站改造为降压站
	110kV容山输变电工程	3×63	16	4120	2008	2009	容山
小计			35.8	13190			

②规划远期(2010～2020年)桂洲2号220kV变电站建成后,规划建议将现状桂洲开关站迁移改建为桂洲2号110kV变电站,装机3×63MVA,该站10kV出线主要供容桂镇西部新开发区负荷,110kV电源引自规划桂洲2号220kV变电站,

并与桂洲1号110kV变电站联络,组成110kV网架。远期规划在容桂镇东部华口片区预留1座110kV华口变电站用地,装机按3×63MVA预留。110kV电源引自桂洲1号(高黎)220kV变电站,并与规划宏图110kV站联络,组成110kV网架,该站10kV出线主要供容桂镇东南部工业区用电。

③远期110kV、220kV系统网架规划调整

规划远期(2010年~2020年)三角形220kV电源支撑点形成后,其110系统网架将规划调整,容桂镇东部以桂洲2号220kV变电站为电源中心,主供容桂镇东部,桂洲1号、2号及部分容山、善坦110kV站负荷,中部以大良220kV变电站为电源中心,主供容奇及部分容山、善坦110kV变电站负荷,西部以桂洲1号220kV站(高黎站)为电源中心,主供华容、华口、宏图及部分善坦110kV变电站负荷,远期容桂镇220kV、110kV变电站及系统网络详见表14.3.5-10。

远期(2010~2020)容桂镇220kV、110kV变电站装机情况统计表 表14.3.5-10

年份	220kV		110kV							
	220kV桂洲1号站	220kV规划预留桂洲2号站	桂洲1号	容奇	桂洲2号	善坦	宏图	规划预留容山	华容	华口
2001	/	/	2×50	2×50	/	/	/	/	2×50	/
2010	2×180	/	2×50	3×63	2×63	2×63	2×63	2×63	2×50	/
2020	3×180	3×180	2×50	3×63	3×63	3×63	3×63	3×63	2×50	3×63

其中,220kV规划预留桂洲2号110kV变电站、华口110kV变电站、规划预留容山110kV变电站、桂洲2号110kV变电站建设周期安排可根据当时实际发展情况决定,本次规划以终期负荷预测结果确定变电站数量、电压等级、装机容量、线路走廊等,便于总体规划中对场站用地、高压走廊等的控制。

14 规划案例分析

④高压走廊规划原则

结合城镇空间形态结构,在规划区内规划高压走廊,应树立先有走廊后有线路的观念。走廊应少占城市建设用地,主要走廊沿城区道路或山地,并满足城区景观要求。线路敷设考虑安全实用、美化环境、节约用地和经济承受能力,长远规划,远近结合,线路应在规划走廊内敷设。

规划 220kV 线路采用架空线路,导线截面不小于 $2\times300m$,尽量沿现状 220kV 走廊或城区边缘架设,220kV 架空线路下设保护区,保护区为边线外延 15m 形成的两平行线内的区域。

110kV 线路以架空为主,城区内采用铁塔线架,导线截面不小于 300m,下设保护区为边线处延 10m 形成的区域。线路走廊以沿城市边缘、组团间绿化带及隔离带为主,进入城区的线路沿道路绿化带架设。随着经济实力的增强,城镇发展的需要,中心区部分 110kV 线路应采用电缆埋地敷设。

⑤无功补偿

无功补偿应根据就地平衡和便于调整电压的原则进行配置,可采用分散与集中补偿相结合的方式。集中安装在变电站内有利于控制电压水平,接近用电端分散补偿可取得较好的经济效益。开发区新建变电站必须同时安装补偿电容器,220kV 变电站有较多的无功调节能力,使高峰负荷时功率因数达 0.95 左右,补偿容量取主变容量的 20%。110kV 变电站补偿容量应使高峰负荷时功率因数达 0.95 左右,一般取主变容量的 15%。变电站安装的电容器应能根据运行需要投切。

容桂镇总体规划电力工程规划图见图 14.3.5-1。

14.3.6 通信工程规划

- 电信规划

(1) 现状分析

14.3 例3 城镇密集地区、城市郊区小城镇总体规划中的基础设施规划

容桂电信分局是顺德市电信局的重点端局,是顺德市网的重要组成部分,随着国民经济的加速发展和人民生活水平的不断提高,作为国民经济发展基础、国家信息产业支柱的电信业务近年来也步入高速发展期,至2000年末,全镇程控交换机容量已达113100门,实装电话数74900门,长话线路数量55240路端,市话普及率近30%(以2000年人口统计27.3万人计)。

容桂镇现有交换机房分别为振华、桂新、容山、大福、容里、马岗、小黄圃、高黎、华口、南区、扁窖、海尾机房,其中振华、桂新、容奇为汇接局,机房间已建立光纤骨干传输网络。各机房装机详见表14.3.6-1。

容桂镇电信分局机房情况统计表　　表14.3.6-1

类别 机房名称	装机容量	实装数量	长话数量	中继传输方式及路由
振华	26500	20800	2500	数字光纤传输 1)中继直通市局机房再转至其他机房 2)中继经其他交换机房转至市局机房
桂洲(新)	24100	15400	18000	数字光纤传输 1)中继直通市局机房再转至其他机房 2)中继经其他交换机房转至市局机房
容奇(山)	19000	9900	3600	数字光纤传输 1)中继直通市局机房再转至其他机房 2)中继经其他交换机房转至市局机房
容里	13000	7900	1920	中继经桂洲机房转至市局及其他交换机房
大福	10900	7600	1440	中继经桂洲机房转至市局及其他交换机房
小黄圃	3000	2000	480	中继经振华机房转至市局及其他机房
海尾	2700	1900	480	中继经振华机房转至市局及其他机房
南区	2500	1700	480	中继经振华机房转至市局及其他机房
扁窖	2600	1800	480	中继经振华机房转至市局及其他机房
华口	1400	700	480	中继经振华机房转至市局及其他机房

续表

类别 机房名称	装机容量	实装数量	长话数量	中继传输方式及路由
立新路	3000	1800	480	中继经振华机房转至市局及其他机房
科龙	1500	1100	480	中继直通市局机房再转至其他交换机房
马岗	1900	1700	960	中继经桂洲机房转至市局及其他交换机房
高黎	1000	600	9600	中继经容里机房转桂洲机房再转至其他交换机房

全镇主要道路主干线路路由已建电信管道基本上组成了数字光纤传输为主的骨干传输网络。

存在的主要问题：

目前容桂镇接入网机房分布尚不完善。"十五"期间，将继续增建凤祥南、细滘、立新路、高新技术开发园等接入网机房。另外，由于已实施邮电分营，桂新、容山机房将迁移，需选址迁改，进一步完善接入网机房的分布，达到镇域全覆盖是今后电信基础设施建设的重要内容。

容桂镇现状电信管道分布尚不完善，部分主干线路路由尚采用架空敷设，对线路安全构成影响，部分新建道路未同期建设电信管道，将对机房出线造成影响。建成区由于道路狭窄，增设机房时，出局管线亦成为瓶颈。振华局将逐步取代桂新、容山汇接局功能，建成中心汇接局，其网络结构调整的管道配套问题有待解决，光纤网络传输的管道配套等问题也十分突出。各电信网络营运商的管道未经统一规划，各自为政，自成体系，相互间互不配合，造成现状管道资源的破坏及浪费，对本已十分有限的空间资源带来不良影响。另外，施工过程中因资料调查不清，盲目"开挖"、"顶管"等，对现状管道造成破坏的情况也时有发生。

上述问题中最根本的原因是缺乏统一规划、统一设计、统

14.3 例3 城镇密集地区、城市郊区小城镇总体规划中的基础设施规划

一管理,其根源有运营体制、资金、机构管理程序、不平等竞争等诸多复杂因素。

(2) 用户预测

根据本次规划提出的经济发展目标、人口规模、用地性质、功能分布及相关指标,采用单位用地面积用户密度法,预测规划区内用户数量。预测结果详见表14.3.6-2。

按单位用地面积密度指标法预测统计表　　　　表14.3.6-2

用地性质代码	用地性质	用地面积	占城市建设用地比例(%)	人均(m^2/人)	市话指标	市话量(线)
R	居住用地	1418.40	33.82	32.05	150	212760
C	公共设施用地	414.29	6.67	6.32	200	82858
M	工业用地	766.45	15.68	14.86	50	38323
W	仓储用地	59.05	1.12	1.06	10	591
T	对外交通用地	75.85	0.34	0.32	30	2276
S	道路广场用地	910.68	20.32	19.26	10	9107
U	市政公用设施	71.68	1.47	1.39	30	2150
G	绿地	983.66	20.59	19.51		
E	水域	860.19				
D	农田保护	1759.59				
E	发展备用地	505.39			30	15162
总计						363225

上述预测指标及标准参照了深圳市、东莞市、惠州市等相关预测标准。从预测结果可以看出,远期容桂镇总用户数量约为30~35万,交换机总容量在35~40万门。

(3) 交换机房规划

根据本次规划中市话用户数量预测和用户分布情况,及顺德市电信局容桂分局"十五"发展规划,同时考虑到现状接入网机房装机容量和位置分布情况,在本次规划中新增细滘、

立新路、顺德高新技术产业开发园、凤祥南等4个光纤接入网机房。规划预留新发、昌明、新有、四基、大福等5个光纤接入网机房。光纤接入网机房需独立占地，占地面积约300~500m^2。新增及规划预留光纤接入网机房分布情况详见"电信工程规划图"，各机房规划装机容量详见表14.3.6-3。

容桂镇各机房装机容量统计表　　　表14.3.6-3

机房名称	2001年装机	2010年装机	2020年装机
振华	26500	30000	100000
桂洲（新）	24100	15000	30000
容奇（山）	19000	1000	20000
容里	13000	15000	30000
大福	10900		20000
小黄圃	3000	5000	10000
海尾	2700	10000	20000
南区	2500	10000	20000
扁窖	2600	5000	10000
华口	1400	5000	10000
立新路	3000	20000	
科龙	1500	5000	10000
马岗	1900	5000	10000
高黎	1000	5000	10000
细窖	/	10000	
高新园	/	10000	
凤祥南	/	20000	
新发	/		10000
昌明	/		10000
新有	/		10000
四基	/		10000
大福基	/		10000

(4) 电信管道规划

在现状电信管道的基础上建立并完善容桂镇电信管网，使各机房间管道相互连通，结合路网规划形成完整的电信网络传输体系，以满足容桂镇日益增长的各种电信业务（包括大量非话业务）的传输需求。

尽量保留现状电信管道，避免重复建设，节省电信管道建设投资。

利用本次规划对原有电信管道进行统一规划整改后，将大大改善原各电信网络营运商间各自为政、自成体系、互不配合等造成的管道资源破坏及浪费问题，从而提高电信部门的管理效率。

新建电信管道原则上布置在道路西侧、北侧人行道下。各管道间应相互连通形成网络。满足各种电信新业务、数据业务等大量非话业务及有线电视的需求，电信管道在规划设计过程中应留有一定数量的裕量。

电信管道采用 PVC 管群，埋深应符合有关规范要求。管径采用 $\phi 114$ 及 $\phi 56$，其比例原则上小管（$\phi 56$）占总管孔数量的 $1/3 \sim 1/4$。

道路交叉口应预留足够数量的过路管，并根据有关要求预留足够数量的横过管。

(5) 新业务发展规划

1) 智能网建设。大力推动智能网建设的进程。智能网（IN）是一种运行与提供新业务的结构。IN 发展将推动全球信息化的发展，为多媒体通信提供平台。IN 和电信网（TMN）的结合将成为未来的信息通信结构。智能网引入智能化业务，它能提供如 800 业务、虚拟网络、广域集中交换、通用号码、呼叫号、移动电话、个人号码、900 大众呼叫、呼叫分配等多个业务。容桂局是顺德市电信局的重点端局,届时智能网的建设将为容桂镇早日走上信息化起到十分重要的作用。

2) IP城域网。IP城域网是一高宽带(骨干点宽带为30G、骨干传输速率2.5G,高接入速率10M、100M、1000M)的数据交换网络,其交换技术采用的是IPOVERSDH传输技术。IP城域网从核心到接入实现宽带化、架构无阻塞数据承载平台,可以提供虚拟专用网(VPN)以大网高速上网,信息化小区、大厦、宽带数据中心等业务以及IP电话、IP传真、IP会议电视等基于IP技术的新业务。在这一全城互动的具备完善架构的高速网络环境中,社会各行各业再不用费心费力组建自己的网络,完全可以通过该网的几十个100Mbps的接口和上千个10/100Mbps的接口开发出各具专业和行业的特色、经济高效、自己可控的信息应用网络。根据顺德市电信局"十五"发展计划,容桂分局被定为首批定点局。届时IP城域网的建成,将为容桂镇广大市民应用新业务,高速上网,高速网上交易提供了保证。

3) DDN、帧中继业务。DDN、帧中继等是金融、证券、外资机构等大型企业专线服务,为用户提供全数字、全透明、高质量的网络连接,传递各种数据业务。顺德高新技术开发园的建设对这一业务的需求将大量增加。"十五"规划期间,容桂分局将继续抓好这一业务的发展和管理工作,使用户更满意和放心。

容桂镇总体规划电信工程规划见图14.3.6-1。

- 邮政规划

(1) 邮政现状分析

顺德市容桂邮政分局现有本网营业点5个,社会代办所11个,详见表14.3.6-4。

14.3 例3 城镇密集地区、城市郊区小城镇总体规划中的基础设施规划

容桂镇邮政局所分布一览表　　表 14.3.6-4

营业点（所）名称		地址	备注
顺德市容桂邮政分局	桂新营业点	桂新西路 18 号	
	容里营业点	容里昌发路 8 号	
	大福营业点	大福路 56 号	
	容山营业点	容奇大道北 108 号	
	南环营业点	容桂大道北 99 号	
	大福基代办所	福财路 2 号	
	上佳市代办所	上佳市新路老人康乐中心大楼底铺	
	小黄圃代办所	眉蕉路 28 号	
	海尾代办所	海尾居委会	
	马岗代办所	马岗马东路 28 号	
	细窖代办所	细滘市场侧	
	四基代办所	四基西窖路 5 号	
	扁窖代办所	兴华大道扁窖路段	
	福基代办所	福基路	
	德胜代办所	德基路 16 号	
	书院代办所	书院路 25 号	

随着城市经济的发展、人口增长，邮政业务也相应增长。目前在城市繁华地段、住宅小区已出现邮政服务点不足的情况，且镇内门牌地址不规范，信报箱不统一，都给邮政业务的开展造成了相当的困难，同时也给群众造成了用邮不方便。

（2）邮政管所、服务网点规划

本次规划根据服务半径（1km）及服务人口（4万人）的要求，规划新增邮政营业点 7 个，以解决邮政服务网点不足的问题。同时建议邮政所的建设在满足服务半径及服务人口的要求下尽量与城镇规划建设紧密结合，以方便群众用邮及更好的开展各项邮政业务。

同时应考虑远期邮政分局、邮政转运站等主要邮政设施的发展建设。

容桂镇总体规划邮政工程规划图见图 14.3.6-2。

- 广播电视规划

(1) 现状概况

容桂广播电视站大楼坐落在容桂振华大道，占地 $2500m^2$。有线电视拥有 5 万多用户，有线网络覆盖全镇城乡，传输超过 30 套电视节目。传输方式：主干道采用 750MH 光纤传送，支线采用 550MH 同轴电缆传送，网路架设采用地埋管道和架空网相结合。现状光纤主干线的传输总长度为 74km，其中地埋 26.5km，架空 47.5km，光接点 39 个。

(2) 有线电视网规划

本次规划建议从广播电视大楼至各分中心采用一级星型光纤传输，从分中心至小区管理站再至各片区机房采用一级星型光纤传输，从片区机房至用户采用星树型同轴电缆传输。传输线路应结合城市改造工程与政务网的开通，逐步改造为穿管埋地敷设方式，以便于管理与维护。

有线电视传输所需的管道应与电信管道统一综合考虑，同期共同规划建设，共用人孔，尽量避免分别独自建设，以节约管道空间资源，减少投资。

14.3.7 燃气工程规划

(1) 现状概况

容桂镇现状城市燃气气源是液化石油气，供气方式主要为瓶装气，也有少量瓶组管道供气。液化石油气主要来源于珠海、深圳等地的进口气，少量国内液化石油气作为补充。全镇液化石油气经营单位主要有两家：顺德市燃料石油化工有限公司和顺德市桂洲兴顺燃气有限公司。容桂镇目前尚无城市燃气管网。

(2) 气源选择

液化石油气来源广泛,可从国内外进气。目前,深圳液化石油气低温常压储存站已投入使用,其储存量大、供气有保障,是珠三角的主要供气基地之一。同时,以液化石油气为气源,工艺简单、运行可靠且投资小。因此,选用液化石油气作为容桂镇近期气源。

天然气是一种热值高、清洁且便于输送的燃料。目前,以深圳秤头角为接收基地,以高压管覆盖珠三角的广东液化天然气项目前期工作正在进行。根据《广东省珠江三角洲液化天然气城市利用工程可行性研究报告》,2008年可向顺德市供应天然气。因此,选用天然气作为容桂镇远期气源。

管道气供不到的地方,采用液化石油气瓶装供气作为补充气源。

(3) 用气量预测

1) 预测计算参数

液化石油气:液态低热值为 45.64MJ/kg,密度为 $557kg/Nm^3$(25℃状态下);气态低热值为 $108.86MJ/Nm^3$,密度为 $2.39kg/Nm^3$。

天然气:低热值为 $32.02MJ/Nm^3$,密度为 $0.886kg/Nm^3$。

根据《顺德市管道燃气专项规划》,居民耗热定额取 2936MJ/(人·年) [70万 kcal/(人·年)]。

参照《顺德市管道燃气专项规划》,并结合本次规划具体情况,容桂镇 2020 年规划人口 50 万人。管道天然气气化率取 80%,瓶装液化石油气气化率取 20%,总气化率为 100%。

2) 用气量计算

参照《顺德市管道燃气专项规划》,公共建筑用户的耗气量按居民耗气量的 40% 计算。工业用户的耗气量按居民耗气量的20%计算。不可预见耗气量按居民、公共建筑和工业总用气量的5%计算。

根据规划人口、气化率和各类用户的用气比例,可计算出全镇的耗气量见表14.3.7-1。

2020年容桂镇用气量计算表　　表14.3.7-1

项目	用气标准	总耗热量（万MJ/年）	管道天然气用气量（m³/d）	瓶装液化气用气量（kg/d）
居民	2936MJ/人·年	146800	100476	17626
公建	居民用气量的40%	58720	40190	7050
工业	居民用气量的20%	29360	20095	3525
未预见	总用气量的5%	11744	8038	1410
合计		246624	168799	29611

2020年容桂镇年总用气量为246624万MJ。其中管道天然气为168799m³/d,瓶装液化气为29611kg/d。

3) 计算流量

参照《顺德市管道燃气专项规划》,不均匀系数为:月不均匀系数1.15,日不均匀系数1.2,小时不均匀系数3.2。

根据供气规模和不均匀系数,计算出规划期管道天然气的计算流量为:31059标 m³/h。

(4) 输配系统规划

1) 压力级制

根据镇区的供气规模和供气半径,输配压力级制取中压一级。近期供应液化石油气时,其设计与施工均按能同时满足将来输送天然气的要求考虑,以便于将来与天然气并网。近期中压干管起点压力为0.07MPa,中压支管末端压力不小于0.03MPa。远期供应天然气时,中压干管起点压力为0.3MPa,中压支管末端压力不小于0.05MPa。调压采取楼栋调压低压进户或中压进户分户调压的方式。

2）输配系统组成

近期液化石油气输配系统由液化气气化站、储配站、中压管网、用户调压箱及庭院管、户内管组成；远期天然气输配系统由顺德市域天然气高压管网、高中压调压站、中压管网、用户调压箱及庭院管、户内管组成。

①液化石油气气化站（远期改造为天然气调压站）

位于碧桂大桥南岸小黄圃地区，占地面积约 15000m²。设液化气压缩机、贮罐、气化器、调压器、流量计等设施。

远期将气化站改造为天然气高中压调压站，设过滤器、调压器、流量计等设施。

②液化石油气储配站

保留位于兴华路的兴顺液化气储配站，向全镇供应瓶装液化气，作为管道气的补充气源。并在德胜工业区北、兴顺储配站、容里、汇源村、龙涌、马岗各设一个共计 6 个瓶装供应站。每个独立供应站占地面积约 2000m²。

③中压燃气管网

中压管网采取环状布置，规格为 $DN150 \sim DN500$。沿碧桂路、容奇大道、红旗路、桂洲大道等主干道布置成大的主干环网，其他干管以此为基础相互成环。

根据《顺德市管道燃气专项规划》的天然气调峰方式，不考虑在容桂镇建设调峰设施，其所需的调峰储气，由上一级燃气系统，即顺德市域内的长输管线、管束和市域高压燃气管道联合储气解决。

近期气源为液化石油气，主要做好瓶装液化气供应站的规范建设和完善供气系统的管理工作；积极筹备小黄圃气化站的建设工作，在天然气到来之前，发展液化气管道集中供气工程，其站区基建设施要注意与天然气的衔接。镇内中压燃气管道要配合市政道路建设同步施工。

容桂镇总体规划燃气工程规划图见图14.4.7-1。

14.3.8 环境卫生工程规划

(1) 现状分析

2000年容桂镇日均垃圾产生量为380t。容奇片的垃圾收集至垃圾中转站后，由环卫车辆运往水上垃圾运输码头送至北滘垃圾处理场填埋处理。桂州片的垃圾收集至垃圾中转站后，运往镇内高黎村垃圾填理场填埋处理。全镇共有垃圾中转站17个，分布在居民住宅、市场及商住区附近。现有临时垃圾填埋场1个，用地面积为99000m^2，位于容桂镇东部、高黎村委会、东堤四路附近。

容桂镇中心城区现有环卫队3个，环卫职工408人，周边居委会、村委会环卫队18个，环卫职工448人。全镇共有环卫机动车辆81台。

容桂镇现有公共厕所30座，主要分布在镇内主干道两旁及商住区内。粪便大部分采用无害化三级化粪处理。

存在的主要问题：

1) 现状高黎垃圾填埋场地不够，只可供填埋一年多时间；

2) 垃圾中转站数量少，分布不均匀，全镇有17个垃圾中转站，大部分位于原容奇片区，桂州片只有2个；

3) 公共厕所分布不均，数量少；

4) 市民的环境卫生意识差，乱丢、乱吐、乱倒、乱放等情况较多，城管监控力度不够。

(2) 垃圾量预测

《顺德市中心城区总体规划（1995～2010）》预测，顺德市中心城区每人每日产生垃圾量为1kg。据统计，目前我国城

14.3 例3 城镇密集地区、城市郊区小城镇总体规划中的基础设施规划

市人均生活垃圾产量为 0.6~1.2kg,其中南方城市比北方城市低,高收入城市比低收入城市低。根据城市生活垃圾减量化原则,规划确定容桂镇人均日垃圾产量为 1kg。那么在规划期末,容桂镇生活垃圾总量将达到 450~500t/d。

(3) 垃圾处理工程规划

1) 垃圾收运方式

容桂镇城市垃圾要实现分类收集,可大致分为 4 类:有机垃圾(厨房垃圾)、无机垃圾(灰土)、可回收垃圾(纸、玻璃、金属等)、有害垃圾(电管、电池等)。在公共场所和居民区设置不同标志的分类垃圾箱。

容桂镇城市垃圾主要通过密封垃圾车将各垃圾收集点的垃圾收运到垃圾转运站,然后通过垃圾压缩车运至垃圾处理场集中处理。

2) 垃圾处理方式

根据垃圾分类收集方式,确定不同的垃圾处理方式。有机垃圾填埋或焚烧处理;无机垃圾填埋处理;医院垃圾必须焚烧处理;有害垃圾(电管、电池等)单独处理。容桂镇城市垃圾中的医院垃圾等有毒垃圾、有害垃圾及部分有机垃圾运至杏坛安富或北滘都宁垃圾处理厂填埋和焚烧处理,运输方式可以水运和陆运相结合。无机垃圾及部分有机垃圾可以在容桂镇垃圾处理场就近埋填处理。

3) 垃圾填埋场

由于现状高黎垃圾填埋厂已接近饱和,必须重新选址新的垃圾填埋场。规划在容桂镇东部,眉蕉河以南、华口村附近建 1 处垃圾填埋场地。

(4) 环境卫生公共设施规划

1) 废物箱

废物箱是设置在公共场合,供行人丢弃垃圾的容器,一般

设置在城市街道两侧和路口、居住区或人流密集地区。废物箱应美观、卫生、耐用、防雨、阻燃。废物箱设置间隔规定如下：商业大街 25~50m；交通干道 50~80m；一般道路 80~100m，居住区内主要道路可按 100m 左右间隔设置。公共场所根据人流密度合理设置。

2）垃圾转运站及垃圾压缩站

小型垃圾转运站按每 $0.7~1.0km^2$ 设置 1 座，用地面积不小于 $100m^2$，应靠近服务区域中心或垃圾产量最多的地方，周围交通比较便利。近期容桂镇规划新增垃圾转运站 8 座，使垃圾运转站达到较合理的服务半径。远期严格按上述标准设置。

3）公共厕所

按照全面规划，合理布局，美化环境，方便使用，整治卫生，有利排运的原则统筹规划，主要设置在广场、主要交通干道两侧、公共建筑附近、公园、市场、大型停车场、体育场（馆）附近及其他公共场所，以及新建住宅区及老居民区内。主要繁华街道公共厕所之间的距离宜为 300~500m，一般街道公厕之间的距离以 750~1000m 为宜。新建居民区为 300~500m（宜建在本区商业网点附近）。

14.4 例4 历史文化名镇、旅游型小城镇总体规划中的基础设施规划

浙江桐乡的乌镇是国家级历史文化名镇，是富有江南水乡特色的旅游重镇。镇区总体规划远期人口 38000 人，用地面积 399.2 公顷。

规划特征分析：

（1）古镇保护是乌镇总体规划的重点和核心，基础设施规划建设在古镇保护中是古老街区重新焕发生机的重要手段。

14.4 例4 历史文化名镇、旅游型小城镇总体规划中的基础设施规划

(2) 根据古镇的特点和古镇总体规划要求，乌镇基础设施规划思路突出重视与"开发新区、保护古镇"的规划思路相一致，旧镇基础设施建设与改造突出与古镇保护相协调。

(3) 道路交通规划、给水、排水工程规划突出体现江南水乡特色和要求。防灾规划重视水网地带的防洪排涝和历史街区的消防。

(4) 宜考虑旅游重镇对基础设施规划的不同要求。

案例说明：

本例选自杭州市城市规划院完成的乌镇总体规划。

由乌镇人民政府提供。编者对规划内容作有修改与删减。

14.4.1 道路交通工程规划

(1) 现状分析

现有对外交通用地 12.93 公顷，包括汽车站、码头、过境道路。存在的问题：道路骨架不完整、等级不清晰、红线宽度较小，人均道路用地指标低、不能适应经济、社会发展需要。

(2) 规划原则

1) 规划道路应满足客、货、人流的安全和通畅，并能反映乌镇风貌，满足工程管线敷设的需要。

2) 根据道路内外联系的方式和交通流向确定道路的性质、等级。

3) 根据道路的功能、等级及交通方式确定道路断面形式。

4) 根据交通源的分布，安排停车场、加油站等配套设施。

5) 城镇道路网布置结合原有道路，尽可能保持与河道平行，构成一河一街，一河两路的水乡城镇道路特色。

6) 城镇干道间距控制在 500~700m 之间，支路间距控制

在150～200m之间。中心区道路网密度可适当加大。

(3) 对外交通用地

● 规划原则

1) 建设以公路运输为主，水路与陆路相结合的对外交通体系。

2) 各类对外交通设施之间，应按联运要求设置必要通道。

3) 对外交通设置应与城镇功能布局密切配合，既要减少对城镇的干扰，有利于城镇的发展，又要交通顺畅，方便出行。

● 规划布局

1) 公路

主要为姚震公路的建设，规划线路不变，断面拓宽为40～48m。

2) 水路

规划镇区内河段不再作运输航道，主要为游览河道。

3) 交通设施

原镇汽车站位于子夜路北侧，规模较小，随着城镇的向南发展和规模的扩大，车站位置比较偏北，且对古镇的干扰较大，规划在新区内，镇政府西边设置1个汽车站，占地2.52公顷。规划在市河南部与运河交叉处向南约300m处设置1处码头，用于镇区内外水上物流，占地1.15公顷。

对外交通用地近期规划为7.5公顷，人均为3.0m^2；远期规划为7.5公顷，人均用地为2.0m^2；近远期分别占城镇建设总用地的2.7%和1.9%。

(4) 道路广场用地

● 规划原则

1) 路网布局有利于保护古镇，展示水乡城镇风貌，展示城镇历史文脉。

14.4 例4 历史文化名镇、旅游型小城镇总体规划中的基础设施规划

2）合理规划城镇路网结构，建立畅通的城镇干道骨架，提高城市道路的通行能力。

3）确定合理的路网密度、宽度，满足城镇交通发展需求。

4）合理安排城镇停车场，建立完善的交通管理体系。

- 规划布局

城镇道路基本采用方格网系统，组织"四横两纵"格局主干道网。"四横"即规划镇北路、规划工旅路、子夜路、隆源南路四条。"两纵"即隆源路和姚震公路。

道路等级按主、次、支三级设置，具体道路红线宽度见表14.4.1-1。

城镇主干道：24～48m；

城镇次干道：18～20m；

城镇支路：12～16m；

另沿市河两侧设7～10m步行道。

规划道路横断面见表14.4.1-2道路断面一览表。

城镇广场用地在新老城区结合处，浮澜桥港北侧，联新路以东地块，结合镇区的行政、文化中心设置，广场用地规模约1.3公顷。

规划在镇区内设置3处公共停车场，一处位于子夜路与姚震公路交叉口西北侧，现景区入口处，一处位于西栅原植材小学位置，另一处位于南部新区内旅游品市场西侧，用地共为10.1公顷。

表14.4.1-1为道路规划一览表。

道路规划一览表　　　表14.4.1-1

序号	道路名称	红线宽度	端面代号	道路等级
1	姚震公路	40～48	A－A	主干道
2	镇北路	32	B－B	主干道
3	联新路	32	B－B	主干道

续表

序号	道路名称	红线宽度	端面代号	道路等级
4	子夜路	24	C–C	主干道
5	镇东外环路	24	C–C	主干道
6	隆源南路	24	B–B	主干道
7	联合路	24	C–C	次干道
8	浮澜路	24	C–C	次干道
9	陈庄路	24	C–C	次干道
10	工农路	20	D–D	次干道
11	乌桃公路	20	D–D	次干道
12	仁济路	20	D–D	次干道
13	新华中路	20	D–D	次干道
14	新华南路	20	D–D	次干道
15	茅盾路	20	D–D	次干道
16	码头路	20	D–D	次干道
17	慈云路	20	D–D	次干道
18	镇南路	20	D–D	次干道
19	虹桥路	18	E–E	次干道
20	隆源路	18	E–E	次干道
21	甘泉路	16	F–F	支路
22	园中路	16	F–F	支路
23	市场路	16	F–F	支路
24	公园路	16	F–F	支路
25	幸福路	16	F–F	支路
26	茅盾西路	16	F–F	支路
27	府前路	16	F–F	支路
28	太平路	16	F–F	支路
29	石佛路	16	F–F	支路
30	双溪路	16	F–F	支路
31	通济路	16	F–F	支路

14.4 例4 历史文化名镇、旅游型小城镇总体规划中的基础设施规划

续表

序号	道路名称	红线宽度	端面代号	道路等级
32	望佛路	16	F–F	支路
33	子夜南路	12	G–G	支路
34	红星路	12	G–G	支路
35	杏花路	12	G–G	支路
36	北大街	7~10	H–H	步行为主
37	新华路	7~10	H–H	步行为主
38	常青路	7~10	H–H	步行为主

表14.4.1-2为道路断面规划一览表。

道路断面规划一览表 表14.4.1-2

序号	断面代号	红线宽度	断面形式（m）
1	A–A	40~48	(5~6)+4.5+2+(7.5~10.5)+2+(7.5~10.5)+2+4.5+(5~6)
2	B–B	32	4+3+2+14+2+3+4
3	C–C	24	4+7+2+7+4
4	D–D	20	3+14+3
5	E–E	18	3+12+3
6	F–F	16	2.5+11+2.5
7	G–G	12	2.5+7+2.5
8	H–H	7~10	—

图14.4.1-1为乌镇总体规划道路系统分析图。

图14.4.1-2为乌镇总体规划道路工程规划图。

14.4.2 给水工程规划

（1）现状分析

乌镇镇区供水平均日用水量大约为0.5万t/d，而最高日

用水量已达到 1.5 万 t/d（1996 年），镇区普及率已接近 100%。水源来自镇区地下水，先后凿井 7 眼，其各深井井径为 300mm，井深 129~158m，取自深层地下水，其各深井情况见表 14.4.2-1。目前由于镇区地下水大量开采，造成静水位下降达 20m 左右，因而造成镇区自然地坪下降 0.8m，而且水质（含铁量超标）尚不能达到国家生活饮用水水质标准。

镇区设有自来水厂一座。厂内仅有 150m^3 水塔一座，起到管网蓄水调节作用，塔顶高 34m（相对地坪标高），供水压力为 0.25MPa。工业企业除丝厂部分取用地表水作为生产用水外，其余均使用各管井加入管网，水厂统一供水。镇区工业用水量所占比例达到总用水量的 60% 上下，因而季节性用水量差异较大。此外，水厂还向镇区外围、民丰村、环河村、东瑶村等部分农居供给生活用水。

现状深井情况表　　　　表 14.4.2-1

井号	位置	井位	井深（m）	静水位（m）	出水量 t/h	备注
1	水厂内	D300	129	12.7		报废
2	酒厂内	D300	150	21.2		报废
3	吴家浜	D300	137	25	80	
4	新春村	D300	141	27~28	140	
5	观堂桥	D300	158	29.5	140	
6	凤仙新村	D300	/	31 左右	140	
7	虹桥村	D300	/	32 左右	140	

镇区内主要道路下敷设有给水管，已初步形成较为完善的给水管网。DN150 以上主管总长达 10km。但因其管径偏小，不适应远期发展的供水需要，应分期分批调整管网，逐步达到合理运行。

（2）用水量预测

镇区供水规划远期人口为 3.8 万人，以总用地 399.2 公顷

14.4 例4 历史文化名镇、旅游型小城镇总体规划中的基础设施规划

为镇区范围进行远期需水量预测。

预测方法按不同性质的规划用地面积，采用相应的用水比流量指标进行需水量估算，并适当考虑未预见需水量等因素，测算结果见表14.4.1-3，则镇区2015年总需水量为每天最大流量32300m³。

乌镇镇区规划需水量估算表　　　表14.4.1-3

用地性质	现状用地面积（公顷）	2015年规划用地（公顷）	计算需水量标准	总需水量（m³/d）	
工业用地	69.08	80.80	1.2L/(s·ha)	8377.0	
居住用地	199.15	128.25	100m³/(d·ha)	12825.0	
公建用地	32.27	49.26	1.0L/(s·ha)	4567.0	
仓库	3.82	9.19	1.0L/(s·ha)	794	
对外交通	12.93	7.50	0.6L/(s·ha)	389.0	
公用、市政用地	0.96	4.80	0.6L/(s·ha)	249.0	
道路用地	32.5	57.30	2L/(m²·d)	1146.0	包括广场等
绿化用地	3.1	62.10	1.5L/(m²·d)	932.0	
小计	354.61	399.2		29279	
未预见部分		以10%计		2928	
总计				取32300	为最大日需水量

（3）规划方案选择

根据桐乡市计划与经济委员会——桐计经审报［2001］127号批复文件，桐乡至乌镇供水工程立项后，已委托编制完成初步设计。其中明确了：从桐乡果园桥水厂出水总管中接出干管往北至湖盐公路，沿公路向西到环城西路交叉口，然后分两路分别通向乌镇和石门。其中乌镇方向由此交叉口向北沿湖盐公路和姚震公路到达乌镇。

其建设规模：工程供水总能力为5.1万 m³/d。其中乌镇

为 3.1 万 m^3/d。桐乡乌镇管线长 12.2km，其中 DN1000 管 1182m，DN800 管 4968m，DN600 管 6065m。

从"初设"中，桐乡至乌镇输水管分两股水：①至镇区 DN400 一根。②至乌镇公园 DN300 一根。其供水计算压力为 15.9m（即 $H=0.159MPa$），其地坪标高为 3m（黄海标高）。若镇区采取管网直供。则供水压力需考虑管道沿途损失，并满足镇区 4~5 层住宅用水，则供水压力应达到 0.35~0.40MPa 才能满足用水需要。按照这次规划镇区需水量即设计规模为日最大流量 $32300m^3$，再加上镇域 14 个村庄需水量日最大流量 $2082m^3$，则总需水量为日最大流量 $34400m^3$。考虑到供水需要满足最大日最大小时平均秒流量的供水状况，并以消防设计流量校核，为需在乌镇镇区东侧设置供水加压配水厂一座，并设置 10%~15% 的调节水量（蓄水池 $4000m^3$）这样才能满足供水需要。并预留水厂用地 1 公顷。另对居住用地不必再设置屋顶水箱（可避免水质二次污染）。原则上均采用加压配水厂直接供水为主，个别高层建筑可自行加压。

考虑到近期供水增长不会太快，而桐乡至乌镇的输水管网供水水压，还会超过 0.20MPa，其水压基本上满足近期需要，故配水厂可暂不修建，但预留用地，以待需水量增加、水压不足时，再安排配水厂上马。

规划的配水管网系统，以生活与消防合并系统，采用环状与树枝状相结合的布局，并确定其主干管管径。

存在的问题：桐乡水厂分配到乌镇供水水量为 3.1 万 m^3/d，尚不能满足乌镇远期 3.44 万 m^3/d 的需要。虽差异不大，但考虑到配水管要满足最大小时平均秒流量的配水高峰用水 $K=1.5$ 时，故宜通过供水加压站及水池调节才能满足供水需求。

图 14.4.2-1 为乌镇总体规划给水工程规划图。

14.4.3 排水工程规划

● 雨水工程规划

(1) 现状分析

由于大运河历年洪水位有所提高：1990年~1991年最高水位为4.58m（以吴淞标高计），1994年为5.00m，1999年5.58m。而镇区地坪标高一般在4~4.2m（最低处），则镇区存在洪水季节受淹的可能。但镇区已采取一定的措施。即各河道、尤其是镇景区河道均设有挡水闸（或称控制闸）。其作用为一般大运河常水位时，镇区关闭挡水闸，控制河道水位为4m。当超过4.0m时，开动排水闸阀向大运河泄水。若遭到大运河高水位时也采取内河提升排水至大运河。某些地块室外地坪偏低，虽然已建有若干合流管道，但镇区内因河道水位较高，排水管道无法顺利排到周围河道或池塘。因而低洼地带出现0.1~1.2m的积水。尤其渔业村一带较为严重，详见镇区积水情况，表14.4.3-1。

镇区内积水情况表　　　表14.4.3-1

地点	转船湾	观音桥	凤仙新村	帮岸上	渔业村	染店弄	财神湾	三里塘
积水深(m)	0.2~0.6	0.2~0.6	0.2	0.1~0.4	0.8~1.2	0.2	0.3~0.5	0.1~0.3

(2) 规划设计雨水量

规划采用雨水重现期 $P=1$ 年，地面径流系数，取用 $\phi=0.6~0.65$，道路取 $\phi=0.9$，地面径流时间 t 取 $10~15\min$。

暴雨强度公式可借嘉兴市公式：

$$q = 3521.36(1+0.675\lg P)/(t+15.153)0.799 \ [L/(s \cdot ha)]$$

$$Q = \phi \cdot F \cdot q \ (L/s)$$

其中　ϕ——径流系数；

F——汇水面积（ha）；

q——暴雨强度（L/s·ha）；

Q——设计雨水量（L/s）。

(3) 雨水排水方式

考虑到镇区景观水位的要求，保证景区河道常水位4m（即黄海标高2.13m），故应采取以下措施：

1) 凡与大运河直接连通的河道水系均应采取闸板门，控制内河常水位（详见本章第三节）。当内河水位超过4.2m，不利于镇区雨水的排放时，应用泵提升排水，以控制河道水位。而将内河实际水位控制在4~4.2m左右。

2) 因大运河洪水位逐年提高，1998年已达到5.58m（相当于黄海标高3.71m），比内河常水位高出1.08m。故对大运河采取防洪措施，是保证镇区规划用地不再受淹的重要措施。

3) 为使镇区规划用地内地表雨水自然排入镇区内河，则适当提高用地的地坪标高，是防止镇区受淹的重要措施。规划考虑到内河保持常水位4.0~4.2m，则规划用地标高应≥5.0m，才能维持雨水就近以重力排向内河水体。则凡现状地坪标高不足5.0m地块则应采取填高土方才能作为规划用地付诸实施。

图14.4.3-1为乌镇总体规划雨水防洪工程规划图。

- 污水工程规划

(1) 现状分析

目前污水排放仅依靠部分道路，新华路、大桥路等 $D230$—$D300$ 合流管沟，总长大约5~6km，都以合流管接纳零散的污水直排就近河道。近期仅修建一根隆源路南北向 $D600$ 合流管，接纳路东西侧沿线的雨、污水后排放。由于污水直接排入河道，长期造成河道污染，也使大运河的水质逐年恶化。

(2) 规划期污水量预测

由于污水量预测属总体规划阶段，只能根据规划用地等级

14.4 例4 历史文化名镇、旅游型小城镇总体规划中的基础设施规划

选取适宜的污水等级比流量指标，按中小城镇的估算指标进行估算。又因分项估算各污水量尚有困难。一般只按最高日用水量打折的70%为估算值。则乌镇镇区平均日污水量规模初步估算为21000m³/d（扣除道路绿化用水）。

（3）污水排水方式

规划对地块污水实行管网收集，形成完整的排水系统，详见污水规划总平面图。随着道路的逐步建设同步埋设污水管道，实施时应考虑主干管先行，次干管、支管逐渐形成。由于污水管位埋深过大，造价昂贵，技术上也有困难。这次污水系统中途设提升泵站两座，以汇集西侧污水倒虹管过市河再汇集到污水处理厂。

根据预测平均日污水量2.1万m³/d作为污水处理问题的总设计规模，可分期建成。建议一期修建为1.1万m³/d。污水处理厂实行两级生化处理工艺。基本流程为：提升泵站—格栅—沉砂池—机械沉淀—生物处理—两级沉淀—消毒等流程。处理后的污水排放标准，要视接纳水体的功能级别及环境容量由当地环保部门审查同意，才能付诸实施。污水处理厂设在市河下游，厂区预留用地2公顷。

对于工厂车间排出的污水，应符合排入城市下水道的水质标准。即国家污水综合排放标准（GB 8978—88）三级标准。对有毒有害物质及重金属离子超标项目，应按照GB 8978—88第一、二污染物有关控制指标，严格实行厂内预处理，再排入城市污水管道。

图14.4.3-2为乌镇总体规划污水工程规划图。

14.4.4 综合防灾工程规划

● 防洪工程规划

（1）现状分析

乌镇是桐乡市洪涝灾害的易发地区。"99.6.30"洪灾中，乌镇镇区受淹面积 $0.43km^2$。房屋进水 1397 户，面积达 9.5 万 m^2，被迫停产半停产企业 60 多家，受淹街道 12 条，平均进水深度 0.55m 以上。

乌镇镇区大小河港众多，河道纵横交错，总长度达 17.05km，平均每平方公里 4.17km，河道总面积 $0.188km^2$，河网率 4.6%，具有典型的江南水乡特色。区域内共有 8 条外港、12 条内港、6 条河浜，其中外港规模较大的有运河、市河，其面宽平均 50~60m，其中运河属于四级港道，其余外港面宽平均在 25m 左右。

目前存在的主要问题是：

①镇区现状防洪标准不够，一般仅在吴淞标高 4.16~4.88m（相当于黄海标高 2.32~3.01m）。堤防高程和结构安全性远远不足，镇区防洪标准仅达 5 年一遇左右。

②城镇防洪排涝格局不够完善，城内地势平坦。涝水易灾难排，大小河普遍淤积严重，调蓄能力减弱。原有的防洪设施无统一布局，以小范围排涝标准为主，不能适应新的防洪要求。

③南排工程原通过规划用地中心轴市河向京杭运河排泄，对乌镇镇区有较大威胁。规划建议要向西绕道虹桥港，远离规划区再纳入运河。为此，镇区内要调整挡水闸的设置位置。

（2）防洪排涝标准

规划依据"桐乡市乌镇镇城镇防排涝体系规划报告"送审稿（以下简称"体系规划报告"），并以这次乌镇总体规划的范围，作全面协调，提出防洪排涝设施标准的选定。

乌镇镇是桐乡市中心城镇之一。根据其城镇规模属杭Ⅳ等一般城镇，并考虑境内有大量文物古迹及地处平原地区，堤防工程受到高水位长时间浸泡等实际情况，按照《防洪标准》

14.4 例4 历史文化名镇、旅游型小城镇总体规划中的基础设施规划

（GB 50201—94）的有关规定，其防洪标准采用一般城镇 50～20 年一遇的上线，即为 50 年一遇，其排涝标准取相应于 50 年一遇的防洪标准。参照该省类似情况，采用 20 年一遇 24 小时暴雨 24 小时排出且不受淹的排涝标准。

（3）防洪排涝措施

● 防洪工程规划原则：针对规划范围内防洪排涝的现状及存在问题，按照全面规划，综合治理，统筹兼顾，讲求实效的原则，正确处理防洪排涝水利建设与国土利用，镇区土地合理开发与雨水排除、消除涝灾相结合的关系，研究提出城镇防洪规划的格局及河道规模，以下几点为综合措施：

1）原则保留千年古镇现状，即河溪密布格局的江南水乡的特色，充分考虑城镇景观环境美化，在不减少现有水资源的前提下，合理调整城镇河网格局，保证河道水流畅通。

2）采用"外港挡、内涝排"和充分利用现有水利工程设施的原则，通过抬高地面，修筑堤防，拓浚整治河道，合理布置或调整闸站等综合治理工程措施，全面提高城镇的防洪排涝能力。

3）工程措施和非工程措施相结合。随着城镇用地的不断开发建设，在各项工程措施及时上马的同时，要利用现代科学技术，提高防洪防涝的预报水平和调度水平。允许利用各项水利工程设施，以争取将洪涝灾害造成的损失减小到最低限度。

（4）防洪工程规划内容（以下高程均以吴淞高程为准）

1）设防高程的确定：通过对现有水文资料（乌镇站 46 年）的全面分析整理，采用数学统计方法，初步确定乌镇规划范围的设防高程为 5.40m（其中 50 年一遇的供水位为 4.88m，总地面下降为 0.22m，堤顶超高取 0.30m）。

2）调整乌镇市河的控制水位：为使镇风景区河道全面沟通，规划将内河（包括范围为南至虹桥港，北端止于京杭运

河,东面控制到上塔庙港,西至京杭运河的所有浜港河道(包括市河段),控制水位拟定为4~4.2m。

另外鉴于河道整治的要求,将原通过市河的京杭运河改道从镇区西侧通过,不再利用市河由南向北联通镇区北侧的运河。则内河(包括市河等)的筑堤堤顶标高初步拟定为4.8m。故相应的挡水闸板闸站位置及数量作合理调整,包括运河与内河的水系断开,用闸板控制。本次规划调整闸门板数量,共设置10个点,其中7个为设泵排水,其中3个不设泵,以重力排放闸板门。

防洪工程规划图见上述图14.4-4乌镇总体规划雨水防洪工程规划图。

- 消防规划

(1) 规划原则

1) 严格执行《中华人民共和国消防条例》,《建筑设计防火规范》(GB500 16—2006)及部标"城镇消防站布局与技术装备标准"(GNJ 1—82)。

2) 以正规消防站为主,专业与群众相结合。以防为主,大型企业应配备厂区消防设施和消防队伍。

(2) 镇区消防规划布局

1) 根据《中华人民共和国消防条例》、国家《建筑设计防火规范》(GB500 16—2006)及部标"城镇消防站布局与技术装备标准"(GNJ 1—82)设置城镇消防设施。

2) 消防站选址在交通方便,5分钟内能到达火险地的子夜路与姚震公路交汇处东南角,规划用地0.43公顷。

3) 沿市河沿线设置消防泵站点,镇区主要供水干管实行环状供水,主要干道设置消火栓,间距控制在120m内。

4) 建筑物之间应严格按消防规范执行,以满足消防通道要求。

5）以预防为主，加强专业队伍技术培训。加强对群众的消防知识宣传，提高防火意识。

(3) 历史街区的文保单位消防规划

1）历史街区内，电力架空线改为地埋，减少着火隐患；室内线路包绝缘套管，减少线路火灾。

2）对历史街区加强消防设施建筑，在主要历史街区上设置消火栓，其保护半径为60~80m。

3）对文保单位和文保点等重点消防单位必须按相关消防规范设置消防设施，如泡沫灭火器等。

14.4.5 电力工程规划

(1) 现状概况

近年来乌镇电力工程发展较迅速，现乌镇镇区西侧设有乌镇变电所（35kV），其容量为4万kVA，承担镇区片及原民合、新生、炉头、民兴4乡镇的供电负荷，并计划废除35kV变电所，新建110kV变电所。

(2) 用电负荷预测

根据用地规划提供的资料对规划期内分项需电量进行预测。用电负荷测算，在考虑地块容积率的基础上，按单位用地面积上的用电负荷推算。

乌镇镇区用电负荷预测　　表14.4.5-1

用地性质	用地面积（公顷）	用电负荷指标（kW/ha）	规划用电负荷（万kW）
工业用地	80.80	400~500	3.23~4.04
居住用地	128.25	250~300	3.21~3.85
公共设施用地	49.26	300~450	1.59~2.38
市政公用设施用地	4.8	300	0.15
对外交通用地	7.50	300	0.23
仓储用地	9.19	250~500	0.23~0.46

续表

用地性质	用地面积（公顷）	用电负荷指标（kW/ha）	规划用电负荷（万kW）
道路用地	57.30	20	0.12
绿地	62.10	20	0.12
小计	399.2		8.88~11.35
未预见量	以10%计		0.89~1.14
合计			9.77~12.49
同时率		0.65	6.35~8.12

(3) 电网规划

根据镇区用电负荷测算为 6.35~8.12 万 kW，加上镇域各村庄 1.33~2.06 万 kW，目前乌镇变电所为 35kV，4 万 kVA 容量不能满足用电需求。故应逐步扩大供电量，根据远期需要，除原 35kV 变电所近期维持使用，远期可集中在规划站址（见规划图）建设 110kV 变电站 3×5 万 kVA 或 3×4 万 kVA，35kV 供电主要酌情在镇域考虑。

图 14.4.5-1 为乌镇总体规划电力工程规划图。

14.4.6 通信工程规划

- 电信工程规划

(1) 现状

乌镇电信局现有装机容量为 1.2 万门。主要供镇区范围，已安装 5900 户，普及率 38 部/100 人。2002 年计划达到 1.07 万部。镇局位于镇中心区子夜路北侧，1990 年建局总出线 15 孔（往西 9 孔，往东 6 孔），目前主要以架空线路为主，近期已建埋地管道有：

1) 乌桃路（西边工业区），路西人行道 6 孔。
2) 大桥路，路北人行道 6 孔。
3) 隆源路，路西人行道 6 孔。

14.4 例4 历史文化名镇、旅游型小城镇总体规划中的基础设施规划

另外,原民兴乡已装2000门,原民合乡已装3000门,但不属乌镇电信局服务范围。电信宽带网也已开始兴建,现已有90个用户。

(2) 用户预测

通信需求量以固定电话装机需求量进行预测。预测指标均按居住户数为基础进行。镇区2015年规划人口3.8万人,按户均3.5人,则规划户数为10860户。

固定电话装机指标按户均1.2门计算,以住宅装机量占镇区装机总量的60%计,则乌镇镇区的固定电话需求总量为2.172万门。

(3) 局所、管道规划

按照镇区的通信需求量预测2.172万门,并考虑镇域范围通信需求量预测0.931万门,合计3.103万门,远期规划原局扩容至5~6万门。镇区管网系统均采用埋地敷设,外部由桐乡引来的乡域架空线酌情保留使用。

- 广播电视工程规划

(1) 现状

有线电视由桐乡以光缆引入到镇广电站(站址位于镇中心区北花桥西侧,建筑面积180m^2,2层)。镇区由站出线10芯光缆,镇区共有民兴、北庄、陈庄、西滨等8个光结点,再延伸至农村11个光结点(其中原民合有5个光结点)。

广电服务镇区6000户,普及率100%;农村4200户,普及率30%,总普及率为57%。镇区线路部分埋地,部分架空,乡域均为架空线路。

(2) 用户预测

按照镇区用地规划的人口容量估算,规划的2015年镇区人口为3.8万人,总户数10860户。有线电视装机指标按户均2个计算,住宅终端数按占镇区总量的90%计,则乌镇镇区有

线电视终端总需求量为24133个。另考虑到镇域农村需要15482个,则广电站总设备容量为39615个。

(3) 有线电视网站规划

规划在原广电站址,扩建有线电视终端的有线广电站,占地0.3~0.4公顷,镇区有线电视网与电信管道同沟敷设。在规划道路上预留通信管沟位置,以适应逐步发展的分期建设。乡域采用架空线路。

- 邮政工程规划

本规划缺邮政工程规划,宜主要补充镇区邮电支局、邮政转运站规划布局及邮政所布点要求。

图14.4.6-1为乌镇总体规划电信广电工程规划图。

14.4.7 燃气工程规划

(1) 现状概况

乌镇民用及工业燃料均以瓶装液化石油气为主。

(2) 用气量预测

规划乌镇居民耗热指标为2302MJ/(人·年)。

居民耗热与商业、工业耗热比值为1:0.5:0.4,详见表14.4.7。

乌镇镇区规划燃气需求量预测 表14.4.7

人口	3.8万人
居民耗热指标	2302MJ/(人·年)
居民耗热量	8.75×10^7 MJ/年
居民:商业:工业	1:0.5:0.4
规划总耗热量	1.66×10^8 MJ/年

则镇区加镇域各村庄预测总燃气需求量为2.19×10^8MJ/年。

14.4 例4 历史文化名镇、旅游型小城镇总体规划中的基础设施规划

（3）天然气工程规划

根据天然气工程实施计划，2004年即可在省北部地区先后通气，规划乌镇的燃气采用天然气接管一次性实施，近期不再建设液化气气化站。本规划对天然气管道进行安排，预留管道位置。规划在镇南部，公路西侧（详见规划图）设置一座中低压调压站，镇区天然气由中压调为低压供气。

图14.4.7-1为乌镇总体规划燃气工程规划图。

14.4.8 环境卫生工程规划

（1）现状及分析

现状环境卫生设施数量不足，环境卫生条件较差，不能适应旅游经济和社会发展要求。

（2）规划目标

提高镇区环卫水平，实现城镇社会、经济、环境三大效益全面提高，改善城镇环境面貌，塑造历史文化名镇形象，使乌镇成为清洁、卫生、优美、文明、典雅的城镇。

（3）规划及措施

①规划建设垃圾处理站；

②生活垃圾实行袋装定点收集；

③镇区重要道路每隔80~100m设废物箱1处；

④镇区设20个公共厕所，以生态公厕为主；

⑤镇区道路及公共场所定时清扫，按时浇洒道路绿地，保持环境卫生，市场摊位和经营场地随时收集废弃物；

⑥加强环卫管理机构建设和居民环境卫生意识。

（环境卫生规划尚应按规范要求补充生活垃圾量等预测、环卫设施规划等主要内容，突出规划重点）

14.5 例5 中心镇工业园区控制性详细规划中的基础设施规划

澄潭镇位于浙江省新昌县西部,距县城15km,澄潭江由南向北穿镇而过,沿江西侧为河谷平原,东部和西部为丘陵台地。

澄潭轻纺特色工业园区位于澄潭镇旧镇区西北,澄潭江东南,与旧镇区相邻。规划用地面积116.81公顷。是县工业体系布局和澄潭镇的重要组成部分,相对独立于镇其他功能区,是集工、科、研为一体的现代化生态工业园区。

规划特征分析:

(1) 本例选自中心镇特色工业园区的控制性详细规划,其配套基础设施规划既有中心镇控制性详细规划的特点,又有相对独立于镇其他功能区的现代化生态工业园区和新区,为营造良好的融投资环境,对基础设施控制性详细规划有更高的要求。

(2) 本例以新昌县城镇体系规划、县城总体规划、澄潭镇总体规划为依据和指导,在规划总体思路上,较好地处理与上下规划衔接和相关规划的协调,以及与今后发展方向之间的有机联系,提出水厂、污水处理厂、垃圾填埋场等设施与邻镇等的联建共享,避免重复建设和投资浪费。

(3) 按相关规划编制要求,本规划内容和设施配套齐全。既有较高要求,又切合地方小城镇实际。

案例说明:

本例选自浙江东华城镇规划建筑设计公司完成的新昌县澄潭镇轻纺特色工业园区控制性详细规划,为便于说明相关规划方法,编者对规划内容作了适当修改。

14.5.1 道路交通工程规划

● 对外交通规划

(1) 规划原则

依据市县交通规划,努力营造工业园区便捷、高效、安全的对外交通环境,形成连接金甬高速、新蟠省道骨干道路的网架。

(2) 规划布局

1) 澄蛟公路,为新昌县连接金甬高速的重要干线,规划红线宽度30m,四车道。

2) 新蟠公路:为新昌通金华地区磐安县的省道公路,规划红线宽度24m,四车道。

3) 新蛟路:为连接新蟠公路、澄蛟公路的主要道路,规划红线宽度35m,四车道。

其中新建澄潭大桥一座,桥长175m,桥面宽28m。

4) 现有大桥路待新蛟路建成后自动转换成规划区主干路。

5) 对外交通用地8.79公顷。

● 道路交通用地规划

(1) 规划原则

1) 根据本区的地形与周边地区的关系,选择网格式的道路系统。

2) 按照城市道路分级标准构建主干道、次干道、支路三级道路网络。

3) 合理确定道路密度、道路红线宽度和断面形式。

(2) 道路结构与分级

1) 规划区道路分为对外交通道路、主干道、次干道和支路四个等级。

2)主干道两条,一纵一横:经一路、大桥路,规划红线宽度35m和28m,均为四车道。

3)次干道六条,二纵四横:为经三路、江滨路、纬一路、纬二路、纬四路、科技路,规划红线宽度18~24m,均为两车道。

4)支路九条,一纵八横,规划红线宽度12m。

5)道路断面形式见表14.5.1-1。规划道路一览表和表14.5.1-2 道路断面控制表。

6)本区道路除江滨路与跨江道路桥梁之间需取回车道外,其余均为平面相交,主干道之间以环岛形式解决交通控制。

规划道路一览表 表14.5.1-1

规划路名（暂名）	起点	全长(m)	面积(m²)	红线宽度(m)	断面形式
新蟠公路	新蛟路-澄潭大桥	1050	25206	24	待定
澄蛟公路	大桥路-芝田村	1510	45300	30	4.0~3.0~1.5~13.0~1.5~3.0~4.0
新蛟路	澄蛟路-新蟠公路	610	15225	35（桥宽28m）	4.5~3.75~2.75~13.0~2.75~3.75~4.5
江滨路	澄潭大桥-纬五路	1273	22914	18（防洪堤10m）	2.5~7.0~2.5~6.0~(4.0~6.0防洪堤)
经一路	大桥路-新蛟路	973	34438	35	4.5~3.75~2.75~13.0~2.75~3.75~4.5
经二路	大桥路-纬二路	600	6456	12	2.5~7.0~2.5
经三路	西花园路-芝田一路	960	17280	18	4.0~3.5~3.0~3.5~4.0
纬一路	澄蛟路-江滨路	496	10272	24	4.0~3.0~1.5~7.0~1.5~3.0~4.0
纬二路	澄蛟路-江滨路	420	8448	24	4.0~3.0~1.5~7.0~1.5~3.0~4.0
纬三路	澄蛟路-江滨路	307	3012	12	2.5~7.0~2.5

14.5 例5 中心镇工业园区控制性详细规划中的基础设施规划

续表

规划路名（暂名）	起 点	全长（m）	面积（m²）	红线宽度（m）	断面形式
纬四路	澄蛟路－江滨路	212	4584	24	4.0～3.0～1.5～7.0～1.5～3.0～4.0
纬五路	澄蛟路－江滨路	135	1368	12	2.5～7.0～2.5
西花园路	澄蛟路－经三路	125	1248	12	2.5～7.0～2.5
鹤群路	澄蛟路－经三路	130	1308	12	2.5～7.0～2.5
科技路	澄蛟路－经三路	130	1962	18	4.0～3.5～3.0～3.5～4.0
芝田一路	澄蛟路－经三路	130	1308	12	2.5～7.0～2.5
芝田二路	澄蛟路－经三路	130	1308	12	2.5～7.0～2.5
大桥路	澄潭大桥－西花园	560	15680	28	3.0～3.0～1.5～13.0～1.5～3.0～3.0
合计		8701	217317		

道路断面控制表　　　　表14.5.1－2

红线宽度	人行道	非机动车道	绿化带	机动车道	绿化带	非机动车道	人行道
35	4.5	3.75	2.75	13.0	2.75	3.75	4.5
30	4.0	3.0	1.5	13.0	1.5	3.0	4.0
28	3.0	3.0	1.5	13.0	1.5	3.0	3.0
24	4.0	3.0	1.5	7.0	1.5	3.0	4.0
18	4.0	机动车道3.5	3.0	3.5			4.0
12	2.5			7.0			2.5

（3）广场及交通设施配置

1）在澄蛟公路工业区入口附近安排停车场一处，用地0.61公顷，可停放130辆中型车。在新蟠路和澄蛟路各规划加油站一个，用地0.6公顷。

2）主干道与次干道交叉口均应留出交通指挥用地，设置路牌和交通信号灯。

3) 规划道路广场及交通设施用地 13.77 公顷。

（4）地块配建停车车位及出入口位置设置的规定

1) 各地块应根据本单位车辆数及客户停车的需要设置必要的停车泊位和自行车位，详见用地强度控制表。

2) 各地块的主出入口的设置不得影响城市道路交通的安全和畅通，其设置应按用地强度控制详图要求。

澄潭工业园区控制性详细规划道路工程规划图见图 14.5.2-1。

14.5.2 竖向工程规划

（1）规划原则

1) 根据现有地形和道路，便于与旧镇和今后远景发展区的衔接。

2) 根据地形和防洪、排涝、工程管线埋设的要求，以及合理投资的原则确定标高。

3) 各地块竖向控制应从有利于交通出入和地面排水来确定高程。

4) 山坡地的地块可利用地形高差设计成阶梯状，以减少挖方，防止滑坡等地质灾害。

5) 统一采用国家坐标系和高标系，有利于与交通、水利等部门的数据交换。

（2）规划平面定位

本规划采用国家坐标系和高标系，有利于与交通、水利等部门的数据交换。

（3）竖向设计

本规划高程采用 1985 年国家高程基准，各道路交叉点、防洪堤顶标高准确到厘米。

表 14.5.2-1 为规划道路交叉口控制点坐标、标高。

规划道路交叉口控制点坐标、标高（单位：m）　　表 14.5.2-1

道路交叉口	坐　标		标　高
	X	Y	
澄蛟线 - 大桥路	259278.074	503689.585	48.80
澄蛟线 - 西花园路	259481.402	503589.392	47.93
澄蛟线 - 纬一路	259688.285	503493.733	47.05
澄蛟线 - 鹤群路	259760.934	503446.309	46.45
澄蛟线 - 纬二路	259939.119	503355.102	45.95
澄蛟线 - 纬三路	260150.241	503247.035	45.02
澄蛟线 - 新蛟路	260197.442	503222.874	44.82
澄蛟线 - 芝田一路	260333.783	503153.086	44.23
澄蛟线 - 纬四路	260377.078	503130.924	44.10
澄蛟线 - 纬五路	260519.209	503058.172	43.42
经一路 - 大桥路	259429.412	503815.909	45.75
经一路 - 纬一路	259754.324	503638.790	44.80
经一路 - 纬二路	260022.683	503492.500	43.99
经一路 - 纬三路	260246.448	503370.519	43.32
经一路 - 新蛟路	260292.025	503345.674	45.50
经二路 - 大桥路	259612.200	503968.487	45.55
经二路 - 纬一路	259850.154	503800.353	44.33
经二路 - 纬二路	260099.480	503618.771	43.54
江滨路 - 澄潭大桥下	259697.052	504039.799	44.60
江滨路 - 纬一路	259919.879	503917.906	44.00
江滨路 - 纬二路	260153.007	503706.799	43.21
江滨路 - 纬三路	260388.595	503488.793	42.51
江滨路 - 新蛟路下	260380.305	503435.710	42.40
江滨路 - 纬四路	260473.297	503317.879	42.22
江滨路 - 纬五路	260584.407	503177.064	42.00
经三路 - 西花园路	259422.048	503474.353	61.50

续表

道路交叉口	坐标		标高
	X	Y	
经三路-鹤群路	259711.492	503318.836	56.90
经三路-科技路	259877.611	503234.119	56.35
经三路-芝田二路	260091.982	503124.075	50.74
经三路-芝田一路	260272.755	503031.542	46.00
新蛟路-新蟠公路	260569.941	503706.503	44.70
新蟠公路-大桥路东	259793.393	504260.890	47.90

注：本规划根据新昌县测量大队施测1：500地形图计算。平面位置采用任意带直角坐标系。高程采用1985年国家高程基准。

14.5.3 给水工程规划

（1）用水量预测

用水量预测见表14.5.3-1。

用水量预测　　　　　表14.5.3-1

项号	用地性质	用水标准 (t/ha·d)	面积 （公顷）	最高日水量 (t/d)
1	居住用地	170	6.68	1135.6
2	公建用地	180	10.57	1902.6
3	工业用地	100	28.76	2876
4	仓储用地	100	1.6	160
5	道路广场用地	200	13.77	2754
6	市政设施用地	50	3.19	159.5
7	绿化用地	50	15.43	771.5
8	未预见量	按1~7填总和的15%计		1463
9	合　计			11223

验算取值：本规划区最高日用水量为1.12万 t/d。

(2) 供水方式

在澄潭上游建一水厂,供澄潭镇及梅渚镇居民生活饮用水及对水质要求较高的工业用水。同时做好澄潭江上游镜岭一带的水质保护。本规划区饮用水等由该水厂供给。

(3) 管网布置

干管采用环状布置,各小区内支管采用支状布置,供水干管管径为 $DN400$,另在江滨路上敷设一条 $DN400$ 供水管,主要供给梅渚片饮用水等用水。

澄潭工业园区控制性详细规划给水工程规划图见图 14.5.3-1。

(规划宜补充共建水厂规模,具体选址明确与相关规划的衔接。)

14.5.4 排水工程规划

(1) 现状

规划区内大部分为农田,内部有比较完整的灌溉系数,但无完善排水系统,雨、污水就近直接排入澄潭江。

(2) 排水规划

采用雨污分流制。

● 污水排放

1) 污水预测

污水量按最高日用水量的80%,计为 $9000m^3/d$。

2) 污水均自流排出,由南向北,由西向东,规划建议澄潭和梅渚合建一座污水处理厂,建在澄潭江下游,污水汇集后均排至污水处理厂。

3) 管网布置

在江滨路设污水干管,污水均接入该干管。该干管预留澄潭镇老城区截流污水量。

4）考虑污水处理厂建设周期，规划区内生活污水经化粪池处理，含油污水经隔油池过滤，皂化液等工业污水今后集中处理，达到排放标准后方可排入污水管网。

- 雨水排放

雨水均自流排出，排水方向为由南向北，由西向东。

沿山设防洪沟，截流山水。在蛟澄路及经二路上设雨水沟，结合开发周期，近期兼作灌溉渠。由于澄潭江20年一遇洪水位较高，在江滨路上设4～6m宽雨水沟，雨水汇集后排至澄潭江下游，根据20年一遇设计水位来安排雨水排出口，使规划区不受澄潭江回水影响，规划区内雨水沟均采用暗渠。

雨水计算暴雨强度公式：

$$q = 3512.344(1+\lg p)/(t+11.814)^{0.827} \quad [L/(s \cdot ha)]$$

设计重现期 p 为1年，地面集水时间 t 为10分钟。

雨水管渠设计公式：

$$Q = \Psi \cdot F \cdot q \quad (L/s)$$

地面平均径流系数取 $\Psi = 0.5$

F 为集雨面积

q 为暴雨强度

澄潭工业园区控制性详细规划排水工程规划图见图14.5.4-1。

（规划宜补充合建污水处理厂规模、具体选址，明确与相关规划衔接。）

14.5.5 电力工程规划

（1）现状

本工业区位于澄潭镇北面，属澄潭35kV变电所供电范围，装机2×4MkVA主变，负责向澄潭镇及区域、梅渚、镜岭供电。根据新昌县电网规划、梅渚工业区规划，35kV镜岭变电所输变电工程已接近竣工,即将投入使用,35kV梅渚变电所输变电工程也已列入计划,正在筹建中,这两个变电所输变电工程的建设,将缓解澄潭35kV变电所供电压力,给本工业区建设提供了电力条件。本工业区东、西侧均有澄潭变10kV出线经过(架空)。

(2) 负荷预测

负荷预测见表14.5.5-1。

用电负荷预测表 表14.5.5-1

用地性质		用电指标 (MkV/km²)	用地规模 (公顷)	用电负荷 (MkW)
工业用地	一类	4.5	21.99	0.99
	二类	4.5	6.77	0.31
居住用地	一类	2.0	4.68	0.09
	二类	2.5	2.22	0.06
公建用地		4.0	13.76	0.55
仓储用地		2.0	1.6	0.03
道路广场及绿地		0.8	29.20	0.23
合计				2.26

同时需要系数按0.75计算,则工业区总用电负荷为1.7MkW。

(3) 变配电所规划

本工业区附近有35kV澄潭变电所一座,主变2×4MkVA,能满足本工业区用电需求,故本规划不另设35kV变电所,仅规划10kV/0.4kV公用变配电站,根据总体规划,本工业区基本属中小型企业,规划区内各小型企业(用电负荷小于250kW)由工业区内10kV/0.4kV公用变配电站供电,中型企业(用电负荷大于250kW)规划设置10kV/0.4kV专用变供电。

(4) 电力网络规划

本规划电力网络电压等级10kV/0.4kV，规划10kV线路沿蛟澄公路和澄潭江沿江路、纬一路、纬二路、新蛟路，结合绿化带布置10kV/0.4kV变配电站等距离布置，使低压供电半径控制在0.5km范围之内，使电压质量、线损和供电可靠性等指标达到规范要求，为使工业区用电安全可靠，规划在网络交叉点及电力负荷较大的企业、专用变配电所内设开关站，使网络形成环网，使网络供电方式灵活，外界线路检修、故障时，可随时隔离，确保安全。

规划进入工业区的10kV线路为架空敷设，企业内部0.4kV供配电线路及道路照明为电力电缆埋地敷设。

(5) 道路照明规划

为营造集生产、经贸为一体的新型特色园区，道路照明规划原则上采用钢管装置路灯，25~30m布置，主干道路为双侧布置，次干道路为单侧布置，并在园区经一路布置广告灯箱，道路照明控制采用分组、分片、时控加光控控制。

澄潭工业园区控制性详细规划电力工程规划图，见图14.5.5-1。

14.5.6 通信工程规划

● 电信邮政规划

(1) 现状分析

本工业区附近已有澄潭电信模块局一个，规划区电信线路均为架空形式。

主要存在的问题：

电信管网有待进一步建设，现采用架空敷设，不安全、不美观。

(2) 规划

1)随着工业区的开发建设,电信综合业务必然急剧上升,规划逐步增加澄潭电信模块局装机容量。

2)建设高速宽带、数据网络,逐步实现光缆到企业用户。

3)规划要求在工业区道路建设的同时预埋通信管道,通信线路逐步由架空改为地下管道敷设。

4)规划区内设若干通信交接房,每处建筑面积 25~30m^2。

5)为方便落户企业,规划配套一个邮政、电信综合所,建筑面积 3000m^2 左右。

澄潭工业园区控制性详细规划电信工程规划图见图 14.5.6-1。

(规划宜对澄潭电信模块局容量补充说明。)

- 广播电视规划

(1)现状分析

澄潭镇广播电视发展较快,目前无线、有线广播电视均由站台播出。目前,拥有无线 3 套,有线电视 22 套,由一级光缆与县网联网。

主要存在的问题

现有线电视线路随电力杆线架空敷设为主,未形成独立杆成网络基础,不安全、欠美观。

(2)规划

随着工业区开发建设,逐步扩大覆盖面,开展多功能服务,开办视频点播、电视、电话会议系统、图文电视等综合业务,为落户企业提供多功能服务。

广播电视网络、传输、线缆逐步摆脱依靠电力线杆现状,并改为地下、管道敷设。

澄潭工业园区控制性详细规划广播电视工程规划图见图

14.5.6-2。

14.5.7 燃气工程规划

（1）用气指标

2005年人均年用气为 $55 \times 10^4 \mathrm{kcal}/(人·年)$。即人均年用气50kg。

2020年人均年用气为 $65 \times 10^4 \mathrm{kcal}/(人·年)$。即人均年用气60kg。

（2）近期以推广使用瓶装液化石油气为主。

（3）远期为石油气、天然气管道预留必要的用地和地下管道空间，根据国家"西气东输"工程的具体落实情况，考虑引入"管道西气"。在道路预留 $DN100 \sim DN200$ 天然气管道。

澄潭工业园区控制性详规燃气工程规划图见图14.5.7-1。（规划说明宜补充远期天然气主要输配设施及预留用地规划内容。）

14.5.8 管线综合规划

（1）管线布置原则

1）符合有关设计规范、规程；

2）互相穿插时，应合理避让，保证安全。

（2）管线布置

1）电力、给水管线设置在东侧或北侧人行道；

2）邮电、燃气管线设置在西侧或南侧人行道；

3）污水管设置在两侧人行道；

4）雨水管设置在车行道中心；

5）管线与绿化树种间最小水平净距，与建、构物之间的最小水平间距、管线之间最小水平间距、最小垂直间距分别见表14.5.8-1、表14.5.8-2、表14.5.8-3、表14.5.8-4。

14.5 例5 中心镇工业园区控制性详细规划中的基础设施规划

管线与绿化树种间的最小水平净距（m） 表14.5.8-1

管线名称	最小水平净距	
	乔木（至中心）	灌木
给水管、闸井	1.5	不限
污水管、雨水管、探井	1.0	不限
电力电缆、电信电缆、电信管道	1.5	1.0
地上杆柱（中心）	2.0	不限
消防龙头	2.0	1.2
道路侧石边缘	1.0	0.5

各种管线与建、构物之间的最小水平间距（m） 表14.5.8-2

	建筑物基础	地上杆柱(中心)	城市道路侧石边缘	公路边缘	围墙篱笆
给水管	3.0	1.0	1.0	1.0	1.5
排水管	3.0	1.5	1.5	1.0	1.5
电力电缆	0.6	0.5	1.5	1.0	0.5
电信电缆	0.6	0.5	1.5	1.0	0.5
电信管道	1.5	1.0	1.5	1.0	0.5

注：①表中给水管与城市道路侧石边缘的水平间距1m适用于管径小于或等于200mm，当管径大于200mm时或大于或等于200mm时应大于或等于1.5m；

②表中给水管与围墙的水平间距1.5m是适用管径小于或等于200mm，当管径大于200mm时应大于或等于2.5m；

③排水管与建筑物基础的水平间距，当埋深浅于建筑物基础时应大于或等于2.5m。

各种地下管线之间最小水平间距（m） 表14.5.8-3

管线名称	给水管	排水管	电力电缆	电信电缆	电信管道
排水管	1.5	1.5	—	—	—
电力电缆	1.0	1.0	—	—	—
电信电缆	1.0	1.0	0.5	—	—
电信管道	1.0	1.0	1.5	0.2	

注：①表中给水管与排水管之间的净距适用于管径小于或等于200mm，当管径大于200mm时应大于或等于3.0m；

②大于或等于10kV的电力电缆与其他任何电力电缆之间应大于或等于0.25m，如加套管，净距可减至0.1m，小于10kV电力电缆之间应大于或等于0.1m。

各种地下管线之间最小垂直净距（m） 表14.5.8-4

管线名称	给水管	排水管	电力电缆	电信电缆	电信管道
给水管	0.15	—	—	—	—
排水管	0.4	0.15	—	—	—
电力电缆	0.2	0.5	0.5	—	—
电信电缆	0.2	0.5	0.2	0.1	0.1
电信管道	0.1	0.15	0.15	0.15	0.1
明沟沟底	0.5	0.5	0.5	0.5	0.5
涵洞基底	0.15	0.15	0.5	0.2	0.25

澄潭工业园区控制性详细规划竖向规划图见图14.5.8-1。（管线综合规划宜适当补充管线竖向布置的内容。）

14.5.9 环卫设施规划

（1）规划依据

1）《城市容貌标准》（CJT 12—1999）
2）《城市环境卫生设置标准》（CJJ 27—2005）
3）《城市公共厕所规划和设计标准》（CJJ 14—2005）
4）《城市垃圾中转站设计规范》（CJJ 47—91）

（2）规划布局

1）规划取人均日生活垃圾量1.5kg计，工业区日产生活垃圾7.5t。垃圾实行袋装定点分类收集，由垃圾中转站转运至填埋场进行处理，规划区设垃圾中转站一处，用地0.44公顷。

2）规划公共厕所按常住人口2000~2500人一座设置，并按500m间距控制。本规划区共设公厕5座，每座用地80m^2。

14.5 例5 中心镇工业园区控制性详细规划中的基础设施规划

3）规划在主要道路两侧设废物箱，设置间距：商业区：50m。交通干道：100m。一般道路：120m。

（规划宜对填埋场补充说明，明确与相关规划相衔接。）

14.5.10 综合防灾工程规划

- 消防规划

（1）根据《浙江省实施〈中华人民共和国消防法〉办法》、《城市消防管理条例》、《消防站建筑设计标准》的规定，在梅渚与澄潭工业区之间选择一处适中地段规划二级消防站，配备相应的设备、车辆、人员，以保证接警后5分钟可到达责任区边缘。

（2）工业区道路按不大于120m间距设置室外消火栓及相应的配水管道。

（3）厂区内应按《建筑防火设计规范》设置消防通道，留足防火间距，配备室内外消火栓、灭火器、消防水池。组织培训业余消防队伍。

（4）所有建筑设计和竣工验收必须通过消防审核。

- 防洪规划

（1）澄潭江防洪堤应按水利部门提供的设计依据，建设防洪堤；

（2）防洪标准按20年一遇进行设计，50年一遇进行校核；

（3）防洪堤宽度10m，其中堤顶宽度4m，外侧设0.8m高的防浪墙，迎水侧为45°斜坡，按三级工程类别进行规划设计。

表14.5.10-1为澄潭江西岸防洪堤标高设计。

澄潭江西岸防洪堤标高设计　　表14.5.10-1

点 位	起始点距离(m)	河床标高(m)	地面现高(m)	规划堤顶标高(m)	说 明
澄潭水位站	0	39.70	47.33	47.77	根据澄潭水管站提供的资料，社古堤顶标高48.24m，澄潭水位站堤顶标高47.77m，设计纵坡1.1‰。现采用澄潭水位站标高47.77m为起始点，按纵坡1‰推算下游各点堤顶标高。$P=5\%$（20年一遇标准）。如加防浪墙0.6~0.8m，则防洪标准可相应提高，东岸应相应设堤。
澄潭大桥	750	40.21	42.93	47.02	
纬一路	1025	39.20	43.10	46.74	
纬二路	1375	38.80	41.10	46.39	
纬三路	1615	38.01	42.05	46.15	
新蛟路	1670	38.01	43.35	46.10	
纬四路	1830		41.57	45.94	
纬五路	2025	38.15	40.61	45.74	

（4）继续对澄潭江河道淤积、砂砾进行清运，以降低河床，扩大行洪断面，增大流速。多余的砂砾可作为工业区的镇土加以利用。

（5）排涝工程见排水规划。

● 抗震规划

（1）根据中国地震烈度区划，新昌属于地震烈度小于6度区。建筑可不考虑抗震设防。

（2）新昌以外发生的地震对本区仍有一定影响，因此在建筑设计中仍应考虑建筑结构的整体牢固问题。

● 地质灾害防治规划

（1）本区西部为山地，局部且受滑坡影响，在地面竖向设计时尽量少改变地貌状态，可设计成台阶式，必须开挖时，设计的挡土墙应充分考虑滑坡可能带来的推力。

（2）建筑区应尽可能避开已发现滑坡的地段。保持山地的自然风貌，广植林木，疏通排水渠系，预防滑坡的扩大。

14.6 例6 新县城修建性详细规划中的基础设施规划
——云阳新县城中心区修建性详细规划中的工程规划

云阳新县城处于云阳县管辖的双江镇镇域内,公路距离到老县城32km,处于三峡库区中部,距三峡水库坝址三斗坪248km。

新县城中心区位于新县城总体规划中的西南部,南临长江,地理位置优越。中心区规划范围152.9公顷。

云阳新县城是涉及移民安置的三峡库区搬迁的两个建设试点县城之一。由于一是整个县城搬迁重建涉及面广,要求高;二是山地新县城规划区地形坡度大,坡向复杂,规划难度大。因此,本例更具县城镇修建性详细规划的代表性。本项规划有较多研究和探索,其成果于1998年获建设部优秀规划设计二等奖。从总规到详规均由中国城市规划设计研究院承担完成。

本项工程规划对复杂山地地形条件下的道路、竖向、给水、排水、电力、电信等工程规划作多方案因地制宜技术经济比较和不同特点规划方法的探讨。

14.6.1 规划概况

了解规划概况,有助于对与其配套的基础设施工程规划的理解。

(1) 规划指导思想

由于云阳县是三峡库区迁建城镇试点县之一,中心区又是全县的政治、经济、文化中心,规划指导思想为:

1) 充分体现库区迁建城镇的山地特点,将该区建设成为一个风格鲜明、环境优美、道路系统顺畅、布局合理、市政设施齐备、具有鲜明现代感的新型中心区。

2) 根据本次规划中的道路规划先期实施的特点,充分注意与道路设计部门的衔接,为设计和施工部门创造有利条件,尽量保证规划意图的实施,为其他县城详细规划工作的开展提供有益的经验。

(2) 中心区规划布局

1) 中心区主要性质

云阳新县城是全县的政治、经济、文化中心,是区域性物资集散地和三峡风景区的主要景点之一,是立足于县城和附近地区丰富的农、林、牧、副资源,发展以食品、纺织、化工等门类为主的轻工业城镇。中心区承担了全县的政治、经济和文化中心的功能。

2) 布局结构

中心区总用地 $1.529km^2$,规划布局分为居住用地与非居住用地两大类。居住用地主要形成4个小区,在每一小区中心布置小区公建或小区中心,4个小区形成一个居民区,规划总人口2.9万人。

非居住用地主要沿五条线布局,这五条线是城市的重要景观设计地段:

①中环路以大型实体公司、金融业为主,形成商业与办公混合型的中心。

②中心步行街主要布置县级商业公司、乡镇联营公司,形成购物一条街。

③上环路主要布置县级行政办公机关,形成县级行政中心。

④沿江路是重要的交通性干道,同时又是沿江重点景观设

计地段，所以以绿化和对外交通用地为主。

⑤中心步行梯道是惟一的南北向重点地段，中部用过街天桥连接两个广场。整个梯道贯穿上环、中环、中心步行街和沿江路，集交通、绿化、商业、娱乐、金融和行政办公为一体。

3) 县级公共设施规划

县级公共设施主要布置有县级商业、金融和行政办公，分别位于上环路、中环路和中心广场附近，因县级商业建筑面积已经很大，除满足全县的需求外，还可以承担中心区范围内的2.9万人的购物要求，所以不再另设居住小区级商业设施。

县级商业主要布置在中心广场和步行街两侧，利用台地高差，室内室外相结合，使街道景观生动，而且富于变化。

在中环路中段设县级图书馆、科技馆。中心梯道处设电影院、大会堂、灯光球场、新华书店。在上环路西端，设县人民医院。

4) 住宅规划

住宅用地划分为4个小区，每个小区都有自己的小区中心、农贸市场、托儿所和幼儿园。住宅建筑以多层为主，点式5种，一般层数为6层；条式住宅7种，层数为5层。在高差较大的地段，可做错层或吊角楼形式。条式建筑单元数一般为3个，使每幢建筑体量小，适合山区地形建设。建筑间距平均为1:1.2。

在住宅建筑布局上，尽量灵活处理，条、点式相结合，充分利用可用地。

总住宅面积48.3万m^2，建筑密度24.9%，容积率1.31，共有住宅8325套，平均每套58m^2，如果按每户人口3.5人计算，可居住2.9万人。

5) 居住小区公共设施规划

在规划区内设置两所中学，4所小学，服务半径比标准的

1000m、500m,适当缩小,以方便山区学生上学。

另外,在沿街住宅设置了底层商店和各类门市部用房,以满足居民生活需要。在两条次干道上,设置了个体商业街。由于现阶段商业形势多种多样,灵活多变,所以在规划中,对商业用房建筑面积不作具体规定,以满足需要为主。但在规划实施中,应预留出足够的用地与建筑面积,满足市政设施的需要。

6) 绿化和景观设计

县城的主要景观设计重点在中心广场及附近地段,中心广场设计为八角形。根据现状地形,它的南侧,有两个小山包。因此,以山顶建筑或纪念物为起点,规划了两条轴线交汇于广场纪念碑,两座人行天桥跨在轴线上,突出广场轴心作用。

中心区的北部是新县城的最高点——磨盘寨,同时也将成为带有历史意义的重要景点。中心区的南面为长江,沿江路上规划了大量绿地,在绿地设计时配以相应的建筑小品和雕塑,使游人能够从江上看到新县城的时代特色。

图 14.6.1-1 为云阳新县城修建性详细规划总平面图。

14.6.2 道路工程规划

(1) 相关南区路网规划的调整

1) 调整的指导思想

①根据山区地形地势,因地制宜选择和确定道路线型及要求,满足技术指标;

②结合山区地形,尽量减少土方工程量;

③综合考虑用地布局和用地完整性;

④从实际出发,近远结合,提高建设标准。

2) 调整内容

南区内东西向联系以 3 条主干道为主,南北向机动车联系以次干道为主,行人以 4 条主要梯道作为南北向交通。

14.6 例6 新县城修建性详细规划中的基础设施规划

主干道：上环路由总体规划的20m，调整到30m宽。中环路由总体规划的26m调整到40m宽。沿江路由原规划的22m宽，调整到30m宽。

次干道：原总体规划14~15m宽，本规划调整到全部15m宽。

道路横断面设计南区路网调整详图（略）。

①主干道：在总体规划的基础上进行调整，主要是根据县里召开的两次会议精神：多动一些土方量，保证主干道走向流畅，以适应远期车流量的增长。在具体选线上，与正在进行道路设计的重庆市公路设计院一起进行讨论和设计。

②次干道：结合主干道的调整和用地布局作适当的局部调整。加强纵向联系，增加纵向联系次干道②号街。

③道路标高：根据两次会议纪要的精神，对总体规划中确定的几个控制点高程进行了部分调整。多动一些土方量，降低道路的纵坡，以利交通。

3）道路调整深化内容

①道路长度

规划主干道4条：沿江路、中环路、上环路和⑩号路，总长13km。沿江路、中环路和上环路均为近东西走向，主要承担东西方向的交通流量。⑩号路为纵向主要干道，主要承担纵向交通联系。

规划次干道9条，总长10.9km。主要起横向分流及联系纵向道路的作用。

规划支路3条，总长1.6km。主要起到小区截流和为街坊交通服务的作用。

②道路纵坡

调整后的道路最大纵坡分别为：主干道7.3%；次干道8.9%；支路6.1%。

最小转弯半径：主干道120m；次干道40m；支路40m。

③道路坐标

对原总体规划中所定的几个主要控制点坐标随道路走向的调整进行了微调，补充了所有其他交叉口的坐标和角度，并且与重庆市公路设计院进行了协调，为下一步的详细规划提供了依据。

4）技术经济指标

规划主次干道总长23886m，总面积587707m²，道路网密度5.6km/km²，面积率为13.9%，见表14.6.2-1。

各级道路技术指标　　　　　表14.6.2-1

道路性质	路名	起	讫	长度（m）	宽度（m）	面积（m²）	最小转弯半径（m）	道路最大纵坡（%）
主干道	上环路	⑧号路	⑩号路	1970.6	30	59118	139	5.6
	中环路	⑧号路	⑤号街	4352.6	40	174104	120	7.3
	中环路	⑤号街	⑩号路	431.8	30	12954	120	7.3
	沿江路	香油田	李家湾	5172.7	30	155181	150	1.6
	⑩号路	上环路	中环路	1084.6	30	32538	150	5.7
	合计			13012.3		433895		
次干道	⑤号路	中环路	沿江路	1947.9	15	29219	70	8.6
	⑥号路	中环路	沿江路	3392.5	15	50888	45	8.8
	⑦号路	上环路	中环路	1220.6	15	18309	40	4.9
	⑧号路	中环路	上环路	548.3	15	8225	200	5.0
	⑨号路	曾家院西	中环路	1174.5	15	17618	70	6.7
	①号街	沿江路	⑤号路	904.7	15	13571	100	5.0
	②号街	⑥号路	沿江路	470.4	15	7056	60	8.9
	④号街	上环路	⑦号路	841.3	15	12620	40	5.5
	⑤号街	中环路	⑥号路	374.0	15	5610	100	6.0
	合计			10874.2		163116		

14.6 例6 新县城修建性详细规划中的基础设施规划

续表

道路性质	路名	起讫		长度(m)	宽度(m)	面积(m^2)	最小转弯半径(m)	道路最大纵坡(%)
	总计			23886.5		597011		
支路	①号路	上八字门	③号街	309.2	8	2474	50	6.1
	③号街	①号路	上环路	274.0	8	2192	100	5.4
	⑥号街	中环路	沿江路	1010.7	8	8086	40	5.8
	合计			1593.9		12752		
	总计			25480.4		609763		

注：减去交叉口重复计算面积9304m^2，剩下道路总面积为600459m^2。

(2) 中心区现状道路

规划区内有两条土路现状可以通车，在东端汇合到一起，一直通到现云阳县城，道路的西端通到双江镇。道路宽度约5m，现这条路部分路段正在修整，加宽路面，提高通车能力。新县城前期搬迁工作将利用这条路。

(3) 中心区道路坡度及其他

规划范围内，建设高程从182m至380m，高差为200m。整个用地坡度较大，在水利部长江水利委员会颁布的《三峡库区迁建城镇规划建设大纲》中，规定坡度30%以上用地为不可建设用地，而新县城总规划中把这一规定放宽到50%，否则不可建设用地占的比例过大，不利于县城气氛的形式。规划区内坡度50%以上的山地为19.8公顷，占总用地（152.9公顷）的12.9%。

根据《长江三峡工程初步设计阶段淹没处理及移民安置规划工作大纲》，三峡水库坝前最终正常蓄水位175m，库区建设最低高程，在云阳段为182m（黄海高程）。

(4) 中心区道路规划

南区路网确定之后，在详规中规划了7m宽城市支路，即小区级道路，断面形式为一块板。县城支路主要是在县城干道确定之后，联系各用地单元，加强南北向交通的辅助路。因此，局部地段上的道路纵坡达到12%，一般在8%以下，最小转弯半径15m。

因为道路两侧的山地建筑很多需做挡土墙和护坡，所以建筑后退道路红线距离应根据实际情况，在具体建筑设计时给予考虑。

各级道路横断面见《道路规划图》。

主干道长5347m，道路面积97140m²。

次干道长4476m，道路面积67140m²。

支路长8454m，道路面积59180m²。

因停车场大部分需平整土地建造，造价很高，规划停车场为公共收费停车场，停车场密度合理，距离适当，以满足那些虽靠近路边，但高差太大，无法建停车场的用地单位的停车需求。

图14.6-2为云阳新县城中心区修建性详细规划道路规划图。

14.6.3　竖向工程规划

山地地形竖向规划比较复杂。本规划结合因地制宜采取的台地建设方案。土方平衡与东南区详细规划结合考虑。

在中心区中，除部分坡度超过50%以上山地用作绿化外，还有部分用地坡度也很大，所以大部分建筑都是需经过填挖方、平整土地、砌挡土墙、做护坡之后才能开始建设，台地之间主要以梯道联系。

竖向规划对场地标高进行了设计，由于地形图比例尺小，精度不够，故规划所提供的场地标高仅供参考，在进行建筑设计和实施的过程中，根据具体情况再做调整。

在总用地 1.529km² 中，填方量 261.29 万方，挖方量 284.03 万方，总填挖方量 545.32 万方，多出土方 22.74 万方。多出土方参与下一阶段东南区详细规划中的土方平衡。

图 14.6.3-1 为云阳新县城中心区修建性详细规划竖向规划图。

14.6.4 给水工程规划

（1）水源

新县城以长江为水源，本规划区西面的沿江路与中环路之间设有一座水厂，近期设计供水能力 1.0 万 m³/d，其服务范围以本规划区为主。

（2）用水量计算

本规划区为新县城中心区的一部分，用水构成主要为居民生活用水和市政公建用水，用水量计算见表 14.6.4-1。

用水量计算（m³/d） 表 14.6.4-1

项 目	标 准	数 量	用水量
居民生活	250L/(人·天)	30000 人	7500
公 建	12L/(m²·d)	479500m²	5754
浇洒绿地	1.5L/(m²·d)	356400m²	535
浇洒道路	2L/(m²·d)	231000m²	462
未预见			2850
合 计			17101

（3）水压

规划区内最不利点水压按 20m 自由水头考虑。

（4）管网

由于用地高差近 200m，区内采用串联式加压供水方式供水。考虑到管道的承压能力和道路的布置情况，按高程设三个供水区。第Ⅰ供水区服务范围是 182~250m，用水量为 8309m³/d；第

Ⅱ供水区服务范围是 250~320m，用水量为 6728m³/d；第Ⅲ供水区服务范围是 320~380m，用水量为 2064m³/d。

各区供水管网按最高日最高时进行设计，时变化系数取 1.75。

(5) 加压泵站

第Ⅰ供水区由水厂直接供水，第Ⅱ供水区由第一级加压泵站供水，第Ⅲ供水区由第二级加压泵站供水。考虑到泵站应充分利用较低一级管网的水压，第一级加压泵站吸水池底标高为 266m，第二级加压泵站吸水池底标高为 336m。

为使供水比较安全，由第Ⅰ区向第一级加压泵站输水的 $D400$ 管道与一条 $D400$ 配水管道并联，中间设置闸阀。

两个加压泵站吸水池的容积除满足水泵工作需要外，还考虑了较低一级供水区的调节水量和事故时本区的消防储备水量，实际起到调节水池的作用。第一级加压泵站的调节水池容积取第Ⅰ和第Ⅱ供水区水量之和的 15%，为 2256m³。第二级加压泵站的调节水池容积取第Ⅱ和第Ⅲ供水区水量之和的 15%，为 1319m³。

(6) 投资估算

本投资估算参照北京市 1987 年的估算指标进行计算，使用时应进行差价调整。计算结果见表 14.6.4-2，其中管道部分包括管道和高位水池等附属构筑物。

投资估算计算表（万元）　　　表 14.6.4-2

项 目	规 模	水量指标	投 资
管道	17101m³/d 14300m	15 元/(m³·d·s)	366.82
一级加压泵站	8792m³/d	11.66 元/(m³·d)	10.25
二级加压泵站	2061m³/d	15.52 元/(m³·d)	3.20
合 计			380.27

(7) 水厂

本规划区用水量为 1.71 万 m³/d，规划水厂规模为 3 万 m³/d，剩余水量通过Ⅰ区管网转输到本规划区以东的用水区。

图 14.6.4-1 为云阳新县城中心区修建性详细规划给水规划图。

14.6.5 排水工程规划

(1) 排水体制和设计原则

排水体制为分流制，污水管线在充分利用地面坡度的前提下，将污水排入沿江路上的截流干管，集中送往位于县城东面的污水处理厂。雨水管线利用地面自然坡度，将雨水排入长江或附近冲沟。

(2) 污水系统

污水量按用水量的90%进行计算，为15390m³/d，平均流量为178.14L/s。沿江路上的截流干管在路面标高185m处以东240m处设置提升泵站，所提升的最大污水量为140L/s，服务面积为80公顷。

(3) 雨水系统

雨水量根据下列暴雨强度公式进行计算：

$$q = \frac{1180\ (1+0.73\lg P)}{(t_1+t_2)^{0.626}}$$

式中 P 是重现期，取 1 年；

t_1 和 t_2 分别是地面集水时间和管道内流行时间。

水量公式为：

$$Q = \psi \cdot q \cdot F$$

式中 ψ 为径流系数，取平均值 0.7；

F 为汇水面积。

由于地面坡度很大，雨水均能自流排除。本规划区以上山地总汇水面积不足10公顷,规划在道路靠山一侧设置道路边沟,以排除雨水。

(4) 投资估算

本投资估算参照北京市1987年估算指标进行计算,使用时应进行差价调整。污水系统和雨水系统的投资估算见表14.6.5-1。

排水工程投资估算(万元) 表14.6.5-1

项 目	工程量	规 模	估算指标	投 资
污水管道	17.00km	15390/($m^3 \cdot d$)	25元/($m^3 \cdot d \cdot km$)	654.07
雨水管道	18.25km	170公顷	2920元/(公顷·km)	905.93
污水泵站		140L/s	2480元/(L·s)	34.72
合 计				1594.72

图14.6.5-1为云阳新县城修建性详细规划排水规划图。

14.6.6 电力工程规划

(1) 负荷预测

根据中心区用地详细规划,按用地分类和建筑面积、用地面积,采用综合指标法对规划用地逐块预测(按建筑面积测算的主要指标选取居住$12 \sim 14 W/m^2$、商业服务及主要公建$28 \sim 35 W/m^2$、医疗、文体$18 \sim 25 W/m^2$),并采用类比法校验,预测本中心区远期电力负荷为$19500 \sim 21000 kW$,平均电力负荷密度为$1.23 \times 10^4 kW/km^2 \sim 1.32 \times 10^4 kW/km^2$。

(2) 供电电源及配电网规划

根据云阳新县城总体规划,以及地方电力部门的计划安排和规划打算,新县城北部110kV变电站($2 \times 20MVA$)在建已一年多,规划远期在城东建第二个110kV变电站。中心区配电网规划在中环路西部和中环路偏东的中南部各设开闭所1个(代号为1、2),前者(开闭所1)负荷7500至8000kW,后者（开闭所2）负荷8500至9000kW。另近、中期保留原规划在中心区东北部的35kV变电站1个，近期可考虑1×8000kVA（或1×10000kVA），中期视实际情况上第2台。远期第2个110kV变电站建成后，该站设备可撤去农村，改建10kV开闭所，其供电范围可同时考虑包括中心区东部的一部分。上述2个开闭所和1个35kV变电站预留用地均按1000m^{2}左右考虑。

开闭所1、2分别从城北110kV变电站和中心区东部35kV变电站（远期从城东110kV变电站）各进线3回，开闭所之间设联络线，考虑到新县城开发有先有后和城北110kV变电站近期出力有余等情况，近期开闭所2可考虑从城北110kV变电站进线1回，从35kV变电站进线2回（其中备用1回）。进线和联络线选用240mm铜芯电缆，正常运行情况每回带负荷4000~4500kW。

10kV配电网采用由开闭所引出的辐射结线或双T结线，变配电电站采用独立户内式，每变电站远期规划2台变压器并列运行，单台变压器的容量一般按630、800、1000kVA选用，用电负荷低密度地块供电可选用420、500kVA，每站预留用地一般按100~140m^{2}考虑。

中心区10kV、380/220V线路，原则上一般采用电缆，主要道路电缆沟在其东、南侧人行道上布置，电缆根数少，道路狭窄地段可直埋敷设，考虑到地方经济承受能力，在不影响城市景观的地段，经规划管理部门许可，也可酌情考虑架空线路。个别电力、电信管线同侧布置地段，电力按与电信规定间距在道路内侧布置。

沿江路、中环路、上环路以及区内另外道路的照明由邻近的10kV公用变配电站解决，路灯采用定时控制，单独计量。

（3）投资估算

中心区相关电力工程主要项目的投资估算见下表：

主要项目	投资估算（万元）	备注
城北110kV变电站	2500~3000	中心区外，在建
35kV变电站1个 按2×10000kVA计	1200	
10kV开闭所2个	220~240	
10kV变电站22~24个	912~960	含低压配电
10kV电缆	450~470	
电缆沟	55~64	系指主要电缆沟部分不含直埋敷设
总　计	5337~5934	未计35kV线路和低压线路及征地部分

图14.6.6-1为云阳新县城中心区修建性详规电力规划图。

14.6.7　通信工程规划

（1）用户预测

根据新县城总体规划和三峡库区迁建城镇规划建设大纲对城市、县城市话普及率的要求，远期按话机普及率15~20部/百人计算，新县城远期电话用户预测为15000~20000部，结合云阳县本地网规划的初步考虑，计及农话中继需求，预测远期交换局规模为3万门（终局容量6万门）。

依据本规划区详规，采用分类用户小区预测方法，预测本规划区远期用户为8500~9800部。

（2）局所规划

按新县城本地网规划考虑，宜在本中心区设一个长、市、农合一的程控交换局，根据线路网中心、地形条件、管道进出方便选址，如规划图。

长话：云阳局属四级交换中心，隶属万县三级交换中心，规划开通万县——云阳——巫山光缆传输，保留人工交换台，逐步增加自动交换电路（按50门一条考虑）。

市话：远期为万门程控设备，考虑近期全县通信中心仍在老县城，规划老县城局上程控 5000 门，新县城先上 500 门端局设备（新老县城光缆传输），作为近期建设的应急措施，可利用老县城到双江镇 12 路载波，并在双江上 200 门小程控，解决建设初期通信的当务之急。

（3）移动通信规划

根据库区县城迁建和新县城远期建设发展需要，考虑新县城的移动通信规划。移动通信需求预测见下表：

移动通信项目 规划期	900MHz	450MHz	150MHz 无线寻呼
城建期	100~150 户	150~200 户	300 户
远 期	500 户	300 户	

规划方案：结合万县地区移动通信网规划考虑，规划与万县联网，在市话局设移动通信交换局，并初步考虑在磨盘寨建一处无线基站（磨盘寨离大垭口的铁峰山 33km，大垭口到万县 15km）。方案覆盖新县城、郊区和去万县公路，这一方案的可行性论证尚待与有关部门、文物管理部门协调。

（4）管道规划

新县城通信电缆一般采用地下管道敷设，主干管孔直径一般选 90mm，标出管孔数考虑了远期长话、市话、农话及非话业务，数据通信、备用等的需求，括弧内管孔数是考虑终局规模、提供规划管理部门为邮电部门预留管道用地的参考。

（5）用户线路网规划

采用固定交接区的交接配线，实现固定区以后对约占长度 80% 的馈线可采取满足年限一般不少于五年的分期敷设，这样做经过充分论证，经济上是合理的，固定交接区的划分，依据本区用地和路网详规，考虑地形条件、以自然街坊为基本单元，结合库区新县城的特点，交接区的终期用户数一般以

100~400对局线为宜,县级机关、企业公司业务大楼及宾馆等可单独考虑,单位小交换机宜酌情、统一考虑。

(6) 邮政规划

考虑到邮电部提出的邮政改革方向,要求邮政逐步过渡与电信分开经营,规划作为全县邮政处理中心的邮政大楼可与电信大楼合建,分开经营,也可单建大楼经营,规划中的邮、电大楼选址仍在一处,预留城市用地20亩,另在本规划区规划邮、电支局一处,预留用地5~7亩,邮电营业所2处,其中一处同时作为水上邮路转运站用,以满足远期本县单独开辟水上邮路的需要。

(7) 投资估算

涉及本规划区的主要通信设施项目投资估算见下表:

项 目	投资估算(万元)	备 注
3万门程控交换设备工程	4125	系按一般价格估算,邮电部门申报可根据实际调整
电信大楼土建工程1.85万 m^2	1480	
通信管道工程	260~320	
通信线路工程	460~550	系粗估价
移动通信工程	1400	
邮政工程(1.45万 m^2 邮政大楼、自动化分拣等主要设备支局、营业所)	1550	
合 计	9085~9240	未计长途,征地及其他投资

另近期500门程控端局和老县城到双江6芯光缆传输工程投资估算640万元。

图14.6.7-1为云阳新县城修建性详规通信规划图。

14.6.8 管线工程综合规划

本次规划根据性能和用途的不同对给水、污水、雨水、电力和电信等五种管线工程进行了平面综合。原则上，给水和电信管线布置在同一侧人行道下，电力管线布置在另一侧人行道下，雨水和污水管线布置在车行道下。对于电缆根数少、狭窄道路电力电缆可采用直埋敷设，特殊情况电力电信管线同侧敷设见电力工程规划说明。给水、污水和雨水管线布置在非机动车道或车行道路面下。

管线与道牙、灯杆及其他管线之间的平面与垂直距离均应满足规范的要求。

图 14.6.8-1 为云阳新县城中心区修建性详细规划管网综合图。

竖向综合布置见上述图 14.6-8 管网综合图。

15 小城镇基础设施规划导则综合示范应用分析

我国小城镇规划及其标准、导则研究基础十分薄弱,长期以来,小城镇规划缺乏统一的规划标准、导则,加上不同地区、不同类别小城镇的差异性、复杂性,各地在小城镇规划内容、深度掌握和操作上差别很大,一些规划不能很好起到小城镇建设的"龙头"作用。为了改变这种被动局面,国家从"九五"到"十五"期间在小城镇重点和攻关研究课题中规划标准与导则研究都占有很大的比重。

本章选择明城镇国家"十五"小城镇集成技术综合示范应用中的基础设施规划导则综合示范,一方面是便于读者了解通过示范应用对相关标准、导则研究课题成果的实践验证,另一方面,示范应用分析又是通过理论与实践更好地结合,便于读者加深理解导则对规划的分类指导,使标准、导则研究成果在规划中得以熟练运用。

明城镇地处珠江三角洲城镇密集区的西部,佛山市高明区的中心腹地。是全国重点镇,国家小城镇经济综合开发示范镇,也是广东省小城镇健康发展综合试点镇。明城镇基础设施规划建设标准和导则试点示范与应用分析突出以下方面:

(1) 城镇密集地区小城镇跨镇区域基础设施的共建共享应用;

(2) 小城镇基础设施综合布局与统筹规划标准导则的应用;

（3）经济发达地区远期有条件成为中小城市的综合试点示范小城镇的基础设施规划技术指标应用比较与印证及与城市相关标准的衔接。

15.1 明城镇道路交通规划导则示范应用

15.1.1 明城镇交通现状与规划概况

（1）明城现状交通概况

目前，道路交通是明城镇最主要的交通运输方式。根据规划，全高明区最主要的道路都将经过明城，如高明大道西、和合东路及规划中的广明高速公路、珠三角外环高速公路等，令明城的交通区位优势明显，对外交通便捷。

随着镇区规模的扩大，城镇产业结构的调整，以及交通出行方式的逐步改变，明城现有的道路交通设施远未能满足今后发展的需求。主要表现在：

1）高明大道西紧贴明城镇区，在北部是东西向通过，从长远的考虑，影响了镇区的扩大发展，高明大道西作为过境公路，货车较多，交通流量大，制约了镇区往北拓展。

2）镇区内旧区道路等级低，路况较差，与新区的道路衔接不畅，影响了道路的通达性。

3）镇区内的公共交通设施建设滞后，如缺乏公共广场、停车场等。

（2）明城道路网结构布局规划概况

● 规划原则

1）与上层次规划相衔接。将佛山、高明一级的道路交通规划在本次规划中予以贯彻落实或调整，保证道路交通规划的连续性。

15 小城镇基础设施规划导则综合示范应用分析

明七路现状　　　　　　城五路现状

2) 与周边如人和、更楼、沧江工业园等地区的区域路网相协调，统一考虑城镇建设区与发展备用地的道路衔接。

3) 与土地利用、生态环境协调发展。结合城镇用地布局、功能分区进行道路交通规划，合理分布道路交通流向流量，促进城镇健康持续发展。

4) 有效组织各种运输方式之间的联系，使道路系统与用地功能有机地结合起来，做好内外分流、客货分流，机动车与非机动车分流，并且通过交通管理措施，提高整体交通效率。

5) 注重系统性和综合性。以系统综合的观点对镇域道路网络、交通设施和交通管理进行综合部署，提高城市运行效率。

● 道路网结构布局

明城的南北均是山地，镇区处于高明中部，是连接高明东西部的门户，发挥着"承东启西"的重要作用。这一客观条件决定了明城"东—西"向的主要交通联系方向。

从镇域范围来看，规划主要强化了明城的横向交通联系，如高明大道西、和合东路、杨更线等。从镇区范围来看，规划主要形成了"五横六纵"的主干路网结构。

五横：青玉喜路—城六路（横向段）、明二路、高明大道西、明九路、和合东路；

六纵：城二路、城六路（纵向段）、城七路、城十路、城十三路、城十九路。

15.1.2 试点示范应用分析

（1）对外交通规划导则试点示范与应用分析

按照小城镇交通道路规划标准、导则研究中的一般规定条款：

"小城镇对外交通运输方式主要为公路、铁路、水路方式，并应结合自然地理和环境特征等因素合理选择。"

"小城镇所辖地域范围内的可涉及的公路按其在公路网中的地位分为干线公路和支线公路，并可分为国道、省道、县道和乡道；按技术等级划分可分为高速公路、一级公路、二级公路、三级公路和四级公路。"

由于地理区位等诸多因素，同时沧江河流经明城，因此，历史上水路交通曾一度是明城的主要交通出行方式。然而随着机动车的发展，水路交通迅速萎缩，交通出行方式逐步由水路转向了陆路。

从明城的区位来看，铁路和水路运输都不发达，主要的对外交通包括高速公路和公路两大类：

1）高速公路

从整个珠三角和大佛山的区域范围规划来看，有两条规划中的高速公路将经过明城，并在明城相互交汇。广明高速公路、珠三角外环高速公路对高明经济的发展起着关键的作用，同时更是构筑佛山"五纵九横"干线公路网格局的重要组成部分。

广明高速公路——是广州至高明更楼交通联系的快速通道。规划从明城北部通过，在洞脚村附近设置明城出入口，直接连接高明大道西和明二路两条主干道。

珠三角外环高速公路——规划呈南北向从明城东北部的农田保护区穿过，往北连接高要，往南通往鹤山、江门。规划在明城以北约2km处与广明高速公路交汇，设置互通立交。

2）公路

按照小城镇交通道路规划标准、导则研究中的条款要求：

"小城镇内的主要客运交通和货运交通应各成系统，货运交通不应穿越城镇中心区和住宅区，对外交通系统应有方便的、直接的联系。"

"对原穿越镇区的过境公路段应采取合理手段改变穿越段道路的性质与功能。"

明城的主要公路包括高明大道西、和合东路、杨更公路和明富路：

高明大道西——即原来的S272省道，肇珠公路（肇庆—珠海），现更名为高明大道，是贯穿高明全区东西的最主要交通干道，同时也是高明"T"字型产业带的依托。规划高明大道成为明城的最主要对外交通干道，往东连接荷城、人和等，往西连接新圩、更楼等，道路红线宽度为80m，控制宽度110m。

和合东路——即原来的S113省道，广高公路，现更名为和合东路（人和—合水），是高明中西部另一条东西向的交通干道，同时也是明城"五横"路网的重要组成部分，往东连接人和，往西可直接至更楼。道路红线宽度为80m。

杨更公路——即X525县道，处于明城中南部，呈东西向横穿明城，往东连接杨梅，往西连接更楼。道路红线宽度为15m，控制宽度35m，双向两车道。

城二路——是X498县道（明富路）的改线，穿过农田保护区，连接河南和明东工业组团及富湾镇，是河南新区的主要出入口之一。道路红线宽度为40m。

高明大道位于明城镇区的北部，紧接镇区，多年来是明城依赖发展的主要吸引源之一。近年来,由于明城工业发展迅猛,用地需求增大。因此规划将工业布局在高明大道以北的广阔用地,形成了高明大道将镇区和工业区分隔南北的布局。由于目前明城仍处于发展的起步阶段,仍需要依靠区域的交通干道带动发展,因此,目前高明大道横穿镇内的格局对明城仍然是有利的。规划到明城的工业发展具备一定规模时,可以考虑将高明大道向北迁入工业区内的明二路,实现省道的改线。同时将高明大道的线路通过断面改造等措施,建成适合镇内使用的城镇道路,从而继续促进明城的发展。

(2) 镇区道路交通规划导则试点示范与应用分析

1) 道路等级划分

按照小城镇交通道路规划标准导则研究中的条款要求:"小城镇道路分级应符合表 15.1.2-1 的规定。"

小城镇道路分级　　　　表 15.1.2-1

镇等级	人口规模	道路分级			
		干路		支(巷)路	
		一	二	三	四
县城镇	大	●	●	●	●
	中	●	●	●	●
	小	●	●	●	●
中心镇	大	●	●	●	●
	中	●	●	●	●
	小	●	●	●	●
一般镇	大	○	●	●	●
	中	—	●	●	●
	小	—	○	●	●

注:其中●—应设,○—可设。

由于明城目前的发展速度快,对道路交通设施的要求较高,且规划中至 2020 年明城将发展成为一个具有近 20 万人的中等城市,为了保证规划的延续性和适用性,规划对全镇的道路等级提高至城市的标准,分为主干道、次干道和支路三个等级。其中对老镇区的道路以保留维护疏通为主要手段,加强了与新区道路网络的衔接。

- 主干道主要承担对外交通和镇域跨组团间的长距离交通服务和货运交通服务。

城五路(南段):是少数现状已建成的主要交通干道,主要连接明北工业组团、河北及河南居住组团。道路红线宽度为40m。

城七路:位于城镇中部,串连了四个组团,是明城未来发展最重要的南北向交通干道,道路红线宽度为40~60m。

城十路、城十三路:串连智能工业组团、河北及河南居住组团的主要干道。道路红线宽度为40m。

城十八路:是广明高速公路明城出入口的连接线,将明二路及高明大道两条横向的主干道与出入口联系起来。道路红线宽度为40m。

青玉喜路—城六路:是明城北部的明东工业组团向东的主要出入口,直接与沧江工业园(东园)连接。道路红线宽度为40~50m。

明二路:是横向贯穿明城北部的最主要交通干道,往东连接人和、沧江工业园(东园),西面与广明高速公路明城出入口及高明大道相接。道路红线宽度为40~50m。

明九路:是横贯河南新区的城市主干道,是带动河南新区开发的主要元素。道路红线宽度为40m。

- 次干道是承担各组团之间及组团内部的长距离交通联系,并对快速交通进行集散,它与主干道一同构成了城镇的道路骨架。主要包括青玉一、二、三路、明一路、明六路、明七路、明八路、明十路、城喜路、城十二路、城十九路等。道路红线宽度为20~40m。

- 支路的功能是汇集交通和疏散次干道的交通车流,提供居住区、商业区和工业区内部的联系，限制穿过性交通出入。道路红线宽度为 10~20m。

2) 道路规划技术指标应用

小城镇交通道路规划标准、导则研究中关于道路规划技术指标的主要要求如下：

"小城镇道路规划技术指标应符合表 15.1.2-2 规定。"

小城镇道路规划技术指标　　　表 15.1.2-2

规划技术指标	道路级别			
	干　路		支（巷）路	
	一级	二级	三级	四级
计算行车速度（km/h）	40	30	20	—
道路红线宽度（m）	24~32 (25~35)	16~24	10~14 (12~15)	≥4~8
车行道宽度（m）	14~20	10~14	6~7	3.5~4
每侧人行道宽度（m）	4~6	3~5	2~3.5	—
道路间距（m）	500~600	350~500	120~250	60~150

注：①表中一、二、三级道路用地按红线宽度计算，四级道路按车行道宽度计算。
②一级路、三级路可酌情采用括号值，对于大型县城镇、中心镇道路，交通量大、车速要求较高的情况也可考虑三块板道路横断面，加宽路幅可考虑≥40m，但不宜>60m。

在快速工业化的过程中，居民交通出行方式已经逐步改变，而道路横断面的设置也越来越关注行人、公共交通及货运交通之间的相互关系。规划中根据明城镇不同功能区的需要，同时考虑到明城将来发展成为一个以工业发展为主的中等城市的需求来设置道路的横断面，如工业组团的道路注重货运交通，镇区内部则注重小汽车和人行交通，而滨水区则更注重人的步行交通需求。有所侧重地设置道路的横断面形式，体现了城镇生活的人性化。

考虑到远期明城城市工业发展的需要，按照主干道、次干道和支路三个等级的划分,主干道的宽度为40~60m,次干道的宽度为20~40m,支路的宽度在10~20m之间。对照小城镇交通道路规划标准研究,与其中的条款要求是相符合的。

3)道路网布局标准的应用

明城是一个新兴的工业型城镇,工业区是基于对镇区依托的基础上发展起来的,因此,工业区与镇区的道路网络连在一起,密不可分。但从工业区和镇区的角度来看,两者对道路网络布局的要求是不尽相同的。工业区要求道路直、宽,车辆通过便利。而镇区根据不同的分区对道路的要求也不一样,如商业街区的道路不宜太宽,尺度要适宜,才能有利于商业气氛的营造;生活区的道路应该绿化繁茂,机动车道与非机动车道应该分开,车辆车速应控制较低……

在规划中,针对明城不同的分区,在道路布局、道路宽度、道路断面、道路选线等各个方面,都做出了不同的选择。

①河网地区

小城镇交通道路规划标准、导则研究中提出了对河网地区道路布局的要求如下:

"河网地区小城镇道路网应符合下列规定:

道路宜平行或垂直于河道布置;

对跨越通航河道的桥梁,应满足桥下通航净空的要求,并应与滨河路的交叉口统筹考虑;

桥梁的车行道和人行道宽度应与两端相连道路的车行道和人行道等宽,桥梁建设应满足市政管线敷设的要求。"

沧江河从明城的镇区流过,旧时曾是明城的主要对外交通通道,码头密布。现在沧江河的水上交通已经基本上被公路所取代了。然而沧江仍然是明城主要的景观要素,因此,规划中在沧江沿岸的道路都是平行河道布置的,且道路等级不高,以适应作为景观路的要求。

② 旧区改造

小城镇交通道路规划标准、导则研究中提出了对老城区道路的要求：

"当旧镇道路网改造时，在满足道路交通的情况下，应兼顾旧镇的历史、文化、地方特色和原有道路网形成的历史；对有历史文化价值的街道应适当加以保护。"

明城镇历史上曾是高明政治、经济、文化中心，迄今已有500年的历史了。现在老城区内还保留着昔日的景象。为了保护明城的历史文脉，在城市发展的同时保留城市的记忆，规划中对老城区主要采取保留和维护的方式进行改造。其中对老城区的道路如明七路等，以疏通和完善为主，仅根据车辆通行的需要，对路面进行重新的铺设，而不改变其道路宽度，保持与路旁建筑的良好尺度感。另外，对老城区内部的一些具有特色的街、巷，如青石路，石头路等，更是加强保护。尽量减少水泥路面，避免破坏老城区的整体风格。

③ 工业区

规划中，明城工业区的道路选线尽量采用直线路，既保证了车辆的良好通过性，也保证了用地的方正。当道路选线遇到山体湖泊时，在遵循节约用地的原则下，适当采用弯道路网。另外，工业区内的道路等级也分为主干道、次干道和支路，有利于园区内部的交通组织。

（3）交通设施规划导则试点示范与应用分析

1）运输站场

按照小城镇交通道路规划标准、导则研究中提出对公共运输站场的条款：

"小城镇应结合公交换乘枢纽设置公路长途汽车客运站，县城镇和中心镇应设长途客运站1~2个，其中1个为中心站，镇区人口5万以上至少应有1个4级或4级以上的长途客运站；一般镇宜设1个长途客运站，并宜结合公交站设置。"

"小城镇应按不同类型、不同性质规模的货运要求，设置综合性汽车货运站场或物流中心，以及其他经过车辆集中经营的场所。"

"小城镇公路汽车客运站、汽车货运站场等公共运输站场预留用地面积，按相关规范规定。"

考虑到明城的迅速发展及未来中等城市的发展规模，为了加强明城作为高明中部枢纽的作用，提高明城的综合服务能力，规划在高明大道西的南侧新建一处汽车客货运站场，占地面积约4.7公顷。

另外，随着工业的发展，明城的人口规模和消费能力必然发生较大的变化，商贸服务业的发展是客观需要。再者在农产品批发市场建设方面，明城也具有良好的条件，交通便捷、农产品产量大、品种全、靠近高明城区及珠三角。此外随着明城本身的工业及沧江工业园的快速发展，明城凭借其中心位置、便捷的高速公路和省道等交通条件和土地优势，抢占市场先机，可以形成高明农副产品和工业产品的展销中心和物流枢纽中心。规划在广明高速公路明城出入口的东侧，邻近高明大道处设置一处大型的仓储物流园区，占地15.35公顷，可服务明城及周边地区。

2）停车场

按照小城镇交通道路规划标准、导则研究的相关要求：

"城镇镇内公共机动车停车场和非机动车停车场宜结合镇区中心及公共设施设置，居住小区内的停车设施宜结合实际需要设置，不计入停车用地。"

对于明城来说，小汽车交通必将逐渐成为主流，城市停车场用地的需求也不断增大。在按规划要求设置必须的配建停车场的基础上，社区公共停车场的设置主要分布在公共设施、商业区外围及公园等较大交通吸引源附近。明城镇共规划6处社会公共停车场，总占地面积约1.81公顷。

3）加油站

按照小城镇交通道路规划标准研究的相关要求，结合明城当地的实际，规划提出了对公共加油站设置的要求，与标准的要求是相一致的。

城市公共加油站主要布置在车辆出入便捷的地方，尽量避免加油站对城市交通的影响和干扰，同时要保证加油站的安全可靠，避免其对周围环境的影响。

加油站布置应大、中、小相结合，以小型为主，服务半径一般为900~1200m，新建的加油站用地面积按下列标准控制：

加油站用地面积标准控制表

昼夜加油的车次数	300	500	800	1000
用地面积（ha）	0.12	0.18	0.25	0.30

规划全镇共设6个加油站，总面积约3.6公顷。

（4）应用的分区相容性和过境道路改线建议

1）分区相容性

对于象明城这样的工业型小城镇来说，其城镇的功能分区相对简单，工业区、商业区、居住区……分得比较清晰，而各个功能区对城镇道路的要求是不相同的，但作为整个城镇的道路网络，它又是一个完整的整体。这就要求在道路网络规划的时候，对不同的功能区采用不同的道路选线、道路宽度、道路断面形式。

工业区的道路应该选线较直，断面上应该突出机动车辆通行的需要，减少非机动车道和人行道的宽度，同时在道路两侧设置足够宽度的绿化隔离带，保证将道路对两侧建筑物的影响减至最低。

而居住区对地形的要求相对较低,道路选线应该适应城镇地形地貌的变化,例如河流、山体等,都是道路选线设计当中可以利用的元素,从而在路网布局上创出自身的特色。而在道路断面上,城镇道路的设计应该在机动车和非机动车、步行交通之间取得平衡,既要保证机动车的良好通过,也要注意小城镇当中对非机动车和步行交通的需求。

无论是工业区还是居住区,在全镇的角度来看,所有的道路是一个整体,构成一个完整的道路网络,相互的衔接和过渡是很重要的。从宽的道路过渡到窄的道路,从高等级的道路过渡到低等级的道路,从工业区的道路过渡到居住区的道路……不同的道路衔接必须是顺畅和便捷的,否则就破坏了路网的整体性。

2)过境道路的改线

小城镇的发展最初大多都是依靠某一个吸引源而生的,而在众多的吸引源当中,过境交通是最普遍的一种。依靠过境交通带动整个城镇的发展,甚至影响到整个城镇的布局是相当普遍的。

过境交通干道对城镇的影响是有正负两个方面的。在城镇发展的初级阶段,城镇需要依赖过境道路带来的交通区位优势,从而带动了城镇的工业、商贸业发展。因此这个时期大多城镇都是沿路发展的。当发展积累到一定的阶段,城镇由沿路发展改为向纵深发展,对过境干道的需求逐渐降低,甚至过境交通成为影响城镇发展的因素。这时便需要对过境干道进行改线,为城镇发展预留更大的空间。

从规划来看,横穿明城镇区的高明大道是明城长期以来依赖发展的经济大动脉,明城商贸城、酒店、工业区等都是沿高明大道布置的。从目前的发展来看,高明大道仍然是拉动明城发展的一个重要吸引源,大大提高了明城区位上的交通优势。然而,当2020年明城发展成为一个中等城市之后,高明大道穿越镇区,影响镇区南北交通联系的问题将逐渐突出,届时必将成为制约明城镇品位提升的重要因素。因此,规划在远期考虑将高明大道的过境功能外迁至工业区内的明二路,这样既可以让过境公路的带动作用继续发挥,又不至于影响明城镇区的环境和品位提升,有利于明城镇的长远发展。

图 15.1.2-1 为明城镇道路交通系统规划图。

15.2 给水工程规划导则试点示范与应用分析

15.2.1 规划导则试点示范

(1) 规划内容

供水现状分析、用水量预测、水资源与用水量供需平衡分析、水源选择、水资源保护、给水系统布局、输水管道和给水管网布置。

(2) 用水量与水资源:明城镇远期用水量预测为 14 万 m^3/d,近期为 6 万 m^3/d。

水资源比较充足,明城由高明水厂供水,高明水厂扩建后供水能力可达 22 万 m^3/d,以西江为水源,取水口在西江边扶丽滩。

(3) 给水系统

明城镇给水工程是所属高明区给水系统的组成部分,由高明区统筹规划水厂、输水管道等设施,明城给水设施主要是输水管道及以下部分给水系统设施,包括输水管道、配水厂(备用水厂)、给水管网。规划由高明水厂向西部的中心城区供水的原有主干管为 $DN600$;现规划在明二路增加 2 条向明城供水总干管,管径为 $DN1000$。以明阳山森林公园为界线分南北两个区供水,北部片区是一条 $DN400 \sim DN600$ 的主干管沿城二路、青玉二路、城六路、明二路、明三路、明喜路、城十路、明九路敷设成环状供水;南部片区是一条 $DN200 \sim DN800$

的主干管沿城二路、和合东路敷设成环状供水。(注:近期规划范围边界上的供水管网先按枝状施工,远期根据规划管线连成环状供水。)

整个管网系统采用低压制,局部采用临时高压。

15.2.2 示范应用分析与建议

按照小城镇给水系统工程规划标准(建议稿)和小城镇基础设施综合布局与统筹规划导则的要求,明城镇给水工程规划侧重于以下方面规划标准和导则条款的应用与分析。

(1) 用水量预测

"小城镇用水量预测宜采用2种以上的方法预测比较,不同性质用地的用水量,可按不同性质用地用水量指标预测确定。"

明城镇给水工程规划用水量预测符合上述条款要求,其预测一是采用综合用水量指标预测,二是采用按不同性质用地用水量指标预测。选择远期相关指标时,同时考虑与城市相关标准要求的衔接。按不同性质用地用水量指标预测的预测指标与结果见表15.2.2-1。

不同用地用水量指标法用水量预测　　表15.2.2-1

序号	用地名称	用地面积(ha)	用水量指标[m³/(公顷·d)]	用水量(m³/d)
1	居住用地	373.57	110	41092.7
2	公共服务设施用地	125.57	100	12557
3	工业用地	624.05	120	74886
4	仓储用地	15.36	30	460.8
5	道路广场用地	225.41	20	4508.2
6	对外交通用地	86.23	50	4311.5
7	市政公用设施用地	118.82	30	3564.8
8	绿地	205.77	30	6173.1
9	水域和其他用地	11810.23	0	0
10	规划总用地	13585		147554.1

(2) 水资源与用水平衡

"小城镇水资源和用水量之间应保持平衡，当小城镇之间用同一水源或水源在规划区以外，应进行区域或流域范围的水资源供需平衡分析。"

"选择小城镇给水水源，应以水资源勘察或分析研究报告和小城镇供水水源开发利用规划、有关区域、流域水资源规划为依据，并满足小城镇用水量和水质等方面的要求。"

"小城镇水源为远距离引水时，应进行充分的技术经济比较，并对由此可能引起的引入地、引出地生态环境及人文环境的影响进行充分的论证和评价。"

"小城镇在合理开发利用水资源的同时，应提出水源卫生防护的要求和措施，保护水资源，包括保护植被，防止水土流失，控制污染，改善生态环境。"

"小城镇水源地应设在水量、水质有保证和易于实施水源环境保护的地段。"

"小城镇给水系统工程规划宜结合水环境污染治理规划统筹考虑。"

对照上述条款，明城镇给水工程规划水资源与用水量之间平衡及远距离引水的论证与评价应以高明区城镇体系规划或区域规划的给水工程规划为基础和指导，并同时以西江流域相关规划为依据。建议在明城镇扩大范围的总体规划调整中补充完善相关内容。

(3) 给水系统

"城市规划区范围小城镇和城镇密集分布的小城镇给水系统一般应为城市、城镇群统筹规划联建共享给水系统的组成部分，而不是单独组成的一个系统。"

明城镇给水工程是高明区统筹规划、共建共享区域给水系统的组成部分，在明城镇的给水系统工程规划中，应结合明城镇实际，重点考虑其供水的可靠性与安全性。

明城镇自来水全部由高明水厂供应，除高明区用水量平衡外，考虑突发事件等情况下的供水的可靠性，明城镇给水工程规划尚应规划明城镇备用水厂，一是规划镇区老水厂作为明城南部片区备用水厂或配水厂，目前明城镇区沧江河北岸的老水厂，水厂供水能力为 $4000m^3/d$，供水量仅能满足中心城区的生活用水，同时由于沧江河受其两岸工业污废水的污染，水质极差已停产，应结合沧江河水环境污染治理规划保护沧江河水源，提高沧江河水质等级。二是规划北部供水片区的配水厂，以提高明城镇供水可靠性与安全性。

"小城镇给水系统工程输配水系统规划内容应包括：输水管渠、配水管网布置与路径选择，以及管网水力计算。"

"小城镇输水管线规划优化应基于以下基本要求：

1) 符合区域统筹规划和小城镇总体规划要求；

2) 尽量缩短管线长度，减少穿越障碍物和地质不稳定的地段；

3) 在可能的情况下，尽量采用重力输水或分段重力输水；

4) 输水干管一般应设两条，中间设连通管；采用一条时，必须采取保证用水安全的措施；

5) 输水干管设计流量应根据小城镇的实际情况，无调节构筑物时，应按最高日最高时用水量计算；有调节构筑物，应按最高日平均时用水量计算，并考虑自用水量和漏失量；

6) 当采用明渠时，应采取保护水质和防止水量流失的措施。"

"小城镇配水管线布置规划优化应基于以下基本要求：

1) 符合小城镇总体规划要求，并为供水的分期发展留有充分余地；

2) 干管的方向与给水的主要流向一致；

3）管网布置形式应按不同小城镇、不同发展时期的实际情况分析比较确定，根据条件逐步形成环状管网；

4）管网布置在整个给水区域，要保证用户有足够水量与水压；

5）生活饮用水的管网严禁与非生活饮用水管网连接；

6）有消防给水要求的县城镇、中心镇和较大规模小城镇管道最小管径宜采用 100mm，其他小城镇管道最小管径可采用 75mm。

明城镇输配水工程规划包括输水管渠、配水管网布置与路径选择以及管网水力计算，输水管线规划优化符合高明区区域相关统筹规划和明城镇总体规划要求。规划设有两条输水干管；配水管线布置符合明城总体规划要求，并为供水的分期发展留有充分余地，干管的方向与给水主要流向一致，管网布置形式近期枝状，远期形成环状管网。

15.3 排水工程规划导则试点示范与应用分析

15.3.1 规划导则示范应用

（1）规划内容

包括排水现状分析、划定排水范围、预测排水量、确定排水体制、排放标准、排水系统布置、污水处理方式和雨污水综合利用。

（2）排水现状存在的问题

工业废水和生活污水未经处理直接排入水体，造成水源污染严重。

由于各村的自主发展，市政建设各自为政，排水缺乏统一规划，大多数村都是雨污合流，没有完善的污水管网系统。

随着城市化进程的加快,大量农田被改为建设用地,水塘水沟被填埋,城镇不透水性面积急剧增加,使地面径流量加大,极易短时间内达到洪峰流量。

(3) 排水量与排水体制

1) 污水量计算

各项参数:

污水日变化系数取1.3,污水渗透率取1.1,污水的排放系数为85%,远期污水处理率100%。

远期污水处理量为 $14 \times 10^4 \div 1.3 \times 1.1 \times 100\% \times 85\% = 10.7 \times 10^4 \mathrm{m^3/d}$,取 $10 \times 10^4 \sim 12 \times 10^4 \mathrm{m^3/d}$。

2) 雨水流量计算

采用佛山市暴雨强度公式,即:

$$q = \frac{958(1+0.63\lg p)}{t\,0.544} \quad [\mathrm{L/(s \cdot ha)}]$$

设计重现期 P 取一年;

地面集水时间取 $5 \sim 10$ 分钟;

设计雨水流量采用 $Q = \psi \cdot q \cdot F$ (L/s),其中综合径流系数取 0.7。

3) 排水体制

分流制:

规划新建地区的排水体制为分流制,包括岗边工业组团、城南新区和物流园区等新建地区。

合流制:

规划旧区为雨污合流制。

(4) 排水系统

1) 污水排放系统分区及管网

明城镇共划分4个污水系统:中心旧城区、西部、东北部和南部。

- 中心旧城区污水系统

该区（粉红色区域）为雨污合流制。地势北高南低，东高西低，现规划沿城五路的现状合流管收集雨污水，在城五路与明七路交界处增设溢流井，再沿明七路敷设截污管。旱季的时候，雨污水沿截留管排至 W2 污水提升泵站，最后排往污水处理厂；雨季的时候，大量的雨污水由雨水提升泵站 Y4 排出沧江河，被溢流井截留下来的污水沿截污管排至 W2 污水提升泵站，最后排往污水处理厂，主干管道为 D600，管渠 BH 5.0×2.0。

- 西部污水系统

此区（黄色区域）地势由东向西坡降，现规划沿明二路平行敷设污水主干管，收集南北两边支管的污水，向东经过 W1 污水提升泵站排往污水处理厂，主干管道为 $D400 \sim D1500$。

- 东北部污水系统

此区（绿色区域）地势由北向南坡降，现规划沿城喜路平行敷设污水主干管，收集东西两边支管的污水，向南排往污水处理厂，主干管道为 $D400 \sim D1500$。

- 南部污水系统

此区（蓝色区域）地势由南向北、由东向西坡降，现规划沿明八路、城二路、和合东路平行敷设污水主干管，收集支管的污水，经过 W2 污水提升泵站排往污水处理厂，主干管道为 $D400 \sim D1500$。

2）污水处理厂规划

明城规划 1 个污水处理厂。

污水厂设在明二路与城二路交界处。分三期建设，近期规模为 2 万 m^3/d；中期规模为 6 万 m^3/d；远期规模为 10 万 m^3/d，占地 8 公顷。

3）污水泵站的设置

规划设置 2 座污水提升泵站，确保污水输送到污水厂处理。

表 15.3.1-1 为污水泵站一览表。

污水泵站情况一览表   表 15.3.1-1

泵站编号	服务范围（km²）	流量（L/s）	占地（ha）	备注
W1	3.52	350	0.18	规划近期完成
W2	6.70	600	0.24	规划远期完成

4）雨污水排放系统分区及管网

明城共分 8 个雨水系统：北部 2 个片区、中心城区、西部 2 个片区、南部新城中心区 3 个。

雨水管径的坡度最小不能小于 0.001。

- 中心城区雨水系统

该区（蓝色区域）地势北高南低，东高西低，现状是雨污合流渠，现规划按原有排水系统走向把雨水收集到城五路的主管上，再向南排往雨水提升泵站 Y4。此站为现状城北电排站。主干管道为 D800，管渠 BH5×2。

- 西部片区雨水系统一

此区（浅黄色区域）地势由北向南、由东向西坡降，现规划在城十八路敷设雨水主干管，再向南排往雨水提升泵站 Y1。主干管道为 D800，管渠 BH2.0×1.6。

- 西部片区雨水系统二

此区（红色区域）地势由北向南、由西向东坡降，现规划在高明大道敷设雨水主干管，沿地势走向排往雨水提升泵站 Y2，主干管道为 D800，管渠 BH2.0×1.4。

- 南部新城中心区雨水系统一

此区（深黄色区域）地势由南向北、由西向东坡降，规划沿明八路敷设雨水主干管道把雨水收集到雨水提升泵站 Y3，此站为现状海园电排站。主干管道为 D800，管渠 BH2.0×1.4。

- 南部新城中心区雨水系统二

此区（紫色区域）地势由南向北、由西向东坡降，规划沿明八路敷设雨水主干管道，把雨水收集到雨水提升泵站 Y5，此站为现状城南电排站。主干管道为 $D800$，管渠 2.2×1.6。

- 南部雨水系统三

此区（浅蓝色区域）地势由西向东坡降，规划沿和合东路敷设雨水主干管把雨水收集到该区东边的河塘。主干管为管渠 $5.0 \times 4.0 \sim$ 管渠 1.0×4.0。

- 北部新城中心区雨水系统一

此区（绿色区域）地势由西向东坡降，该区现状有一条沿明二路自西向东敷设的管渠 $4.0 \times 2.0 I = 0.0009$ 的雨水方涵。方涵收集南北支管的雨水再向东排往现状河流，最后汇进沧江河，主干管道为 $D800$，管渠 4.0×2.0。

- 北部新城中心区雨水系统二

此区（粉红色区域）地势由北向南、由西向东坡降，现规划沿城六路敷设雨水主管渠，排往雨水提升泵站 Y6，主干管道为 $D700$，管渠 2.0×1.6。

5）雨水泵站设置

雨水泵站设置如表 15.3.1-2 所示。

雨水泵站设置一览表　　　表 15.3.1-2

泵站编号	服务范围（km^2）	流量（L/s）	占地（ha）	备注
Y1	1.47	9066	0.65	规划近期完成
Y2	1.78	11310	0.77	规划近期完成
Y3	1.34	11310	0.77	现状海园电排站，远期需要扩建
Y4	1.60	9588	0.70	现状城北电排站，符合规划要求
Y5	2.16	11452	0.77	现状城南电排站，符合规划要求
Y6	2.39	13599	0.81	规划远期完成

15.3.2 示范应用分析与建议

按小城镇排水系统规划标准（建议稿）和小城镇基础设施综合布局与统筹规划导则的要求，侧重于以下方面规划标准、导则条款的应用：

（1）排水体制

"小城镇排水体制应根据小城镇总体规划、环境保护的要求、当地自然条件和废水受纳体条件、污水量和其水质及原有排水设施情况进行选择，经技术经济比较确定。"

"小城镇排水体制原则上一般宜选分流制，经济发展一般地区和欠发达地区小城镇近期或远期可采用不完全分流制，有条件时宜过渡到完全分流制，某些条件适宜或特殊地区小城镇宜采用截流式合流制。并在污水排入系统前应采用化粪池、生活污水净化沼气池等方法进行预处理。"

明城镇排水工程规划的旧城区排水体制规划在选择雨污合流制方案的同时，建议结合远期旧镇改造论证不完全分流制技术方案的可能性。

（2）排水系统和废水受纳体

"位于城镇密集区的小城镇排水系统工程设施应按其区域统筹规划，联建共享。"

"污水受纳水体应满足其水域功能的环境保护要求，有足够的环境容量，雨水受纳水体应有足够的排泄能力或容量；受纳土地应具有足够的环境容量，符合环境保护和农业生产的要求。"

"小城镇废水受纳体宜一般在小城镇规划区范围内选择，并应根据小城镇性质、规模、地理位置、自然条件，结合小城镇实际，综合分析比较确定。"

明城镇沧江河系西江支流，作为经处理达标后的污水受纳体，选择在其城镇下游的合适位置排放，能满足其水域功能的环境保护要求，有足够的环境容量；作为雨水受纳水体也有足够的排汇能力或容量。

（3）污水排除系统优化

"小城镇综合生活污水量宜根据小城镇综合生活用水（平均日）乘以小城镇综合生活污水排放系数确定。小城镇综合生活污水排放系数应根据小城镇规划的居住水平，给排水设施完善程度与小城镇排水设施规划的普及率，结合第三产业产值在国内生产总值中的比重确定，一般可在 0.75~0.9 范围比较选择确定。"

"小城镇污水量计算应考虑污水量总变化系数，并按下列原则确定：

1）小城镇综合生活污水量总变化系数，应按《室外排水设计规范》（GB 50101—2005）的有关规定确定。

2）工业废水量总变化系数，应根据小城镇的具体情况按行业工业废水排放规律分析确定，或比较相似的小城镇分析确定。"

"小城镇污水排除系统应根据小城镇及相关城镇群规划布局，结合竖向规划和道路布局、坡向以及污水受纳体和污水处理厂位置进行流域划分和系统布局。"

"较密集分布的小城镇污水处理厂应统筹规划、联建共享；分散独立分布小城镇污水处理厂的规划布局，应根据小城镇规模、布局及其污水系统分布，结合污水受纳体的位置、环境容量和处理后的污水污泥的出路经综合评价后确定。"

"不同地区、不同等级层次和规模、不同发展阶段小城镇的排水和污水处理系统相关的合理水平，应根据小城镇的经济社会发展规划、环境保护要求、当地自然条件和水体条件，污水量和水质情况等综合分析和经济比较，按表 15.3.2-1 要求选定。

15 小城镇基础设施规划导则综合示范应用分析

小城镇排水体制、排水与污水处理规划要求　　　　　　　　　　　　表 15.3.2-1

分项		经济发达地区						经济发展一般地区						经济欠发达地区					
		一		二		三		一		二		三		一		二		三	
		近期	远期	近期	远期	近期	远期	近期	远期	近期	远期	近期	远期	近期	远期	近期	远期	近期	远期
排水一般体制原则	1. 分流制 2. 不完全分流制	△	●	△	●	△	●	●	●	●	●	○2	△2		○2		○2	○部分	△2
	合流制																		
排水管网面积普及率（%）		95	100	90	100	85	95/100	100	100	80	95/100	75	90/95	75	50/60	50	65/75	20/40	70/80
不同程度污水处理率（%）		80	100	75	100	65	90/95	60	95/100	50	80/85	50	80/90	20	65/75	10	50/60		
统建、联建、单建污水处理厂		△	●	△	●	△	●	○	●	○	●	△	●		△		△		△
简单污水处理						○			○		○		○	○		○		○低水平	△较高水质

注：①表中○—可设；△—宜设；●—应设。
②不同程度污水处理率指采用不同程度污水处理方法达到的污水处理率。
③统建、联建、单建污水处理厂指郊区小城镇、小城镇群应优先考虑统建、联建污水处理厂。
④简单污水处理指经济欠发达、不具备建设现代化污水处理厂条件的小城镇，选择采用简单、低耗、高效的多种污水处理方式，如氧化塘、多级自然处理、管道处理系统，以及环保部门推荐的几种实用污水处理技术。
⑤排水体制的具体选择除按上表要求外，同时应根据总体规划和环境保护要求，综合考虑自然条件、水体条件、污水量、水质情况、原有排水设施情况，技术经济比较后确定。
⑥小城镇分级见 2.2.1 总则 2.2.1.13。

"小城镇排水系统工程规划应结合当地实际情况和生态保护,考虑雨水资源和污水处理的综合利用途径。"

对照上述规划标准导则,明城镇污水排除系统分析:

1)明城镇不同时期污水处理率应满足表 15.3.2-1 经济发达地区不同规划期污水处理率的要求。表 15.3.2-1 不同程度污水处理率是针对小城镇特点和实际情况,采用不同程度污水处理方法后可达到的污水处理率。

2)根据远期污水量预测,结合区域相关统筹规划,明城镇远期规划 $10\times10^4\sim12\times10^4\mathrm{m}^3/\mathrm{d}$ 污水处理规模,占地 8 公顷的污水处理厂是适宜的。

3)考虑明城雨量较充沛,多年平均降雨量为 1654mm,降雨在空间的分布尚较均匀,但工业用水、河湖景观用水等用水量均较大,应酌情考虑雨污水综合利用,雨水收集主要用于河湖景观用水,同时应逐步提高工业用水的重复利用率和农业灌溉用水的生产效率及输水渠系的利用系数。

15.3.3 污水处理应用技术示范

"小城镇污水处理应因地制宜地选择不同的经济、合理的处理方法;远期(2020 年)70%~80% 的小城镇污水应得到不同程度的处理,其中较大部分宜为二级生物处理。"

明城镇污水处理规划按上述小城镇规划及相关技术标准相关要求,相关污水处理工艺技术可主要依托重庆大学主持的小城镇基础设施关键技术研究课题成果和航空工业设计研究院环保技术中心的纯氧生化污水处理国家专利先进技术。经考证,后者可适用于明城镇的污水处理,纯氧生化污水处理工艺技术如下:

(1)工艺技术

纯氧生化污水处理工艺是在传统的活性污泥法和生物膜

法生化处理工艺技术的基础上发展起来的高强度、无臭气污染、动力消耗低的综合环保型新一代生化污水深度处理工艺技术。

空气中近80%的组分为氮气，所有采用空气曝气方式的污水处理工艺，在处理污水的同时会释放大量臭气，污染处理站周边空气，在消除水污染时却造成新的大气污染；空气中大量的氮气组分对氧的溶解还会具有一定的阻隔作用，从而降低生物处理效率；此外，对于采用鼓风机、水下曝气机供气的污水处理工艺，大量的氮气组分会大大增加鼓风设备、曝气装置的规模，并消耗大量的动力。

随着环保标准的不断升高，近几年国内外开始采用纯氧生化工艺处理污水，由于微生物在高浓度含氧环境里具有更高的活性，污水处理的深度、效率都远远高于空气曝气工艺，利用纯氧处理污水可以达到更高的出水排放标准，污泥产量也远远低于采用空气曝气工艺。

早期的纯氧生化污水处理工艺流程布置类似于普通曝气活性污泥法，虽然具备高效、节能、无大气污染的特点，但存在处理设施分割复杂、管路较多以及池水较浅致使氧气的利用率不高的问题。

纯氧生化污水处理工艺，将混悬反应、接触反应、澄清叠层设置，使新充氧的污水位于底部，以提高氧气的利用率，并有利于活性污泥的回流。

纯氧生化污水处理装置将全部污水处理工艺设施、装备集装配置，省却各反应室、池之间的管路，可有效地减少设备体积、构筑物容积、降低工程设备投资和占地，简化工程建设施工。

(2) 工艺技术路线

生物吸附→活性污泥→接触氧化→接触过滤→接触消毒

纯氧生化工艺各工段微生物生化过程如图 15.3.3-1 所示：

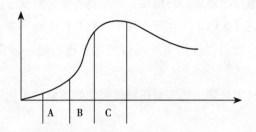

图 15.3.3-1　微生物生化过程图

生物吸附段：主要对原污水中的有机质进行以生物吸附为主的去除，以高负荷方式运行，微生物生化过程位于图中 A 段。

活性污泥段：主要对有机质进行以生物降解为主的去除，以中负荷方式运行，微生物生化过程位于图中 B 段。

接触氧化段：主要对有机质进行进一步的生物降解去除，以低负荷方式运行。微生物生化过程位于图中 C 段。

（3）工艺技术原理

纯氧生化污水处理工艺基本技术原理和工艺过程为：

1）生物吸附处理

利用纯氧生化活性污泥段回流的混合悬浮活性污泥对原污水中的有机质进行以絮凝吸附为主的去除。

生物吸附处理工艺主要在初沉池内进行。

2）活性污泥处理

在高浓度溶解氧的环境中，形成高浓度活性污泥混悬液，利用活性污泥混悬液中微生物的高度生化活性对污水中的有机质悬浮物、肢体物进行以降解为主的去除。

活性污泥处理工艺主要在纯氧生化处理池的混悬反应室内进行。

3）接触氧化处理

在高浓度溶解氧的环境中，微生物在立体网状专用生化填料层上形成优质固定生物膜，利用生物膜微生物的高度生化活性对经过活性污泥环境下处理过的污水进行进一步深度生化处理。

接触氧化处理工艺主要在纯氧生化处理池的生化填料层内进行。

4）接触过滤处理

经纯氧生化处理后的污水加药混合后进入接触过滤池，滤层利用微絮凝和接触吸附作用去除污染物，药物电解质水解形成极性水合离子，压缩肢体悬浮污染物、游离微生物及细菌粒子表面双电层，降低其ε电位，使之脱稳而相互凝聚，药剂的水解及悬浮污染物、游离微生物及细菌粒子的凝聚作用在污水到达滤层时最为强烈，滤层中已截留的凝聚体及滤料颗粒本身作为凝聚中心，在滤层中产生相当于高浓度的微絮凝作用，其结果是，污水中悬浮污染物颗粒、游离微生物及细菌被滤层有效地截获并纳留。同时，污水中悬浮污染物胶体颗粒、游离微生物及细菌在经过极性的有机或无机物颗粒滤层时，在静电作用下，粒子被极性的滤料颗粒所吸附截留，其余无极性的粒子也会在布朗运动作用下，当其与滤料颗粒充分接近时，由于范德华力使悬浮污染物颗粒、游离微生物及细菌被滤料颗粒吸附截留。

接触过滤处理采用低负荷升流式过滤、重力式强制反冲洗方式运行，主要在接触过滤池进行。

（4）工艺流程

纯氧生化污水处理工艺流程设计原则为：

1）确保污水处理站高效、稳定地运行，污水处理后达到排放及回用标准的要求；

2）选用定形及标准设备，以降低工程装置造价，方便维护，做到工程布局与占地面积经济合理；

3）合理配置工艺设备、设施，以节省运行电耗，降低污水处理费用；

4）确保污水处理站边界噪音达到规定要求，不产生臭气；

5）利用水力自调、自平衡专利技术，提高装置自动化水平，以节约运行管理人工成本费用。

本污水处理站工程设计采用纯氧生化污水处理技术，污水处理工艺流程详见图 15.3.3-2。

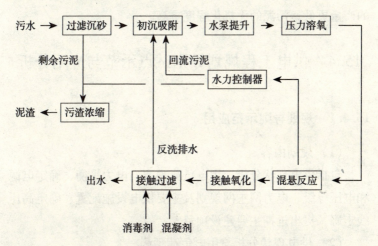

图 15.3.3-2　纯氧生化污水处理工艺流程框图

(5) 工艺设计思路

好氧采用纯氧氧化处理工艺，这是一种具有活性污泥法高去处率和生物膜法处理深度高特点的工艺，其优点如下：

1）制氧机分离出的大量氮气组分根本不接触污水，不会受到臭味污染，所以采用纯氧生化污水处理工艺可以从根本上克服空气曝气释放大量臭气、污染大气的问题。

2）纯氧生化污水处理工艺，综合了活性污泥法高去处率和生物膜法处理深度高的特点，利用微生物在高浓度含氧环境里会具有更高活性的特点，使污水处理的深度、效率都远远高于空气曝气工艺；

3）微生物在高浓度含氧环境里的深度代谢作用，可以有效地降低处理后出水的残余氨氮和磷含量，配合处理后出水高溶解氧的特点，更有利于提高排入水体的自净能力和水质。

4）常规污水处理工艺会产生大量的剩余污泥，采用纯氧污水处理工艺，由于微生物在高浓度含氧环境里会具有更高的活性，其呼吸代谢作用的深度更深，相应地，其最终剩余污泥的产量更低，污泥的无机化程度更高。

15.4 供电工程规划导则试点示范与应用分析

15.4.1 规划导则示范应用

（1）规划内容

包括供电现状分析、用电负荷预测、电力平衡、确定电源和电压等级，电力网主网规划及主要供电设施配置、确定高压线走廊，提出近期主要建设项目。

（2）供电现状分析与用电负荷预测

1）电源变电站现状

目前为明城镇提供电力供给的变电站有两座，分别为220kV 高明站和110kV 明城站。

220kV 高明站：位于荷城镇西南，明城镇东面，距离明城站 7.5km，占地面积为 47215m^2，电压等级为 220/110/10kV，主变容量为 300MVA。

110kV 明城站：位于明城镇中心，占地面积为 8671m^2，电压等级为 110/35/10kV，主变容量为 $1\times40\text{MVA}+1\times31.5\text{MVA}$，供电范围为明城、新墟。

2) 高压线路现状

110kV 高明甲、乙线（高明变电站——明城变电站）；

110kV 明更线（明城变电站——更楼变电站）；

110kV 高更线（高明变电站——更楼变电站）。

(3) 存在的问题

1) 110kV 明城站目前只有 220kV 高明站一个电源供电，供电可靠性低；

2) 随着明城镇经济的发展，原有的电网不能适应经济发展的需求，而且目前工业园区发展较快、规模较大，需要的配套电网建设资金较大；

3) 用电负荷预测

负荷预测采用分类用地用电指标和用电密度法等 2 种以上方法预测，并比照同类小城镇用电负荷增长水平，结合佛山市高明区供电部门预测负荷水平，预测远期（2020 年）明城镇用电负荷为 18.5 万 kW。

(4) 供电系统规划

1) 110kV 容载比取 1.8，则规划容量为 360MVA，可利用现有的 110kV 明城站（$1\times31.5+1\times40$）MVA 扩建至 $3\times63\text{MVA}$，近期先上（$1\times31.5+1\times40+1\times63$）MVA。按高明"十五"规划，在明城站西北面新建一座 110kV 冲坑站。由于当地土地开发问题使该方案缺乏可行性。规划在镇区东北部新建一座 110kV 明城二站，规划容量为 3×6.3 万 kVA，近期先上 1×6.3 万 kVA，等以后镇区发展逐渐形成规模的时候再上，以全面满足明城镇的发展。规划明城二站的电源由 220kV 高明站及更楼镇的规划 220kV 白石站提供。规划 110kV 变电站按占地面积为 1 公顷预留控制，但建议新建 110kV 变电站采用 GIS

设备,以减少变电站占地面积。各变电站按一次规划,分期建设。

2) 罗格、南中片电源由高明站提供改为由人和镇规划新建的110kV禄堂站提供。

明城镇110kV变电站规划见表15.4.1-1。

明城镇110kV变电站规划　　　表15.4.1-1

设备	电压等级	户外型面积（m²）	容量（MVA）	
			现有	扩建至终期
明城站	110/35/10	10000	1×31.5 + 1×40	3×63（近期先上 1×63+1×40+1×31.5）
明城二站	110/10	10000	—	3×63（近期先上 1×63）

3) 线路改造

①110kV高压线采用架空线路,架设于道路东侧或南侧,或架设于道路中间绿化带区;

②原有的35kV线路改为沿规划道路东侧或南侧架空敷设;

③110kV及35kV单回路或同杆多回路架空线高压走廊宽度为15~25m;

④迁建和新建线路均集中预留线路走廊,线路走廊可沿镇区内道路和绿化带敷设。

15.4.2　示范应用分析与建议

按小城镇供电系统工程规划标准（建议稿）和小城镇基础设施综合布局与统筹规划导则的要求,侧重于以下方面规划标准、导则的应用分析:

(1) 用电负荷预测

"小城镇用电负荷预测方法,总体规划宜主要选用电力弹性系数法、回归分析法、单位用地面积用电综合指标法、增长率法;详细规划宜主要选用单位建筑面积用电指标法、单耗法。"

"用电负荷预测一般应选两个以上方法预测,以其中一种以上的方法为主,一种方法用于校核。"

"小城镇总体规划,当采用负荷密度法进行负荷预测时,其居住、公共设施、工业三大类建设用地的规划单位建设用地负荷指标的选取,应根据其具体构成分类及负荷特征,结合现状水平和不同小城镇的实际情况,按下表15.4.2-1分析、比较选定。"

小城镇规划单位建设用地负荷指标　　表 15.4.2-1

建设用地分类	居住用地	公共设施用地	工业用地
单位建设用地负荷指标（kW/ha）	80~280	300~550	200~500

注:表未列其他类建设用地的规划单位建设用地负荷指标的选取,可根据当地小城镇实际情况,调查分析确定。

对照上述导则条款,明城镇供电工程规划用电负荷预测分析建议如下:

1）规划宜留有一定弹性考虑,远期用电负荷结果以适当幅值范围为好。

2）分类用地用电负荷密度预测结果偏低,主要是公共设施和工业用地负荷指标偏低,而居住用地指标稍高,应作适当调整。

3）人均用电量预测方法宜用于结果校验。

（2）电源规划与电力平衡

"小城镇的供电电源,条件许可应优先选择区域电力系统供电,对规划期内区域电力系统电能不能经济、合理供到的地区的小城镇,应充分利用本地区的能源条件,因地制宜地建设适宜规模的发电厂（站）作为小城镇供电电源。"

"小城镇发电厂和电源变电站的选择应以县（市）域供电规划为依据，并应符合厂、站建设条件，线路进出方便和接近负荷中心等要求。"

"小城镇供电总体规划应根据负荷预测（适当考虑备用容量）和现有电源变电站，发电厂的供电能力及供电方案，进行电力电量平衡，测算规划期内电力、电量的余缺，提出规划年限内需增加电源变电所和发电厂的装机总容量。"

对照上述标准条款，对明城镇供电工程相关规划提出以下分析建议：

1）明城镇供电电源选择区域电力系统供电是适宜的，供电规划应以佛山市和高明区相关规划为指导，并与相关规划相衔接。

2）明城供电工程规划应补充电力平衡内容，作为电力网规划依据。

（3）电压等级选择与电力网规划

"小城镇规划中电力网规划应含以下内容：

1）电压等级的选择；

2）结线方式的选择；

3）变电站的布局和容量的选择；

4）电力网主要输配线路布置；

5）专项规划尚应包括无功功率补偿。"

"小城镇电力网规划优化应在电源选择、用电负荷预测、电力平衡、电压等级选定的基础上，以远期规划为主，近期规划与远期规划结合，进行多方案经济技术比较。"

"小城镇电力网规划优化应同时遵循以下原则：

1）电网设施合理水平与小城镇经济社会发展水平相适应原则；

2）"N-1"电力可靠性原则；

3）分层分区供电，避免重叠，交错供电原则；

4）因地制宜、经济、合理原则；

5）网络建设可持续发展原则。"

"小城镇电力网规划应根据规划区内的规划期负荷分布、负荷密度、地理条件和小区及用地地块的远期发展情况，结合现状，经方案技术经济比较划分 35kV 供电区、110kV 供电区。"

对照上述标准条款，对明城镇供电工程规划提出以下分析建议：

1）明城镇结合产业调整除保留生产工艺所必要保留的 35kV 电压等级外，远期城区原则上取消 35kV 电压等级，以减少城网变压层次，降低电力线损。

2）在电源选择、用电负荷预测、电力平衡、电压等级选定的基础上，以远期规划为主，近远期规划结合，进行规划优化方案比较，并宜作以下规划调整：

①远期规划明城 220kV 变电站 1 个（根据高明区域相关统筹规划，确定 $2 \times 120MVA$ 或 $3 \times 120MVA$），预留用地 2 公顷，并与 220kV 高明站、白石站相连接、周边 220kV 站可根据高明区域电网统筹规划酌情提供明城一小部分负荷。

②明城 220kV 站可酌情提供部分 10kV 负荷，110kV 明城站和明城二站远期规划容量可调整为 $3 \times 50MVA$，为远期及远期后供电负荷增长留有适当余地。

(4) 高压电力线路走廊

"小城镇规划区架空电力线路应根据小城镇地形、地貌特点和道路网规划，沿道路、河渠、绿化带架设。"

"不同地区、不同类型、不同规模小城镇电力线路敷设方式应根据小城镇的性质、规模、作用地位、经济社会发展水平，结合小城镇实际情况，按表 15.4.2-2 的要求选择。"

小城镇电力线路敷设方式 表 15.4.2-2

电力线路分项	小城镇分级							
	发达地区			经济发展一般地区			欠发达地区		
	一	二	三	一	二	三	一	二	三
	中心区、新建居住小区									
10kV、(6kV)、380/220V 中、低压电力线路	近期电缆或架空绝缘线;远期电缆。	近期架空绝缘线;远期电缆或架空绝缘线。	近期架空绝缘线;远期电缆。	远期电缆或架空绝缘线。	远期电缆或架空绝缘线。	远期架空绝缘线。
35kV 以上高压电力线路	1. 架空、杆塔敷设,预留高压线走廊。 2. 规划新建 35~110kV 高压架空电力线路不应穿越小城镇中心区和重要风景旅游区,上述地区和对架空裸导线有严重腐蚀性地区应采用地下电缆。 3. 220kV 架空高压电力线路及过境 220kV 以上高压架空线路应在镇区外预留通道。									

注:①镇区非中心区、新建居住小区的 10kV 以下电力线路敷设方式宜根据小城镇实际情况,比较中心区、新建居住小区的要求选择。
②小城镇分级见 2.2.1 总则 2.2.1.13。

"小城镇 35kV 以上高压架空电力线路走廊的宽度的确定,应综合考虑小城镇所在地的气象条件、导线最大风偏、边导线与建筑物之间的安全距离、导线最大弧垂、导线排列方式以及杆塔型式、杆塔档距等因素,通过技术经济比较后确定,镇区内单杆单回水平排列或单杆多回垂直排列的 35kV 以上高压架空电力线路的规划走廊宽度应结合所在地的地理位置、地形、地貌、水文、地质、气象等条件及当地用地条件,按表 15.4.2-3 的要求选定。"

小城镇 35kV 以上高压架空电力线路规划走廊宽度

表 15.4.2-3

线路电压等级(kV)	高压架空电力线路走廊宽度(m)
35	12~20
66、110	15~25
220	30~40

对照上述标准条款和相关规划调整，明城镇供电工程规划尚应补充、调整预留的高压电力线路走廊。

15.5 通信工程规划导则试点示范与应用分析

15.5.1 规划导则示范应用

（1）现状分析与用户预测

电信现状概况：

在明城镇的中心有一个明城电信支局，明城镇现有电信局所共四个：分别为明城局、翁岗站、狮岗站和光明站。2003年交换机容量为0.9827万门，实装容量0.7103万门。电话主线普及率为23%，住宅普及率为80%。规划区现有微波通道一条，从荷城黄翁山至明城电信局。

存在的问题：

1）有些局管辖区域过大，不能满足迅速发展的需要；

2）光缆建设发展缓慢，现有光缆以4芯、8芯、16芯、48芯为主，光缆覆盖面不能满足光接入点发展的要求，也不符合光纤到路边，光纤到楼，光纤到用户的要求；

3）瓮岗站与狮岗站之间距离过近，出线重复较多，造成线路浪费；

4）服务网点少，不能满足用户的要求。

邮政现状概况：

明城镇现有邮政局一座，位于明七路，用地面积为700m^2，服务范围为全镇。服务种类为直递、包裹、特快、保险等100多种。各年业务量如表15.5.1-1。

明城镇各年邮政业务量 表 15.5.1-1

	1999 年	2000 年	2001 年	2002 年
业务量（万元）	29	35	53	62

存在的问题：

①自电信、邮政分家后，邮政用地目前比较紧张，明城镇到目前还没有一座用于业务的综合大楼，邮政用地的不足阻碍了邮政业务的发展；

②由于地理位置比较偏僻，出入交通不发达，邮政局知名度较低，也阻碍了邮政业务的发展。

电信用户预测：

电信用户预测采用不同分类用地用户密度指标法预测。不同分类用地用户密度法预测如表 15.5.1-2。

不同分类用地用户密度法预测 表 15.5.1-2

	用地面积（公顷）	预测指标（门/公顷）	预测容量（门）
居住用地	373.57	120	44829
公共服务设施用地	125.57	80	10046
工业用地	624.05	50	31203
仓储用地	15.35	10	154
道路广场用地	225.41	10	2255
市政设施用地	118.82	10	1189
对外交通用地	86.23	10	863
绿化用地	205.77		0
总计	1774.77		90539

上述密度法预测交换机容量约为 12 万门。

同时采用电话增长率法预测，并比照同类城镇预测水平，取定本规划区预测交换机容量为 14 万门。

(2) 电信、邮政规划

电信规划:

1) 根据预测用户数量,可在原有的明城局(电信支局)进行扩建,容量扩至 8 万门。另新建一座电信支局,规划容量为 6 万门,预留建筑面积为 $10000m^2$。

2) 原狮岗站迁至东南的居住用地并进行扩建,原瓮江站在原地进行扩建,规划终期扩容至 2 万门。

3) 按服务半径 2km 标准合理规划设置远端模块局,每个容量为 1 万门,规划终期扩容至 2 万门,其位置宜设于用户密度中心和线路网中心。共需新建 5 个远端模块局,预留建筑面积 $100\sim150m^2$,可附设在建筑物内,规划区内共设置 7 个远端模块局。

4) 电信管孔宜与道路施工同步建设,一般布置在道路西侧和北侧人行道下,所有市政道路建成的电信管孔,必须满足各类公共信息的要求,合理分布管孔资源。

5) 微波传输方向应预留空间保护通道。在传输轴线带宽 100m 内建高层建筑时,应征得邮电部门的同意。

邮政规划:

本地区的人口密度为 1 万人/km^2,按服务半径 1.4km 设置邮政支局,规划新建一座邮政支局,预留用地面积为 $5000m^2$。邮政所服务半径按 0.7km 设置,规划共设置 8 个邮政所,邮政所可附设于建筑物首层,预留建筑面积 $200\sim300m^2$。

15.5.2 示范应用分析与建议

当今信息化时代通信发展很快,加上我国现尚无城镇通信工程规划规范,城乡规划中通信规划更无统一标准、导则指导和依据,各地规划很不规范。

针对明城镇通信工程规划,按照小城镇通信系统工程规划

建设标准(建议稿)和小城镇基础设施综合布局与统筹规划导则,侧重以下方面标准和导则条款的应用分析与建议:

(1) 规划内容

"小城镇通信工程规划应以电信工程规划为主,同时包括邮政、广播、电视规划的主要相关内容。"

"小城镇电信工程规划的主要内容,总体规划应包括用户预测,局所规划,中继网规划,管道规划和移动通信规划。详细规划阶段除应具体落实规划地块涉及的上述规划内容外,尚应包括用户网优化和配线网规划。"

对照上述标准条款明城镇通信规划宜作以下规划内容补充:

1) 局所规划应区分电信支局与交换端局;
2) 酌情补充移动通信规划等内容;
3) 补充广播电视规划的主要内容。

(2) 用户预测

"小城镇电信规划用户预测,总体规划阶段以宏观预测为主,宜采用时间序列法、相关分析法、增长率法、分类普及率法等方法预测;详细规划阶段以小区预测、微观预测为主,宜采用分类单位建筑面积用户指标、分类单位用户指标预测,也可采用计算机辅助预测。"

"电信用户预测应以两种以上方法预测,并一种以上方法为主,一种方法可作为校验。"

"常用电话综合普及率,宜采用局号普及率,并应用'局线/百人'表示。"

"当采用普及率法作预测和预测校验时,采用的普及率应结合小城镇的规模、性质、作用和地位、经济、社会发展水平、平均家庭生活水平及其收入增长规律、第三产业和新部门增长发展规律,综合分析,按表15.5.2-1指标范围比较选定,并允许必要适当调整。"

15.5 通信工程规划导则试点示范与应用分析

小城镇电话普及率预测水平（线/百人）　　表 15.5.2-1

小城镇规模分级	经济发达地区			经济发展一般地区			经济欠发达地区		
	一	二	三	一	二	三	一	二	三
远期	68~75	62~70	50~62	58~65	50~60	40~52	44~54	40~50	32~42

注：小城镇规模分级详见 2.2.1 总则 2.2.1.13。

对照上述标准条款，建议：

1) 明城镇电话综合普及率宜采用局号普及率并应用"局线/百人"表示，以规范化。

2) 对照标准要求，原规划配置密度法预测指标单位宜为"线/公顷"，再考虑实装率由"线"测算为设备容量"门"。

(3) 局所规划与相关本地网规划

"小城镇电话网，近期多数应属所在中等城市或地区（所属地级市或地区）或直辖市本地电话网，少数宜属所在县（市）本地电话网，但发展趋势应属所在中等城市或地区本地电话网。"

"属中等城市本地网的小城镇局所规划，其中县驻地镇规划 C_4 一级端局；其他镇规划 C_5 一级端局（或模块局）；中远期从接入网规划考虑，应以光纤终端设备 OLT（局端设备）或光纤网络单元 ONU（接入设备）代替模块局。"

对照上述标准，明城镇远期规划 C_4 一级端局，电信支局为营业性单位名称，规划局所名称"电信支局"应为"端局"。根据远期用户预测规划 8 万门、6 万门 2 个端局是合适的。规划区内其他局所和远端模块局宜酌情考虑，一般规模不超过 6000 门为宜，远期应以 OLT 或 ONU 代替。

(4) 管道规划

"小城镇通信线路应以本地网（Local Net）通信传输线路为主，同时也包括其他各种信息网线路和广播有线电视线路，小城镇通信管道也应包括上述几种线路网管道。"

"小城镇通信线路按敷设方式分类，应包括架空通信线路和地下通信线路。"

"不同地区、不同类型、不同规模小城镇的通信线路敷设方式应根据小城镇的性质、规模和作用地位、经济社会发展水平、用户密度，结合小城镇实际情况，按表15.5.2-2要求选择。"

小城镇通信线路敷设方式　　　　表15.5.2-2

敷设方式	经济发达地区						经济发展一般地区						经济欠发达地区					
	一		二		三		一		二		三		一		二		三	
	近期	远期	近期	远期	近期	远期	近期	远期	近期	远期	近期	远期	近期	远期	近期	远期	近期	远期
架空电缆											○		○		○		○	
埋地管道电缆	△	●	△	●	部分●	●	部分●	●	部分△	●			△	●	△			部分△

注：①表中○—可设，△—宜设，●—应设。
②表中宜设、应设埋地管道电缆，主要指县城镇、中心镇、大型一般镇中心区和新建居住小区及旅游型小城镇而言，对县城镇、中心镇、大型一般镇非中心区和新建居住小区和非旅游型小城镇，可根据小城镇实际情况比较表中要求选择。
③小城镇分级见2.2.1总则2.2.1.13。

明城镇电信规划原则上与上述条款吻合。但一般仅城市60m宽以上道路的电信管道为两侧布置。

（5）邮政与广播电视规划

"县总体规划的通信规划，其邮政局所规划主要是邮政局和邮政通信枢纽局（邮件处理中心）规划，其他镇邮政局所规划主要是邮政支局（或邮电支局）和邮件转运站规划。"

"县邮政通信枢纽局址除应符合通信局所的一般原则外，在邮件主要依靠铁路运输的情况下，应优先在客运火车站附近选址，并应符合有关的技术要求，在主要靠公路和水路运输时，可在长途车站或港口码头附近选址；预留用地面积应按设计要求或类似比较确定。"

"小城镇邮电支局，预留用地面积应结合当地实际情况，按表 15.5.2-3 分析、比较选定。"

邮电支局预留用地面积（m²）　　　表 15.5.2-3

支局名称 \ 用地面积 \ 支局级别	一等局业务收入 1000 万元以上	二等局业务收入 500~1000 万元	三等局业务收入 100~500 万元
邮电支局	3700~4500	2800~3300	2170~2500
邮电营业支局	2800~3300	2170~2500	1700~2000

"县总体规划的通信规划应在县驻地镇设电视发射台（转播台）和广播、电视微波站，其选址应符合相关技术要求。"

从明城镇城镇性质和远期发展考虑，明城镇邮政与广播电视规划应对照上述条款作适当补充、完善。

15.6　燃气工程规划导则试点示范与应用分析

15.6.1　规划导则示范应用

(1) 供气方式

根据明城镇实际发展情况，在液化天然气进入明城之前，供气方式仍采用瓶装液化石油气为主。考虑到明城近期的发展规模不大，在远期天然气市政管道建成之前，明城近期的燃气供给方式采取瓶装液化石油气供给的方式。暂不考虑镇域内自建气站供应管道燃气的形式。

规划远期的燃气供给方式按专项规划采用管道天然气供应方式。随着大规模市政燃气管网的形成，瓶装液化气的供应站将逐步向郊区转移。以供市政天然气管道供应不到的地区使用。

(2) 用气方式

用气指标:

本次规划按《佛山市城镇燃气发展规划纲要》(2003年),并切合明城的实际情况,确定明城镇居民用户的用气指标为2930MJ/人·年(70万大卡/人·年)计。

公共建筑和工业用户的用气指标按照《城镇燃气设计规范》(GB 50028—93)选取。用气不均匀系数:

1) 居民用户和公共建筑用户的用气不均匀系数

城镇燃气用户的用气工况具有月不均匀性、日不均匀性和时不均匀性。月高峰系数主要受气候影响,日高峰系数主要受居民生活习惯和公共建筑用气的不均匀性等因素的影响,而时高峰系数主要受居民生活用气的不均匀性等因素的影响。影响高峰系数的因素既多且复杂,很难从理论上计算。明城镇目前管道燃气的使用还没起步,缺乏具有代表性的统计数据。因此,本次规划采用《佛山市城镇燃气发展规划纲要》(2003年)中的数据,确定居民用户和公共建筑用户的不均匀系数如下:

$$K_{月} = 1.20, \ K_{日} = 1.15, \ K_{时} = 2.7$$

$$K_{月} \cdot K_{日} \cdot K_{时} = 3.7$$

2) 工业用户的时不均匀系数

小型工业企业用户用气时高峰系数按生产班次考虑:一班制取3.0,两班制取1.5,三班制取1.0。大型工业企业用户按三班制考虑。考虑到明城今后的工业企业的发展情况主要以轻工业为主,本次规划工业用户的时不均匀系数取1.0。

气化率:

按《佛山市高明区燃气专项规划》,确定明城镇规划末期整个镇域的天然气管道气化率为60%。其中镇中心区的气化率达100%。镇郊采用液化瓶装石油气的供应方式。

(3) 燃气输配系统

输配系统压力级制:

根据远期天然气供气规模和供气半径,明城天然气供气压力级制定为中压(A)一级系统。高中压调压站进口压力$\geqslant 0.4$MPa,出口压力<0.4MPa。中压干管末端压力不小于0.04MPa,中压支管末端压力不小于0.03MPa。

调压设施:

按《佛山市高明区燃气专项规划》,初步确定远期在明城镇区东北部建设高中压调压站一座,以迎接沿着广明高速路敷设的天然气高压管线。调压站占地面积约1500m^2。流量按专项规划确定为35900m^3。调压站的选址以及与周围建筑物、构筑物的防火间距应严格遵守《城镇燃气设计规范》(GB 50028—93)(2002年版)中的规定。

管网布局:

从高中压调压站接出的中压燃气干管采用DN450管径。其余的中压燃气干管规格由DN100~DN300不等。管道布置按照城市道路交通规划进行,并严格遵循《城镇燃气设计规范》,保证其安全距离。中压干管尽量靠近居民区以节省投资,同时应尽量布置成环状以提高供气的安全性。远期明城的供气管网考虑与相邻的人和镇燃气管道相接,增加供气的安全和稳定。

15.6.2 示范应用分析建议

(1) 规划内容与规划原则

"小城镇燃气系统工程规划的主要内容包括:预测小城镇燃气用气量,进行小城镇燃气供用平衡分析,选择确定燃气气源,确定主要设施建、构筑物(气源厂<站>、调压站等)的位置、用地,提出小城镇燃气供应系统布局框架,布置输气和供气管网。"

"小城镇燃气系统工程规划的范围与小城镇总体规划范围一致,当燃气气源在规划区以外时,规划范围内进镇输气管线应纳入小城镇燃气工程范围。"

"小城镇的燃气系统工程规划应符合安全生产、保证供应、经济合理和保护环境的总体要求。"

"小城镇燃气系统工程规划应依据国家能源政策,同时应依据小城镇总体规划和详细规划,并与小城镇的能源规划、环境保护规划、消防规划相协调。"

"位于城镇密集区的小城镇燃气系统工程设施应结合其区域相关规划统筹规划,联建共享。"

明城镇燃气工程规划基本与上述条款要求符合,根据相关条款要求,应将规划范围内进镇天然气长输高压管道纳入明城镇燃气工程范围。

(2) 燃气气源选择

"小城镇燃气气源资源应包括符合国家城镇燃气质量要求的可供给居民生活、商业、工业生产等各种不同用途的天然气、液化石油气、煤制气、油制气、矿井气、沼气、秸秆制气、垃圾气化气,也包括有条件利用的化工厂的驰放气。"

"小城镇燃气系统工程规划应根据国家有关政策,结合小城镇现状和气源特点,以及本地区燃料资源的情况,在合理开发利用本地燃气资源的同时,充分利用外部气源,通过远近期结合、多方案技术经济比较、选择确定气源。可选择的气源应主要包括:

1) 天然气长输管道供气 (NG);
2) 压缩天然气供气 (CNG);
3) 液化天然气供气 (LNG);
4) 液化石油气供气 (LPG);
5) 液化石油气混空气供气 (LPG & Air)。"

"当近期或远期小城镇有天然气供应计划时,应根据小城镇的年用气量,天然气长输管道的距离,调峰量的需求及调峰方式,对以下供气方案作经济技术比较选择:

1) 天然气长输管道供气;
2) 压缩天然气供气;
3) 液化天然气供气。"

明城镇燃气工程规划燃气气源选择符合上述条款要求。

(3) 用气量预测及供用气平衡

"小城镇用气量应根据用气需求预测,并结合当地的具体条件,供气原则和供气对象确定。"

"小城镇燃气用气量应包括以下方面:

1) 居民生活用气量;
2) 商业、公建用户用气量;
3) 工业企业生产用气量;
4) 采暖通风和空调用气量;
5) 燃气汽车用气量;
6) 其他用气量。"

"小城镇各种用户的燃气用气量,应根据燃气发展规划和用气量预测指标确定。"

"小城镇居民生活和商业的用气量指标,应根据当地的居民生活和商业已有燃料消耗量的统计数据分析确定;当缺乏用气量的实际统计资料时,小城镇居民生活的用气量指标可根据小城镇具体情况,按 $2000 \sim 2600 MJ/(人 \cdot 年)$,比较分析确定;小城镇商业的用气量一般情况可按总用气量为居民生活用气量的 $1.25 \sim 1.75$,商业的用气量一般占总用气量的 $8\% \sim 25\%$ 比较分析预测。第三产业较发达的旅游、商贸型小城镇应在实际调查及同类对比分析的基础上,确定其商业用气量占总用气量的合适预测比例。"

"小城镇燃气管道的计算流量应按计算月的小时最大用气量计算。当采用不均匀数法,确定小城镇燃气小时计算流量时,居民生活和商业用户用气的高峰系数,应根据小城镇各类用户燃气用量(或燃料用量)的变化情况,分析比较确定;当缺乏用气量的实际统计资料时,小城镇的居民生活和商业用户用气的高峰系数,可根据小城镇具体情况,按以下指标范围,分析比较确定:

1)镇区人口 1~5 万的小城镇

K_m——月高峰系数,1.20~1.40

K_d——日高峰系数,1.0~1.20

K_h——小时高峰系数,2.5~4.0;

2)镇区人口 5~10 万的小城镇

K_m——月高峰系数,1.25~1.35

K_d——日高峰系数,1.10~1.20

K_h——小时高峰系数,2.0~3.0。"

"小城镇燃气气源资源和用气量之间应保持平衡,当小城镇应用外部气源时,应进行外部气源相关供需平衡分析,根据供需平衡分配的供气量,提出小城镇供用气平衡对策。"

明城镇燃气工程规划用气量预测及采用指标符合上述条款的原则要求,但选用居民生活用气量指标应考虑城镇的差别,采用的预测指标尚应在比较分析论证后作适当调整。

(4)输配系统及输配主要设施

"小城镇的燃气输配管网压力级制可以采用一级系统或两级系统。

1)相应的一级系统应包括:

中压 A 一级系统;

中压 B 一级系统;

低压一级系统。

2) 相应的两级系统应包括:

中压A——低压两级系统;

中压B——低压两级系统。"

"小城镇燃气输配系统一般应由(门站)、燃气管网、储气设施、调压设施、管理设施、监控系统等共同组成。"

"小城镇燃气输配系统门站和储配站站址选择应符合以下要求:

1) 符合城镇规划、城镇安全的要求;

2) 站址应具有适宜的地形、工程地质、供电、给排水和通信等条件;

3) 门站和储配站应少占农田、节约用地并应注意与城镇景观等协调;

4) 门站站址应结合长输管线位置确定;

5) 根据输配系统具体情况,储配站与门站可合建;

6) 储配站内的储气罐与站外的建、构筑物的防火间距应符合现行国家标准《建筑设计防火规范》GBJ 16的有关规定。"

明城镇燃气工程规划输配系统及其主要设施规划基本符合上述条款要求,考虑供气的可靠性,酌情在高中压调压站站址附近宜同时设置储气站,并增加相关用地的预留。

15.7 防灾减灾工程规划导则试点示范与应用分析

15.7.1 规划导则应用示范

(1) 防洪规划

防洪规划原则:

1) 防洪(潮)规划,应遵循"堤库结合、泄蓄兼施、以泄为主"的方针，统筹兼备，合理规划，确保重点，近远期结合的治理原则。

2）工程防治措施与非工程防治措施结合并举，相辅相成。

3）应研究超标洪、潮的防治对策与措施，降低超标洪、潮灾害损失。

防洪标准：

1）根据国家防洪工程设计规范的规定，将各镇按城镇人口划分等级：明城为三等，三等城镇防洪（潮）标准为50年一遇，防山洪10年一遇。

2）治涝（排水）标准：镇区按暴雨强度公式计算管径。按10年一遇24小时暴雨计算，建成区采用1天排干，其他地区按实际情况采用1~2天排干，逐步达到1天排干。

防洪措施：

1）通过仁坑水库、官迳水库、高田水库等水库蓄水，中下游沧江河段的防洪堤联防，其防洪能力可达到50年一遇的标准。

2）按50年一遇标准续建西江大堤，对沧江河两岸加固除险，同时按规划整治线整治沧江河道，增加泄洪能力。

3）重建改建沧江河两岸排涝站。

4）在山边添加排洪沟，使山上的洪水在排洪沟的疏导下，排到沧江河里去。

(2) 消防规划

消防站点规划：

按照规范，标准型普通消防站的消防责任区面积以4~7 km^2 为宜，因此确定全镇划分2个消防责任区。

根据国家《消防站建筑设计标准》和《城镇消防布局与技术装备标准》的规定，规划分别在城八路与明十路交汇处和城交路与明喜路交汇处布置一处标准消防站，每处承担服务范围为 4~7km² 的城区消防管理任务，总用地面积5.7公顷。

1) 消防安全布局要求

①城镇总体功能分区消防安全布局要求：在城镇总体布局中，必须将生产易燃易爆化学物品的工厂、仓库设在城市边缘的独立安全地区，并与人员密集的公共建筑保持规定的防火安全距离，对布局不合理的城中村、旧镇区，严重影响城镇消防安全的工厂、仓库，必须纳入近期改造规划，有计划、有步骤地采取限期迁移或改变生产使用性质等措施，消除不安全因素。

②危险品站库消防安全布局要求：在城镇规划中，应合理选择液化石油气供应基地、储配站、气化站、瓶装供应站、天然气调压站和汽车加油、加气站的位置，使其符合防火规范要求，并采取有效的消防措施，确保安全。

③危险品转运设施消防安全布局要求：装运易燃易爆化学物品的专用车站、码头必须设置在城镇或港区的独立安全地段，且与其他物品码头之间的距离与主航道之间的距离均应有严格的规定。

④城镇建筑消防安全布局要求：城镇内新建的各种建筑，应建造一级、二级耐火等级的建筑，严格限制三级建筑。原有耐火等级低，相互毗连的建筑密集区或大面积旧城区，必须纳入城镇近期改造规划。积极采取防火分隔、提高耐火性能、开辟消防车通道等措施，逐步改善消防安全条件。

⑤地下空间安全布局要求：地下交通隧道、地下街道、地下停车场的规划建设与城市其他建设应有机地结合起来，合理设置防火分隔、疏散通道、安全出口和报警、灭火、排烟等设施。安全口必须满足紧急疏散的需要，并应直接通到地面安全地点。

⑥物流、人流中心消防安全布局要求：城镇设置物流中

心、集贸市场和营业摊点时，应确定其设置地点和范围，不得堵塞消防车通道和影响消火栓的使用，在人流集中的地点如车站、公路客运站、码头、口岸等，应考虑设置方便旅客等候和快速疏散的广场和通道。

2）消防供水规划

按照城镇消防供水标准规范的要求，明城镇近期、远期采用同一时间发生火灾次数为2次，一次灭火用水量为55L/s，灭火时间为2小时，消防用水量为792m³。根据该用水量来确定明城镇消防供水标准。管网建设除应满足最大小时生活用水量和工业企业生产用水量外，仍应保证全部消防用水。

根据规范规定，市政消火栓间距不得大于120m，距路边不应超过2m，十字路口50m范围内设置市政消火栓，距宽大于或等于60m的城镇道路，应在道路两旁设置消火栓。旧区因道路狭窄，消火栓间距可适当缩小至80~100m。

注意保护和利用自然水体，作为消防补充水源。区内排洪河冲或自然水塘，应加以合理利用，在适应位置开辟消防车通道，并设置消防取水口。

规划在明城镇内近期设置消防固定取水点1个，选址在天后宫靠近沧江河，即城五路与明七路交界处沿岸边设置。要求取水点应设立明显标志，严禁违章占用或堆放物品，保证有不小于5m的消防通道供消防车驶近取水，并统一管理和维护。以便在这些取水点附近建筑发生火灾时，可以安全、快捷地使用这些消防供水水源。

(3) 防震抗震规划

规划原则：

通过采取防震抗震措施，逐步提高城镇综合抗震能力，减轻地震灾害的影响，使城镇遭受基本烈度地震时，要害系统不遭受较严重破坏，使人民生活基本正常。

规划措施：

1) 防震指挥中心

设立指挥中心 1 处，负责制订地震应急方案，在收到临震预报时，负责向全镇发布命令，统一指挥人员疏散、物质转移和救灾组织。

2) 避震疏散通道

规划主要道路，包括交通性干道、生活性干道作为主要的疏散通道，一些连接疏散场地的次干道为次要疏散通道，使居民在灾害发生时能安全、便捷地疏散。

3) 疏散场地

规划中，将城镇公园、广场、运动场、学校操场、河滨及附近农田、绿地作为避震疏散场地。在分区规划中应合理组织疏散通道，使避震疏散场地服务半径小于 500m，并保证每人 $1.5m^2$ 的避震疏散用地。

4) 生命线系统及建筑物设防

规划生命线系统，包括政府机关、供水、供电、通讯、交通、医疗、救护、消防站等作为重点设防部门。要求生命线系统的工程按各自抗震要求施工，并制定出应急方案，保证地震时能正常运行或及时修复。

建筑物必须按抗震烈度 6 度设防，并符合国家和当地规范，主要疏散通道两侧建筑应按要求退后，高层建筑必须有一定的广场或停车场设计。

5) 救灾物资仓库

明城镇物流园区内应设立各种紧急救援物资仓库。

6) 次生灾害的防护

震后易发生火灾、水灾、瘟疫；防止火灾、水灾造成的危害，防止瘟疫发生。危险品仓库必须远离居民生活区设置，并保持一定的防护距离。水源周围不准设置有污染的仓库和工业区。

7）地震防护及管理

必须高度重视防震工作，作好抗震规划。在相关部门协调下，建立起完善的管理系统和抗震设施，减少灾害影响。

（4）人防规划

规划原则：

遵循"从实际出发，统一规划，突出重点，平战结合，同步实施"的原则，充分发挥人防工事在平战时期的社会效益和经济效益。

规划内容：

总体防护，通过城镇总体防护规划，保证城镇具有总体防护能力。具体措施如下：

1）控制镇区人口密度和建筑密度，使镇区人口密度合理分配。

2）按平战结合的要求，完善城镇道路，保证城镇对外道路的通畅。

3）旧镇改造、新区开发，应有一定的绿地和空地，加强防空、防火、抗灾能力。

4）积极防护，严格伪装，加强防卫，适时疏散重要物资。

5）完善人防通信、警报系统，增强人防通信、警报系统的抗毁能力。

6）城镇给水、排水、供电、供气和通信管网，在满足作战时生产和生活需要的前提下，同时考虑防火、防灾等要求。

7）新建工厂，储存易燃、易爆、有毒物品的仓库应远离城镇人口密集区，对原有的进行搬迁和控制其数量、规模，加强防护管理，提高抗毁能力。

人防工程设施规划：

根据人防工程条件要求,按规划期末总人口 18 万人中的 40% 留城、1.5m²/人计算,规划人防工程总面积约 11 万 m²。

1) 人防指挥所工程:设人防指挥所 1 座,用地 1000m²。

2) 防空专业队工程:根据需要设立防空专业队、通信专业队、抢险抢修专业队、运输专业队、消防专业队、治安专业队。

3) 医疗救护工程:设立中心医院、急救医院。

人防工程的实施:

人防工程原则上与城市建设相结合予以实施。

1) 利用国家拨款、地方财政支持、人防自筹等方式筹集资金,修建一批大中型平战结合的人防骨干工程。

2) 结合居住和公共建筑的建设,修建平战结合的两用防空地下室。

3) 结合城镇大型公共设施的建设、汽车站、体育场馆等,修建平战两用的防空地下室。

15.7.2 应用示范分析与建议

(1) 规划内容与基本要求

"小城镇防灾减灾工程规划应包括地质灾害、洪灾、震灾、风灾和火灾等灾害防御的规划,并应根据当地易遭受灾害及可能发生灾害的影响情况,确定规划的上述若干防灾规划专项。"

"小城镇防灾减灾工程规划应包括以下内容:

1) 防灾减灾现状分析和灾害影响环境综合评价及防灾能力评价;

2) 各项防灾规划目标、防灾标准;

3) 防灾减灾设施规划,应包括防洪设施、消防设施布局、选址、规模及用地。以及避灾通道、避灾疏散场地和避难中心设置;

4）防止水灾、火灾、爆炸、放射性辐射、有毒物质扩散或者蔓延等次生灾害，以及灾害应急、灾后自救互救与重建的对策与措施；

5）防灾减灾指挥系统。

明城镇综合防灾规划，根据当地遭受灾害及可能发生灾害的影响情况，确定规划专项为消防、抗震人防等规划专项，其中人防主要是考虑远期明城有条件发展成为中小城市及明城的城镇性质确定而增加的。

（2）防洪规划

"小城镇防洪工程规划应以小城镇总体规划及所在江河流域防洪规划为依据，全面规划、综合治理、统筹兼顾、讲求效益。"

"小城镇防洪规划应按现行国家标准《防洪标准》（GB 50201）的有关规定执行；镇区防洪规划除应执行本标准外，尚应符合现行行业标准《城市防洪工程设计规范》（CJJ 50）的有关规定。"

"小城镇防洪规划应根据洪灾类型（河〈江〉洪、海潮、山洪和泥石流）选用相应的防洪标准及防洪措施，实行工程防洪措施与非工程防洪措施相结合，组成完整的防洪体系。"

"小城镇防洪规划应与当地江河流域、农田水利、水土保持、绿化造林等的规划相结合，统一整治河道，确定修建堤坝、圩垸和蓄、滞洪区等工程防洪措施。"

"邻近大型或重要工矿企业、交通运输设施、动力设施、通信设施、文物古迹及旅游设施等防护对象的镇区和村庄，当不能分别进行防护时，应按就高不就低的原则确定设防标准及设置防洪设施。"

对照上述条款要求，明城镇防洪规划提出的防洪标准和防洪措施是适宜的，但宜补充与当地江河流域、农田水利、水土保持、绿化造林、景观等规划相结合，统一整治河道等的工程防洪措施。

(3) 消防规划

"小城镇消防规划应包括消防站布局、选址、规模、用地规划以及安全布局和确定消防站、消防给水、消防通信、消防车通道、消防装备等内容。"

"小城镇消防安全布局应符合下列规定：

1）现状中影响消防安全的工厂、仓库、堆场和储罐等必须迁移或改造，耐火等级低的建筑密集区应开辟防火隔离带和消防车通道，增设消防水源；

2）生产和储存易燃、易爆物品的工厂、仓库、堆场和储罐等应设置在镇区边缘或相对独立的安全地带；与居住、医疗、教育、集会、娱乐、市场等之间的防火间距不得小于50m；

3）小城镇各类用地中建筑的防火分区、防火间距和消防车通道的设置，均应符合现行国家标准《村镇建筑设计防火规范》（GBJ 39—90）的有关规定。"

"小城镇消防给水应符合下列规定：

1）具备给水管网条件时，其管网及消火栓的布置、水量、水压应符合现行国家标准《村镇建筑设计防火规范》（GBJ 39—90）的有关规定；

2）不具备给水管网条件时，应利用河湖、池塘、水渠等水源规划建设消防给水设施；

3）给水管网或天然水源不能满足消防用水时，宜设置消防水池，寒冷地区的消防水池应采取防冻措施。"

"消防站的设置应根据小城镇的性质、类型、规模、区域位置和发展状况等因素确定，并应符合下列规定：

1）大型镇区消防站的布局应按接到报警5分钟内消防人员到达责任区边缘的要求布局，并应设在责任区内的适中位置和便于消防车辆迅速出动的地段。

2）消防站的主体建筑距离学校、幼儿园、医院、影剧院、集贸市场等公共设施的主要疏散口的距离不得小于50m；

镇区规模小尚不具备建设消防站的条件时，可设置消防值班室，配备消防通信设备和灭火设施。

3）消防站的建设用地面积宜符合表15.7.2-1的规定。"

消防站分级及用地分级　　　　　　表15.7.2-1

消防站类型	责任区面积（km²）	建设用地面积（m²）
标准型普通消防站	≤7.0	2400～4500
小型普通消防站	≤4.0	400～1400

明城镇消防规划与上述条款要求基本符合，但远期规划尚应增加一处消防站。

(4) 震灾防御

"位于地震基本烈度为6度及以上（地震动峰值加速度值≥0.05g）地区的小城镇防灾减灾工程规划应包括抗震防灾规划的编制。"

"抗震防灾规划中的抗震设防标准、建设用地评价与要求、抗震防灾措施应根据小城镇的防御目标、抗震设防烈度和国家现行标准确定，并作为强制性要求。"

"小城镇抗震防灾应达到以下基本防御目标：

1）当遭受多遇地震（"小震"，即50年超越概率为63.5%）影响时，城镇功能正常，建设工程一般不发生破坏；

2）当遭受相当于本地区地震基本烈度的地震（"中震"，即50年超越概率为10%）影响时，生命线系统和重要设施基本正常，一般建设工程可能发生破坏但基本不影响小城镇整体功能，重要工矿企业能很快恢复生产或经营；

3）当遭受罕遇地震（"大震"，即50年超越概率为2%～

3%）影响时，小城镇功能基本不瘫痪，要害系统、生命线系统和重要工程设施不遭受严重破坏，无重大人员伤亡，不发生严重的次生灾害。"

"在进行抗震防灾规划编制时，应确定次生灾害危险源的种类和分布，并进行危害影响估计。

1）对次生火灾可采用定性方法划定高危险区，应进行危害影响估计，给出火灾发生的可能区域；

2）对小城镇周围重要水利设施或海岸设施的次生水灾应进行地震作用下的破坏影响估计；

3）对于爆炸、毒气扩散、放射性污染、海啸等次生灾害可根据实际情况选择评价对象进行定性评价。"

"小城镇地震次生灾害防御规划应根据次生灾害特点，结合小城镇发展提出控制和减少致灾因素的总体对策和各类次生灾害的规划要求，提出危重次生灾害源的防治、搬迁改造等要求。"

明城镇防震规划基本符合上述条款要求，但应首先明确城镇抗震设施烈度、防御目标并据此和根据国家现行标准，确定和明确抗震设防标准、建设用地评价与要求、抗震防灾措施作为强制性要求。

15.8 环境卫生工程规划导则试点示范与应用分析

15.8.1 规划导则应用示范

（1）生活垃圾量预测及设施规划

1）生活垃圾按每人每天产生 0.8kg 计算，根据规划人口，近期垃圾产生量为 93.6~104t/d，远期为 166.4~201t/d。

居住区垃圾采用垃圾桶分类收集的方式,避免垃圾的再次污染。生活垃圾由垃圾屋至垃圾转运站再至垃圾处理场。

工业垃圾的处理由环保、环卫部门统一收集管理;含重金属污染、有毒、含放射性的工业垃圾不得进入垃圾填埋场,应由工厂本身进行特殊处理。

医疗垃圾由各医疗单位自行集中,由环卫部门统一清运并单独进行处理。

对病死牲畜和动物尸体,为防止传染病的流行,应作集中高温火化处理。

2)垃圾转运站一般在居住区、工业区的市政用地中设置。小型转运站每 $0.7\sim1km^2$ 设置 1 座,用地面积不小于 $100m^2$,与周边建筑物间隔不小于 5m;中型转运站每 $10\sim15km^2$ 设置 1 座,面积为 $1500\sim3000m^2$。

规划期内明城镇需小型垃圾转运站 14 座,中型垃圾转运站 1 座。

3)垃圾填埋场

明城镇镇域西南部规划佛山市垃圾填埋场 1 处,总占地面积约 97.82 公顷,服务明城镇及整个佛山市。

(2)环卫设施配置

1)按城镇人口每 5 万人设 1 处环卫管理站,平均用地 0.3 公顷,责任范围 $5.5km^2$。2020 年明城镇需建设环卫管理站 4 个,总用地约 1.2 公顷。

2)环卫工人按总人口 4‰计算,以城镇人口每 1 万人设 1 个休息场所,每处休息场所面积 $20\sim30m^2$,则 2020 年需环卫工人约 720 人,需设 15 个环卫工人休息场所,总建筑面积 $400\sim600m^2$。

3)按城镇人口每万人 2.5 辆环卫车辆计算,2020 年需配备 40 辆环卫机动车辆。

4）环卫停车场用地按每大型车辆用地面积不少于 $150m^2$ 计，2020 年共需 $6000m^2$ 环卫停车场用地，在环卫停车场内可兼顾安排机械车辆维修用地。

（3）公厕设置

根据建设部（1989）建标字第 131 号之《关于城市环境卫生设施设置标准的要求》，统筹布局公厕。2020 年，按城镇人口 3000~5000 人设置 1 座公厕，每座建筑面积 $40m^2$，共需公厕约 36 座，建筑总面积约 $1500m^2$。

公共厕所一般设置在广场和主要交通干道两侧，车站、公园、市场、游乐场、体育场、展览馆等公共场所和公共建筑附近，老居民区应按规范安插公厕。

公厕粪便的处理，应严禁将粪便直接排入雨水管、河道和水沟内，全部采用无害化处理后排入下水道，送入污水处理厂统一处理。

15.8.2 示范应用分析与建议

（1）规划内容和规划基本要求

小城镇环境卫生工程规划的主要内容应包括固体废弃物分析，污染控制目标，生活垃圾量、工业固体废物量和粪便清运量预测，垃圾收运，垃圾、粪便处理处置与综合利用，以及环境卫生公共设施规划和环境卫生工程设施规划。

小城镇环境卫生工程规划应依据和结合小城镇总体规划、县（市）域城镇体系规划和小城镇环境保护工程规划。

小城镇环境卫生工程规划应按照以下原则：

1）"全面规划、统筹兼顾、合理布局、美化环境、方便使用、整洁卫生、有利排运"的原则；

2）固体废物处理处置逐步实施"减量化、资源化、无害化"的原则；

3)"规划先行、建管并重"的原则;

4)"环卫设施建设与小城镇建设同步发展"的原则;

5)与小城镇发展、生态平衡及人民生活水平改善相适应的原则。

位于城镇密集区小城镇环境卫生工程设施应按其区域统筹规划,联建共享。

对照上述条款的要求,明城镇环卫规划尚应补充固体废弃物分析、污染控制目标、工业固体废物量和粪便清运量预测等相关内容。

（2）生活垃圾量、工业固体废物量预测及粪便清运量预测

小城镇生活垃圾量、粪便清运量预测主要采用人均指标法和增长率法,工业固体废物预测主要采用增长率法和工业万元产值法。

当采用人均指标法预测小城镇生活垃圾量时,生活垃圾预测人均指标可按 0.9~1.4kg/(人·d),结合当地经济发展水平、燃料结构、居民生活水平、消费习惯和消费结构及其变化、季节和地域情况,分析比较确定。

当采用增长率法预测小城镇生活垃圾量时,应根据垃圾量增长的规律和相关调查,按不同时间段确定不同的增长率预测。

建议明城镇生活垃圾量、粪便清运量和工业固体废物量预测可按上述条款要求,结合明城镇的实际情况采用合适的方法与相关规划技术指标。

（3）垃圾与粪便收运、处理及综合利用

小城镇垃圾收运、处理处置与综合利用规划应包括垃圾污染控制目标;废物箱、垃圾箱的布局要求,垃圾转运站、公厕、环卫管理机构的选择、选址及服务半径、用地要求;垃圾处理与综合利用方案选择及相关设施选址与用地要求。

15.8 环境卫生工程规划导则试点示范与应用分析

小城镇固体废物应逐步实现处理处置"减量化、资源化、无害化",清运容器化、密闭化、机械化的环境卫生目标。

小城镇垃圾收集应符合日产日清要求,生活垃圾应按表15.8.2-1要求,结合小城镇相关条件和实际情况分析比较选择收集方式;经济发达地区小城镇原则上应尽早实现分类收集,经济发展一般地区和经济欠发达地区小城镇远期规划应逐步实现分类收集。

小城镇垃圾收集方式选择　　表 15.8.2-1

垃圾收集方式		经济发达地区						经济发展一般地区						经济欠发达地区					
		一		二		三		一		二		三		一		二		三	
		近期	远期	近期	远期	近期	远期	近期	远期	近期	远期	近期	远期	近期	远期	近期	远期	近期	远期
	混合收集									●		●		●		●		●	
	分类收集	●	●	●	●	●	△	●	△		△		△		△		△		△

注:①△—宜设,●—应设。
②小城镇分级按 2.2.1 总则 2.2.1.13。

小城镇生活垃圾分类收集应与分类处理方式相适应,与垃圾的整个运输、处理处置和回收利用系统相统一。

小城镇生活垃圾处理应禁止采用自然堆存的方法,而应采用以卫生土地填埋为主进行处理,有条件的小城镇经可行性论证也可因地制宜地采用堆肥方法和焚烧方法处理;乡镇工业固体废物(固体危险废弃物除外)应根据不同类型特点,考虑处理方法,尽可能地综合利用。

小城镇环境卫生工程规划的垃圾污染控制目标可按表15.8.2-2控制与评估指标,结合小城镇实际情况适宜制定。

15 小城镇基础设施规划导则综合示范应用分析

表 15.8.2-2　小城镇垃圾污染控制和环境卫生评估指标

指标	经济发达地区						经济发展一般地区						经济欠发达地区					
	一		二		三		一		二		三		一		二		三	
	近期	远期	近期	远期	近期	远期	近期	远期	近期	远期	近期	远期	近期	远期	近期	远期	近期	远期
固体垃圾有效收集率(%)	65~70	≥98	60~65	≥95	55~60	95	60	≥85	55~60	90	45~55	85	45~50	90	40~45	85	30~40	80
垃圾无害化处理率(%)	≥40	≥90	35~40	85~90	25~35	75~85	≥35	≥85	30~35	80~85	20~30	70~80	30	≥75	25~30	70~75	15~25	60~70
资源回收利用率(%)	30	50	25~30	45~50	20~25	35~45	25	45~50	20~25	40~45	15~20	30~40	20	40~45	15~20	35~40	10~15	25~35

（注：表头"一、二、三"为小城镇规模分级）

小城镇宜采用高温堆肥法、沼气发酵法、密封贮存池处理、三格化粪池处理等方法，达到粪便无害化处理，资源化利用。

明城镇环境卫生工程规划宜按上述条款要求，补充确定垃圾收集方式、垃圾污染控制目标以及粪便无害化处理、资源化利用方法等内容。

(4) 环境卫生公共设施和工程设施

小城镇环境卫生公共设施和工程设施规划应包括确定不同设施的布局、选址服务范围、设置规模、设备标准、用地指标等内容。同时，应对公共厕所、粪便蓄运站、废物箱、垃圾容器（垃圾压缩站）、垃圾转运站、（垃圾码头）、卫生填埋场、（堆肥厂）、环境卫生专用车辆配置及其车辆通道和环境卫生基地建设的布局、建设和管理提出要求。

小城镇环境卫生公共设施和工程设施，应满足小城镇卫生环境和景观环境及生态环境保护的要求；环境卫生公共设施应方便社会公众使用。

小城镇公共厕所应结合旧镇改造旱厕逐步改造为水厕，小城镇公共厕所沿路设置可按表 15.8.2-3 要求，结合小城镇实际情况选择。

小城镇公共厕所沿路设置间距（m）　　表 15.8.2-3

	镇区干道		支 路
	非繁华段	繁华段	
设置间距	600~800	500~600	800~1000

注：①小区公共厕所宜结合公共设施与商业网点设置；
②县城镇、中心镇、旅游型小城镇，商贸型小城镇宜按上表较高标准设置；
③结合周边用地公共厕所设置标准和独立式公共厕所用地面积可按《城市环境卫生设施规划规范》的较低标准设置。

小城镇商业区、居住小区、市场、车站、码头、体育文化场馆、社会停车场、公园及景区等人流集散场所附近应设置公共厕所。

小城镇宜设置小型垃圾转运站，选址应靠近服务区域中心，交通便利，不影响镇容的地方，并设置绿化隔离带。

小城镇采用非机动车收运生活垃圾的方式时，生活垃圾转运站服务半径宜为 0.4~1km；采用小型机动车收运方式时，其服务半径宜为 2~4km。

城镇密集地区小城镇生活垃圾卫生填埋场应统筹规划联建共享。

明城镇环境卫生工程规划的垃圾填埋场等规划符合上述条款要求，但一些设施配置宜按上述条款要求适当调整。

图 15.8.2-1 为明城镇主要基础设施分布综合图。

16 小城镇基础设施规划例图

16.1 1 规划理论基础例图

图 1.4.2 唐山市域重要基础设施统筹规划布局图

16.2 14 规划案例分析附图

16.2.1 新县城总体规划中的基础设施规划附图

图 14.1.1-1 盘山县城总体规划道路交通系统规划图
图 14.1.1-2 盘山县城总体规划道路断面规划图
图 14.1.1-3 盘山县城总体规划基础设施综合规划图
图 14.1.6-1 盘山县城总体规划燃气工程规划图
图 14.1.7-1 盘山县城总体规划供热工程规划图

16.2.2 重点镇、中心镇总体规划中的基础设施规划例图

图 14.2.1-1 长沟镇总体规划道路交通规划图
图 14.2.2-1 长沟镇总体规划给水工程规划图
图 14.2.3-1 长沟镇总体规划污水工程规划图
图 14.2.3-2 长沟镇总体规划雨水工程规划图
图 14.2.4-1 长沟镇总体规划电力工程规划图
图 14.2.5-1 长沟镇总体规划通信工程规划图

图 14.2.6-1　长沟镇总体规划燃气工程规划图
图 14.2.7-1　长沟镇总体规划供热工程规划图
图 14.2.8-1　长沟镇总体规划综合防灾规划图

16.2.3　城镇密集地区、城市郊区小城镇总体规划中的基础设施规划例图

图 14.3.1-1　容桂镇总体规划道路交通规划图
图 14.3.1-2　容桂镇总体规划道路横断面规划图
图 14.3.1-3　容桂镇总体规划道路坐标图
图 14.3.2-1　容桂镇总体规划给水工程规划图
图 14.3.4-1　容桂镇总体规划雨水防洪工程规划图
图 14.3.4-2　容桂镇总体规划污水工程规划图
图 14.3.5-1　容桂镇总体规划电力工程规划图
图 14.3.6-1　容桂镇总体规划电信工程规划图
图 14.3.6-2　容桂镇总体规划邮政工程规划图
图 14.3.7-1　容桂镇总体规划燃气工程规划图

16.2.4　历史文化名镇、旅游型小城镇总体规划中的基础设施规划例图

图 14.4.1-1　乌镇总体规划道路系统分析图
图 14.4.2-1　乌镇总体规划道路工程规划图
图 14.4.2-2　乌镇总体规划给水工程规划图
图 14.4.3-1　乌镇总体规划雨水防洪工程规划图
图 14.4.3-2　乌镇总体规划污水工程规划图
图 14.4.5-1　乌镇总体规划电力工程规划图
图 14.4.6-1　乌镇总体规划电信广电工程规划图
图 14.4.7-1　乌镇总体规划燃气工程规划图

16.2.5 中心镇工业园区控制性详细规划中的基础设施规划例图

图 14.5.2-1 澄潭工业园区控制性详细规划道路工程规划图

图 14.5.3-1 澄潭工业园区控制性详细规划给水工程规划图

图 14.5.4-1 澄潭工业园区控制性详细规划排水工程规划图

图 14.5.5-1 澄潭工业园区控制性详细规划电力工程规划图

图 14.5.6-1 澄潭工业园区控制性详细规划电信工程规划图

图 14.5.6-2 澄潭工业园区控制性详细规划广播电视工程规划图

图 14.5.7-1 澄潭工业园区控制性详细规划燃气工程规划图

图 14.5.8-1 澄潭工业园区控制性详细规划竖向工程规划图

16.2.6 新县城修建性详细规划中的基础设施规划例图

图 14.6.1-1 云阳新县城修建性详细规划总平面图

图 14.6.2-1 云阳新县城中心区修建性详细规划道路规划图

图 14.6.3-1 云阳新县城中心区修建性详细规划竖向规划图

图 14.6.4-1 云阳新县城中心区修建性详细规划给水工程规划图

图 14.6.5-1 云阳新县城中心区修建性详细规划排水工程

规划图

图 14.6.6-1　云阳新县城中心区修建性详细规划电力工程规划图

图 14.6.7-1　云阳新县城中心区修建性详细规划通信规划图

图 14.6.8-1　云阳新县城中心区修建性详细规划管网综合图

16.3　15　小城镇基础设施规划导则综合示范应用分析例图

图 15.1.2-1　明城镇道路交通系统规划图
图 15.8.1-1　明城镇主要基础设施分布综合图

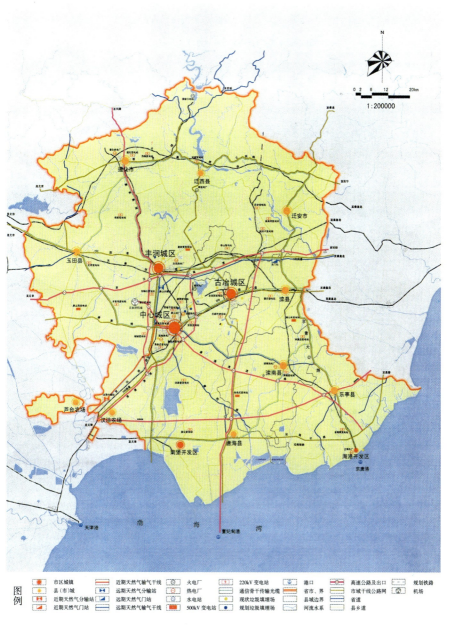

图 1.4.2-1 唐山市域城镇重要基础设施综合图（2003~2020）

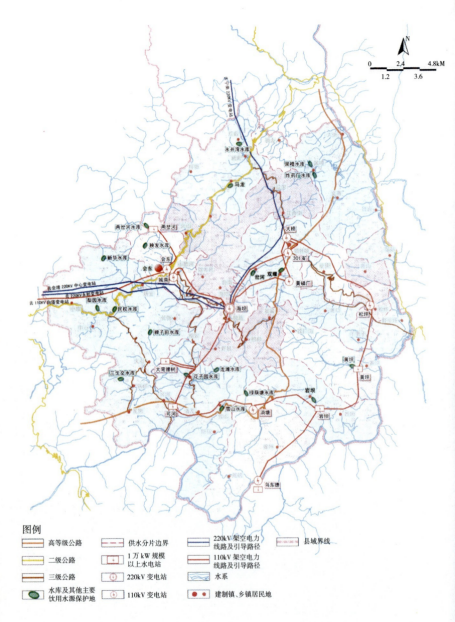

图 1.4.2-2　四川省会东县县域主要基础设施综合规划图

图 14.1.1-1 盘山县城总体规划道路交通系统规划图

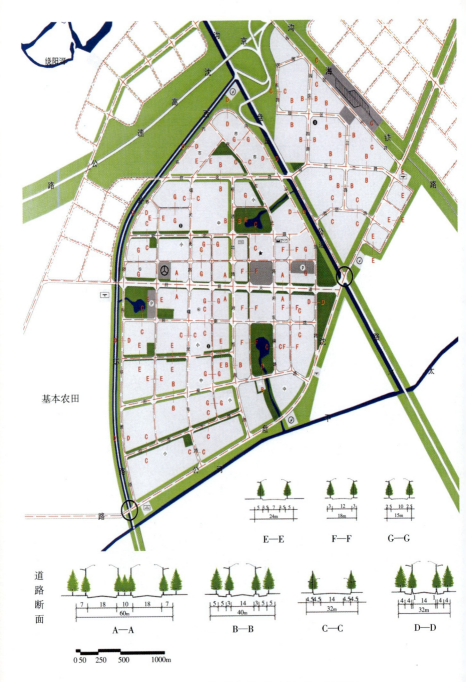

图 14.1.1-2 盘山县城总体规划道路断面规划图

图 14.1.1-3 盘山县城总体规划基础设施综合规划图

图 14.1.6-1 盘山县城总体规划燃气工程规划图

图 14.1.7-1 盘山县城总体规划供热工程规划图

图 14.2.1-1 长沟镇总体规划道路交通规划图

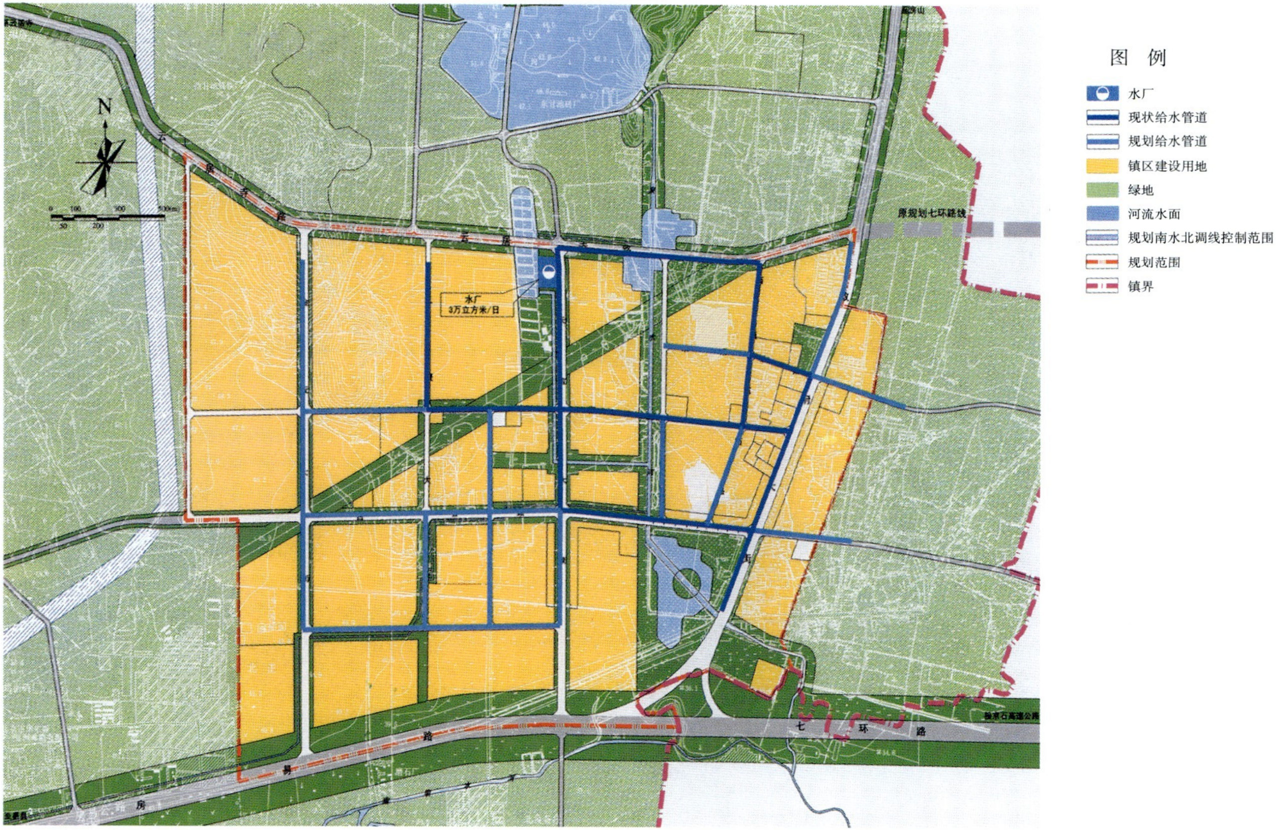

图 14.2.2-1 长沟镇总体规划给水工程规划图

图 14.2.3-1 长沟镇总体规划污水工程规划图

图 14.2.3-2 长沟镇总体规划雨水工程规划图

图 14.2.4-1 长沟镇总体规划电力工程规划图

图 14.2.5-1 长沟镇总体规划通信工程规划图

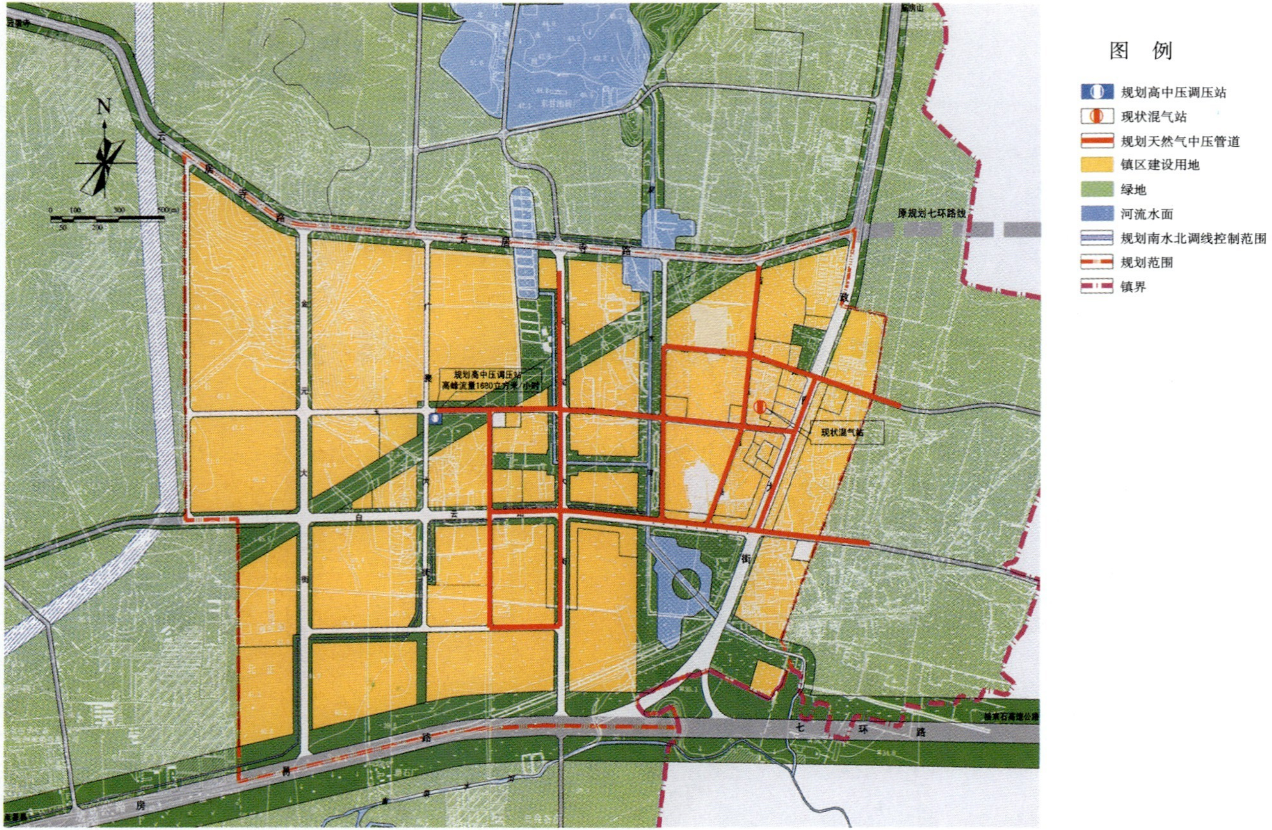

图 例

- 规划高中压调压站
- 现状混气站
- 规划天然气中压管道
- 镇区建设用地
- 绿地
- 河流水面
- 规划南水北调线控制范围
- 规划范围
- 镇界

图 14.2.6-1　长沟镇总体规划燃气工程规划图

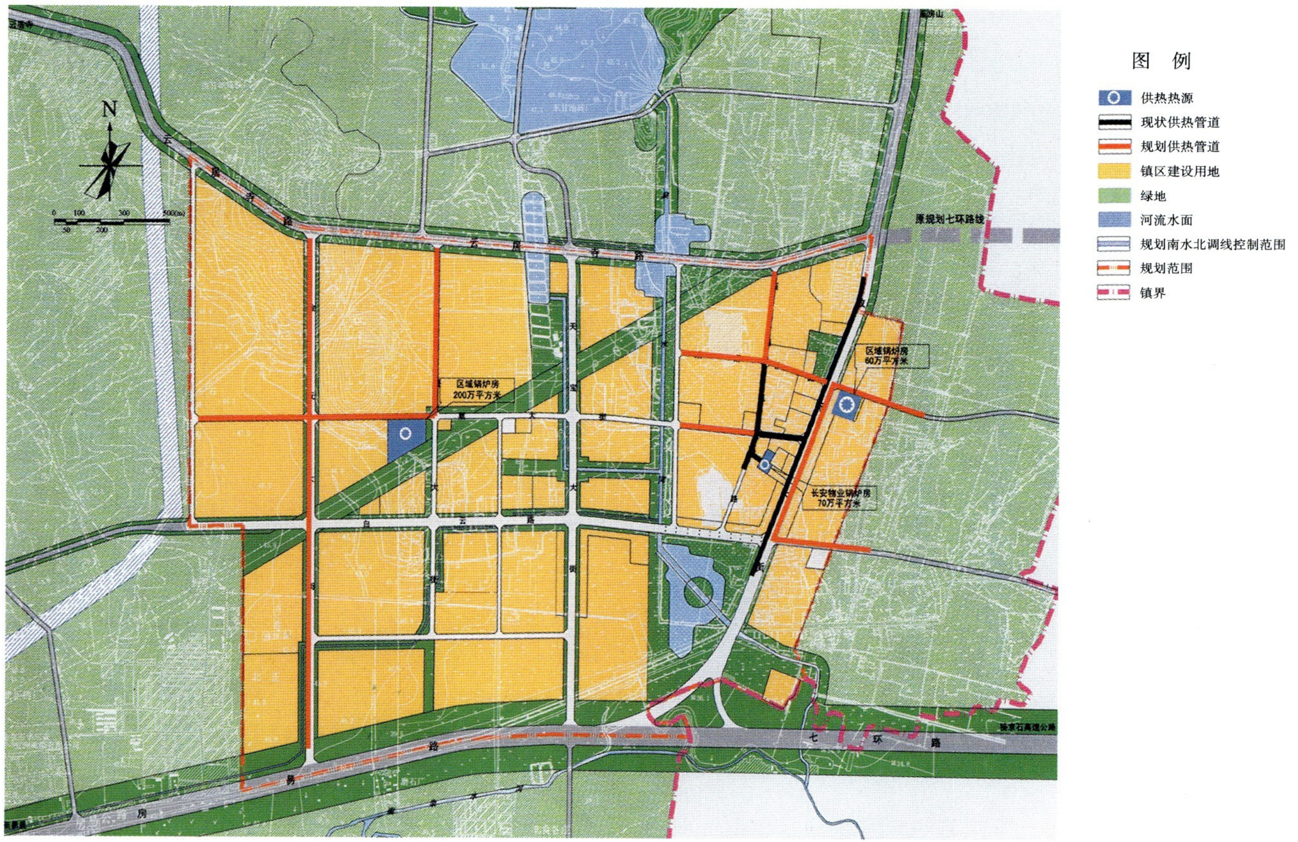

图 14.2.7-1 长沟镇总体规划供热工程规划图

图 14.2.8-1 长沟镇总体规划综合防灾规划图

图 14.3.1-1 容桂镇总体规划道路交通规划图

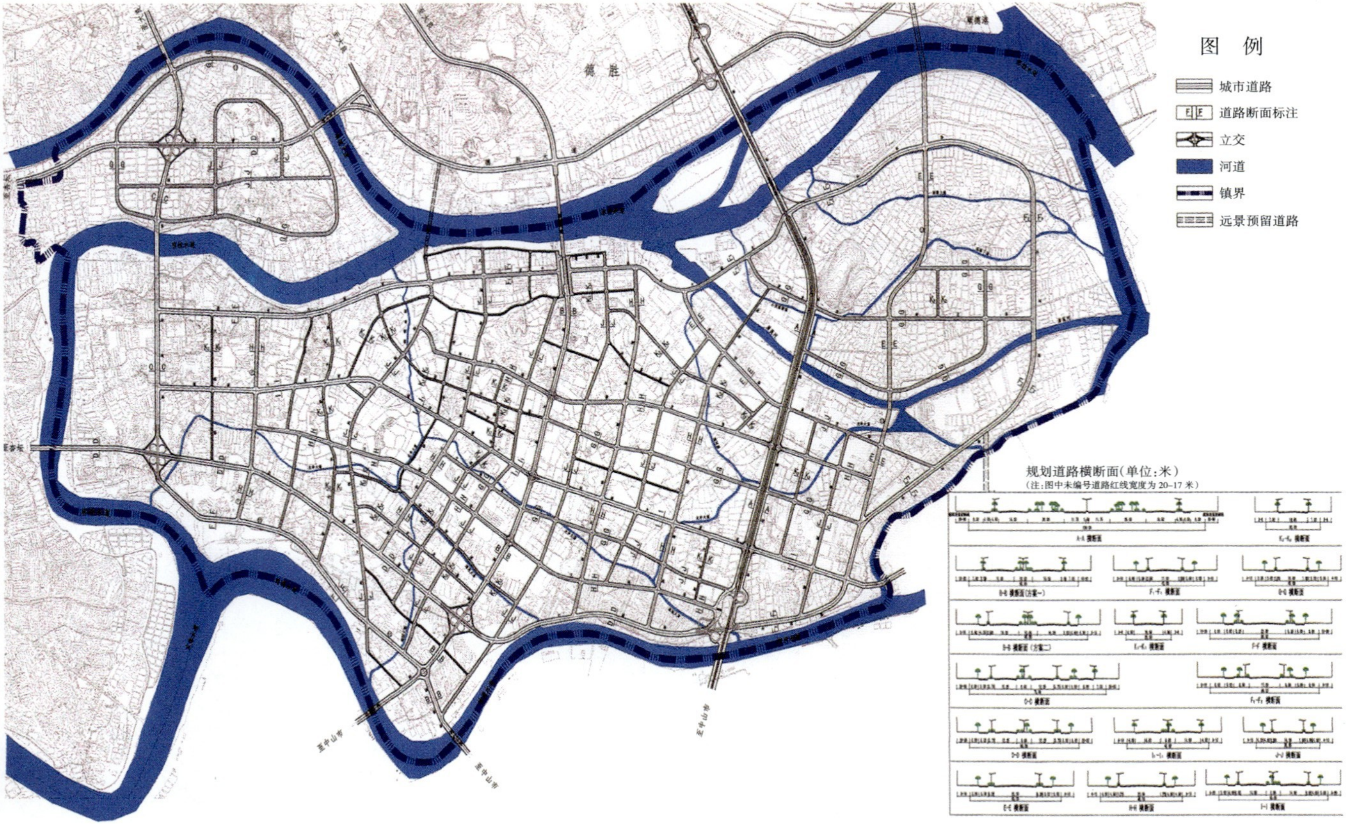

图 14.3.1-2　答桂镇总体规划道路横断面规划图

图 14.3.1-3 容桂镇总体规划道路坐标图

图 14.3.2-1 容桂镇总体规划给水工程规划图

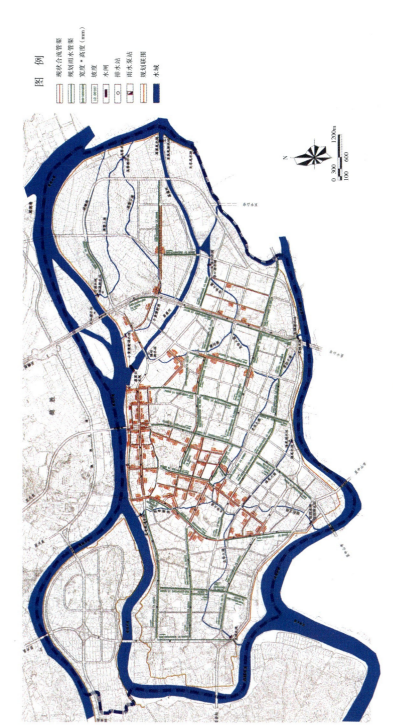

图 14.3.4-1 容桂镇总体规划雨水防洪工程规划图

图 14.3.4-2 容桂镇总体规划污水工程规划图

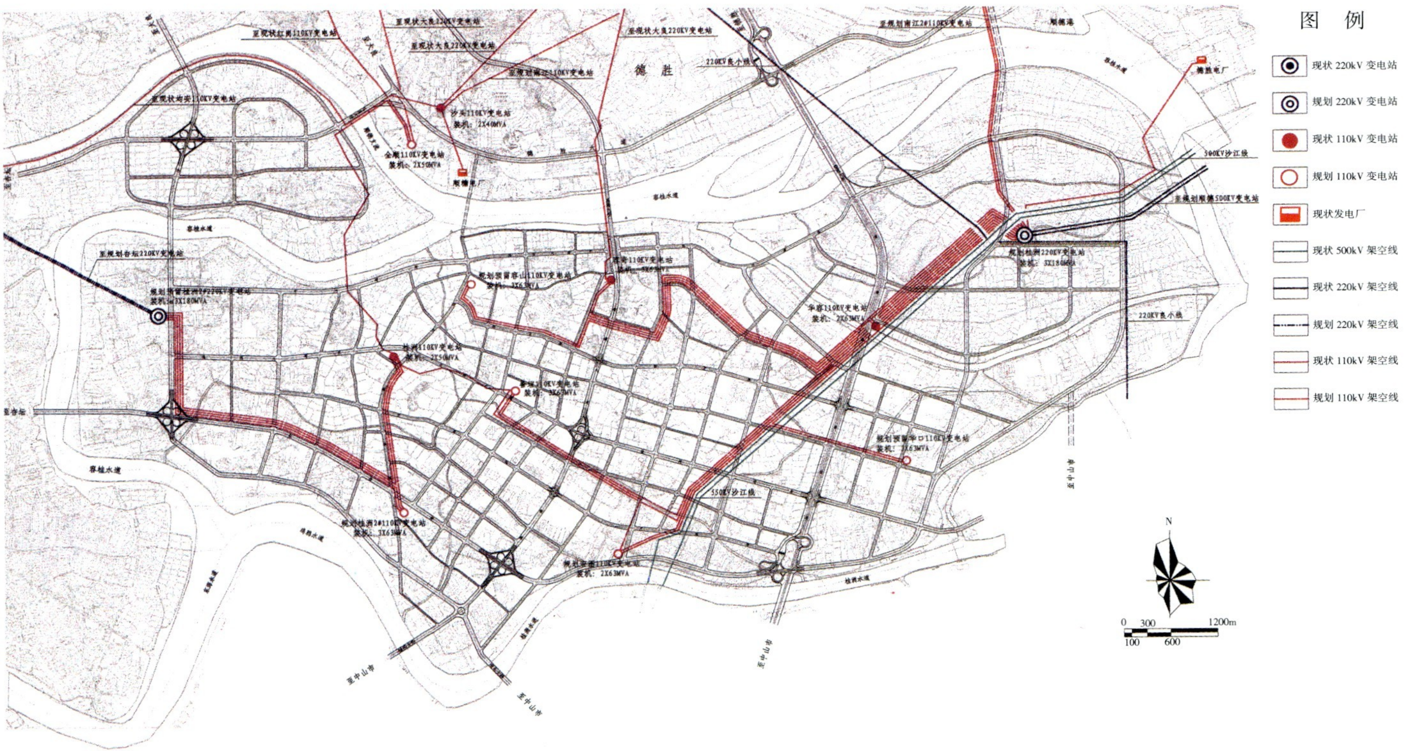

图 14.3.5-1 容桂镇总体规划电力工程规划图

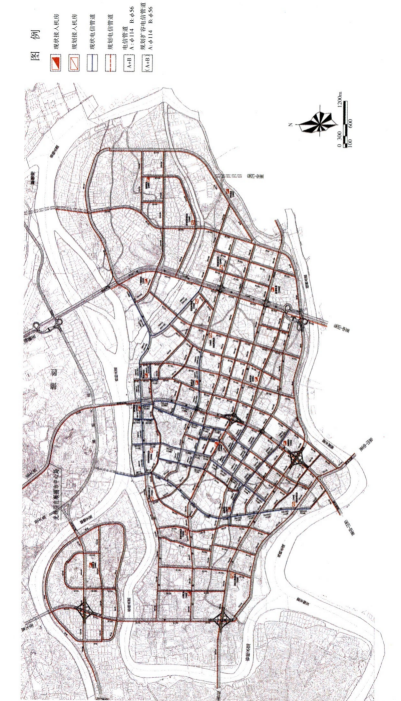

图 14.3.6-1 容桂镇总体规划电信工程规划图

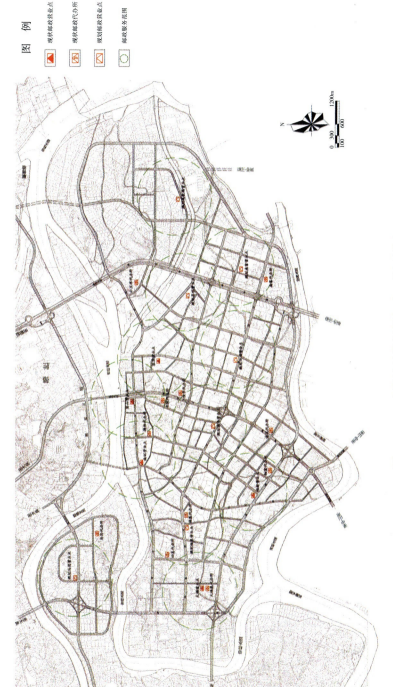

图 14.3.6-2 容桂镇总体规划邮政工程规划图

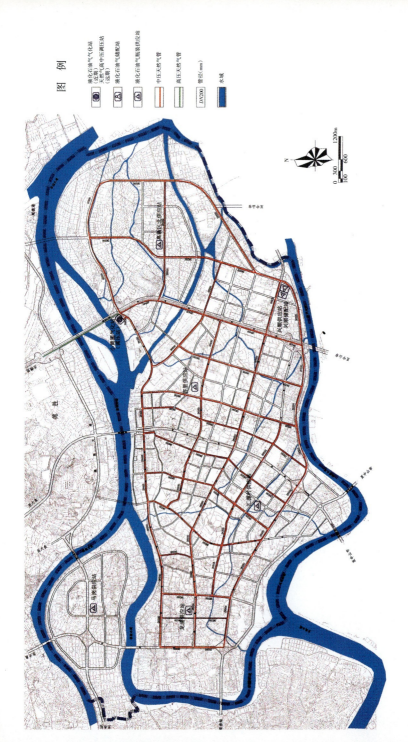

图 14.3.7-1 容桂镇总体规划燃气工程规划图

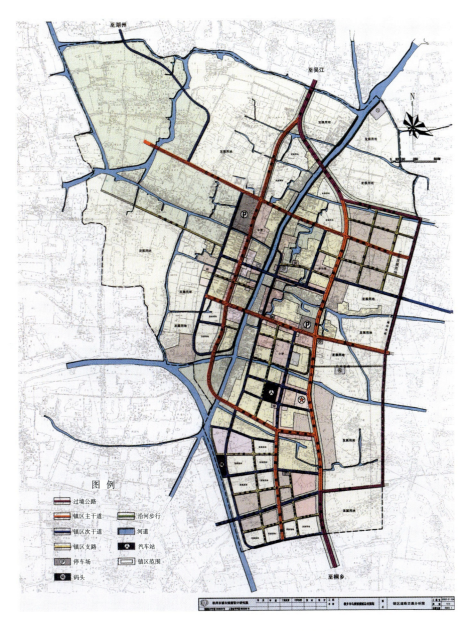

图 14.4.1-1 乌镇总体规划道路系统分析图

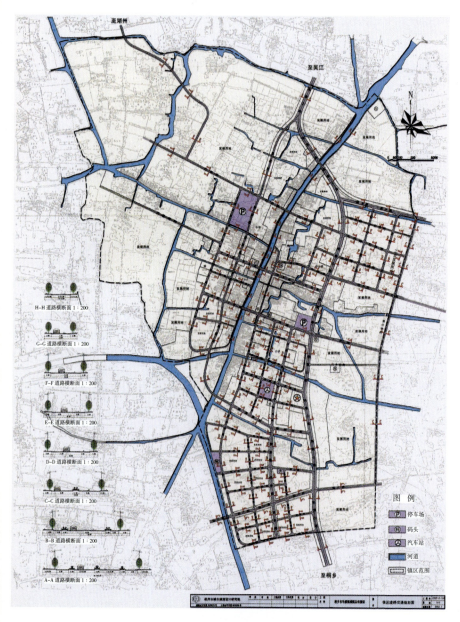

图 14.4.2-1 乌镇总体规划道路工程规划图

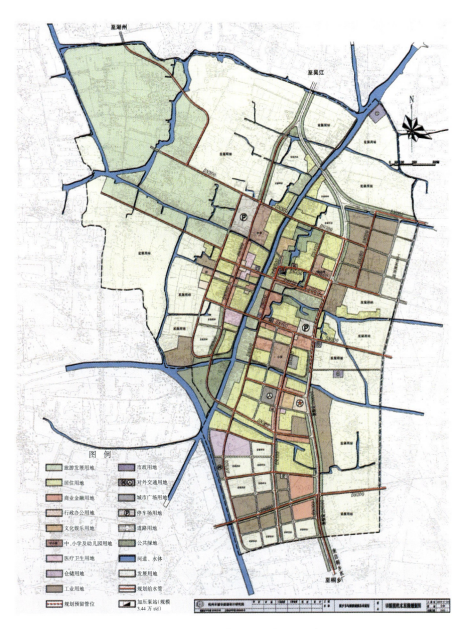

图 14.4.2-2 乌镇总体规划给水工程规划图

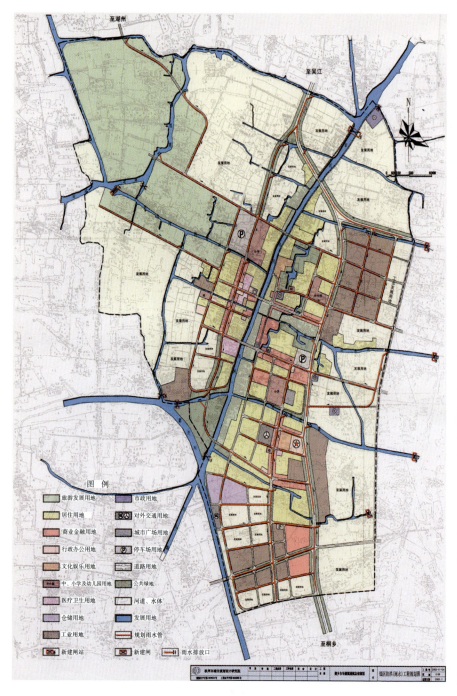

图 14.4.3-1 乌镇总体规划雨水防洪工程规划图

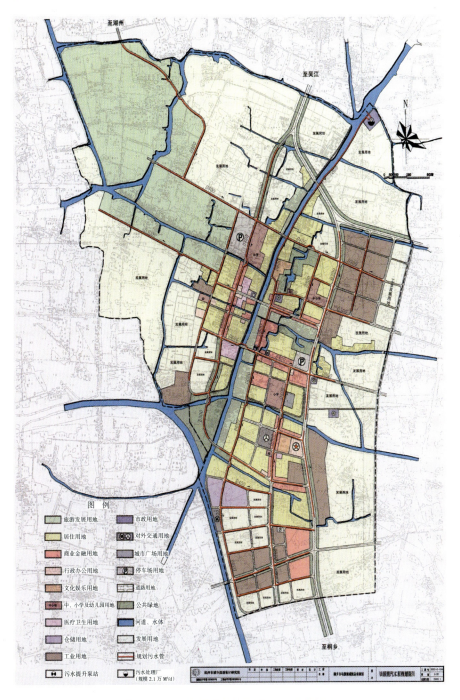

图 14.4.3-2 乌镇总体规划污水工程规划图

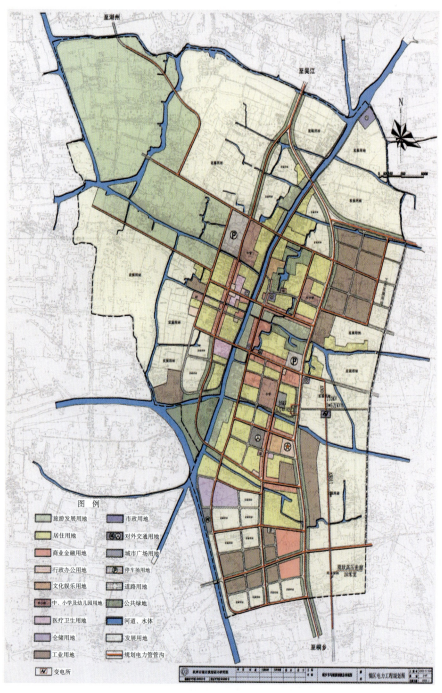

图 14.4.5-1　乌镇总体规划电力工程规划图

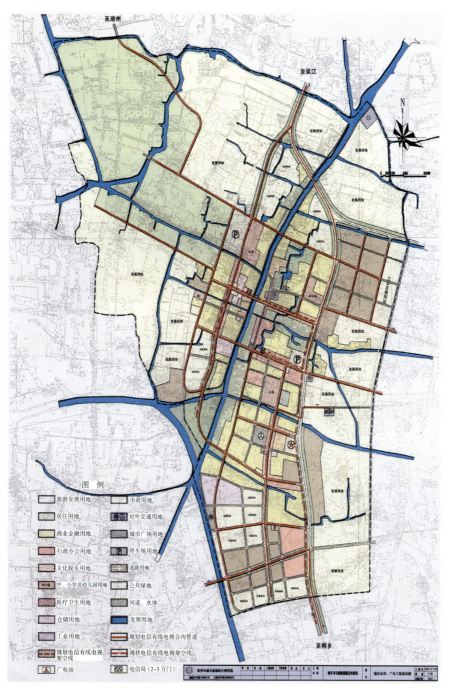

图 14.4.6-1 乌镇总体规划电信广电工程规划图

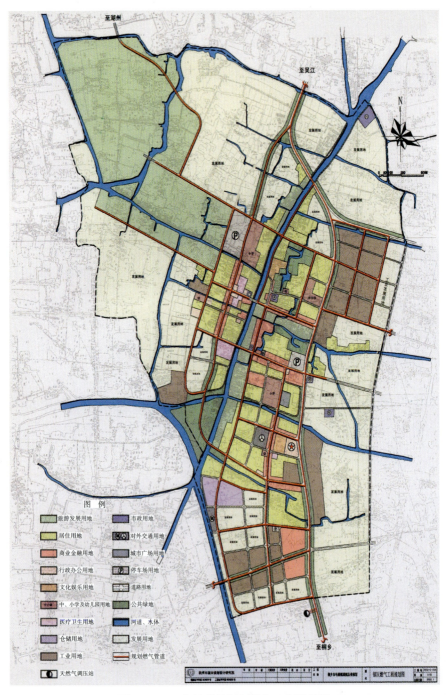

图 14.4.7-1　乌镇总体规划燃气工程规划图

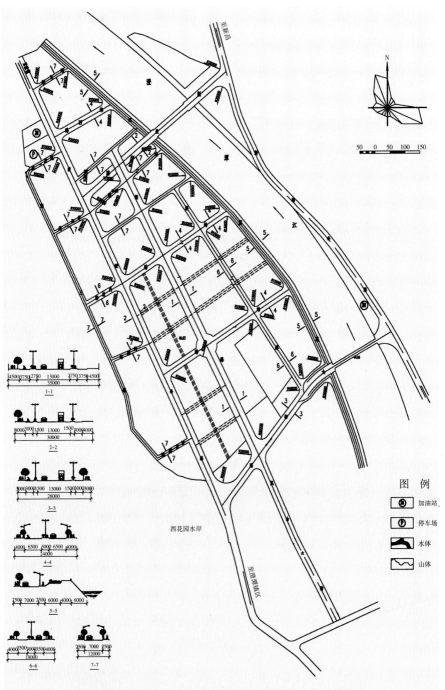

图 14.5.2-1 澄潭工业园区控制性详细规划道路工程规划图

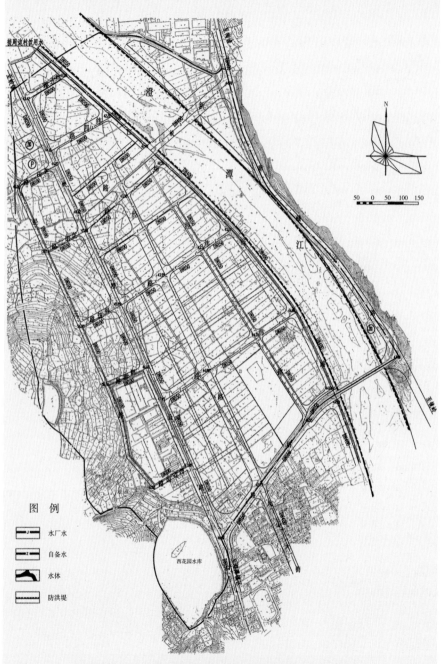

图 14.5.3-1 澄潭工业园区控制性详细规划给水工程规划图

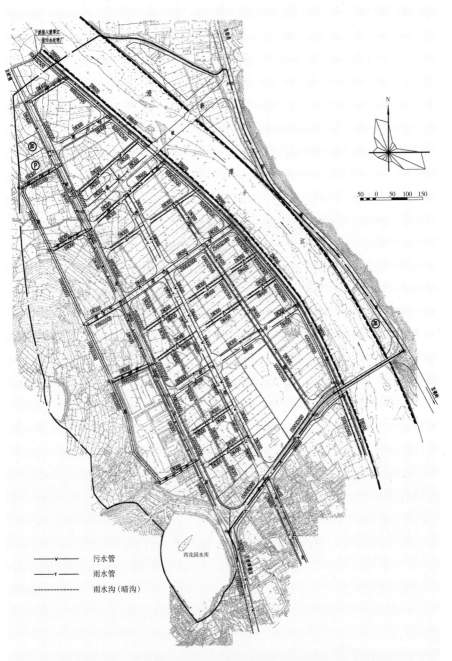

图 14.5.4-1 澄潭工业园区控制性详细规划排水工程规划图

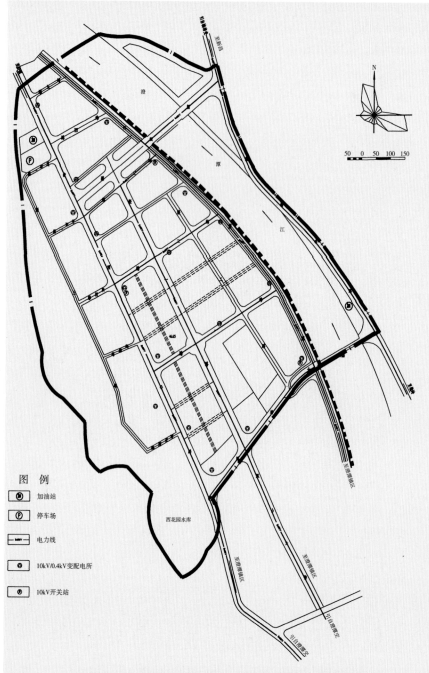

图 14.5.5-1 澄潭工业园区控制性详细规划电力工程规划图

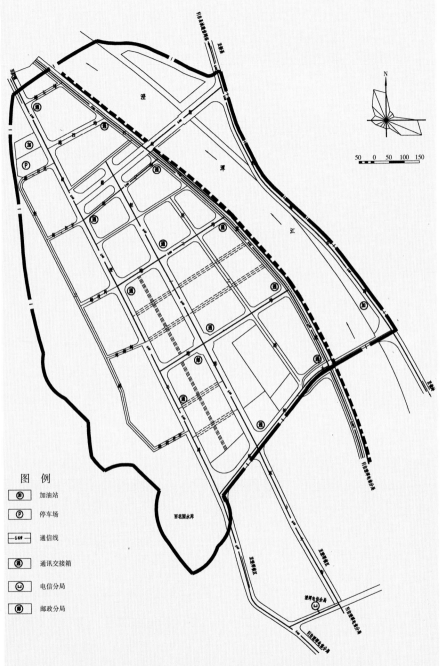

图 14.5.6-1 澄潭工业园区控制性详细规划电信工程规划图

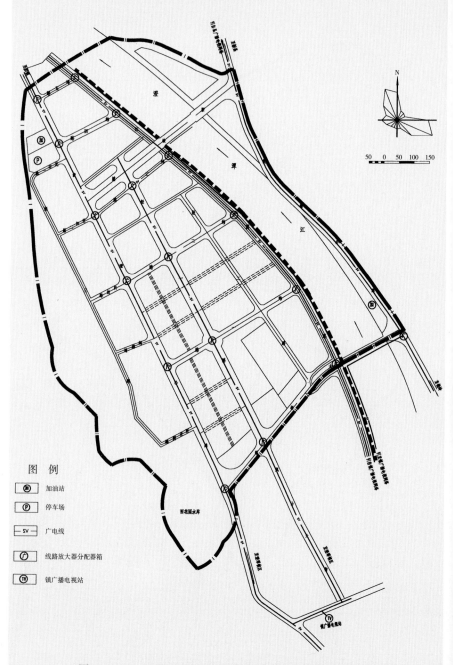

图 14.5.6-2 澄潭工业园区控制性详规广播电视工程规划图

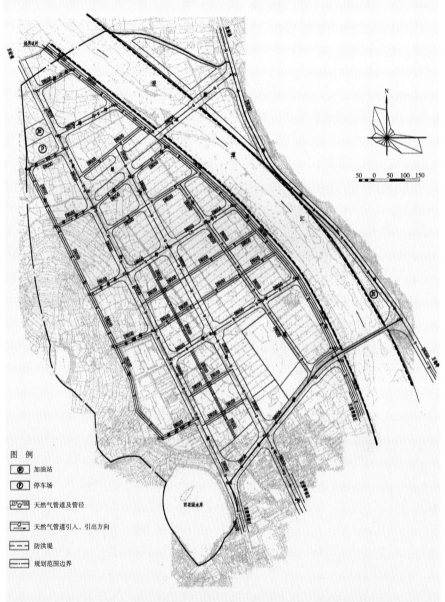

图 14.5.7-1 澄潭工业园区控制性详细规划燃气工程规划图

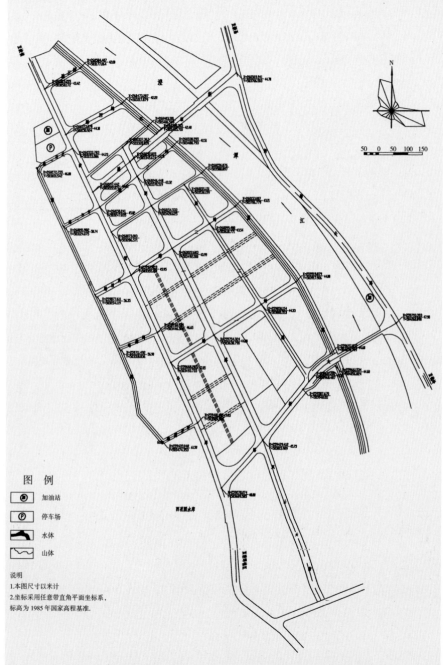

图 14.5.8-1 澄潭工业园区控制性详规竖向工程规划图

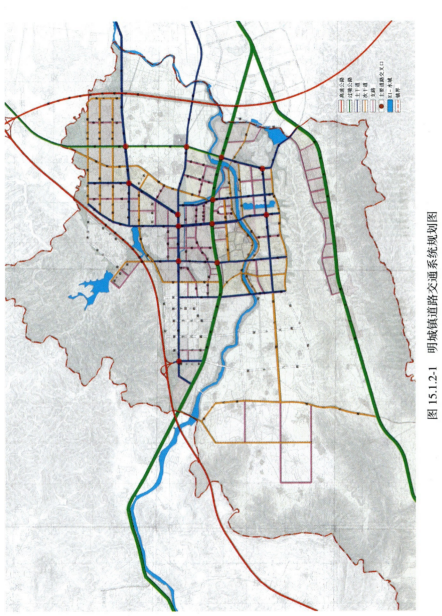

图 15.1.2-1 明城镇道路交通系统规划图

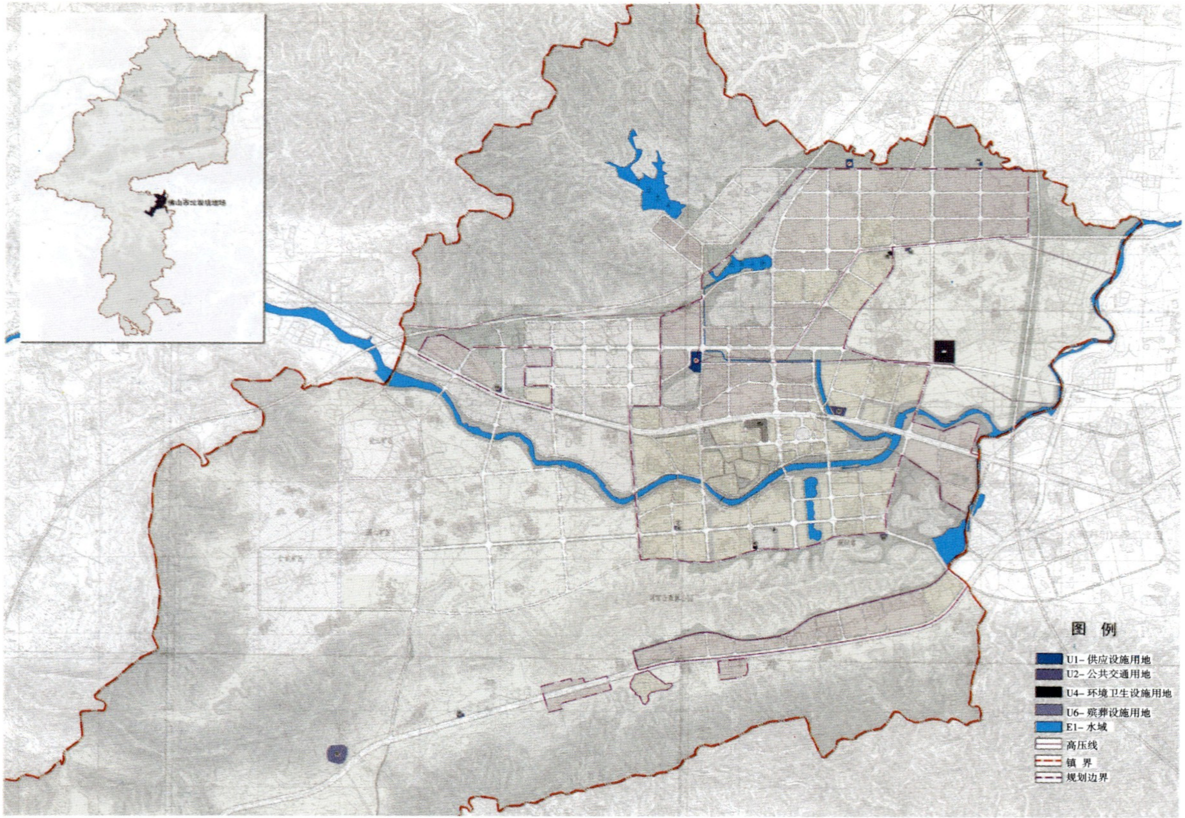

图 15.8.1-1 明城镇主要基础设施分布综合图